U0288769

《化工过程强化关键技术丛书》编委会

编委会主任：

费维扬　清华大学，中国科学院院士

舒兴田　中国石油化工股份有限公司石油化工科学研究院，中国工程院院士

编委会副主任：

陈建峰　北京化工大学，中国工程院院士

张锁江　中国科学院过程工程研究所，中国科学院院士

刘有智　中北大学，教授

杨元一　中国化工学会，教授级高工

周伟斌　化学工业出版社，编审

编委会执行副主任：

刘有智　中北大学，教授

编委会委员（以姓氏拼音为序）：

陈光文　中国科学院大连化学物理研究所，研究员

陈建峰　北京化工大学，中国工程院院士

陈文梅　四川大学，教授

程　易　清华大学，教授

初广文　北京化工大学，教授

褚良银　四川大学，教授

费维扬　清华大学，中国科学院院士

冯连芳　浙江大学，教授

巩金龙　天津大学，教授

贺高红　大连理工大学，教授

李小年　浙江工业大学，教授

李鑫钢　天津大学，教授

刘昌俊　天津大学，教授

刘洪来　华东理工大学，教授

刘有智　中北大学，教授

卢春喜　中国石油大学（北京），教授

路　勇　华东师范大学，教授

吕效平　南京工业大学，教授

吕永康　太原理工大学，教授

骆广生　清华大学，教授

马新宾　天津大学，教授

马学虎　大连理工大学，教授

彭金辉　昆明理工大学，中国工程院院士

任其龙　浙江大学，中国工程院院士

舒兴田　中国石油化工股份有限公司石油化工科学研究院，中国工程院院士

孙宏伟　国家自然科学基金委员会，研究员

孙丽丽　中国石化工程建设有限公司，中国工程院院士

汪华林　华东理工大学，教授

吴　青　中国海洋石油集团有限公司科技发展部，教授级高工

谢在库　中国石油化工集团公司科技开发部，中国科学院院士

邢华斌　浙江大学，教授

邢卫红　南京工业大学，教授

杨　超　中国科学院过程工程研究所，研究员

杨元一　中国化工学会，教授级高工

张金利　天津大学，教授

张锁江　中国科学院过程工程研究所，中国科学院院士

张正国　华南理工大学，教授

张志炳　南京大学，教授

周伟斌　化学工业出版社，编审

"十三五"国家重点出版物
出版规划项目

国家出版基金项目
NATIONAL PUBLICATION FOUNDATION

化工过程强化关键技术丛书

中国化工学会 组织编写

聚合过程强化技术

Polymerization Process Intensification

冯连芳　张才亮　王嘉骏　等著

化学工业出版社

·北京·

《聚合过程强化技术》是《化工过程强化关键技术丛书》分册之一。本书总结了作者长期以来在聚合过程工程领域的基础研究和工业应用积累。针对聚合过程的相态、物系、工艺等特点，论述了气相聚合过程（第二章）、淤浆聚合过程（第三章）、高黏物系聚合过程（第四章）、高黏物系脱挥过程（第五章）、聚合物反应挤出过程（第六章、第七章）中聚合物复杂物系的流动、混合与分散、传热和传质特性，阐述了聚合反应装置的优化设计、聚合过程的强化方法和典型工业应用。最后，从过程系统工程角度，论述了基于聚合反应动力学机理的聚合过程建模与流程强化、面向聚合物微观质量的反演优化方法及其工业应用（第八章）。

　　《聚合过程强化技术》系统论述了以聚合过程效能和产品质量为目标的聚合反应装置、聚合过程的优化设计和过程强化方法，密切结合基础研究与工业应用，反映了聚合过程工程领域的最新发展动向。本书是多项国家和省部级成果的系统总结，提供了大量基础研究和工程应用实例，可供化工、材料等领域科研人员、工程技术人员、生产管理人员以及高等院校相关专业师生参考。

图书在版编目（CIP）数据

聚合过程强化技术 / 中国化工学会组织编写；冯连芳等著. —北京：化学工业出版社，2020.8
（化工过程强化关键技术丛书）
国家出版基金项目 "十三五"国家重点出版物出版规划项目
　ISBN 978-7-122-37149-2

Ⅰ．①聚… Ⅱ．①中… ②冯… Ⅲ．①聚合过程-强化-研究 Ⅳ．①O631.5

　中国版本图书馆CIP数据核字（2020）第092907号

责任编辑: 杜进祥　孙凤英　任睿婷　　　　装帧设计: 关　飞
责任校对: 王素芹

出版发行: 化学工业出版社（北京市东城区青年湖南街13号　邮政编码100011）
印　　装: 中煤（北京）印务有限公司
710mm×1000mm　1/16　印张24　字数495千字　2020年8月北京第1版第1次印刷

购书咨询: 010-64518888　　　　　　　售后服务: 010-64518899
网　　址: http://www.cip.com.cn
凡购买本书，如有缺损质量问题，本社销售中心负责调换。

定　　价: 198.00元　　　　　　　　　　　　　版权所有　违者必究

作者简介

　　冯连芳，浙江大学化学工程与生物工程学院教授/博士生导师。中国化工学会化工过程强化专委会委员。1983 年毕业于浙江大学高分子化工专业，分别获得浙江大学化学工程与技术工学博士学位、法国洛林国立高等理工学院（INPL）产品及过程工程博士学位。入选教育部"跨世纪优秀人才支持计划"，入选浙江省"新世纪 151 人才工程"，入选杭州市钱江特聘专家。现任浙江大学衢州研究院常务副院长，化学工程联合国家重点实验室（浙江大学）副主任，流程生产质量优化与控制国际联合研究中心（浙江大学）副主任，全国化工设备设计技术中心站搅拌工程技术委员会主任。一直从事聚合物制备过程工程和产品工程的研究开发，擅长聚合反应器的放大和优化、聚合反应过程模拟与优化、高性能聚合物规模化制备与反应挤出改性。承担了国家"863"课题、国家科技支撑计划课题、国家"973"计划课题、中国石化（十条龙）、中国石油重点项目等十余项。包括在 Angewandte Chemie，Adv Mater，AIChE，Chem Eng Sci, Macromolecules, Polymer 等刊物上发表论文近 300 篇，出版专著 2 本，撰写 10 本专著，授权发明专利近 40 项。

　　张才亮，浙江大学化工学院副教授，博士生导师。2002 年获得武汉化工学院化学工程专业学士学位，2005 年获浙江大学硕士学位，2009 年以中法联合培养博士生分别获得法国洛林国立高等理工学院和浙江大学博士学位，2009 ~ 2011 年在美国俄亥俄州立大学从事博士后研究。2011 年起在浙江大学化工系从事教学和科研工作，2014 ~ 2015 年在美国凯斯西储大学作访问学者。主要从事聚合反应工程、反应挤出、聚合物加工以及超临界下聚合物制造与加工成型等研究，其相关研究结果发表论文 40 余篇，授权和申请发明专利 10 余件。任 "Chemical Engineering and Processing: Process Intensification" 期刊的执行主编和 "Case Studies in Chemical and Environmental Engineering" 期刊的编委。

　　王嘉骏，浙江大学化学工程与生物工程学院副教授，硕士生导师。分别于 1995 年和 2001 年获得浙江大学化学工程专业工学学士和博士学位。2001 年起在浙江大学从事教学和科研工作。2016 年 9 月至 2018 年 3 月在美国 Northwestern University 作博士后访问学者。主要研究方向为反应器与化工过程强化和优化研究，研究内容涉及高黏复杂体系过程强化和混合强化，外场作用下复杂多相体系气泡和颗粒行为，与复杂化学反应耦合

的计算流体力学模拟。任全国化学工程设计技术中心站搅拌技术专家委员会委员。以第一 / 通讯作者发表 SCI 论文 30 余篇，出版学术专著 1 本，获授权中国发明专利 20 余件。主持和作为骨干参与国家自然科学基金、863 项目、科技支撑项目和国家重点研发专项等国家级项目 10 余项。获省部级科技进步一等奖 1 项。

化学工业是国民经济的支柱产业，与我们的生产和生活密切相关。改革开放 40 年来，我国化学工业得到了长足的发展，但质量和效益有待提高，资源和环境备受关注。为了实现从化学工业大国向化学工业强国转变的目标，创新驱动推进产业转型升级至关重要。

"工程科学是推动人类进步的发动机，是产业革命、经济发展、社会进步的有力杠杆"。化学工程是一门重要的工程科学，化工过程强化又是其中的一个优先发展的领域，它灵活应用化学工程的理论和技术，创新工艺、设备，提高效率，节能减排、提质增效，推进化工的绿色、低碳、可持续发展。近年来，我国已在此领域取得一系列理论和工程化成果，对节能减排、降低能耗、提升本质安全等产生了巨大的影响，社会效益和经济效益显著，为践行"绿水青山就是金山银山"的理念和推进化工高质量发展做出了重要的贡献。

为推动化学工业和化学工程学科的发展，中国化工学会组织编写了这套《化工过程强化关键技术丛书》。各分册的主编来自清华大学、北京化工大学、中北大学等高校和中国科学院、中国石油化工集团公司等科研院所、企业，都是化工过程强化各领域的领军人才。丛书的编写以党的十九大精神为指引，以创新驱动推进我国化学工业可持续发展为目标，紧密围绕过程安全和环境友好等迫切需求，对化工过程强化的前沿技术以及关键技术进行了阐述，符合"中国制造 2025"方针，符合"创新、协调、绿色、开放、共享"五大发展理念。丛书系统阐述了超重力反应、超重力分离、精馏强化、微化工、传热强化、萃取过程强化、膜过程强化、催化过程强化、聚合过程强化、反应器（装备）强化以及等离子体化工、微波化工、超声化工等一系列创新性强、关注度高、应用广泛的科技成果，多项关键技术已达到国际领先水平。丛书各分册从化工过程强化思路出发介绍原理、方法，突出应用，强调工程化，展现过程强化前后的对比效果，系统性强，资料新颖，图文并茂，反映了当前过程强化的最新科研成果和生产技术水平，有助于读者了解最新的过程强化理论和技术，对学术研究和工程化实施均有指导意义。

　　本套丛书的出版将为化工界提供一套综合性很强的参考书，希望能推进化工过程强化技术的推广和应用，为建设我国高效、绿色和安全的化学工业体系增砖添瓦。

中国科学院院士：

中国工程院院士：

聚合物（塑料、纤维、橡胶、涂料、黏合剂等）是关系到国计民生的极其重要的基础材料。在过去的30多年来，中国的聚合物产业取得了突飞猛进的发展，国内的年产能和年消费量均超过了亿吨，产能占世界的50%以上。回顾中国聚合物产业的发展，在引进装置、消化吸收与再创新的路线图中，聚合工程技术的发展起了重要的支撑作用，同时也促进了国内聚合反应工程学科的发展。1983年Joseph A.Biesenberger和Donald H. Sebastian出版的《Principles of Polymerization Engineering》是国际聚合反应工程学科的里程碑专著。1991年国内陈甘棠教授出版《聚合反应工程》，同年潘祖仁教授创建的"化学工程联合国家重点实验室聚合反应工程分室"（由国家科委和国家教委批准）成立，标志着中国的聚合反应工程学科融入了国际轨道。

聚合反应过程是小分子单体发生聚合反应生成聚合物的过程，同时发生从气体或液体到溶液、熔体或固体的相变，并且反应结束后需要把残留单体和溶剂从聚合物中脱除。因此，聚合反应过程中的流动、混合、传热和传质等都是非常困难的，且与聚合反应是耦合的。规模化聚合装置的开发必须具备坚实的基础研究、科学与系统的理论指导，同时需要中试或工业试验的纠错。巨大的经济利益和极高的技术壁垒，导致领导型聚合物公司的技术垄断。中国虽是聚合物的产能大国，但不是制造强国，大宗聚合物原材料相对过剩、高端牌号依赖进口、顶级产品被封锁。工业和信息化部的《石化和化学工业发展规划（2016—2020年）》指出了存在的主要问题："1.结构性矛盾较为突出——以乙烯、对二甲苯、乙二醇等为代表的大宗基础原料和高技术含量的化工新材料、高端专用化学品国内自给率偏低，工程塑料、高端聚烯烃塑料、特种橡胶、电子化学品等高端产品仍需大量进口。2.行业创新能力不足——核心工艺包开发、关键工程问题解决能力不强。"因此，聚合过程强化技术的发展，对于国内聚合物产业的升级、质量优化、工艺再造，具有重要的意义。

传统上，聚合过程分为溶液聚合、本体聚合、悬浮聚合、乳液聚合。随着聚合反应工程学科的发展，乳液聚合（以乳聚丁苯橡胶为代表）、悬浮聚合（以聚氯乙烯为代表）的工程与过程强化问题已经得到了比较充分的认识，非均相的气相聚合和淤浆聚合（以聚烯烃为代表）的技术发展迅速，溶液聚合和液相本体聚合仍然存在技术瓶颈，新兴的反应挤出技术方兴未艾，以系统工程方法论对全流程聚合过程的强化是值得注意的新方向。据此，《聚合过程强化技术》一书由浙江大学冯连芳教授牵头组织和统稿，包括以下八章内容：第一章 绪论（冯连芳）；第二章 气相聚合过程强化技术（王嘉骏）；第三章 淤浆聚合过程强化技术（王嘉骏）；第四章 高黏物系聚合过程强化技术（冯连芳）；第五章 高黏物系脱挥过程强化技术（冯连芳、成文凯）；第六章 反应挤出强化均相聚合过程（张才亮）；第七章 反应挤出强化多相聚合过程（张才亮）；第八章 聚合过程系统强化技术（顾雪萍）。

第一章简要介绍了聚合过程强化技术存在的问题、对策和发展方向。第二章以烯烃气相聚合过程为背景论述了流化床、搅拌流化床、多区循环流化床等聚合反应器的流态化特性、工程设计原理与强化方法。第三章面向烯烃淤浆聚合过程论述了气液固三相体系的搅拌特性、计算流体力学模拟和聚合过程强化策略。第四章论述了均相高黏聚合过程的混合强化技术。第五章阐述了高黏物系脱挥过程的工艺特征和传质强化方法。第六章介绍了新兴的反应挤出原理、流动与混合特征、应用于均相聚合过程的强化策略。第七章聚焦于反应挤出应用于聚合物界面接枝反应、聚合物多相体系分散的强化方法。第八章从化工系统工程角度论述了聚合反应过程的机理模型化与优化方法。

本书总结了作者及研究团队长期以来在聚合过程工程领域的基础研究和工业应用积累。既有共性的基础研究，论述了聚合物复杂物系的流动、混合、传热和传质特性，以及计算流体力学数值模拟；又密切结合特定聚合反应工艺特性阐述聚合反应器的优化设计、聚合反应过程的强化方法，以及在聚合物工业应用示例；并且反映了聚合过程工程领域的最新发展动向。

本书的多项研究工作获得了国家高技术研究发展计划（863 计划）"低碳烯烃与合成橡胶绿色制造共性关键技术研究"（2012AA040305）、国家重点基础研究发展计划项目（973 项目）"高性能热塑性弹性体制备及加工应用中的科学问题"（2011CB606001）、国家重点研发计划政府间国际科技创新合作重点专项"高端定制化聚合物生产过程精细建模与质量优化"（2017YFE0106700）的资助。中国石油化工集团公司、中国石油天然气股份有限公司给予了长期的科研支持，在此一并感谢。

感谢《化工过程强化关键技术丛书》编写委员会，组织指导了《聚合过程强化技术》分册的撰写，为国内聚合反应工程学科和聚合物工业的继承与发展提供了一个极好的机会。感谢参与撰写的专家学者，在繁忙的科研工作中挤出时间整理资料、梳理总结、汇总成书。感谢研究团队和课题组的博士研究生、硕士研究生十几年来的辛勤工作与研究积累。感谢浙江大学王凯教授对全书进行了审阅。衷心感谢中北大学刘有智教授、栗秀萍教授、祁贵生教授、焦纬洲教授、张巧玲教授、李小梅副教授、罗莹博士，昆明理工大学梅毅教授、刘玉新副教授为本书撰写提供的支持与帮助！

　　限于著者的学识和理解，书中存在的不足之处，恳请有关专家和读者不吝指正。

著者
2020 年 4 月

目 录

第三章　淤浆聚合过程强化技术 / 72

第四章　高黏物系聚合过程强化技术 / 132

第一章

绪　论

第一节　引言

　　聚合物，代表性的有塑料、纤维、橡胶等，是国家的战略物资和重要基础材料，全球年增长率超 5%。国内的聚合物产能和年消费量早已超过了亿吨，2018 年大宗聚合物中依次为聚烯烃超 5500 万吨、聚酯约 5000 万吨、聚氯乙烯 2400 万吨、合成橡胶 660 万吨。中国是聚合物的产能大国，但不是制造强国，普通聚合物原材料相对过剩、高端牌号依赖进口，顶级产品被封锁的重要原因是"核心工艺包开发、关键工程问题解决能力不强"[1]。聚合过程强化技术是聚合物产业的核心竞争力。

　　回顾国内聚合物产业发展，顺丁橡胶成套技术是国内早期自主开发的代表性技术，1985 年获得国家科技进步特等奖。国内主流的氯乙烯悬浮聚合技术与装置、聚酯熔融缩聚技术与装置、烯烃聚合技术与装置，都是通过引进、消化、再创新的路线发展起来的，极大地促进了中国聚合物产业的发展。无论是溶液法合成橡胶、悬浮法聚氯乙烯、熔融缩聚法聚酯，还是聚烯烃生产技术，聚合工艺和聚合反应装置的每一次突破都是聚合物相关产业的里程碑式进步。因此，聚合过程的开发、强化、运行优化是各大公司的技术秘密和壁垒。虽然国内外学术界、企业研发机构对于聚合过程的开发与强化极其重视，但是重要的产业化技术成果罕见文献报道。例如，芳纶聚合过程、碳纤维产业用的丙烯腈聚合过程、特种聚酰胺的聚合过程，国外行业领导型企业对于过程强化技术与装备都是垄断和封锁的。

　　要改变高端牌号进口、低端牌号竞争激烈、特种聚合物材料及其生产技术被严格封锁的现状，核心工艺技术与聚合过程强化是其瓶颈。深刻理解聚合反应过程的工艺特点和相态特征，明晰聚合过程强化的关键问题，工艺和装备的协同与集成来解决聚合过程的关键工程问题，对于高端聚合物产品与聚合工程技术的自主开发以及现有聚合装置的强化与工艺再造，具有战略发展意义。

聚合过程强化的几个关键问题

聚合物原材料的制备工艺以相态分类有溶液聚合、本体聚合、悬浮聚合、乳液聚合等方法，其中聚合反应器是最重要的关键装备。

不同于一般的化学反应，聚合反应过程具有多方面的特殊性。例如，打开双键的聚合过程是强放热反应，溶液聚合和液相本体聚合过程中的物系往往呈现高黏、非牛顿特性，非均相聚合过程中颗粒形态的重要性，快聚合反应与慢混合过程的矛盾性，聚合物后处理过程的复杂性，等等。因此，对于聚合反应过程强化的关键问题视工艺不同而不同。

（1）传热强化是烯烃类聚合反应过程强化关注的首要问题。

聚合反应器的传热性能不仅仅影响到时空收率和操作安全性，反应器内温度的不均匀性会严重影响到聚合物的链结构，如分子量分布、聚合物组成等，从而影响产品的质量。

（2）传质强化制约了缩聚过程的进程、聚合物脱挥过程的效能。

对于官能团缩聚过程，小分子的有效移出决定了缩聚物的聚合度，要得到高分子量的聚合物必须强化小分子的脱出过程。对于溶液聚合过程，高黏、非牛顿特性导致聚合物与溶剂及其残余单体的分离异常困难，传质强化是效能最大化的关键问题。

（3）混合与分散强化是复杂聚合物系均匀性的前提。

催化剂、单体、聚合物的混合与分散不良将导致催化剂效率的下降、聚合物产品质量的不均匀。A-B型化学计量缩聚体系的混合不良就导致A与B无法配对，难于获得满意的聚合物产品。

（4）聚合反应器强化与聚合工艺的匹配性。

以往很多研究开发过程中，化学家专注于配方工艺，化工研究者关注过程和装备，两者之间缺乏有效的协同。传质和混合影响宏观聚合动力学，反应进程逆影响传热和混合，因此聚合过程强化必须与工艺耦合和协同。

第三节　聚合过程强化技术与装备的发展

聚合反应过程的开发、操作工艺条件的优化、聚合反应装置的设计与放大，以及聚合过程的动态特性与优化控制等都面临极大挑战，但具有很大的发展空间。聚合过程强化是在针对特定聚合过程、遵循聚合反应动力学（反应机理、产物链结构）、聚合反应过程行为（流变特性、颗粒特性）的基础上，通过强化流动与混合、强化传热与传质、耦合工艺与装备，实现聚合过程效能的最大化、聚合物产品结构的可控化、聚合过程的绿色化，即将聚合动力学和聚合过程传递密切结合、以新型聚合过程和装备的形式呈现，优化工业聚合过程。例如，强化催化剂与聚合体系的混合，提高催化剂效率与聚合物产品质量；强化聚合反应器传热特性使釜内温度分布均匀，促进聚合物分子量及其分布的均匀；强化双分子缩聚过程中小分子脱挥特性，提高缩聚物产品的聚合度。针对特定聚合体系必须采用特定的强化策略是聚合过程强化的难点[2]。

一、聚合过程的传热强化

打开烯烃的双键过程中会释放大量的反应热，反应器内的温度均匀性显著影响聚合基元反应的动力学常数。因此，聚合反应的温度控制不仅影响聚合物产品的质量（分子量分布、共聚物组成），影响聚合过程的产率（聚合转化率），同时与聚合过程的安全性（爆聚）密切相关。

以制备疏松型颗粒为目标的氯乙烯悬浮聚合过程，经多年的研究与生产实践，总结获得了聚合反应器的放大准则：单位体积搅拌功率 $1.0\sim1.5kW/m^3$，反应器内每分钟循环次数 >7，足够的传热能力，及时移去聚合热[3]。

合适的单位体积搅拌功率是为了调控聚氯乙烯的颗粒形态，反应器内循环次数是为了保证釜内温度的均匀，从而氯乙烯悬浮聚合过程的强化手段就是如何提高聚合釜的撤热能力。国内聚合反应工程的先驱者潘祖仁主持国家攻关项目研发的 $80m^3$ 聚合釜采用了螺旋挡板夹套与指形内冷管结构、协同氯乙烯单体气相冷凝技术进行撤热[4][图 1-1（a）]，该技术的应用推动了国内聚氯乙烯行业的科技进步。引进的美国 Goodrich 技术的 $70m^3$ 聚合釜采用了半管夹套结构 [图 1-1（b）]，夹套的传热系数显著提高，达到了 $1000\ W/(℃\cdot m^2)$ 左右；并且为了增加封头部分的传热效果，封头部分的冷却水通过喷嘴进入[5]。日本住友开发了内夹套或双壳结构夹套的聚合釜 [图 1-1（c）]，夹套的传热系数进一步提高；同时采用了最大叶片式搅拌，传热系数达到了 $1800kcal/(℃\cdot h\cdot m^2)$（$1cal=4.18J$，下同），如图 1-2 所示。夹套传热的强化，显著提高了氯乙烯悬浮聚合釜的时空收率。

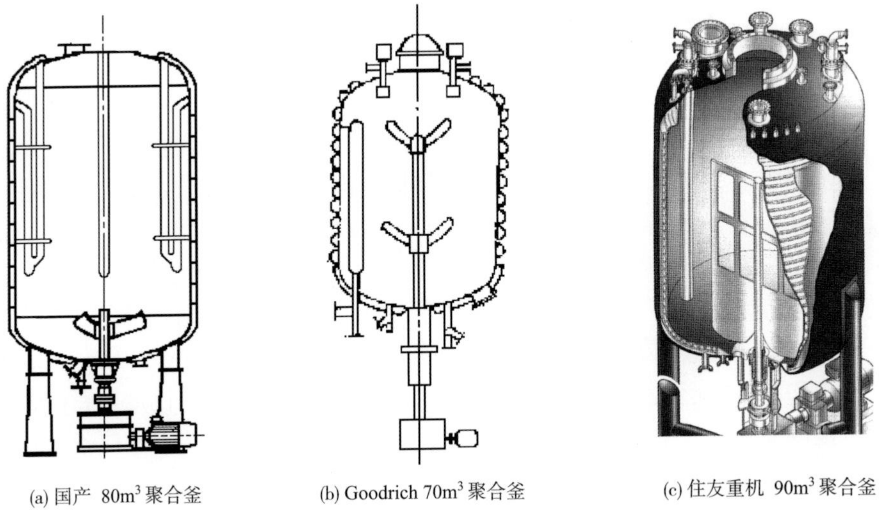
(a) 国产 80m³ 聚合釜
(b) Goodrich 70m³ 聚合釜
(c) 住友重机 90m³ 聚合釜

图 1-1　氯乙烯悬浮聚合反应器

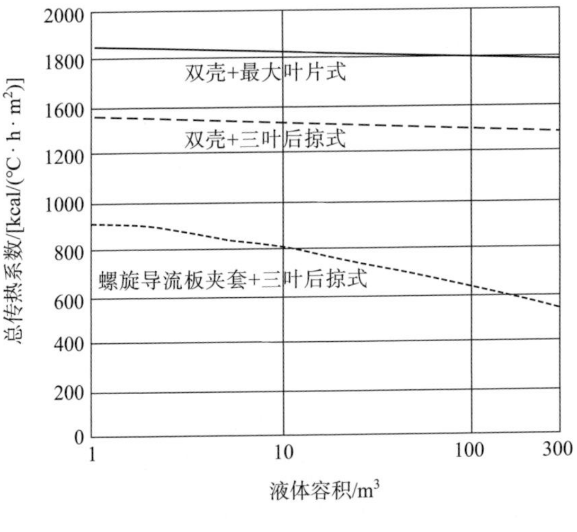
2000
1800
1600
1200
1000
800
600
400
200
0
1
10
100
300
双壳+最大叶片式
双壳+三叶后掠式
螺旋导流板夹套+三叶后掠式
总传热系数/[kcal/(°C · h · m²)]
液体容积/m³

图 1-2　氯乙烯悬浮聚合反应器的夹套传热系数

另一方面，间歇聚合过程的前期引发诱导期、后期单体浓度变低会导致聚合反应速率呈现慢 - 快 - 慢的过程，夹套的传热设计与操作受到最大反应速率的制约。通过复合引发体系调整聚合反应速率趋于线性，聚合釜的时空收率将进一步强化。

二、聚合过程的分散强化

丁二烯溶液聚合制备顺丁橡胶的聚合装置多采用多釜串联的连续工艺，催化剂陈化液（环烷酸镍 Ni，三异丁基铝 Al）、稀硼液（三氟化硼乙醚配合物 B）、丁二烯、溶剂从首釜的底部进入。在首釜的底部，稀 B 要与含有 Ni-Al 的催化剂陈化液、丁二烯单体以及釜内胶液等多组分混合，并形成新活性中心。理论上，该区域的微观混合效果好可使活性中心的形成能按照催化剂组分的最佳配比、在最适合的温度条件下形成。但是，现有的首釜设计和操作，混合效果并不理想[6]。

（1）釜底进料区的混合和分散不理想。鉴于丁二烯聚合液的高黏度，首釜采用了螺带式与锚式同轴组合的搅拌结构。但是，首釜底部进料区域的聚合转化率并不高，锚式搅拌器缺少足够的剪切分散能力，催化剂的分散、外部进料与釜内胶液的混合都不理想。

（2）异黏度、异密度、异温度、异浓度物料混合困难。进入首釜底部的物料中除各组分的浓度差异外，还有黏度差异（丁二烯和溶剂：胶液 =1：1000）、密度差异（0.65：0.95）、温度差异（5℃：65℃）。这些差异导致微观混合难度极大。不良的微观混合效果必将导致部分活性中心的形成偏离最佳的 Al/B 和 Al/Ni 配比，催化剂的浓度不均、温度分布不良，导致聚合物质量变差。

依据 Ni-Al-B 催化的丁二烯聚合反应动力学规律，属于快引发过程。因此，要求首釜进料处的混合时间在秒数量级，显然，现有的首釜搅拌设计是无法满足要求的。为强化催化剂的分散，作者提出了一种制备顺丁橡胶的催化剂预混方法与装置[7]，将催化剂陈化液（环烷酸镍，三异丁基铝）、稀硼液（三氟化硼乙醚配合物）、丁二烯、溶剂在进入首釜底部前的管道混合器中快速分散预混。从计算流体力学模拟中可以看出（图 1-3），停留时间在秒数量级范围内可以达到快速分散的要求。

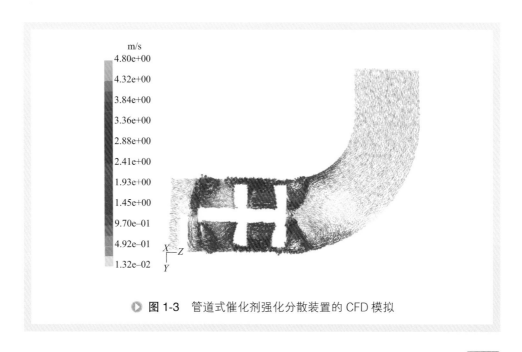

▶ 图 1-3　管道式催化剂强化分散装置的 CFD 模拟

管道式催化剂强化分散装置应用于顺丁橡胶工业生产装置，如图1-4所示，催化剂的效率明显提高，胶液的凝胶含量也下降了。不仅提高了催化剂的利用率，也提高了聚合物产品的质量。

🔘 **图1-4** 用于顺丁橡胶聚合装置的管道式催化剂强化分散装置

三、聚合过程的混合强化

溶液聚合和液相本体聚合过程中，当单体、溶剂、聚合物是相容时，聚合体系的黏度从反应开始的数厘泊（1cP=1mPa·s，下同）增加到反应结束后数百万厘泊，呈现出高黏、非牛顿的复杂流变特性，物料的流动、混合、传热和传质都极其困难。聚合转化率提高，物系黏度增加，物料混合困难，聚合反应受影响，因此传递过程与聚合反应是相互耦合的。高黏聚合过程的混合强化一直是研究者关注的问题[8]。

近年来，特种工程塑料与纤维的需求日趋增长，例如对位芳纶、聚苯硫醚、聚醚醚酮、聚砜树脂等。由于聚合物系的特高黏度，这些聚合物制备过程的混合强化已经成为工程化技术开发的瓶颈问题。

对于特高黏物系，研究者往往首先想到双螺杆挤出机作为混合强化的手段。双螺杆挤出机具有很好的混合、分散、自清洁能力，在塑料加工改性中广泛应用，新兴的反应挤出技术就是利用其混合强化而发展起来的。但是，双螺杆挤出机的有效空间小、物料停留时间短（一般<5min）、撤热能力低、动力消耗大，聚合过程多数为数十分钟的数量级，双螺杆挤出反应器制约了规模化放大。

基于双螺杆自清洁的思想，瑞士 LIST 公司提出了双轴搅拌的自清洁反应器，如图1-5所示。类似于双螺杆，双轴叶片之间具有捏合和自清洁作用；特殊的叶片设计显著提高了反应器的有效体积；搅拌轴和叶片结构内可通传热介质显著强化了传热能力。这些强化装置的最大自由空间达到了10m³，已经在一些高端聚合物材

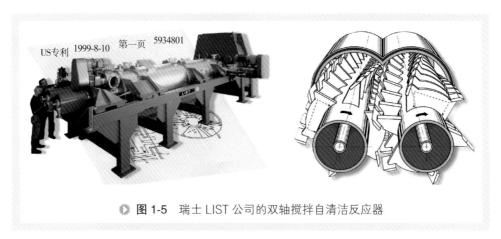

図 1-5 瑞士 LIST 公司的双轴搅拌自清洁反应器

料制备中发挥了作用，例如丙烯酸树脂、丁基橡胶、聚乳酸、硅橡胶、高性能工程塑料等[9]。

四、聚合过程的传质强化

溶液聚合或本体聚合过程的后处理就会涉及聚合物溶液中小分子物质（溶剂、未反应单体）的脱除问题。对于双官能团缩聚过程，反应过程中会产生小分子化合物，小分子不脱除就无法得到高分子量的聚合物。脱挥操作就成为高黏聚合过程强化的重要组成部分。

小分子从黏性体系中脱除分为三步：痕量小分子从黏性液相体系中扩散迁移到气液界面、小分子在界面处起泡、小分子逸出到气相空间中。其中，气液界面积是脱挥过程强化的重要途径[10]。

国内早期从德国吉玛引进的聚酯（聚对苯二甲酸乙二醇酯）装置中，终缩聚釜采用了卧式圆盘片搅拌反应器[11]。控制液位在 50% 左右操作状态，圆盘片液下部分起搅拌混合的作用，气相部分圆盘片形成流动膜，极大地增加了气液界面，同时在搅拌过程中圆盘片上的膜是及时更新的，因此，总传质能力 $k_L a$ 显著强化。传质能力的强化促进缩聚反应进程，产能提高或聚合度增加。

在圆盘片的成膜机理研究过程中发现，体系黏度与盘片结构是互相关联的[12]。黏度较低时，需要网格支撑才能防止膜的破裂（图 1-6 右上）；黏度较高时，盘片间物料融合减小了气液界面面积（图 1-6 右下）。因此，卧式圆盘搅拌反应器的结构设计时，缩聚进程发展→聚合物系黏度提高→盘片结构设计梯级变化。搅拌速度影响界面更新速率，因此需要综合平衡各要素才能达到聚酯终缩聚的最优设计和运行。

为拓展圆盘反应器的高黏适应性，陈忠辉提出了卧式双轴圆盘反应器[13]，研究了搅拌功率特性、流动特性和传质特性，获得了相应的实验室关联式，研究表明双轴圆盘反应器的传质性能优于单轴圆盘反应器。

▶ 图1-6　圆盘反应器的成膜特性

日立公司提出的双轴搅拌反应器（图1-7），叶片采用了特殊的眼镜翼结构，并且在贴近釜壁处增加了小刮板，强化了液相部分的混合、消除了高黏操作时叶片之间的物料融合，从而可以适应更高黏度体系的脱挥。用于聚对苯二甲酸乙二醇酯生产时可以得到更高分子量的聚酯产品（液相增黏），也能用于聚对苯二甲酸丁二醇酯（PBT）的生产。

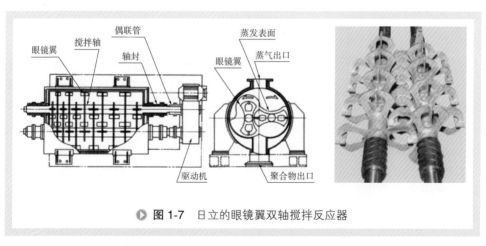

▶ 图1-7　日立的眼镜翼双轴搅拌反应器

对于难于流动成膜的高黏聚合物系的脱挥过程，例如黏弹性聚合物溶液，必须采用捏合自清洁式结构的搅拌装置，如图1-8所示。直立降膜式脱挥装备，流体沿筒壁下降的过程中完成脱挥操作，停留时间短且难调控，适合低黏度、高挥发分、易成膜、易流动的操作。前述的卧式圆盘搅拌装置，停留时间长且可调控，强化了界面更新。对于高黏度、不易成膜的高黏性聚合物溶液脱挥过程，研究者自然想到了双螺杆挤出机。但是，双螺杆挤出机的脱挥窗口停留时间短、功率输入大、传热能力弱，并不适合大容量脱挥。卧式捏合式搅拌反应器，不仅能强化混合和表面更新，而且自由空间大、停留时间长，物料处理量、脱挥效率、脱挥深度都得到了明显的强化。LIST 自清洁搅拌聚合反应器和 LIST 自清洁搅拌脱挥器的组合，可用于短流程溶液聚合或本体聚合过程[14]。

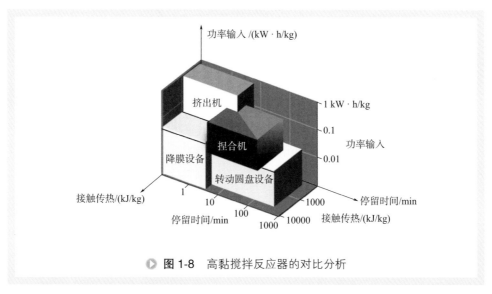

● **图 1-8** 高黏搅拌反应器的对比分析

五、聚合过程的系统优化

工业聚合装置往往由多个聚合单元串并联组成，单元优化不代表流程优化，聚合过程全流程优化和强化需要从系统的角度去考虑。聚合物的生产过程中，工业界往往采用特性黏度（纤维）、熔融指数（塑料）、门尼黏度（橡胶）等聚合物的表观特征来间接表征产品的分子量，也常常作为中控指标。实际上，聚合物的链结构非常复杂，特性黏度、熔融指数、门尼黏度等并不能本质反映聚合物的本征指标。以最简单的聚乙烯为例，链结构呈现出多种形态（图 1-9），产品的机械物理性能差别巨大，远不是熔融指数能表达的。因此，构建合适的聚合物质量指标表征体系，是聚合过程系统优化与过程强化的基础。

实际上，决定聚合物产品质量的本征指标是聚合物的链结构、分子量及分布、共聚物组成及分布、序列结构分布、长短支链分布等等[15]。相同熔融指数聚乙烯的分子量分布等可能不同；而相同链结构的聚乙烯，宏观性能一定相同。聚合反应过程强化的质量目标函数就应该是聚合物的微观链结构，而不是特性黏度、熔融指数、门尼黏度等这些表观指标。

三井 Hypol 工艺聚丙烯装置是由两个液相聚合釜和两个气相聚合釜串联组成，

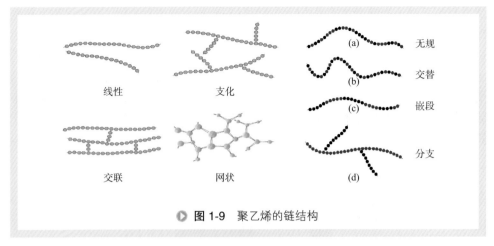

（a）无规

（b）交替

（c）嵌段

（d）分支

线性　　　　　支化　　　　　　　　　　无规

交联　　　　　网状

> 图 1-9　聚乙烯的链结构

如图 1-10 左侧所示，该装置可以生产均聚聚丙烯、无规共聚聚丙烯和抗冲共聚聚丙烯，工业生产的表观质量指标是熔融指数和共聚物含量，本征质量参数应是分子量分布、共聚单体及其共聚物组成分布。

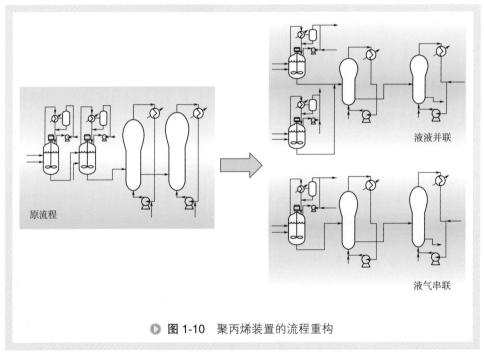

液液并联

液气串联

原流程

> 图 1-10　聚丙烯装置的流程重构

　　笪文忠等 [16] 针对 Hypol 工艺聚丙烯装置、基于反应机理、以分子量分布和共聚物组成为质量目标建立了全流程模型，利用装置的生产数据进行了参数整定和模型验证，并以该模型为基准对反应器组合进行了模拟研究。结果表明，对于不同牌号的聚合物生产，流程重构后的聚合装置产能显著强化。对于抗冲聚丙烯牌号的生产，原装置可以重构成两个液相聚合反应器并联、再串联两级气相反应器的新流程，如图1-10右侧所示，在分子量分布和共聚物组成不变的前提下通过反演计算确定新的操作工艺条件，产能可以提高40%以上，该结果经过了中试装置的验证。

从发展的角度，聚合过程的强化不仅仅局限于产能的提高、能耗的下降，更重要的是产品质量的优化和强化[17]。或者说，强化的目标函数依次应为聚合物品质、装置的产能、过程的能耗。如果能实现以质量、产能与消耗为强化目标的在线计算，聚合装置的智能化发展就前进了一大步。

第四节 结语

聚合物材料发展至今，对其结构及与性能的关系日趋清晰。聚合物具有复杂丰富的结构层次且紧密关联，高层次结构很大程度上受低层次结构的影响，其中链结构和聚集态结构是决定聚合物产品性能的最主要结构层次。聚合过程可在很大程度上决定聚合物的链结构和聚集态结构。聚合反应工程研究者为调控聚合物的分子结构做出了不懈的努力，并取得了巨大的成功。基于聚合动力学建模和过程仿真，对不同机理的聚合反应提出了连续聚合反应器的不同选型[18]：当聚合反应中聚合物链的形成时间极为短暂时，想要获得窄分子量分布的聚合物，选择单釜、环管等倾向于全混流形式的聚合反应器；当聚合物链的形成时间较长时，想要获得窄分子量分布的聚合物，则选择多釜串联或塔式等倾向于平推流形式的聚合反应器。当需要宽的或呈双峰的分子量分布时，则采用特定的反应器组合或催化剂组合。对于单体活性差异相对较大的共聚反应，基于共聚动力学采用连续全混流和半连续等操作方式，确保了聚合过程中共聚产物组成的均匀性。另外，聚合反应工程研究者还研究了微观混合和扩散控制对聚合产物分子量分布的影响规律[19]，为高黏、非均相等工业聚合过程的优化设计和操作提供了重要的依据。

由单体到高分子的聚合反应是无数个反应同时发生的概率事件，聚合产物的分子结构受这些概率事件的主导，自然存在着多分散性；进一步，由于聚合过程中物料在反应器内停留时间分布以及微观混合程度等复杂因素的影响，聚合产物的各种分子结构参数更呈多分散性，分子量、共聚物组成、共聚单元在链内排布等均存在着不同形式的分布。这些分布的细小差异即可导致聚合物产品性能的巨大差异。对于聚合物产品，聚合过程中产物链结构（尤其是其分散性）的精确调控，以及原生聚集态结构的调控应当是聚合物产品工程理论与方法发展的重点[20]，也是聚合过程强化与优化的目标之一。

聚合过程强化通过改进聚合设备或开发聚合工艺来达到设备与工艺的有效集

成，从而实现聚合过程效能的最大化、聚合物产品结构的可控化以及聚合过程和产品的绿色化，为解决目前聚合过程中存在的能耗、污染和物耗等问题提供了解决方案，在聚合反应工程领域具有十分广阔的应用前景。尽管各种聚合过程强化技术不断涌现，但是由于聚合过程本身的高黏、变黏、多相、多组分耦合的高度复杂性，导致该领域的基础研究依旧不足，真正能够用于指导聚合设备与工艺开发的基础数据和理论更是稀缺，直接导致新设备或新工艺大多停留在实验室阶段，工程放大困难或者工业化周期非常长。形成系统的聚合过程强化的基础理论，进而用科学的理论指导过程强化实践，解决工业化过程中存在的诸多难题，从而不断推动聚合过程强化技术的工业化进程，具有极其重要的价值。

参考文献

[1] 工业和信息化部.石化和化学工业发展规划（2016—2020年）.[EB/OL].[2020-2-5].2016.

[2] 许超众，冯连芳.聚合过程强化技术的发展[J].化工进展，2018，37(4): 1314-1322.

[3] 王凯，冯连芳.混合设备设计[M].北京：机械工业出版社，2002:313-315.

[4] 潘祖仁.从聚氯乙烯攻关任务到聚合反应工程基础研究[J].高分子通报，2005,(4): 110-109.

[5] 李良超，黄显忠，顾雪萍，李培华，冯连芳.PVC悬浮聚合釜内流场与传热的研究[J].聚氯乙烯，2008, 36(10): 38-44.

[6] 张爱民，姜连升，姜森，等.合成橡胶技术丛书，第六分册：配位聚合二烯烃橡胶[M].北京：中国石化出版社，2016: 307-328.

[7] 王嘉骏，冯连芳，顾雪萍.一种制备顺丁橡胶的催化剂预混方法与装置[P]: 中国，201410721611.5. 2014-12-03.

[8] 何天白，胡汉杰.海外高分子科学的新进展[M].北京：化学工业出版社，2001: 308-338.

[9] Pierre-Alain Fleury, Thomas Isenschmid, Pierre Liechti. Method for the Continuous Implementation of Polymerization Processes[P]: US, 20090192631A9. 2009-7-30.

[10] （美）R. J. 奥尔布莱克（Ramon J Albalak）.聚合物脱挥[M].赵旭涛，龚光碧，谷育升等译.北京：化学工业出版社，2005: 77-88.

[11] 郭松林.吉玛公司聚酯装置终缩聚圆盘反应器[J].聚酯工业，1996,(2): 55-64.

[12] 成文凯.卧式双轴搅拌脱挥设备的成膜特性与传质过程强化[D].杭州：浙江大学，2019.

[13] 陈忠辉.卧式双轴圆盘反应器研究[D].杭州：浙江大学，2001.

[14] 安德里亚斯·迪奈尔，罗兰·康凯尔，皮埃尔-阿兰·弗勒里，伯恩哈德·斯图兹勒.执行聚合反应过程的方法[P]: 中国，201180023868.8. 2011-5-12.

[15] Cheng Xipei, Zhang Huibo, Hu Jijiang, Feng Lianfang, Gu Xueping, Jean-Pierre Corriou. Characterization of broad molecular weight distribution polyethylene with multi-detection gel permeation chromatography[J]. Polymer Testing, 2018, 67:213-217.

[16] 笪文忠, 顾雪萍, 王嘉骏, 冯连芳. Hypol 四釜串联聚丙烯工艺流程重构扩能 [J]. 现代塑料加工应用, 2016, 28(2):45-47.

[17] 顾雪萍, 胡庆云, 冯连芳, 周立进, 王艳丽, 笪文忠, 田洲. 一种以聚烯烃微观质量为目标的聚合工艺条件优化方法 [P]: 中国, 201310470102.5. 2013-10-10.

[18] Biesenberger J A, Sebastian D H. Principles of Polymerization Engineering[M]. New York: Wiley-Interscience, 1983.

[19] Dotson N A, Galvan R, Laurence R L, Tirrell M. Polymerization Process Modeling[M]. New York: VCH, 1996.

[20] 李伯耿, 罗英武, 王文俊, 范宏, 朱世平. 聚合物产品工程: 面向高性能高分子材料的化学工程新拓展 [J]. 中国科学: 化学, 2014, 44(9): 1461-1468.

第二章

气相聚合过程强化技术

第一节 引言

一、烯烃聚合过程简介

聚烯烃，主要指聚乙烯（PE）和聚丙烯（PP），是性能优良的热塑性合成树脂，具有价廉、质轻、加工性能好、应用范围广等优点。近年来，聚烯烃的产量不断提高，这与聚烯烃本身的性质对其他产品的可替代性以及聚烯烃生产工艺与催化剂的改进与提高是分不开的。

烯烃的气相聚合工艺目前占有绝对优势，因其工艺简单和单线生产能力大而备受青睐。气相法聚烯烃流化床生产工艺的优点有：

◇ 工艺简单，流程短，操作灵活方便，操作弹性大；

◇ 反应条件温和；

◇ 无溶剂回收处理和循环系统，无低聚物处理，可大幅度节约设备投资和操作费用，并且减少环境污染和处理可燃性液体带来的危险；

◇ 不受反应单体和聚合物在溶剂中的溶解度和溶液黏度的限制，可生产全范围的聚烯烃产品，并且牌号切换方便；

◇ 公用工程消耗小，能耗低；

◇ 生产能力较大。

目前，世界上具有先进气相法流化床聚乙烯技术的专利商有三家：Univation 公司的 Unipol 气相流化床工艺、BP 公司的 Innovene 气相聚乙烯工艺和 Basell 公司的 Spherilene 工艺。聚丙烯工艺技术如 Basell 公司的 Spheripol 环管气相工艺、

Dow Chemical 公司的 Unipol 气相工艺、BP 公司的 Innovene 气相工艺、NTH 公司的 Novolen 气相工艺、三井石化公司的 Hypol 釜式本体工艺、Borealis 公司的 Borstar 环管 / 气相工艺，聚丙烯的生产和发展工艺中占主导地位的是 Basell 公司的 Spheripol 工艺，使用该工艺生产的 PP 约占总产量的 50%。

我国的烯烃聚合工业正在迅猛发展，但在产业结构上存在不足。一方面，低产品附加值的聚烯烃大量生产，供过于求，而具有高附加值产品的高性能聚烯烃占总产能的比例较小，仍然依赖国外进口。另一方面，聚烯烃生产能耗消耗较大，不仅降低了产品的竞争力，也不符合可持续发展战略，聚烯烃工业被"十二五计划"列为节能减排的重点对象。

促进聚烯烃产业结构的优化，重点在于对核心技术的改革和创新。但国内的生产装置多从国外成套引进，核心技术的缺失导致产业发展受到严重制约。如何将国外的技术消化吸收，并在此之上进行反应器设计和优化，突破国外专利的技术封锁，成为现阶段聚烯烃技术研究的重要组成部分。

二、烯烃聚合的过程强化

气相聚合过程强化核心技术的进步主要体现在工艺（催化剂技术）和装备（反应器技术）两个方面。反应器中的流动过程、热量传递过程和聚合反应过程，最终决定着聚合产品的质量和过程的能耗。揭示聚合反应器中的物理传递过程（动量、热量和质量传递）和聚合反应过程的规律对反应器技术的创新至关重要。本章从传热强化、颗粒防粘强化和聚合物产品品质强化三个方面进行讨论。

烯烃聚合是一种强放热反应，反应热必须通过某种形式的热量传递移出反应器，以维持反应温度的稳定，因此反应器的生产能力取决于反应系统的撤热能力。采用高效聚合催化剂后，反应器的时空收率 STY 常受限于聚合反应器的传热能力。因此增加反应器产量的最有效途径就是强化传热。实际操作中，反应器的聚合物产量（负荷）的增加和流化床的入口温度的降低成正比。若采用冷凝态或超冷凝操作可大幅提高产能。

聚合过程中会产生大量的热，颗粒容易因为过热而导致团聚及粘壁。如何有效避免制备高乙丙橡胶含量时的颗粒黏结、粘釜现象也一直是工业与学术界关注的焦点。搅拌桨的存在加强了颗粒的流动，再加上搅拌桨的刮壁作用，可以有效地避免颗粒的团聚与粘壁现象的发生，提高反应器的时空收率。同时，有无搅拌桨存在对其床层压降、床层膨胀、速度分布以及空隙率分布等都会有很大影响。

Basell 公司开发的 Spherizone 工艺是基于多区循环反应器（MZCR）的最新一代聚丙烯技术 [1]。Basell 公司于 1996 年开始对 MZCR 用于烯烃聚合进行研究，2002 年对位于意大利 Brindisi 的一套原 Spheripol 双环管反应器的聚丙烯装置进行了改造，建成了世界上第一套采用 MZCR 的工业化生产装置。Spherizone 工艺以其反应器构造的独特性、操作的宽适应性以及制备的聚合物性能的优越性引起了工业与学术界的极大兴趣。Galli 等 [2] 认为 MZCR 有可能是高效 Ziegler-Natta 催化剂和颗粒反应器技术最后一次大的突破。采用 Spherizone 工艺制备的多相聚丙烯共聚物的刚性 - 韧性的平衡得到进一步改善，更接近甚至超越工程塑料的水平。

第二节　超冷凝过程强化传热技术

一、冷凝态机理与技术

传统的气相法聚乙烯流化床工艺中，床层中的反应热通过循环气体的显热移除。流化床进口处的循环气体温度高于其露点温度，经过床层后吸收反应热而升温，之后经过循环管线上的换热器将热量移除，同时循环气温度降低至进口温度。循环气的显热量与流量、温升、流体物性等因素有关，在流化床反应器的设计和操作中，循环气的流速不能任意增加，以防止聚合物粉体出现过量夹带，一般操作气速在 0.5～0.8 m/s。另外，循环气体的温升（流化床出口温度与入口温度之差）受换热器冷却温度、循环气体露点温度和树脂粉体黏结温度的限制，不能任意扩大。特别是生产共聚产品时，共聚单体使循环气体露点升高，可用的循环气温差减小。因此，对于特定的流化床反应器，其生产能力因撤热能力的限制而无法进一步提高，这成为气相法聚乙烯流化床工艺发展的瓶颈 [3]。

长期以来，人们认为流化床操作时流化气体不能带液体，以防止流化床操作不稳定。20 世纪 80 年代初，人们发现通过某些专利技术的实施，流化床反应器可以实现带液操作，于是迅速扩大了流化床反应器时空收率（STY）的范围。不仅如此，循环气入口温度低于露点后，由于冷凝液的蒸发潜热远远大于循环气的显热（约 1000 倍），STY 的变化速度更快。新技术的出现促进了气相法聚乙烯流化床工艺的发展，包括美国 UCC、Exxon 化学公司、BP 公司在内的世界大公司纷纷开发自己的专利技术并应用于生产。

生产过程中，随着反应产率的增加，循环气冷却器需要移走更多的热量，才能保持稳定的热平衡状态，最直观的表现在于循环气冷却器出口（反应器入口）的温度将逐渐下降。出口温度低于循环气体露点时，在循环气冷却器中将会产生部分重组分冷凝液，此时在循环气冷却器中进行的是对流有相变换热，这时的聚合反应操作称为冷凝操作（图 2-1）[3]。

由于循环气冷却器从无相变换热转化为有相变换热，大大增强了冷却器的换热

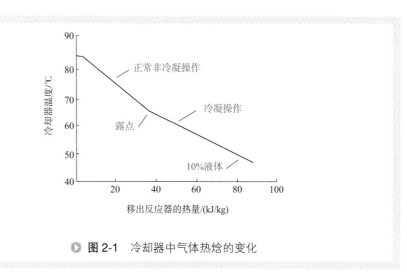

图 2-1　冷却器中气体热焓的变化

能力。当然，更主要是反应器中的液体单体在蒸发时，其潜热可以被吸收，即冷凝液随循环气进入反应器，汽化时的潜热可以吸收大量的反应热，因而可以大大提高反应器的生产能力。

实施冷凝模式操作，进入流化床聚合反应区的气、液两相混合流被迅速加热，在分布板以上很短的距离内完成汽化，并将循环气体的温度升高到聚合温度。显然，由于流化床内颗粒的返混程度很好，冷凝介质的汽化与升温的速率很快，流化床层内没有液体存在。UCC 于 1996 年 10 月公开了一类新的气相聚合方法，使用该方法可以使高沸点的液态单体进行气相聚合，液体可以遍及全床层。研究发现，当液态单体进入流化床内时，在很短时间（距离）内液态单体就被颗粒吸收，于是这些运动颗粒将液体带到全床，但是没有游离的液体存在，流化床中颗粒与气相之间建立单体的气液平衡，一般这些高沸点单体是作为共聚单体被引入反应器的，它们包括：

（1）分子量较高的 α- 烯烃，如 1- 癸烯、1- 十二碳烯以及苯乙烯等。

（2）二烯烃，如己二烯、丁二烯、异戊二烯、亚乙基降冰片烯（ENB）等。

（3）极性乙烯基单体，如丙烯腈、丙烯酸酯等。

所使用的催化剂包括金属茂催化剂、钒基催化剂、铬基催化剂、钛基催化剂以及阳离子型金属卤化物等。

新型的带液操作技术称为气相法聚乙烯流化床冷凝态技术（简称冷凝工艺），相应地，传统的干法操作称为非冷凝态技术。冷凝工艺中，流化床反应器内的反应热通过流化气体的升温显热和冷凝液体的蒸发潜热而达到平衡，从而提高流化床反应器内单位时间、单位体积的聚乙烯产量 STY（即时空收率）。冷凝液一般为共聚用的 α- 烯烃和 / 或惰性饱和烃类物质。循环气中添加惰性冷凝组分的冷凝模式称为诱导冷凝模式，通常惰性冷凝组分为正戊烷、异戊烷、己烷等饱和烃类。冷凝介质的加入可以改变循环气的露点，通常控制循环气中冷凝介质的浓度使得露点介于反应器入口温度和反应器温度之间，并和反应温度保持一定的温差以提供足够的传热推动力。文献提到露点温度应小于反应温度至少 5.6℃，高于反应器入口的循环气温度 3℃以上。在此前提下，冷凝介质含 C 数越高，相应移热能力越强。另外，流化床反应器的生产能力随冷凝介质浓度的增加而提高。

气相法聚乙烯流化床冷凝态技术的优点包括：

◇ 不增加新的反应器、不增大现有反应器的条件下大幅度提高生产能力，一般的增加幅度在 1.5 倍以上；

◇ 投资和操作费用显著降低，除原有流化床反应器保持不变外，反应系统其余主要设备也可保持不变，这使得冷凝态技术非常适合于对现有气相法流化床装置进行技术改造，根据目前成功的改造经验，改造投资低于新建装置投资的 50%；

◇ 增加气相法聚乙烯工艺对各类型催化剂和共聚单体的适应能力，提高生产的柔性；

◇ 冷凝液的存在可显著降低或消除流化床反应器内的静电效应，减少结片现象，增加操作稳定性。

二、Univation 超冷凝技术

UCC 的冷凝态工艺允许的冷凝液含量较低，原因是过多的冷凝液会影响流化质量，并且造成导流器堵塞现象。为此，UCC 提出了新型的流化床入口导流器，将进入混合室的循环气体分为两股，第一股气流直接通过圆盘中心的开孔上升，第二股气流沿封头的壁面上升，目的是防止冷凝液在封头下部沉积，使冷凝液均匀雾化并悬浮在气流中，最后通过气体分布板进入床层。这也是 UCC 冷凝工艺专利的主要思想之一。尽管如此，冷凝工艺循环气中冷凝液的质量分数应低于 20%，优选在 10% 以下，这在一定程度上限制了流化床反应器生产能力的进一步提高。

为突破 UCC 公司对循环气中 10% 液体含量的限制，美国 Exxon 公司于 1994 年在冷凝态技术的基础上开发了"超冷凝技术"（Super Condensing Mode，SCM）。超冷凝技术在循环气中加入高浓度的惰性冷凝介质，操作时冷凝液的含量可高达 15%～50%（图 2-2），生产能力可提高到 250% 以上[4]。

流化床带液操作时，流化质量的控制十分关键。要使冷凝操作时流化床保持稳定，通过分布板的气体射流应足以破裂液面相互作用形成的颗粒团聚，同时进入床层的冷凝液量不能大于分布板区的液体蒸发能力。一般冷凝液量较低时，床内的热量足够使冷凝液完全蒸发。但当冷凝液量较高时，床层蒸发能力可能不足，引起冷凝液在床层局部淤积，导致颗粒结块和流化质量恶化。

对此，Exxon 公司专利指出，流化床稳定操作的关键是流化密度 FBD 与树脂沉积密度 SBD 之比必须大于 0.59。专利公开了部分实验和工业数据，发现流化密度与

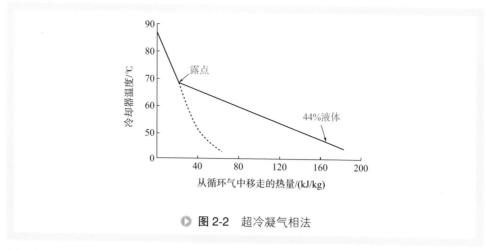

图2-2 超冷凝气相法

循环气冷凝介质（如异戊烷）的组成有较强的相关性，与反应器入口处循环气的冷凝液含量关系不明显。流化密度随着气体中异戊烷浓度增加而降低，说明流化质量变差。当异戊烷浓度开始下降后，流化密度继续下降，这说明异戊烷浓度已超过上限，流化质量已经恶化并且无法恢复。气体异戊烷浓度在合理的范围之内，没有超过极限值，流化密度与异戊烷浓度呈相反的变化关系，变差的流化质量可以通过降低异戊烷浓度得到恢复，因此通过调节异戊烷浓度可以控制流化密度和流化质量。

根据上述规律可以确定循环气中冷凝组分浓度的合理范围，再通过调节流化床入口温度控制流化床生产能力和时空收率。根据 FBD/SBD 必须大于 0.59 的规律，Exxon 公司将流化床反应器的时空收率提高到 3 倍以上，循环气体中液体含量接近50%，突破了 UCC 冷凝工艺对冷凝液含量 10% 的限制。UCC 公司与 Exxon 公司成立合资公司 Univation 后，上述的冷凝工艺与超冷凝工艺合二为一，并和茂金属催化剂专利技术一起成为 Univation 公司的技术 [3]。

三、BP超冷凝技术

BP 公司则开发了不同于 UCC 和 Exxon 的新型超冷凝技术，其主要的技术特点是采用气液分离方法和设备将循环气中的冷凝液进行分离和富集，冷凝液从分布板上部或出料口以上直接喷入流化床反应器，如图 2-3 所示。

BP 超冷凝工艺的优点在于：

（1）通过将从循环流股中分离出来的液相流股单独引入流化床，不仅可以使进入流化床反应器的冷凝液含量得到进一步的提高，从而提高时空收率，并且可以用精确的测量手段来控制进入流化床的液体量。这个技术能够加强对冷却过程的控制和冷凝液进入流化床的调节。

（2）因为液相不需要悬浮在气流中并依靠气流来引入反应器中，所以进入流化

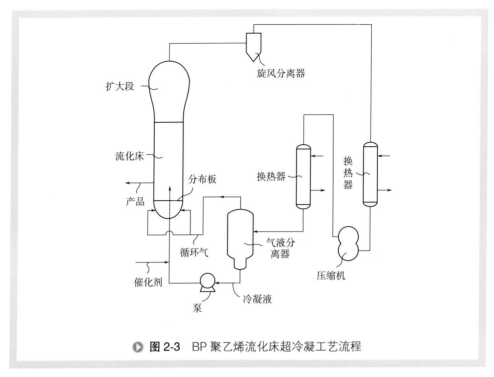

▶ **图 2-3** BP 聚乙烯流化床超冷凝工艺流程

床的冷凝液的量可以在很大的范围内进行调整，由此，可以通过改进对共聚单体或惰性组分的添加速率的控制来调节树脂产品的密度和反应器的时空收率。

（3）被分离的液体可以在进入流化床反应器之前通过合适的冷却手段，例如在气液分离器和反应器之间增加一个换热器或者冷库来进行进一步的冷却。这比仅仅依靠液体蒸发来移出热量具有更好的冷却效果，可以使树脂的产率得到进一步的提高。此外，通过对进入反应器前的冷凝液进行冷却，可以减缓可能存在于液体中的催化剂或预聚物在进入流化床反应器之前的聚合趋势。

（4）影响冷凝液具有良好分散度和渗透率的因素有液体进入床层的动量和方向、床层单位面积喷液的数量和密度分布，通过喷嘴结构的设计、液体喷入流化床反应器的位置和方式的调节，可以保证冷凝液在床层中获得很好的分散度和渗透率。

喷嘴结构的设计非常重要，BP 专利公开了适合于流化床超冷凝工艺的喷嘴结构[5]，如图 2-4 所示，为使冷凝液均匀喷入床层，喷嘴可在流化床径向圆周或沿轴向多点安装。液体的喷入点应设置在床层温度梯度趋于稳定的转折点以上。另外，可以将催化剂或助催化剂和冷凝液一起通过喷嘴直接喷入流化床，实现催化剂的均匀分散。

超冷凝工艺可以对气相法聚乙烯生产技术的发展产生多方面的重要影响：

（1）显著提高新建或现有流化床反应器的时空收率（STY）。

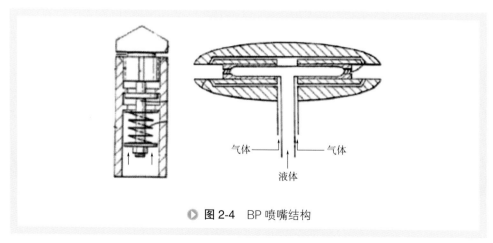

图 2-4　BP 喷嘴结构

气体 ←　　→ 气体

液体

STY 的增加幅度为 2～4 倍，因此生产同样数量的聚乙烯所需要的设备投资和操作费用将更省、更少；不仅如此，由于具有与现有各种气相法工艺（包括带预聚合的工艺）的相容性，冷凝工艺还特别适合于对现有气相法聚乙烯工业装置的技术改造，可成为提高生产能力和增加产品牌号的有效途径。

（2）明显增加气相法工艺对各种类型催化剂和共聚单体的适应能力。

催化剂可以是钛系、铬系催化剂，也可以是茂金属催化剂；可以采用气相进料，也可以采用淤浆进料；可以适应高级 α- 烯烃单体易于冷凝的特点，提高生产的柔性。

（3）可明显降低气相法流化床工艺的静电效应，增加操作的稳定性。

随着新一代高效茂金属催化剂工业化生产的实施，选择与之相配套的聚合工艺和反应器形式已经引起工业界的广泛重视。但超冷凝工艺循环气体中惰性冷凝介质将占据较大的比例，必将影响到反应物浓度的提高 [6]。控制流化密度是流化床稳定操作的关键。不仅如此，要求循环气体的露点比聚合温度低至少 5.6℃，以防止流化床中的聚合物颗粒相互黏结在一起，同时要求冷凝介质比共聚单体至少少一个碳原子。分析超冷凝态流化床内部的流动规律，可以预计在流化床分布板区域将呈现气、液、固三相流态化的流型，但在床层的上部由于蒸发作用，流化床又部分保持气固两相流化床的特性。这种复合的床层流动规律为研究人员提出了新的研究课题。

对冷凝模式操作工艺的技术特点作如下总结：

（1）冷凝工艺是一项先进的技术，用于气相法聚乙烯流化床反应器的扩能改造时，效果显著。

（2）实施冷凝操作时，聚合反应器部分的改造关键是导流器和 / 或喷嘴。

（3）对于不同的树脂牌号，引入冷凝介质的种类和数量、工艺操作条件、流化质量等都应该进行优选以获得最优的 STY，因此操作软件开发十分重要。

（4）实施冷凝工艺时，必须相应地扩大辅助设备的处理能力。

（5）茂金属催化剂和冷凝工艺的结合是一条有广阔应用前景的技术路线，应该通过充分发挥两项技术的优势作用，使聚烯烃的工业生产取得最大的效应。实际上在研究开发阶段就应该进行早期开发的有机结合，例如冷凝工艺的工程研究需要有关催化剂方面的基础数据，而催化剂的开发需要有工程放大技术的配合。

第三节　搅拌流化床过程强化防粘技术

一、搅拌流化床流化特性

烯烃气相聚合过程中会产生大量的热，颗粒容易因为过热而导致团聚及粘壁。另外如何有效避免制备高乙丙橡胶含量时的颗粒黏结、粘釜现象也一直是工业与学术界关注的焦点。

1969 年，BASF 公司采用垂直搅拌床首先实现了丙烯气相聚合工业化。随后，Amoco 公司发展了卧式水平搅拌床工艺，UCC/Shell 公司发展了垂直气相流化床工艺。20 世纪 70 年代末，日本三井石油化学公司成功地开发了丙烯气相聚合的新工艺，该工艺在流化床聚合反应器内采用了特殊搅拌装置，避免了聚合物的粘壁，减少了气体离开床层时的夹带，取得了良好的效果。表 2-1 列举了各个公司丙烯气相聚合反应器中不同的搅拌器型式 [7]。

表2-1　丙烯气相聚合反应器中不同搅拌器型式

BASF 工艺	底伸式宽螺带搅拌器
Hypol 工艺	底伸式的框式搅拌器
HIMONT 工艺	偏框式搅拌器
三菱油化工艺	多组叶片式双轴搅拌器
Amoco 工艺	轴向桨式搅拌器

在气相聚丙烯工艺中，BASF 公司和 Amoco 公司的工艺采用机械搅拌，这种搅拌流化床反应器可以改善床层的流化状态，达到均匀混合，不会在反应床层中出现热点，同时有效地防止聚合物颗粒之间的黏附、结块，以及颗粒在床层壁面的附着，保证产品质量。在反应中，物料量的可变范围大，生产能力易于调节。但这种机械搅拌，反应器设计复杂、费用较高，存在搅拌器维修和能耗问题。UCC/Shell 公司的工艺采用气体流化搅拌，没有内部构件使得流化床反应器变得简单，但是为了

防止出现热点，流化气体的气速需足够高，增加了鼓风机和能量消耗，可见流化床的简化是以采用大量气体循环移除反应热和维持流态化为代价的。因此，开发新型搅拌器或者减少"压缩机代价"是这两种工艺的发展方向之一。

搅拌桨的存在加强了颗粒的流动，再加上搅拌桨的刮壁作用，可以有效地避免颗粒的团聚与粘壁现象的发生，提高反应器的时空收率。烯烃聚合工艺中所采用的流化床反应器，为了解决黏性颗粒易粘壁的问题，装备的搅拌桨一般直径较大，与床径相当，桨高与流化床层高度相近。现针对搅拌流化床的研究主要采用实验手段，通过床层压降和搅拌功率等物理量对流化床的整体物理状态进行考察[8]。

搅拌实验流化床装置如图 2-5 所示。气固流化床系统主要由空气压缩机、气室、有机玻璃筒体、搅拌桨及放大段和测量系统构成。流化床筒体内径（D）0.188 m，高度（H）1.2 m。多孔式分布板孔径为 4 mm，开孔率为 0.0435，分布板下方安装 5 层不锈钢筛网以阻止颗粒通过气体分布器进入气室。将压力传感器（KYBD14，Advantech）置于流化床筒体的一侧以测量床层压降和压力脉动，压力传感器距气体分布板轴向距离依次为 35mm、150mm、265mm 和 380 mm。相关研究表明采样频率为 100 Hz 时，10000 个测量点即可反映床内的真实压力脉动情况。采样频率为 200 Hz，每组数据有 8000 个采样点。

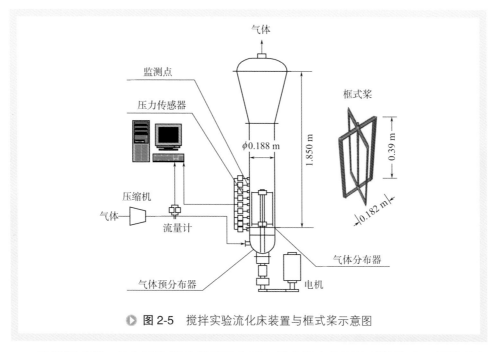

◐ 图 2-5 搅拌实验流化床装置与框式桨示意图

采用框式桨，其主要作用是将黏附在反应器内壁上的颗粒刮擦除去。搅拌桨的内径和高度分别为 182mm 和 390 mm，位于多孔式气体分布板上方，四个桨叶在水平和垂直方向上的截面分别呈直角梯形和矩形，垂直叶片上安装角度为 45° 的刮刀。

采用来自上海金山石化公司的聚丙烯颗粒为流化颗粒，经筛分后取（0.9~1.43）×10^{-3}m 范围内的级分作为床层物料，平均粒径为 $1.130×10^{-3}$m，颗粒堆积密度为 997.9kg/m³。实验与 CFD 模拟均在常温常压下操作，流化床起始床层高度为 0.4m。压缩空气作为流化气体，其表观气速为 0.1~1.2m/s。

搅拌器的加入通常会对流化床的流化特性产生某些影响，搅拌流化床具有和普通流化床相近的压降 - 流速关系曲线，可确定搅拌流化床的临界流化速度。图 2-6 分别为 PP 物料的床层压降随气速的变化规律。搅拌桨的转动对最小流化速度 U_{mf} 基本没有影响。实验得出颗粒 PP 的最小流化速度为 0.41 m/s。框式桨叶片数目很少且垂直叶片靠近流化床的边壁，并且这种叶片的形状和角度对颗粒的提升作用和消除颗粒架桥的作用都不明显，因而对床层压降的影响不大，所以流化床的床层压降和最小流化速度与搅拌桨转速 N 无关。

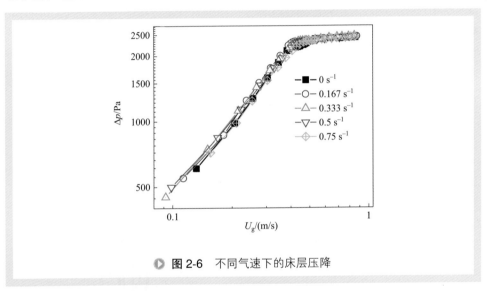

● 图 2-6　不同气速下的床层压降

在流化床中引入框式搅拌桨后，床层压降及最小流化速度几乎不变，Leva 工作[9]中的三角形桨叶转动时，床层压降随转速的增高而降低。搅拌桨通过改变床层密度而影响床层压降。对于轴向流桨，流化床中的颗粒随桨叶的运动而被上翻或下压，相应地床层密度减小或增大。对于径向流桨，比如框式桨，桨叶对颗粒速度在轴向方向上的分量贡献很小。因此，床层压降和最小流化速度会因轴向流桨而改变，但是不会随径向流桨的转动而发生变化。

二、搅拌流化床混合特性

1.压力脉动

在鼓泡流态化阶段，上升的气泡之间会发生相互作用，导致气泡的聚并或破碎，而压力脉动的幅值和标准偏差能直接反映气泡的大小[10]。图 2-7 为不同搅拌桨转速下的压力脉动对比，在相同气速下，当搅拌桨转速为 0 s^{-1} 时，压力脉动曲线波动最剧烈；随着转速的增加，压力脉动幅值减小。

图 2-8 为不同搅拌桨转速下气泡的压力脉动的标准偏差，随着搅拌桨转速的增大，压力脉动的标准偏差逐渐减小。由于搅拌桨的存在，粒子不断强行进入气泡内部，气泡不断破碎，大气泡、沟流和节涌（也可理解为大气泡）消失，床层保持良

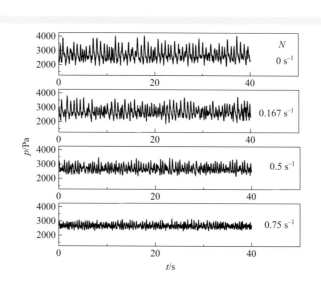

● **图 2-7**　不同搅拌桨转速下压力脉动的原始信号

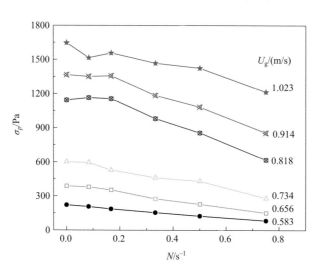

● **图 2-8**　不同搅拌桨转速下气泡的压力脉动的标准偏差

好的流化状态。同时，搅拌桨的转动还有阻挠气泡聚并、加剧气泡破碎以及维持气泡小且均匀状态的作用，并且搅拌桨转速越大，作用越明显，从而使小气泡所占的比例变大，并进而使搅拌流化床的压力脉动标准偏差随搅拌桨转速的增大而减小[11]。

相对标准偏差 CV 主要表征压力脉动相对于平均压力的大小。CV 值越大，表明压力脉动越剧烈。图 2-9 为 CV 与搅拌桨转速和气速的关系。CV 随搅拌桨转速的增加而逐渐减小，由于搅拌桨的转动使压力脉动的标准偏差减小，幅值减小，进而使 CV 减小，提高了流化床运行的稳定性。在流化状态下，随气速的增加，流化床内的压力增加，波动值增加更多，导致 CV 随气速 U_g 的增加而增加，并且几乎线性增加。

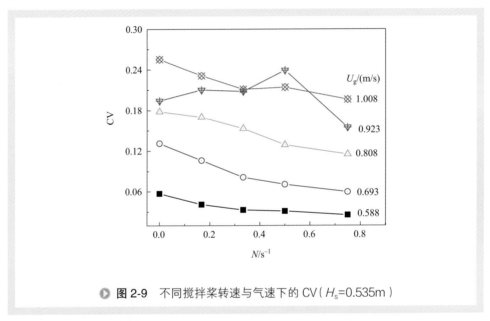

▶ 图 2-9　不同搅拌桨转速与气速下的 CV（H_s=0.535m）

不同搅拌桨转速下的 Geldart D 类颗粒的压力脉动标准偏差见图 2-10。当搅拌桨转速为 0 s^{-1} 时，最小鼓泡速度 U_{mb} 等于最小流化速度 U_{mf}。而搅拌桨转速大于 0 s^{-1} 时，最小鼓泡速度大于最小流化速度，流化床出现了通常 Geldart A 类颗粒所特有的散式流态化现象。

一般来说，对于 Geldart A 类颗粒的床层，由于颗粒较小，在气速超过最小流化速度的一段操作范围内，多余的气体可进入颗粒群中，从而形成散式流态化[12]。而 Geldart B 类和 Geldart D 类颗粒则很难形成散式流态化。但对于搅拌流化床来说，由于搅拌的作用增强了物料的流动性，使气体容易进入颗粒群，因而使 Geldart B 类和 Geldart D 类聚丙烯颗粒产生了散式流态化特性。

采用压力脉动法确定的最小鼓泡速度随搅拌桨转速的变化规律如图 2-11 所示。

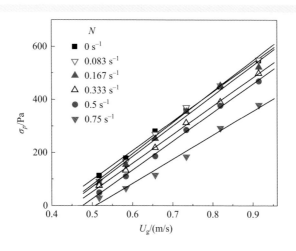

图 2-10 不同搅拌桨转速下的压力脉动的标准偏差

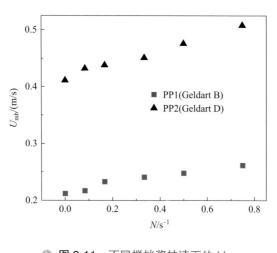

图 2-11 不同搅拌桨转速下的 U_{mb}

最小鼓泡速度大于最小流化速度，且随搅拌桨转速的增加而线性增加。将图 2-11 中实验得到的最小鼓泡速度 U_{mb} 及最小流化速度 U_{mf} 与搅拌桨转速 N 的关系拟合得到以下下关联式：

$$U_{mb} / U_{mf} = 0.32N + 1 \qquad (2-1)$$

式中，转速的适用范围为 $0 \sim 0.75\ s^{-1}$。图 2-12 为拟合直线与实验数据的比较，可见线性符合较好。这说明 U_{mb} / U_{mf} 和搅拌桨转速呈线性关系，而和颗粒的粒径等物性基本无关。最小鼓泡速度和颗粒物性的关系主要体现在 U_{mf} 中。

2.压力脉动的功率谱分析与小波分析

通过小波变换可以将原始信号分解为不同频率带的近似信号和细节信号[13]。压

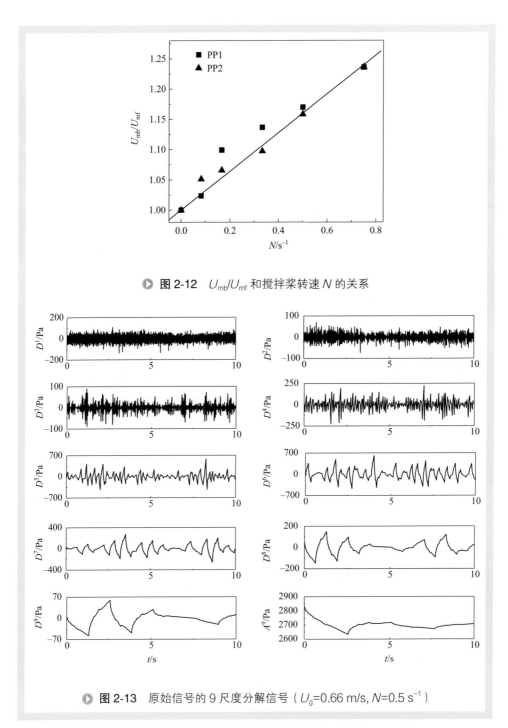

● 图 2-12　U_{mb}/U_{mf} 和搅拌桨转速 N 的关系

● 图 2-13　原始信号的 9 尺度分解信号（U_g=0.66 m/s, N=0.5 s^{-1}）

力脉动信号采用 Dau2 小波进行 9 尺度分解。小波分解成的各尺度信号代表了不同频段上的信息，在小尺度上，细节信号对应高频信息。而在大尺度上，则对应低频信息。采样频率为200 Hz，根据小波理论，在第1尺度上的细节信号对应的频率范围是100～200 Hz，第2尺度的为50～100 Hz，第3尺度的为25～50Hz，依次类推。图2-13为表观气速0.66 m/s、搅拌桨转速0.5 s^{-1}下对压力脉动信号分解后根据各个尺度的小波系数进行重构得到的各尺度信号。从图中可以看出各尺度的波动大小的变化。

表观气速分别为0.46m/s和0.82 m/s，不同搅拌桨转速下的各尺度小波能量分布如图2-14所示。可以看出第1、2以及5、6、7尺度的细节信号的能量特征值随搅拌桨转速的变化较为明显。

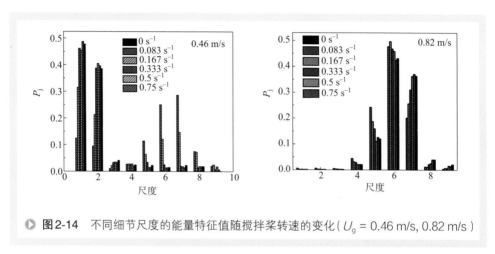

▶ **图2-14** 不同细节尺度的能量特征值随搅拌桨转速的变化（U_g = 0.46 m/s, 0.82 m/s）

在固定床时以及散式流态化时，气体主要是从固体颗粒的缝隙中流过，使得压力脉动信号的能量大部分集中在高频区域。到达最小鼓泡速度后，气泡的行为对压力脉动起了重要作用，压力脉动信号的频率向较低频率转移，表现在较低频率的能量所占百分比的增加，压力波动幅度变大，并且能量的分布也发生了变化。也就是说，高频尺度的能量在鼓泡开始后迅速降低，而气泡尺度的能量迅速增加。

图2-15为搅拌桨转速0.333 s^{-1}下各尺度的能量特征值随气速增加的变化过程。随气速的增加，在0.44～0.54 m/s的气速范围内，第1、2尺度上的能量特征值急剧下降，第6、7尺度的能量特征值急剧增加；而在其他气速下，这四个尺度上的能量特征值则基本不变；其他尺度的规律则不太明显。在实验中可以清楚地观察出：当气速小于0.44 m/s时，流化床内基本上观察不到气泡，该气速对应着P_1-U_g曲线中的第一个拐点；当气速大于0.54 m/s时，鼓泡较为明显，该气速对应着P_1-U_g曲线中的第二个拐点。

从图2-15中还可以看出，在气速较大时，第6、7尺度的能量特征值很大，因此这两个尺度代表了流化床内主要的压力脉动。气泡产生的频率较低，因而导致了压力脉动的能量主要集中于第6、7尺度的低频段。Park等[14]也发现小波能量最大的尺度代表了气泡尺度。但在鼓泡状态下气泡的能量分布在相近多个尺度上，且不

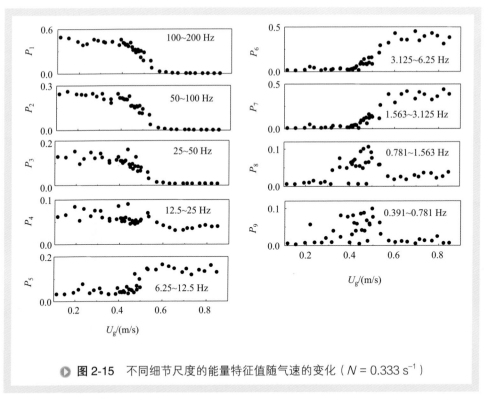

● **图 2-15** 不同细节尺度的能量特征值随气速的变化（$N = 0.333 \text{ s}^{-1}$）

十分稳定，因此第 6、7 尺度对气泡行为的反应不够敏感。

3. 流型的转变

实验中发现第 1、2 尺度上的能量特征值的变化规律具有较好的重复性。当流化床内没有气泡存在时，小波能量集中于此两个尺度，在鼓泡状态下高频尺度信号的能量则接近 0，变化非常明显和敏感，其中第 1 尺度的小波能量特征值变化更加明显。采用第 1 尺度的能量特征值能够较好地表征流化床的流型转变。

当气速达到 P_1-U_g 曲线（图 2-15）中第一个拐点 0.44 m/s 时，第 1 尺度的能量特征值 P_1 开始减小，对应着流化床内开始有气泡产生，将此气泡开始产生时的气速定义为最小鼓泡速度，用 U_{mb} 表示。当气速进一步增大到第二个拐点 0.54 m/s 后，P_1 基本上就不再变化了，对应着流化床达到了充分鼓泡状态，将此速度定义为充分鼓泡速度，用 U_{fb} 表示。

不同搅拌桨转速下第 1 尺度的能量特征值随气速的变化如图 2-16 所示。从图中可得到不同搅拌桨转速下的 U_{mf}、U_{mb} 和 U_{fb}，它们随搅拌桨转速变化的结果如图 2-17 所示。随转速的增加，U_{mb} 和 U_{fb} 呈线性增加，斜率分别为 0.09 和 0.18。在 U_{fb} 线上方的操作区域内，流化床处于完全鼓泡状态。在 U_{mf} 线下方的操作区域内，则处于固定床阶段。

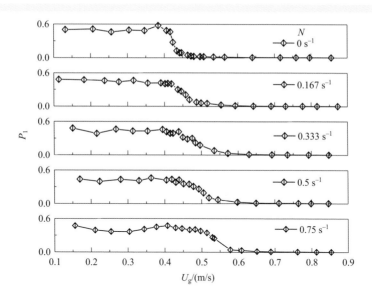

● 图2-16 不同搅拌桨转速下第1尺度的能量特征值随气速的变化

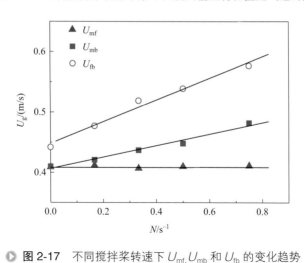

● 图2-17 不同搅拌桨转速下 U_{mf}, U_{mb} 和 U_{fb} 的变化趋势

由于最小流化速度 U_{mf} 不变，而最小鼓泡速度 U_{mb} 随转速增加，在 U_{mf} 线和 U_{mb} 线之间的三角操作区域内，搅拌桨的作用使流化床内很难形成气泡，从而产生了散式流态化现象[15]。并且，随搅拌桨转速的增加，散式流态化的范围也增加。在 U_{mb} 线和 U_{fb} 线之间的操作范围内，流化床处于散式流态化和鼓泡流态化的过渡阶段，既不具有稳定均匀流态化的性状，也不具有完全不均匀流态化的性状。

4. 流化状态的分区

由于搅拌桨的作用，B 类和 D 类颗粒的搅拌桨流化床出现了 A 类颗粒特有的散式流态化现象。因而，搅拌流化床的流化状态随气速的变化并不同于普通流化床。表观气速为 0.475 m/s 不同搅拌桨转速下的搅拌流化床内压力脉动功率谱密度 PSD 如图 2-18 所示。在图中有一个明显的现象就是在 $0.333s^{-1}$、$0.5s^{-1}$ 和 $0.75 s^{-1}$ 三个搅拌桨转速下流化床压力脉动的功率谱主频恰好等于搅拌桨的转动频率。此时的流化床已经处于散式流态化状态，所以这些主频不应该是气泡的频率，而应该是搅拌桨的频率。为了证实这一点，对表观气速 0 m/s、搅拌桨转速 0.5 s^{-1} 下的压力脉动信号进行功率谱分析，结果如图 2-19 所示。由于该条件下完全排除了气体的影响，可以认为压力脉动是由搅拌桨对颗粒的扰动所致。从图 2-18 和图 2-19 的比较可以看出没有气体时的功率谱密度 PSD 很小，只有气体通过时的 1%。这也反映了搅拌桨对流化床的作用。

图 2-18（a）、（b）、（c）中三个搅拌桨转速下的最小鼓泡速度 U_{mb} 分别为 0.411m/s、0.432m/s 和 0.438 m/s，此时床内的表观气速 $U_g > U_{mb}$，因而属于鼓泡流化状态。图 2-18（d）、（e）中搅拌桨转速时对应的 U_{mb} 分别为 0.476m/s、0.508 m/s，接近表观气速 U_g，处于鼓泡流态化和散式流态化的过渡阶段。图 2-18（f）转速下的 U_g 大于 U_{mf}（0.411 m/s）且小于 U_{mb}（0.508 m/s），此时处于散式流态化阶段。

根据不同的搅拌桨转速和表观气速，流化状态图可分为四个区，如图 2-20 所

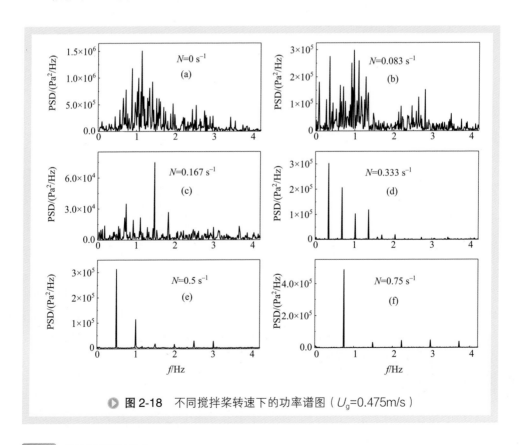

▶ 图 2-18　不同搅拌桨转速下的功率谱图（U_g=0.475m/s）

示。第Ⅰ区为鼓泡区，图2-18（a）、（b）、（c）中三个搅拌桨转速下即位于该区。第Ⅱ区为过渡区，在该区内既有气泡的存在，同时又有搅拌桨对颗粒的扰动。随着搅拌桨转速的增大，搅拌桨对颗粒的扰流作用逐渐增强，该作用引起的压力脉动逐渐占据主要地位，而气泡引起的压力脉动则逐渐退居次席，在功率谱密度图上显示为和搅拌桨转动频率相对应的峰逐渐增大，其他峰逐渐减小，图2-18（d）、（e）中搅拌桨转速时流化床即处于鼓泡流态化和散式流态化的过渡阶段。第Ⅲ区为散式流态化区，该区压力脉动主要是由搅拌桨对颗粒的扰动引起的。此时功率谱密度PSD只有一个单一的频率，该频率等于搅拌桨转动的频率，图2-18（f）转速下的流化床便处于散式流态化阶段。第Ⅳ区为固定床区，该区内颗粒尚未流化。第Ⅰ区和第Ⅱ区的分界线为充分鼓泡速度，第Ⅱ区和第Ⅲ区的分界线为最小鼓泡速度，第Ⅲ区和第Ⅳ区的分界线为最小流化速度。

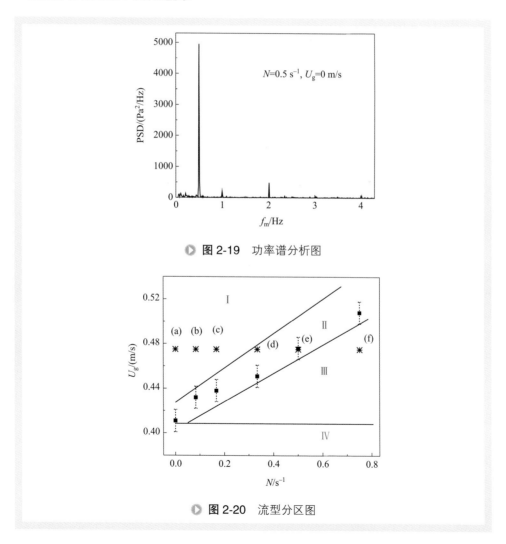

▶ 图2-19 功率谱分析图

▶ 图2-20 流型分区图

5.颗粒速度

图 2-21 所示为流化时间 25 s 时的固体颗粒速度分布（U_g=0.85 m/s）的 CFD 模拟结果。搅拌桨转动对颗粒速度分布的影响比较明显。当搅拌桨转速为 0 r/min 或 10 r/min 时，颗粒速度分布非常不均匀，与普通无内构件的流化床类似。随搅拌桨转速增加，颗粒速度分布趋向均匀，这是因为颗粒速度分布受气泡尺寸影响，搅拌使流化床中的气泡尺寸减小。

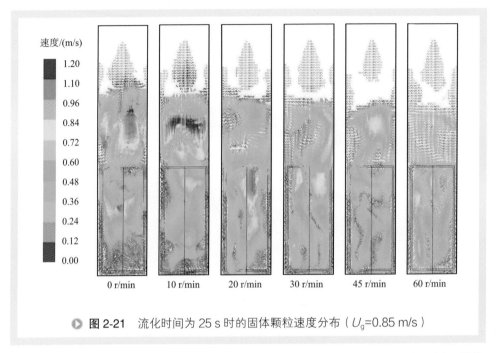

图 2-21 流化时间为 25 s 时的固体颗粒速度分布（U_g=0.85 m/s）

流化床中的固体颗粒混合主要有两种机理：全局循环和内循环。全局循环是指颗粒从流化床底部被流化气体向上推动，达到床层表面后，又在床壁附近向下循环回到流化床底部的过程。全局循环以流化床的直径为尺度。内循环是由床内的气泡行为所引发的颗粒循环并产生混合的过程，以气泡直径为尺度。由颗粒速度分布图可以发现，没有明显的证据表明颗粒的全局循环受搅拌桨的转动影响，而由于足够大的搅拌剪切力使气泡尺寸减小，颗粒的内循环也随之减少[16]。

图 2-22 所示为不同操作条件下的瞬时颗粒速度分布（t=24 s）。当搅拌速度为 0 r/min 时，由于气泡的运动、变形、聚并和破裂等行为，出现个别颗粒速度较大的区域。在气体分布器上方、床壁附近，颗粒速度较小。当搅拌桨的转速增大后，较大和较小的颗粒速度均有所减少，颗粒速度分布更均匀了。由图 2-22 还可以发现，表观气速较低时，在搅拌桨桨叶周围的颗粒速度比较小，这可能是因为搅拌桨与流化床内壁的距离很近，妨碍了颗粒的运动。当气速较大时，桨叶附近的颗粒速度增大。搅拌流化床中，机械搅拌和流态化同时影响床层的流动、混合与气固接触，两

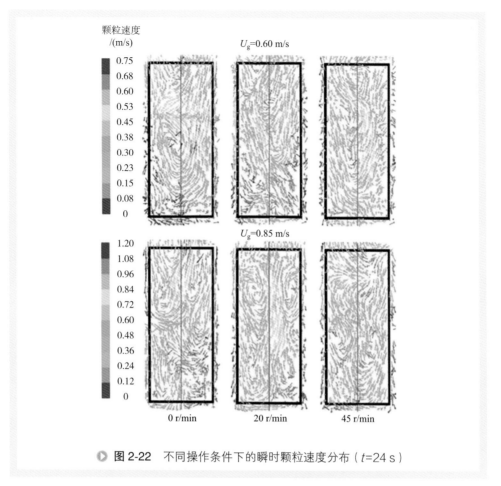

颗粒速度
/(m/s)

U_g=0.60 m/s

0.75
0.68
0.60
0.53
0.45
0.38
0.30
0.23
0.15
0.08
0

U_g=0.85 m/s

1.20
1.08
0.96
0.84
0.72
0.60
0.48
0.36
0.24
0.12
0

0 r/min   20 r/min   45 r/min

▶ **图 2-22**　不同操作条件下的瞬时颗粒速度分布（t=24 s）

种作用方式各有特点，将两者有机地结合起来才能发挥更好的效用。

图 2-23 所示为在不同操作条件下的一段时间（24～25 s）内流化床中所有的颗粒速度的统计分析结果。如图所示，颗粒速度的分布曲线的形式接近正态分布，中间高两边低。较大的搅拌桨转速使小速率所占的比例下降，并且分布曲线的极值也向大速度方向移动。在相同气速下，搅拌桨的转动为颗粒提供了切向方向上的分量，使合速度增加，所以较小的颗粒速度所占的比例减小。在分布曲线的右半侧，搅拌桨转速增加，大于 0.3 m/s 的颗粒速度所占的分率也有所降低，这是因为搅拌桨的转动使气泡尺寸减小，同时也减小了较大的颗粒速度。总而言之，当搅拌桨转速变大后，颗粒分布更为均匀，颗粒速度也更趋向正态分布，气固流态化的特性为搅拌桨转动所削弱，流态化的均匀性变好。

6.固含率分布

（1）固含率分布与搅拌转速关系　虽然气泡的运动使流化床得到了较好的混合

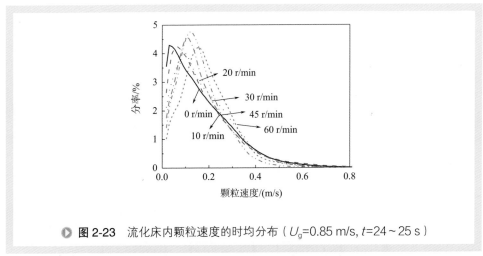

▶ 图 2-23　流化床内颗粒速度的时均分布（U_g=0.85 m/s，t=24～25 s）

效率和传热效率，但气泡的运动也导致气固两相的接触不充分，当颗粒在某一局部区域的累积量过多甚至发生团聚时，局部温度升高，在流化床中产生热点。前面的工作已经证实，在搅拌流化床中装备框式桨可使气泡尺寸减小。

图 2-24 所示为中垂面上的固含率分布随时间的变化情况（上：N=10 r/min；下：N=45 r/min；U_g=0.85 m/s）。流化时间小于 1.2 s 时，床层内有大气泡产生并快速膨胀，气泡到达流化床上方并破裂后，被夹带的颗粒返回到流化床的全局循环之中，沿着流化床边壁下降。在流化的初始阶段，流化气体带动颗粒运动的过程中需要克服颗粒间的作用力，于是产生类似活塞流的现象。当大气泡在床层表面破裂后，搅拌桨的旋转可以明显改善流态化质量，使固含率的分布更为均匀。

图 2-25 所示为中垂面上的固含率分布在一段时间内随搅拌桨转速的变化情况（U_g=0.85 m/s）。当搅拌桨的转速较低、如小于 20 r/min 时，小气泡在流化床底部生成，并在向上运动时由于颗粒之间的相互作用力而产生变形。相邻气泡的聚并过程多是在床高不同的两个气泡间发生的，上部气泡尾涡中的压力较低，对下部的气泡有吸引作用，气泡在压力的作用下发生聚并。聚并一般不会发生在两个并排气泡间，如果气泡上升的路径不同，其中的一个气泡需进行侧向位移后才能完成聚并过程。气泡聚并后的体积大于原气泡体积之和。这是由于气泡周围环绕着空隙率相对较高的区域，气泡聚并时将此区域中的气体纳入气泡中，导致总体积增大。

当搅拌桨转速大于 20 r/min 时，气泡尺寸随转速增加而显著减小。当搅拌桨的转速为 10 r/min 时，流化床中的流态化质量下降，而流化效率上升，与固含率分布的分析结果相同。若在流化床中装备框式桨，搅拌桨转速足够大（大于 20 r/min）时，颗粒的分布才会更加均匀，气泡的尺寸才会在剪切力作用下减小。

上述讨论在定性地分析气泡和颗粒的运动状态，定量分析如 CFD 模拟得到的不同搅拌桨转速下固含率分布的标准偏差 σ_{ε_s}（U_g=0.85 m/s）见图 2-26。固含率的标

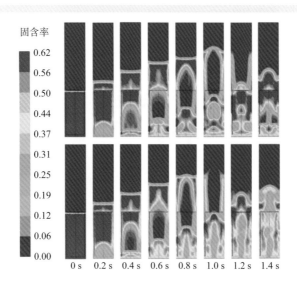

⚪ **图 2-24** 中垂面上的固含率分布随时间的变化（上：N=10 r/min；下：N=45 r/min；
U_g=0.85 m/s）

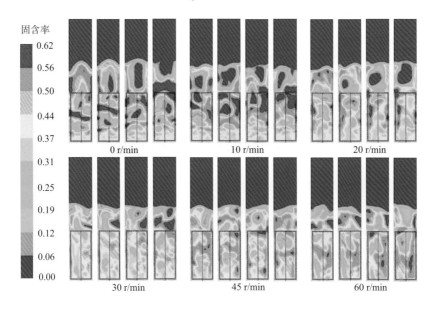

⚪ **图 2-25** 中垂面上的时均固含率分布随搅拌桨转速的变化（U_g=0.85 m/s）

准偏差在流化床底部较小，由于气泡在上升过程中不断变大，标准偏差随着床高的
增加而增加。在床高低于 150 mm、搅拌桨转速大于 20 r/min 的情况下，转速增大，
固含率的标准偏差相应增加。在较高的床层高度，固含率的标准偏差与转速呈现出

相反的关系。当床高在 400 mm 以上时，固含率的标准偏差与搅拌桨的转速没有明显的关系。

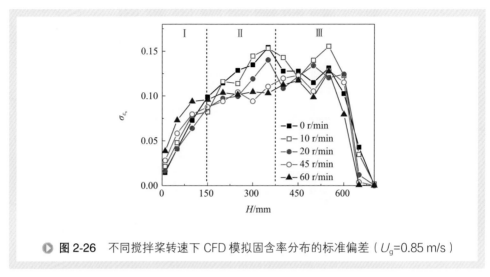

▶ **图 2-26** 不同搅拌桨转速下 CFD 模拟固含率分布的标准偏差（U_g=0.85 m/s）

根据搅拌对流态化的影响规律，可将流化床由下至上分为三个区域：入口区（Ⅰ）、搅拌流态化区（Ⅱ）和自由流态化区（Ⅲ）。入口区处于气体分布器上方、床高 H<150 mm 的区间内，此处固含率分布主要受气体分布器的影响，固体颗粒分布较均匀，气泡尺寸小。搅拌桨的转动可使固含率分布的标准偏差升高，即当转速大于 20 r/min 时，搅拌对流态化质量产生了负面的影响。床高介于 150 mm 至搅拌桨桨叶的上边缘（400 mm）间的区域为搅拌流态化区，框式桨的大部分桨叶都在此区域中。当搅拌桨转速增加时，流态化有明显的改善（N>20 r/min），由搅拌所产生的剪切力使气泡尺寸减小。自由流态化区介于搅拌桨桨叶的上边缘到床层表面之间，此区域中不存在搅拌桨，流态化质量与搅拌桨转速没有明显关系。框式桨的作用区域主要集中在其桨叶片的高度范围之内。

当搅拌桨转速足够大时，搅拌流态化区中转速升高使固体颗粒的分布更均匀，而在入口区中转速升高使颗粒的分布更不均匀。通过图 2-27 中固体颗粒的径向分布可以解释这一现象。当床高为 50 mm 时，所示面位于入口区，固体颗粒分布均匀性随搅拌桨转速的增加而降低，转速为 60 r/min 时颗粒的分布尤其不均匀。

图中所示的搅拌桨按逆时针方向旋转，在搅拌桨的迎颗粒面处有颗粒堆积，导致形成较高的固体体积分数。类似的现象也出现在颗粒搅拌器中。搅拌桨的转速一般小于 60 r/min，一方面是因为框式桨在 Hypol 工业流化床反应器中的主要作用是将黏附在反应器内壁上的黏性颗粒刮擦下来，较低的转速即可满足需求，另一方面，当搅拌桨转速过高时，可能会削弱流态化的影响而过于强调机械搅拌的作用，使流态化质量降低。

当床高为 350 mm 时，参考面位于搅拌流态化区，此处由于聚并作用已经有较大的气泡产生，流态化质量较之入口区差。搅拌桨的转动可促使此区域内的气泡尺寸降低，固体颗粒的分布更加均匀。尽管在搅拌桨叶迎颗粒面处也可发现有颗粒的堆积现象产生，但是相较搅拌桨对流态化的改善作用而言，此处的负面作用是可以忽略的。

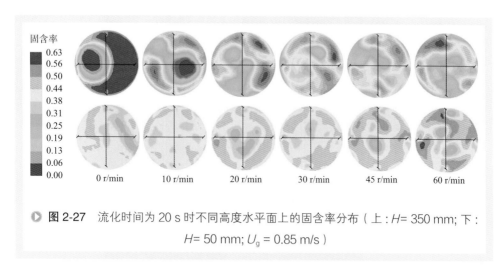

▶ **图 2-27**　流化时间为 20 s 时不同高度水平面上的固含率分布（上：H = 350 mm；下：H = 50 mm；U_g = 0.85 m/s）

（2）散式流态化与搅拌转速关系　实验操作时发现固体颗粒和气泡之间并没有明显的边界，气固两相逐渐交融，空隙率在空间上是渐变的，因此在判定气泡的产生与否和气泡的大小时存在困难。图 2-28 所示为在不同表观气速及搅拌桨转速下的固含率分布。图中空白区域的固含率小于 0.15，将其认定为气泡区。通过固含率分布图，将气泡首次出现时对应的表观气速定义为最小鼓泡速度。

当搅拌桨转速低于 20 r/min 时，搅拌流化床中的流态化情况与普通流化床十分相近，气泡不断产生和聚并。在所有的操作气速范围内，颗粒聚式流化，气泡的大小随气速的增加而增加。当搅拌桨的转速足够大时，流态化质量得到明显的提高。

在气速较低且搅拌速度较大时，床层中没有气泡出现，虽然床层并没有完全均匀膨胀，但该现象也足以说明颗粒开始散式流化。图 2-29 和图 2-30 所示为不同气速及流化时间下的固含率分布情况。在两个气速下，固含率分布十分类似，都表明床层正处于无气泡流态化的状态，只有在搅拌桨桨叶范围之外，床层中才偶尔有气泡出现。

表观气速增大，流化床中逐渐有气泡产生，气泡尺寸随气速的升高而增大。即使如此，气泡的尺寸也随搅拌桨转速的增大而减小。桨叶在转动时，颗粒被赋予周向的剪切力，气泡周围的颗粒被推入气泡中，使气泡尺寸减小。因此即使在高气速下，只要剪切力足够大并使气泡减小乃至消失，都可能使颗粒产生散式流态化现象，但是此时流化床中引入了过大的机械搅拌强度，很大程度上削弱了流态化特性。

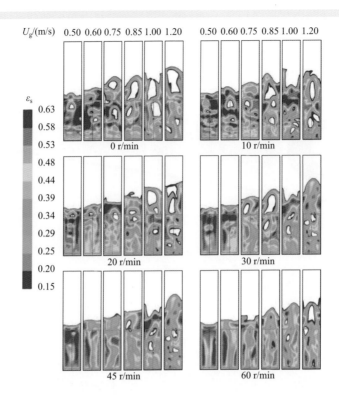

🔹 **图 2-28** 不同表观气速及搅拌桨转速下的固含率分布图（t=10 s，图中空白区域为气泡区，固含率小于 0.15）

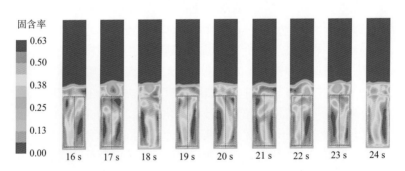

🔹 **图 2-29** 不同流化时间下的固含率分布（U_g=0.60 m/s，N=45 r/min）

　　另外，由图 2-28 还可发现，流化床中气泡出现的表观气速的上限也随着搅拌桨转速的增加而升高。散式流态化的气速范围随搅拌桨转速增加而扩大，与前文的结果一致。

　　图 2-31 为不同操作条件下空隙率的标准偏差（σ_{ε_g}）的时均值。表观气速的升高导致全流化床中空隙率的标准偏差增大，这是因为气速升高，气固两相的湍动更

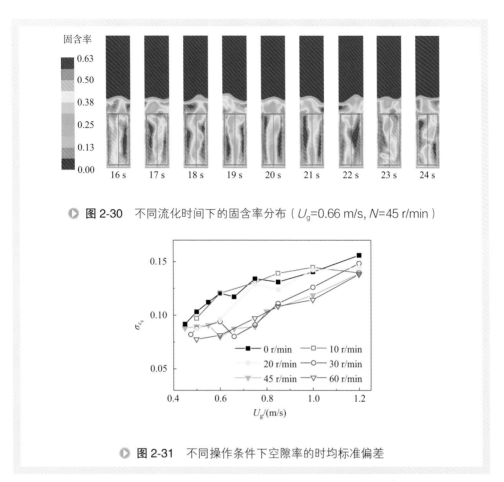

图 2-30　不同流化时间下的固含率分布（U_g=0.66 m/s, N=45 r/min）

图 2-31　不同操作条件下空隙率的时均标准偏差

为剧烈，流态化更不均匀。搅拌桨转速为 10 r/min 时的标准偏差曲线与 0 r/min 时的曲线相互缠绕，没有明显的分别。当搅拌桨转速大于 20 r/min、表观气速小于 0.65 m/s 时，此段操作条件范围内的空隙率的标准偏差值均较小，基本不发生变化，与前文的讨论对照，不难发现，这段区间恰好在无气泡即散式流态化的气速和搅拌桨转速的操作范围之内。当表观气速大于 0.65 m/s 时，聚式流态化开始出现，标准偏差相应增大。相同气速下，搅拌桨转速增加，空隙率的标准偏差减小，流态化的均匀性得到了很大提高。较高的气速下，搅拌桨旋转对流态化的影响被流化气体的作用削弱，证明机械搅拌和流态化的作用互相影响，相互竞争。

三、搅拌流化床的防粘强化

在搅拌流化床中，通过实验与数值模拟研究搅拌桨转动对气固两相流态化的影响规律。得到如下结论：

床层完全流化时，由于框式桨为径向流桨，对颗粒的抬升和下压作用不明显，通过实验及 CFD 模拟得到的床层压降值均不随搅拌桨转速和表观气速发生改变。通过对实验和模拟得到的压力脉动以及固含率分析发现，在搅拌的作用下，气泡尺寸减小，由于气泡运动而引起的压力脉动的幅度也明显减小，颗粒的内循环也随之减少。在流化床的下部，气固分布较为均匀，搅拌桨的作用不明显。但在气泡尺寸较大的流化床中上部，搅拌桨的作用便突显出来，流态化质量得到提高。

CFD 模拟得到的固含率分布表明，整个流化床层可分为三个区域：入口区、搅拌流态化区和自由流态化区。气体分布器的作用在入口区占明显优势；搅拌可使搅拌流态化区的流态化质量得到明显提高；对自由流态化区而言，此处没有搅拌桨存在，搅拌的作用不明显。当机械搅拌过强时，流化床的流态化特性可能被削弱。搅拌桨转速增大时，其负面效果先由流化床底部产生，并逐渐蔓延至床层上部。

通过对实验和模拟的压力脉动和床层压降分析发现，Geldart D 类颗粒的最小流化速度不随搅拌桨转动而改变，最小鼓泡速度随搅拌桨转速的增大而增大。在引入适当的搅拌桨后，在常温常压下也可以使大粒径的颗粒如 Geldart D 类颗粒产生散式流态化现象。

通过 CFD 模拟得到的固含率分布也证实了搅拌桨的转动促使 Geldart D 类颗粒发生了由聚式流态化向散式流态化的转变。框式桨的转动可将颗粒推入气泡之中，使流态化更加均匀，这是量变。当搅拌桨的转速足够大，气泡在剪切作用下完全消失，量变累积到质变，进而发生流型的转变。

搅拌桨的转动，使较大和较小的颗粒速度所占的比例明显减小。一方面，搅拌桨的转动为颗粒速度提供了切向上的分量，使颗粒速度有所增加；另一方面，搅拌桨使气泡尺寸减小甚至消失，颗粒速度的较大值随之减小。搅拌桨转速增大，床层中的颗粒速度更趋向正态分布。

气相流化床反应器配置搅拌器，可实现反应床层聚合物颗粒的均匀搅拌且大流量的循环。大直径搅拌桨或螺带式叶轮顶端的刮壁杆，用来清除反应器釜壁上的粘釜物。反应器内床层的状态是粉末搅拌床，反应器的尺寸、加料方式以及床层的松散度均经过精心选择。可制备乙烯质量分数达 30%、橡胶含量 50%（质量分数）的抗冲聚丙烯共聚物。

第四节　多区循环流化床强化产品性能技术

一、多区循环反应器概念

目前，催化化学和颗粒形态学的发展使生产过程简化，降低投资和操作消耗，无环境污染和改良聚合物产品性能成为可能，催化和过程工艺在此中起了重要作用。工艺技术的发展，不仅是经济利益在驱动，也是聚烯烃工业本身特性的需要。

聚丙烯和聚乙烯工艺过程开发已经采用多级反应路线，来拓展聚合物产品性质。通过使用两步或更多步骤的聚合，在不同的阶段产生不同分子量、化学组成、晶型和聚合物。典型的例子有双峰聚乙烯和高抗冲 PP，在两步反应中达到了使聚合物结构多样性的目的。

多级串联技术是一种聚烯烃过程通用路线，很多工艺都应用这种技术。比如 PP 过程的 Spheripol（原 Montell 公司，现 Basell 公司），Unipol（UCC 公司），Novolen（Targor 公司），Hypol（Mitsui 公司）；PE 过程的 Hostalen（Elenac 公司），Spherilene（原 Montell 公司，现 Basell 公司），Borstar（Borealis 公司），CX（Mitsui 公司）（图 2-32）。

基于颗粒反应器技术的釜内合金化方法使制备高性能多相聚丙烯共聚物成为现实。目前抗冲聚丙烯共聚物的主流生产工艺均采用多级反应器串联的方法，如前述的 Spheripol 工艺、Novolen 工艺、BP-Amoco 工艺、Unipol 工艺等。利用颗粒反应器技术，在丙烯均聚阶段制备外壳为高等规度的聚丙烯、内部均匀分布着大量孔隙而且具有类似海绵状结构的颗粒，然后引入乙烯、α- 烯烃进行共聚反应，生成的橡胶相填满这些孔隙，最终得到聚丙烯与橡胶在颗粒内原位分散的聚合物合金。

但是，这类原位共混物的均匀性受到两方面因素的影响[17]：

一是扩散/动力学因素，第二阶段生成的聚合物在颗粒"基体"内部具有一定的分布；二是停留时间分布的影响。以两级聚合工艺为例，聚合物颗粒是分别在两个反应器中所生成聚合物的混合物，由于每个聚合物颗粒在两个反应器内的停留时

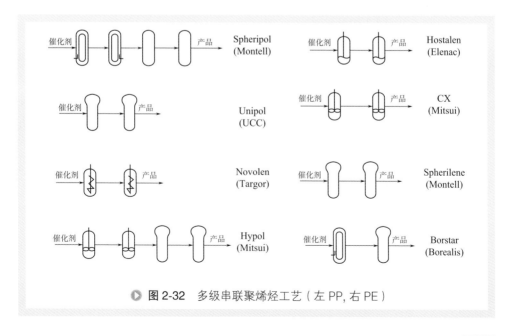

▶ 图 2-32　多级串联聚烯烃工艺（左 PP，右 PE）

间是不同的，因此生成的聚合物为双层非均相结构，如图 2-33 所示。因此，扩散 / 动力学与停留时间分布分别造成了聚合物颗粒内与颗粒间分布的不均匀性，而这种不均匀性在加工过程中会造成类似"鱼眼"的缺陷，影响产品性能。

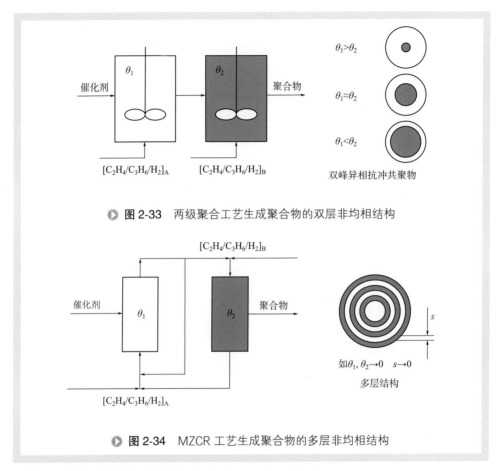

▶ 图 2-33　两级聚合工艺生成聚合物的双层非均相结构

▶ 图 2-34　MZCR 工艺生成聚合物的多层非均相结构

　　为提高颗粒内聚合物的混合程度并消除停留时间分布的影响，Basell 公司的科学家提出了一个有创意的思想，即 MZCR 的基本设想，如图 2-34 左图所示。与两釜串联工艺不同，聚合物颗粒在第二级反应器出口循环流入第一级反应器，当颗粒在每一反应器内的单程停留时间远小于颗粒的总停留时间时，最终的聚合物将呈现多层次的类似"洋葱"的结构（图 2-34 右图）。

二、多区循环流化床结构与流体动力学

1. MZCR反应器结构

　　基于上述设计思想，Basell 开发成功了 MZCR。MZCR 反应器结构是为了替代

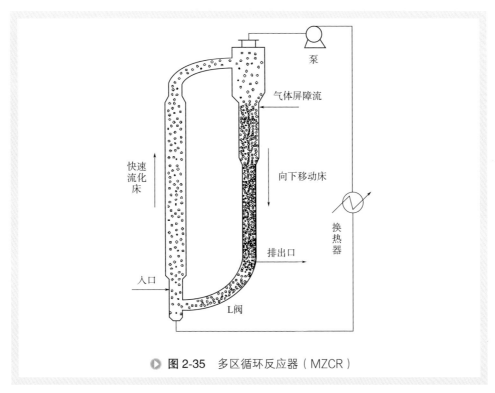

图 2-35 多区循环反应器（MZCR）

常规的工艺而产生的。MZCR 反应器结构如图 2-35 所示。

提升管中的上升气流处于流化态，下降管中通过重力下行。聚合物通过下降管底部的"L阀"来到提升管的底部，气体则通过离心压缩机进入。聚合物通过离心分离器（固定在提升管的顶部）在下降管的顶部卸料。

在下降管中，聚合物利用重力以高密度气体移动，容积密度、形状和尺寸也对循环速度有所影响。在离心反应器中分离效率通过控制聚合物的颗粒大小分布来实现最大化。

循环路线是由两个聚合区中的压力平衡建立的。在 MZCR 下降管中操作条件就是气流向下，没有流化。下降管是一个移动床，它的气体速度和固体速度具有相同的方向。固体通过重力向下运动，而气体则根据 Ergun 方程运动。聚合物在密度可以达到最大的下降管卸出，这可以使未反应气体的循环利用能量达到最小。

另外，由于采用管式，MZCR 反应器适合于高压操作，拓宽了催化剂性能优化的窗口。

提升管部分或全体提升管中的热移除可以通过传输气体简单过冷和/或部分冷凝来实现。多区循环反应器的局部热移除效率约比常规流化床高出 30%。另外，流化床反应器的操作气速在 v_{mf}（最小流化速度）和 v_t（传输速度）之间，而 MZCR 提升管在传输速度之上进行操作。因此在提升管中的气固相对速度远高于普通流化床速度，其换热性能也高于普通流化床。下降管是绝热的，通过适当的固体循环来控制温差，或者反应热也可以通过在反应管中的任何一个位置加入液态单体或气体移除。

2. 提升管中的轴向压力及颗粒浓度分布

循环流化床由提升管（riser）、气固分离器、下降管（standpipe）及颗粒循环控制设备等部分构成。流化气体从提升管底部引入后，携带由下降管而来的颗粒向上流动。在提升管顶部，通常装有气固分离装置（如旋风分离器），颗粒在这里被分离后，返回下降管并向下流动，通过颗粒循环控制装置后重新进入提升管。操作中还需从底部向下降管中充入少量气体，以保持颗粒在下降管中的流动性。

有效地控制和调节颗粒循环速率是实现循环流化床稳定操作的关键，常见的颗粒循环控制设备有 L 阀等。颗粒循环控制设备的另一个重要作用是防止气体从提升管向下降管倒窜。

为了实现快速流态化操作，对特定的气固系统，操作气速应大于输送气速或显著夹带速度，此时，颗粒不会发生噎塞或稀相与浓相流化之间的突变。同时，操作气速要小于稀相气力输送速度，否则床内物料将被很快吹光。图 2-36 为床层压降随气速的变化，由图可知，对于给定的颗粒循环速率，循环流化床的操作气速介于气速 U_{TF}（浓相流态化向快速流态化的转变速度）与 U_{PT}（快速流态化向稀相气力输送的转变速度）之间。也就是说，循环流化床可以在快速流态化和浓相气力输送状态下操作。

随着操作气速、颗粒循环速率以及床层几何结构等因素的变化，提升管中气、固两相可以出现不同的流化状态。床层压降随气速的变化常被用来确定不同流型间的转变。图 2-37 为局部的单位床层压降随气速的变化图。随气速的增加，床层下部的压降会出现一个拐点，该点认为是快速流态化的操作气速的起点 U_{TF}，而当气速继续增加至使床层上部、下部均再出现拐点时，即认为该点是快速流态化的操作气速的终点 U_{FD}。

对于实验系统中的聚丙烯颗粒来说，气速达到 2.4 m/s 时，床层进入快速流态化状态。当气速进一步增大到 3.5 m/s，由于 PP 颗粒密度较小，容易被很快吹出，此时无论如何增加颗粒循环量，床层压降均主要受摩擦压降支配，进入了稀相气力输送状态。可见，PP 颗粒操作气速的可调节范围很小。岑可法等[18]指出，颗粒直径越大，气速的操作范围越窄。对于循环流化床聚丙烯来说，流化颗粒主要是 B 类和 D 类，气速操作范围仅为 2.4～3.5 m/s，该范围明显较小，了解这一点对循环流化床聚丙烯反应器的设计与运行具有重要的意义。

图 2-38 和图 2-39 分别为不同气速 U_g 及物料循环量 G_s 下提升管的轴向的压力分布[19]。在相同的表观气速下，压力和压力梯度均随 G_s 的增加而增加，与此同时固体颗粒的高浓度区从提升管底部逐渐向上发展。在相同的 G_s 下，气速越大压力

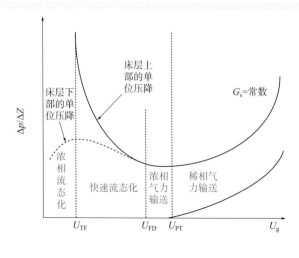

▶ 图 2-36 床层压降随气速的变化

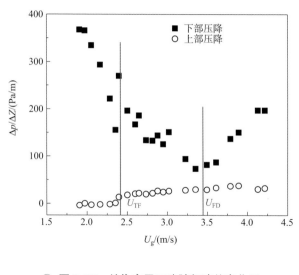

▶ 图 2-37 单位床层压降随气速的变化图

梯度就越小，但是压力未必越小。如图 2-38 所示，在气速为 2.49 m/s 时，颗粒的流动发展较慢，导致整个提升管内的颗粒浓度较大，而上部的颗粒浓度则更小，因而提升管内的压力梯度很大。

当气速逐渐上升时，提升管内的压力趋于一致。图 2-38 中的三个气速下的压力分布曲线多有交叉，这可能是由于 PP 物料较轻，因而在提升管上部的颗粒聚集情况波动较大，因而使压力分布产生了某种程度的不规则现象[20]。

另外，颗粒的高速循环流动与摩擦会导致静电的产生，这可能也会影响压力分布。总之，在气速较小时，提升管内的压力主要是以颗粒的静压头为主，因为在气

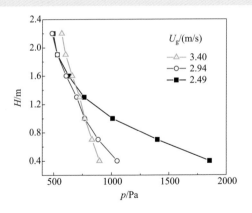

● 图 2-38　不同气速下提升管内的压力分布 [G_s = 10.92 kg/ (m² · s)]

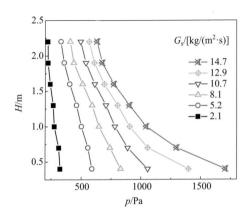

● 图 2-39　不同物料循环量下提升管内的压力分布(U_g =2.82 m/s)

速较小时，颗粒浓度不断下降，压力也不断下降；而气速进一步增大时，颗粒浓度进一步减小，压力反而增大，这是由于此时摩擦已占据主导地位，摩擦力增大，则压力也相应增大。

3. 提升管内的压力脉动

循环流化床的操作是依靠压力平衡进行的，因而压力方面的研究一直备受关注。但是，一般的研究都集中在压力平衡及分布方面，对压力脉动的研究至今所见不多。由于研究方法的匮乏，对压力脉动的研究无法深入地进行，主要局限于统计分析方法。

岑可法等[18]利用功率谱分析考察了循环流化床压力脉动的主频，发现其比鼓泡流化床的大很多。鼓泡流化床的主频为 2Hz 左右，代表了气泡产生的频率；而循环流化床的达到了 12Hz 左右，并且无法解析出其主频的含义。

Li[21] 将循环流化床中的压力信号分成了三个尺度进行研究，大大简化了压力信号的复杂性。循环流化床的颗粒相可以分为浓相（dense phase）和稀相（dilute phase），浓相主要以絮状物的形式存在，稀相则是由气体及分布在其中的离散的颗粒组成。压力信号的三个尺度分别为微尺度（由浓相中颗粒与颗粒之间的相互运动以及稀相中的颗粒运动引起）、介尺度（由稀相和浓相的相互运动引起）和宏尺度（由设备的边界引起，相当于整个系统对设备的相对运动）。

Zhao 等 [22] 通过对鼓泡流化床的 Hurst 分析和 9 尺度的小波分析发现，第 1、2 尺度的细节信号（detail signal）代表了微尺度的作用，第 3～9 尺度的细节信号代表了介尺度的作用，而第 9 尺度的近似信号（approximation signal）则代表了宏尺度的作用。为了更好地了解循环流化床提升管中的动力学行为，采用统计分析、功率谱分析和小波分析方法对提升管中的压力脉动信号进行了研究。

图 2-40 为气速 3.04 m/s 时分别在提升管的 2.2 m 及 0.05 m 处的压力随时间的变化关系图。在循环流化床中，稀相和浓相的压力脉动有明显不同的特点，0.05m 高度处的压力信号和鼓泡流态化的情况近似，属于浓相的压力情况，而 2.2m 高度则属于明显的稀相。

图 2-41 为气速 2.6m/s 和 3.4 m/s 下不同高度处压力脉动的标准偏差 σ_p 随固体循环量的变化关系。可以看到，压力脉动的标准偏差随循环量的增大而增大，并且在较小的表观气速下循环量的影响更大。由于固体循环量增大，循环流化床内颗粒浓度增大，絮状物增多，从而引起床内压力的波动加大。另外，在固体循环量增加相同的情况下，较小气速时单位体积内固体颗粒量的增加量比大气速时更大，引起床内压力脉动的增加量也更大，所以较低气速下压力脉动对循环量的变化更为敏感。从两个图中曲线的增加量的对比可以清楚地看到这一点，表观气速为 3.4 m/s 时，20 kg/（m^2·s）的增加量仅使压力脉动的标准偏差增加了约 100 Pa，而表观气速为 2.6 m/s 时，10 kg/（m^2·s）的增加量就可使压力脉动的标准偏差增加达 400 Pa。

从图 2-41 中还可以看出，较小的循环物料量下，压力脉动的标准偏差 σ_p 随物料循环量 G_s 的变化较小，而当 G_s 增加到 9.2 kg/（m^2·s）后，σ_p 迅速增加。这表明提升管中稀浓两相转换的临界循环量 G_s^* 大约在 9.2 kg/（m^2·s）处，G_s 超过 G_s^* 时，基本上整个提升管内都是浓相。图中床层下部的 σ_p 很大表明提升管下部颗粒浓度相当高，因为标准偏差只与颗粒浓度有关，而和气速、循环物料量、床高等因素无关。在较大气速下，随 G_s 增加，各床层高度的 σ_p 基本上线性增加，这是由于大气速使提升管中的颗粒流动发展较快，颗粒浓度较低。由于气速较大，增加 G_s 会使气体的颗粒携带能力增加，这种携带能力远小于气体的饱和携带能力，因此会使 σ_p 线性增加。

循环物料量为 10.9 kg/（m^2·s）时不同气速下 σ_p 随床高的变化如图 2-42 所示。在 2.5 m/s 的低气速下，在 1.2 m 处 σ_p 有一个突变，而较高气速下 σ_p 则变化不大。这

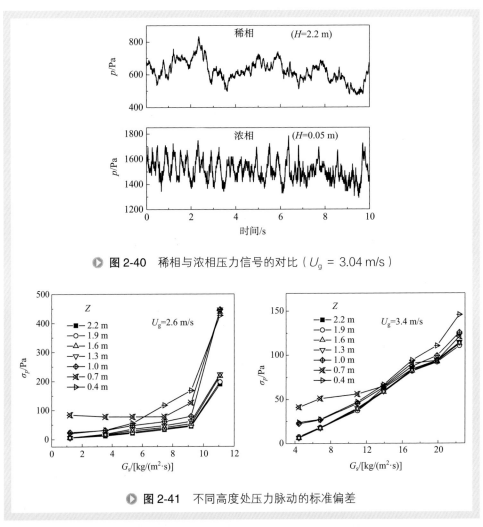

图 2-40　稀相与浓相压力信号的对比（U_g = 3.04 m/s）

图 2-41　不同高度处压力脉动的标准偏差

表明较高气速下整个床层都是以稀相为主，当气速降到 2.5 m/s 时床层下部颗粒浓度增大到以浓相为主。因此从 σ_p 的变化可以大致看出浓相到稀相的转变点。

图 2-43、图 2-44 为两个操作条件下不同提升管高度处的功率谱图。图 2-43 中的功率谱主频十分明显，为 12.4 Hz。图 2-44 中在 5.8 Hz 处也有一个功率谱主频，但相对来说不太明显。

当固体循环量小时，床内颗粒浓度较小，床层处于稀相输送状态，压力脉动主要是由颗粒之间的碰撞、颗粒与壁面之间的摩擦以及气流的作用引起的。图 2-43 中的气速和颗粒循环量分别只有 2.72 m/s 和 1.2 kg/（m²·s），此时颗粒在整个提升管内有相当多的单颗粒存在，絮状物很少，因而功率谱主频基本上就只有单一的主频，再加上单颗粒引起的压力脉动的频率较大，因而该操作状态下的主频达到了 12.4 Hz。

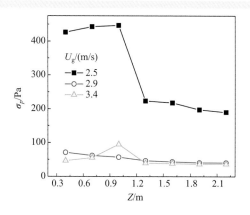

图 2-42 不同 U_g 下压力脉动的标准偏差 $[G_s=10.9 \ kg/(m^2 \cdot s)]$

随着气速与颗粒循环量的增加，絮状物逐渐增加，并且絮状物引起的压力脉动要比单颗粒引起的压力脉动大，因此单颗粒引起的压力脉动的主频幅值相对较小。另外，在较大的颗粒循环量下，絮状物的增加导致了颗粒与壁面之间的摩擦概率降低，由此引起的压力脉动的频率也随之降低，如图 2-44 中的颗粒引起的频率仅为 5.8 Hz。另外，在图 2-44 中 0.2 Hz 附近的频率幅值较大，这主要是由絮状物产生的。在提升管高度 0.4 m 和 1.0m 处除了在 0.2 Hz 处功率谱密度的幅值明显增大外，其他频率处有杂峰出现，这表明在该提升管高度处絮状物的作用较为明显。同时，这还说明了在该操作条件下提升管高度 1.0m 以下的部分颗粒浓度较大，为浓相，而 1.0m 以上的部分为稀相。

随着循环物料量的进一步增加，固体颗粒引起的压力脉动的功率谱主频的幅值会逐渐降低直至消失。在图 2-44 中的气速下（$U_g=3.0 \ m/s$），当 G_s 增加到 6.2 kg/（$m^2 \cdot s$）时即无法观察到该主频。

4. 下降管内压力的轴向分布

下降管是循环流化床颗粒循环回路的下行部分，下降管不仅保证了流化床的颗粒循环过程，而且维持着系统的压力平衡。下降管内气固两相流的主要特点是顺重力下行的颗粒速度大于气体速度以及颗粒从高处的低压端流向低处的高压端的逆压差流动，这种逆压力梯度的气固两相流动导致了流动过程的复杂性，主要表现为轴向压力的变化、颗粒浓度（空隙率）分布的非均匀性、气固两相并流或逆流的变化和流态的多样性等。

根据轴向压力和压力梯度的变化特点以及与流态的关系，沿下降管高度可以划分为 3 段：

（1）颗粒旋转段。在下降管的入口处，颗粒进入下降管后旋转速度逐渐衰减，

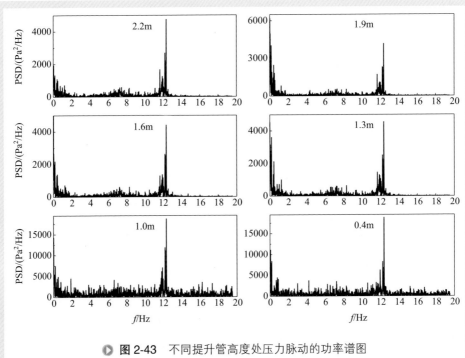

● 图 2-43 不同提升管高度处压力脉动的功率谱图

[U_g=2.72 m/s, G_s= 1.2 kg/ (m² • s)]

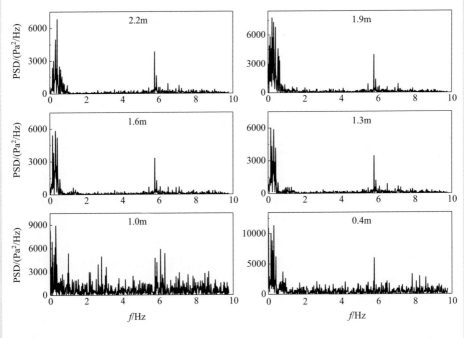

● 图 2-44 不同提升管高度处压力脉动的功率谱图 [U_g=3.0 m/s, G_s=2.83 kg/ (m² • s)]

在离心力的作用下径向压力分布和颗粒浓度分布不均匀，边壁压力和浓度高，中心压力和浓度低，随着颗粒扩散下落，压力和浓度沿径向趋于均匀分布发展，旋转段的长度一般比较短。

（2）颗粒下落段。扩散后的颗粒浓度沿径向趋于均匀分布，颗粒克服逆压力梯度作减速下落运动，压力和压力梯度沿轴向向下逐渐增加。

（3）浓相压力段。该段的压力和压力梯度均大于颗粒下落段，颗粒速度与颗粒浓度成反比。一般下降管浓相段的颗粒浓度高于上部，所以颗粒在此段的下行速度比较小，颗粒的下行速度随颗粒质量流率的增大而增加。

一般下降管内气固两相流有多种流态形式[23]。Jones 等[24] 将下降管内气固流动的流态划分为流态化流动和非流态化流动两大类。Geldart 等[25] 则把下降管内流态化流动划分为气泡流化流动区和无气泡流化流动区。Wang 等[26] 认为这种流态形式由下降管的负压差、颗粒质量流率和颗粒浓度所决定。

大量的实验均表明下降管内气固两相流的主要特征是颗粒一直处于运动的主动地位而气体处于被动地位。下降管内的基本流态有两种形式：当颗粒质量流率 G_s 小于临界颗粒质量流率 G_{sc} 时为稀密两相共存的流态，气体上行；当 $G_s > G_{sc}$ 时是浓相输送流态，气体下行。两种流态可以互相转换，主要受颗粒质量流率的影响。负压差下降管的流态变化反映了气固两相的滑落速度和轴向压力的变化。滑落速度随颗粒质量流率的增加逐渐减小，而轴向压力则逐渐增大。颗粒下落是一个减速下行运动，负压差下降管内的气固两相流的流态特性是平衡负压差所要求的。如图 2-45 所示。

魏耀东等[27] 用脉冲氢气示踪方法测量了气相的速度，发现颗粒质量流率比较小（$G_s < G_{sc}$）时，气体是上行的。随着 G_s 的增大，稀相部分颗粒携带气体下行，底部进入的流化气体上行，气体为净上行流。当 G_s 增大到流态为浓相输送流态时，流化气已不能进入下降管，同时颗粒夹带气体的能力增强，气体由上行流转变为下行流，主要是颗粒的夹带气。这种气体速度的增长幅度与颗粒质量流率成正比。

下降管内轴向压力分布主要受颗粒质量流率 G_s、上端旋风分离器的入口速度 V_i 和浓度 c_i、下端流化床流化速度 U_f 等影响。流态是稀浓两相共存时，稀相部分压力低、变化小，浓相部分压力激增；流态是浓相输送流态时，轴向压力值整体增大，沿轴向趋于光滑分布。

$G_s < G_{sc}$ 时，轴向压力分布由两个近似线性部分构成，连接处的压力转折点是稀浓相的分界面。转折点以上的稀相部分压力低变化小，转折点以下的浓相部分压力变化较大。逐渐增加 G_s，稀相的颗粒浓度增加，压力值增大，压力转折点逐渐向压力增大的方向移动。当 $G_s = G_{sc}$ 时，转折点不复存在，稀相部分的颗粒浓度增大，原浓相部分颗粒浓度减小，整个下降管内的压力曲线趋于光滑分布，下降管的蓄压长度由原浓相部分扩展为整个下降管，下降管出口处压力也随 G_s 的增加而上升，大于该处的流化床压力。

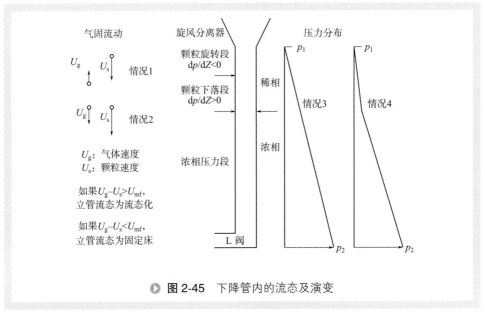

图 2-45　下降管内的流态及演变

U_f增加使流化床浓相床层压力上升，下降管出口处的环境压力p_f增加，提高了下降管两端的负压差。低$G_s(< G_{sc})$时，增加U_f使稀浓相分界面上升，浓相空隙率增大，上升气泡反窜加剧，U_f的影响限于下降管下部的浓相段，但这种流化气的存在对下降管浓相部分保持流化状态是非常重要的。将U_f减小到某个临界值时，流化气不能进入下降管内部，下降管内浓相段会发生脱气失流化现象，形成架桥造成下料堵塞，流化床的颗粒循环系统失效，因此下降管出口附近区域应保持良好的流化状态才能使下降管排料通畅。

图 2-46 为颗粒质量流率 10.9 kg/(m² · s) 时提升管不同气速下下降管内压力的轴向分布，下降管内有物料的一段的压力分布基本上是直线分布的，并且有一个明显的拐点。这是由于此时G_s较小，小于临界颗粒流率，连接处的压力转折点是稀浓相的分界面。转折点以上部分为稀相，压力低，变化小，属于稀相流动；转折点以下部分为浓相，压力变化较大，属于移动床流动。

逐渐增加气速，稀相的颗粒浓度增加，压力值增大，压力转折点逐渐向压力增大的方向移动，整个下降管内的压力曲线趋于光滑。G_s一定时，气速越小，G_s越接近下降管内移动床到流化床流动的临界颗粒质量流率G_{sc}，因而图中 2.36 m/s 和 2.55 m/s 气速下的曲线的拐点较 3.52 m/s 气速下的更为光滑。

从图 2-46 中的压力梯度变化可以看出，移动床流动状态下的颗粒浓度在不同状态下变化很小，这是由于这种流动状态下的颗粒浓度被认为接近临界流化状态下的颗粒浓度，因而变化范围很小。如果下降管内出现了流态化流动，那么颗粒浓度将会变得不确定起来。

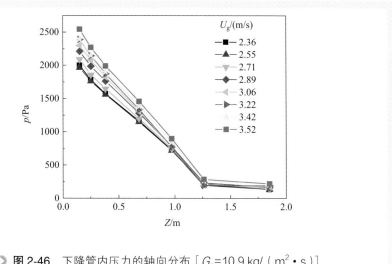

● **图 2-46** 下降管内压力的轴向分布 $[G_s=10.9 \text{ kg}/(\text{m}^2 \cdot \text{s})]$

5. 截面平均颗粒浓度的轴向分布

循环流化床气固两相的局部结构是由稀相（连续相）和浓相（分散相）组成的。当操作条件、气固物性和设备结构变化时，这种稀、浓两相的局部结构并不发生根本的变化，只是稀、浓两相的比例及其在空间的分布发生相应的变化。这是循环流化床流动的自然属性。

Grace 等[28]指出气固流动的不稳定性促使颗粒发生聚集，这些聚集体称为絮状物。除颗粒间相互作用等因素可以形成絮状物外，Bai 等[29]发现絮状物的尾涡的作用非常重要。颗粒在气流中运动时，一方面力图聚集，以使若干颗粒相互屏蔽，减少气固之间的相互作用；另一方面，由于迎风效应及颗粒碰撞、湍动等因素，使颗粒聚集体解体。因此，不同条件下颗粒聚集体的存在形式，是颗粒在运动过程中为了达到气固相互作用最小而又能在最稳定状态下存在，受多种因素作用的综合结果。

以往的研究主要集中于直径较小的颗粒（如流化床催化裂化颗粒 FCC，Geldart A 颗粒）以及流化床锅炉中用到的粒径很大的煤颗粒等，这些研究表明固体颗粒的浓度分布有很强的非均一性。大量的研究还发现，影响循环流化床内颗粒浓度分布的因素很多，如气速、颗粒循环流率、颗粒物性、床高、进出口结构等。

提升管底部的浓相区近似于鼓泡流化或湍动流化，而上部稀相区则具有气力输送的流动特征。提升管内的宏观流动结构如图 2-47 所示。由于颗粒的湍动、返混以及聚集与解体等原因，在床层的几乎所有径向位置，都可能有颗粒的正、负向速度。但就时均来说，床层中心区的颗粒主要向上运动，愈靠近床壁颗粒的平均速度就愈小。而颗粒通量的径向分布通常有环核型和抛物线型等。在较低气速或较高颗

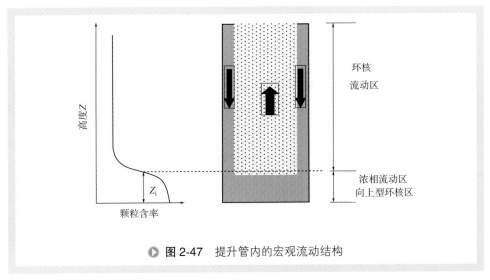

图 2-47　提升管内的宏观流动结构

粒浓度时，颗粒在床层中心区域向上流动，在边壁区向下流动，颗粒通量的径向分布为环核型。而当气速较高或者颗粒浓度较低时，颗粒在边壁的向下流动消失，此时颗粒通量的径向分布为抛物线型。

从总体上讲，在快速流态化的条件下运行时，颗粒浓度一般呈上稀下浓的不均匀分布，而当气固流动处于浓相气力输送状态时，空隙率轴向分布趋于均匀。对同一种颗粒，在一定操作气速下，随着颗粒循环速率的提高，床层各截面上平均空隙率都逐渐减小，同时轴向空隙率分布也愈趋不均。当在固定颗粒循环速率下提高操作气速时，轴向空隙率分布趋于均匀。

Bai 等[30]通过分析颗粒含率与压力脉动的标准偏差的变化关系，认为颗粒含率为 0.15 标志着气固流动由湍动流化向快速流化的转变，而颗粒含率为 0.05 则对应于气固流动开始进入气力输送状态。他们同时指出，从鼓泡流态化直至气力输送的区域内，压降脉动的标准偏差主要取决于颗粒含率，而与操作气速、颗粒循环速率以及测量位置（床层高度）等因素几乎无关。Li 等[31]研究了超细颗粒的循环流态化的流化状况，发现超细颗粒在提升管的不同高度有三种流化结构，下部为结成大块的固定床，中间为结成小块的流化床，上部为结成更小块的稀相区。并且轴向空隙率随床高有个突变，突变点为固定床和流化床的分界点。

目前对聚丙烯这种密度较轻的颗粒还缺乏系统的研究，除 Claus[32]采用聚合物为实验物料考察了固体夹带量与气速以及颗粒直径的关系外所见文献不多。而 Bai 等[33]发现颗粒的粒径和密度对循环流化床的流动结构有很大影响。对于具有较大直径和较高密度的颗粒，其截面平均空隙率沿轴向变化较大。与细颗粒系统相比，使用粗重颗粒时，在床层底部具有更大的颗粒密度。随着操作气速的提高，大量粗颗粒被夹带向上运动，使粗、细颗粒的空隙率轴向分布差别逐渐减小，尤其是在床层顶部两者几乎一致。

根据理论和实验研究，可以认为颗粒浓度的轴向分布大致可以分为三种基本类型：指数型分布、S形分布（有时呈现直线形）、反C形分布。如图2-48所示。Arena等[34]分别采用压差法和直接测定法测定单调指数函数分布时的床内的空隙率，发现如果忽略加速度的作用，压差法得到的是S形分布。如果考虑到这种作用，则能得到正确的结果。

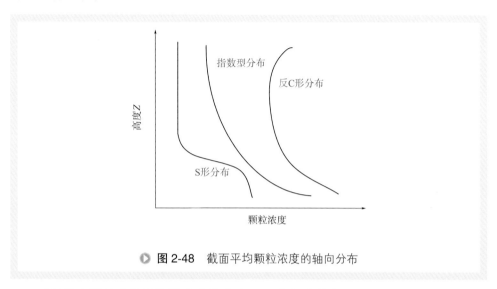

◆ **图 2-48** 截面平均颗粒浓度的轴向分布

对于具有强约束作用的快速流化床出口，当气速较高时，在出口附近，气体由垂直运动急速转为水平运动，颗粒运动受阻而折流向下。一部分颗粒被气体带出，另一部分则沿床壁向下运动，结果使颗粒平均运动速度减慢，颗粒浓度增加，从而形成床层中部空隙率高、两端空隙率低的反C形分布。

除了气固流动的不均匀性之外，循环流化床的另一个重要特征是颗粒轴向的加速运动。当床层出口为弱约束作用时，截面平均颗粒浓度沿床层轴向增高而减小。由床层入口到颗粒速度达到常数的位置的距离即为颗粒加速段长度，有时整个提升管都处于加速之中。截面平均颗粒浓度随气速增大而减小，随颗粒循环速率增大而增大。

不同气速下的颗粒浓度的轴向分布见图2-49。当气速提高时，床内的颗粒浓度减小，颗粒浓度分布逐渐变得均匀，顶部空隙率与底部空隙率差别变小。当气速为2.49 m/s时，提升管底部的颗粒浓度比较大，这是由于在气速较小时，气体对较轻的PP颗粒的加速作用较小，而颗粒的碰撞作用较大，阻止了颗粒的向上运动，并且较小的颗粒容易先被吹出，从而导致了颗粒在提升管底部浓相区的聚集。

随着气速的增加，整个提升管内颗粒浓度都是减小的。这是由于气速增大，气体饱和携带能力增大，相同 G_s 下，床层颗粒浓度减小。随着 U_g 的进一步增大，颗粒浓度轴向分布趋于均匀，这说明如果要求整个床层都能达到均一颗粒浓度，在颗粒循环量一定的条件下，必须具备足够高的气速。

图 2-50 为不同高度处的平均颗粒浓度 $\bar{\varepsilon}_s$ 随气速的变化。总体上看，颗粒浓度总是随 U_g 增大而减小的，但在不同的床高位置，截面平均颗粒浓度随 U_g 增大而减小的规律是不同的。在床高 0.6 m 处，颗粒浓度随 U_g 增大而急剧减小；而在 2.1 m 高度处，则减小甚为缓慢。这表明随截面高度的增加，平均颗粒浓度随 U_g 下降的规律从幂函数型过渡到直线形。在较高床层位置，大气速下的颗粒浓度差别较小，表明在较高位置处气固流动发展较为完全。

图 2-51 为不同气速下 PP 颗粒浓度的轴向分布随颗粒循环量的变化情况。无论在何种气速与物料循环量下，在提升管出口处的颗粒浓度均很小，这是由于出口约

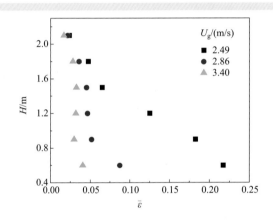

● 图 2-49　不同气速下颗粒浓度的轴向分布 [G_s = 10.92 kg/ (m² · s)]

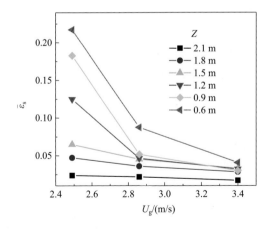

● 图 2-50　不同高度处的平均颗粒浓度 $\bar{\varepsilon}_s$ 的轴向分布 [G_s =10.92 kg/ (m² · s)]

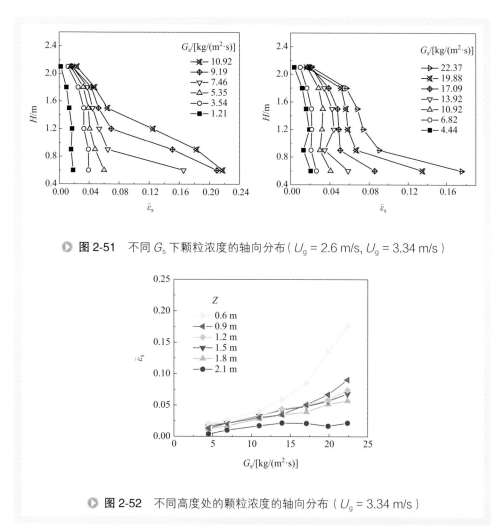

◉ **图2-51** 不同 G_s 下颗粒浓度的轴向分布（$U_g = 2.6$ m/s，$U_g = 3.34$ m/s）

◉ **图2-52** 不同高度处的颗粒浓度的轴向分布（$U_g = 3.34$ m/s）

束较小，实验装置的出口结构有利于物料的迅速通过，导致了出口处的颗粒浓度迅速减小。可见，该出口结构不利于提高床内的固体颗粒浓度，也不利于提高提升管内的颗粒停留时间，如果工业上需要提高这些指标的话，可以考虑在出口加上气垫直角出口。

图2-52为不同高度处的颗粒浓度随颗粒循环量的变化。随 G_s 增大，上部的颗粒浓度增加较慢，下部的则迅速增加。可见，在不同的床层高度，G_s 对截面颗粒平均浓度的影响有较大不同。随床层位置的增高，G_s 对轴向颗粒浓度的影响减小。在床层底部呈非线性增加，而在床层中上部，颗粒浓度随颗粒循环量的变化接近一次方的关系。在床层上部，G_s 与颗粒浓度的关系基本不受床高的影响。

随 G_s 增大，床层各截面处的颗粒浓度均有所增加，颗粒浓度轴向分布的不均匀度也增大，床层上下浓度差加大。这是由于 G_s 增大，要达到 $G_s = G_s^*$（提升管中稀浓两相转换的临界循环量）的系统压力平衡状态，整个床层颗粒浓度都要加大，特别是在床层底部颗粒堆积的密度增大很多，这导致了床层上下浓度差以及颗粒浓度轴向分布不均匀度的增大。而随着 G_s 的减小，颗粒浓度轴向分布的不均匀度也减小，并最终沿整个提升管高度达到均匀分布，从而使气固流型由快速流态化过渡到浓相气力输送。

6. 提升管内颗粒的停留时间分布

由于气固流动的不均匀分布、颗粒的内循环流动以及絮状物的不断形成与解体等原因，循环流化床内有一定程度的气固返混。气固混合过程的预测与控制是循环流化床反应器设计与操作的关键之一。特别是对于快速而又复杂的反应过程尤为重要。

Bader 等[35] 用盐颗粒示踪法得到了 RTD 曲线，在床层中心线的 RTD 图上有一个尖峰，但也有一定的拖尾，说明颗粒接近平推流。但由于颗粒的交换作用，其平均停留时间较平推流大。而在壁面处，由于颗粒向下流动剧烈，RTD 图上表现为出峰较晚且拖尾严重的现象。

Patience 等[36] 研究了循环流化床出口处颗粒的停留时间分布。结果表明：颗粒的 RTD 曲线为双峰，如图 2-53 所示。因为循环流化床中有明显的内循环流动，第一峰预示着由于运行风速高，一部分颗粒以类似于短路的方式从床中心流出床层。第二峰则表示由于颗粒的横向交换，中心区交换至边壁区的示踪颗粒再次循环进入中心区上行而流出床层。所以循环流化床中心的颗粒作为平推流和全混流均是不十分合适的。这可以用环核流动结构给出很好的解释。他们还给出了停留时间随颗粒循环量 G_s 及表观气速 U_g 的变化关系：G_s 不变时，停留时间随着 U_g 下降而明显上升；U_g 不变时，停留时间随着 G_s 上升而上升。但 U_g 高时，其上升趋势明显小于低 U_g 时的趋势。根据他们的实验结果：当颗粒直径增大时，停留时间分布曲线拖尾现象增强，平均停留时间增加，气固两相流将偏离平推流。

固体颗粒的 RTD 在循环流态化研究中十分重要，它对于了解气固两相流动特性、反应器的模拟计算和工程设计是必不可少的，对于流态化干燥过程及传热行为的研究也很重要。流化床中 RTD 的测量研究已有大量文献报道，发展了诸如染色颗粒、盐颗粒、磁性颗粒、放射性颗粒及热（冷）颗粒等众多的示踪方法。Avidan 和 Yerushalmi[37] 利用铁磁性颗粒示踪，测量了内径为 152 mm 的

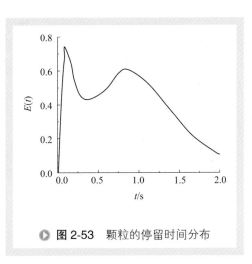

▶ **图 2-53** 颗粒的停留时间分布

循环流化床提升管内颗粒的停留时间分布，并应用一维平推流扩散模型得到了颗粒的轴向扩散系数。Ambler等[38]利用放射性颗粒示踪技术，得到循环床内颗粒的RTD曲线有明显的双峰存在。Bader等[35]和Rhodes等[39]以盐颗粒作示踪剂，发现在提升管中边壁区和中心区颗粒的RTD曲线不同，对应边壁区的RTD曲线峰宽且拖尾较长，并认为这意味着提升管内固体颗粒在中心区和边壁区的轴向混合行为不同，边壁区的颗粒存在严重的返混。

这些研究工作对于人们了解提升管中颗粒的轴向混合行为有较大的帮助，但是固体颗粒示踪本身存在着一系列技术上的困难，如示踪剂的注入、在线检测、残留及示踪颗粒与床体物料一致性、示踪过程对床内流场的干扰等，这些技术上的困难不但使实验操作烦琐，而且实验结果的可靠性、重复性均不理想，特别是在颗粒运动速度较快的循环流化床中，其颗粒示踪的难度更大，得到的实验数据有限，对数据的分析处理也难以令人满意。

对于这种快速气固流动过程，颗粒示踪的最大困难是在较短的时间内完成示踪剂的注入及检测，而且要求注入及检测时，对床中流场干扰尽可能小。以往绝大部分颗粒示踪方法将示踪颗粒直接注入床内，很难做到示踪剂在毫秒级内以脉冲函数注入而又不对床内流动形成明显的干扰。在示踪颗粒的检测上，大多采用直接从床中提取颗粒样品的方法，但若要准确地测量快速变化过程的停留时间分布，必须在短时间内提取数量较多的颗粒样品，如在十几毫秒内采取一个颗粒样品，且要求不破坏床内流场，这种采样有相当大的技术难度。

魏飞等[40]成功开发了磷光颗粒示踪技术，磷光物质有一个十分重要的特性：光照射到其表面时，它会立刻发出一固定频率的光，而在光束停止照射后，它还会继续发出余辉，这一余辉光的强度会随时间逐渐减弱，其衰减速率与磷光物质种类及激发光束的光强度有关。一般肉眼可看到的余辉持续时间可从若干毫秒到几小时。在测得光强信号后扣除光强衰减便可得到示踪颗粒浓度。对于该方法，示踪剂的注入、检测较为迅速、方便、易行，整个实验过程对流场基本无干扰，示踪剂在设备内无残留，实验可方便地多次重复进行。

实验中首先得到示踪颗粒余辉光强随时间的变化曲线，然后将此曲线进行衰减曲线的校正，进一步得到示踪剂停留时间分布曲线。提升管中颗粒停留时间分布很宽，并出现双峰及严重的拖尾，这说明提升管中固体颗粒返混较大，由于颗粒聚集造成双峰及严重拖尾，RTD曲线对称性较差。一般认为这是由于提升管中环核两相流动结构所致，但由于缺乏可靠的提升管中颗粒RTD的数据，至今对此现象还未有一致认识。

不同操作条件下的RTD曲线如图2-54所示。可以看出，RTD曲线有明显的双峰分布，并且这种双峰分布在很宽的操作范围内均没有明显变化。在提升管下部，颗粒受喷管效应的影响还可以保持较大的速度。而在提升管的中上部，颗粒在喷管效应减弱或消失后会出现不同程度的减速现象，再加上聚丙烯颗粒的直径较大，减速现象较为明显，这导致了颗粒的平均停留时间较长，停留时间分布曲线的拖尾现象十分严重。

对于采样间隔相同的信号，平均停留时间的计算如下：

$$\bar{t} = \frac{\int_0^n tc\mathrm{d}t}{\int_0^n c\mathrm{d}t} = \frac{\sum_0^n tc\Delta t}{\sum_0^n c\Delta t} = \frac{\sum_0^n tc}{\sum_0^n c} \tag{2-2}$$

式中　　t——某一个时刻；

　　　　c——该时刻的示踪剂浓度。

在相同的 G_s 下，随气速的增加，气流对颗粒的加速作用与携带作用均增加，颗粒的速度也随之增加很大，因此颗粒的平均停留时间迅速降低。在图 2-54（a）中，三个气速下的颗粒的平均停留时间分别为 11.9s、5.79s、2.43s。而在相同的 U_g 下，随 G_s 的增加，提升管内的颗粒浓度加大，单个颗粒受到的平均加速作用降低，颗粒的速度也随之降低，导致颗粒的停留时间增加。在图 2-54（b）中，三个 G_s 下的颗粒的平均停留时间分别为 4.34s、3.38s、2.43s。可见，U_g 对颗粒的平均停留时间的影响比 G_s 明显。

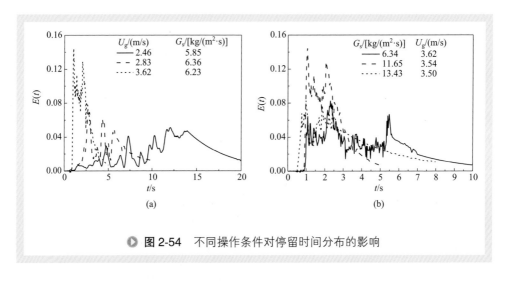

▶ 图 2-54　不同操作条件对停留时间分布的影响

三、聚丙烯多区循环反应器强化

1. MZCR反应器强化产品性能

多反应器串联的聚合工艺流程必将导致生产装置的复杂化。由于不同阶段间切换次数有限（例如三个反应器串联相当于切换两次），产物中嵌段共聚物含量不高，产品性能提高幅度有限。

MZCR 反应器具有互通的两个流体动力学行为完全不同的区域：快速流化状态

的提升管与重力沉降状态的下降管，下降管顶部的阻隔流体可使提升管与下降管具有截然不同的"单体气氛"。由于两个反应区内的"单体气氛"不同，颗粒内形成的聚合物分子量、共聚物组成与结晶性等都不相同。如果颗粒的循环速率很大，在两个反应器内的单程停留时间远小于总反应时间，最终的聚合物颗粒将呈现多层次"拟均相"的微观多相、多组分结构。

采用 MZCR 技术，由于在一个反应器中实现丙烯均聚与乙烯丙烯共聚的快速、多次切换，从而在产物中产生大量的嵌段共聚物（PP-b-EPR），使起增韧作用的橡胶相与聚丙烯基体相间产生很强的结合力，产物的抗冲性与刚性的平衡得到最大程度的优化，其机械物理性能超过常规 Spheripol 工艺以及 Catalloy 技术制备的聚烯烃材料。图 2-55 是 MZCR 与 Spheripol 工艺制备的抗冲共聚物的性能比较[41]。MZCR 制备的抗冲共聚物的刚 - 韧平衡性能全面超越 Spheripol 工艺。

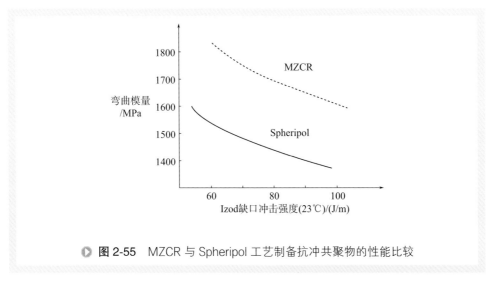

● **图 2-55** MZCR 与 Spheripol 工艺制备抗冲共聚物的性能比较

Basell 公司声称 Spherizone 工艺的能耗水平比传统工艺低 40%，在投资、生产成本不提高或降低的前提下，产品性能及其调节范围可大幅度提高。该工艺具有极宽的适应性，图 2-56 所示的是使用 Spherizone 工艺后产品的性能与传统工艺的比较。由图可以发现，其产品性能范围全面覆盖商业聚丙烯产品。至 2010 年，该工艺在全球范围内共有 11 套生产装置，总生产能力为 300 万吨 / 年[42]。

Basell 公司最新开发的多区循环反应器技术是高效 Ziegler-Natta 催化剂与颗粒反应器技术近二十年来聚丙烯生产工艺的一个重大突破。该工艺以其反应器构造的新颖性、操作的宽适应性以及制备的多相聚丙烯共聚物性能的优越性引起了工业与学术界的极大兴趣。

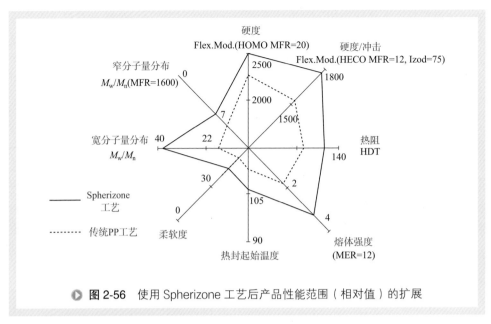

图 2-56　使用 Spherizone 工艺后产品性能范围（相对值）的扩展

2. MZCR 反应器强化工艺

在所有工厂中，引发催化剂都是在连接不同反应器的入口处加入，通过一个两级串联过程（图 2-57）。两个阶段具有不同的操作条件、压力、温度、单体浓度、固体浓度、链终止剂浓度（H_2）、平均停留时间等，将产生两种不同的聚合物。

以停留时间分布的观点来分析，上述过程反应器（流化床、搅拌釜）可以被视为连续搅拌釜反应器（CSTR）。这就意味着在每个阶段的出口处颗粒在反应器内的停留时间不同，因此，在第二个反应器出来的颗粒具有不同的聚合物，因为它们是在不同的环境中生成的，由于具有不同的催化中心而产生了结构上的不均匀。

多区循环反应器是在聚烯烃历史上第一次实现了不同的反应性质拓展，在这类

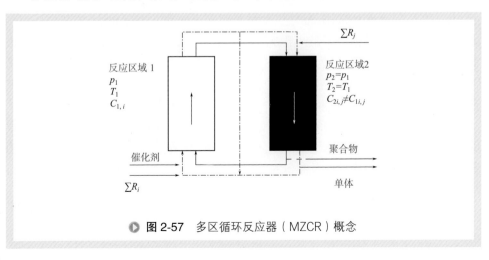

图 2-57　多区循环反应器（MZCR）概念

反应器中颗粒在两种（或更多）的环境中连续循环。随着循环比增大，丙烯浓度在下降管中变大，同时分子量减小；改变提升管中的丙烯浓度、氢气浓度对分子量影响较小，下降管中则影响较大。其中，增大丙烯浓度，减小氢气浓度，产物分子量变大；减小物料在下降管中的停留时间时，产物的分子量也减小[43]。

两个（或更多）反应器可以在不同的气相组成（单体和氢气浓度）下操作，因此可以生成不同的聚合物。固体颗粒在这两个区中循环，每次经过的停留时间的数量级都低于平均停留时间。在两个连续 CSTR 中颗粒在每个反应器内停留时间分别为 τ_1 和 τ_2，形成洋葱形非均一性聚合物。MZCR 模型改变了颗粒增长机理，减小或消除聚合物颗粒的不均一性。值得指出的是整个系统的平均停留时间分布不能改变组成上的均一，只是改变单个颗粒的相分布。

将非常紧凑的 MZCR 和普通流化床反应器 FBR 进行对比，在相同操作条件下的两种反应器，MZCR 能节省 40% 的能量。

因此，多区循环反应器代表了多相聚丙烯共聚物制备工艺的主要发展方向。特殊的反应器构造可以使单一反应器像无限多个反应器一样运行，使得聚合物组分的混合不再或者不完全受催化剂控制，而是由聚合工艺驱动，并可达到分子水平上的聚合物混合。基于多区循环反应器，再串联一个流化床反应器，Basell 公司形成了先进的 Spherizone 聚丙烯工艺，其流程见图 2-58。

此外，对于多级反应器串联制备多相聚丙烯共聚物，丙烯均聚切换至共聚过程

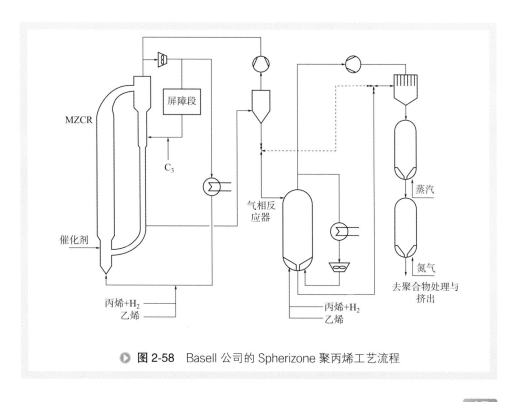

● 图 2-58　Basell 公司的 Spherizone 聚丙烯工艺流程

中也会生成部分嵌段共聚物（如:PP-b-EPR），在聚丙烯基体与分散相乙丙弹性体间起相容剂作用，有利于合金力学性能的进一步提高[44]。为得到这种多组分聚烯烃合金，必须使聚合物颗粒在不同的"单体气氛"中聚合生长，例如，Catalloy技术采用三个可独立调控气相组成的流化床反应器串联的工艺。Amoco工艺中卧式搅拌床反应器内四个不同区域气体组成的差别也是其制备具有优异刚-韧平衡性能的抗冲共聚物的原因之一。

聚丙烯的双峰操作如图2-59所示。高流速聚合物以切线进入降料段顶部，在旋风分离器的作用下聚丙烯粉料与气相分离后进入反应器阻隔段，并以浓相堆积床形式向下流动。屏障流形成了阻隔段，使反应器可以进行单峰操作和双峰操作两种模式。屏障流和固体循环量的比率可以非常低（<0.1）。由于流体的加入超出了理论上颗粒间向下运行的气体量，反应热和固体熔能够使少量的加入的流体汽化，这样就使提升管上部有干净的气体流进（图2-60）。这项工艺可以使下降管中的 H_2 浓度低于上升管中4个数量级，这样就会有真正不同MWD的产生。

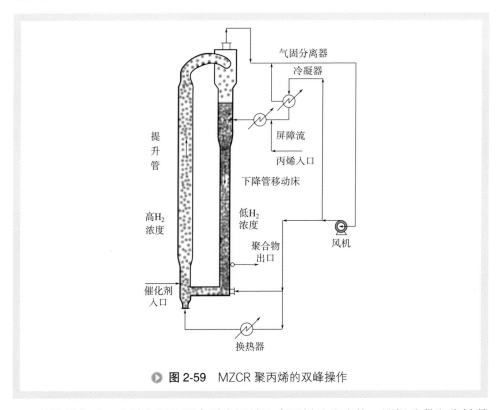

图 2-59　MZCR 聚丙烯的双峰操作

单峰操作时，在反应器的两个反应区域生产同样的聚合物，即提升段和降料段中的组分一样，但对氢气、乙烯、丙烯不同消耗量会导致摩尔组分变化。单峰操作不需要屏障流，此时阻隔段只引入气相丙烯吹扫阻隔段喷嘴，防止喷嘴堵塞，这是因为喷嘴极易被聚丙烯颗粒堵塞，因此在生产时一定要保证喷嘴的吹扫量。

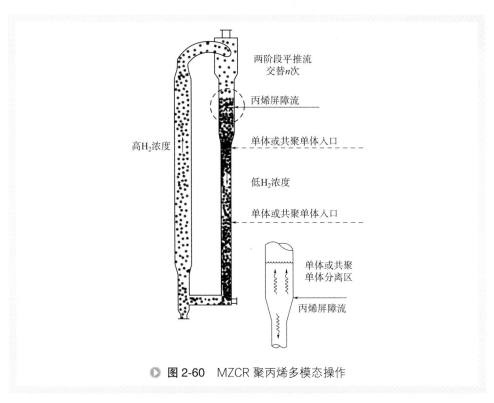

两阶段平推流
交替n次

丙烯屏障流

单体或共聚单体入口

高H₂浓度

低H₂浓度

单体或共聚单体入口

单体或共聚
单体分离区

丙烯屏障流

● 图2-60 MZCR 聚丙烯多模态操作

　　双峰操作时，在多区循环反应器的两个区域中生产不同的产品，液相丙烯作为阻隔液加入阻隔段使提升段和降料段形成两种不同的反应环境，通过调整不同浓度的氢气、乙烯、丙烯含量，生产不同宽分子量结构的均聚物或共聚物。

　　聚合物粉料在降料段以浓相堆积床形式向下流动[45]，由于密度高以及聚合反应的持续进行，此段的温度相比于提升段要高，同时从顶部到底部的温差也较大。降料段的丙烯吹扫、聚合物固相流率的控制是降料段温度控制的关键，浓相聚合物极易因流动不好或局部过度反应而产生局部热点，导致温度超高使聚合物结块，从而堵塞反应器出料线。

　　MZCR 技术生产的 PP，很多重要的产品性质如硬度、熔化浓度、冲击强度、黏结性等得到了显著提高。这种反应器概念的应用对于宽分子量分布 HDPE 是十分有益的。高度的均一性可以使 Ziegler-Natta 催化剂产生宽分子量分布，从而提高加工性能。即使是窄分子量分布的催化剂，高度的均一性可以在分子结构形成中发挥作用，减少凝胶和由于各种原因产生的低分子量聚合物。

第五节 结语

气相法聚乙烯工艺中，循环气体经过床层后吸收反应热而升温，之后经过循环管线上的冷却器将热量移出系统，同时循环气温度降低至进口温度，聚合热正是在循环气的不断循环流动中被移除。对于传统的非冷凝态工艺，循环气体中无液体，由于气体潜热较小，所能吸收的热量有限，这就限制了聚乙烯产率的进一步提高，成为气相法流化床工艺发展的瓶颈。20 世纪 80 年代出现的冷凝态和超冷凝态操作技术革命性地允许循环气体中带有冷凝液体，流化床反应器内的反应热通过流化气体的升温显热和冷凝液体的蒸发潜热共同移除，从而提高流化床反应器的时空收率 2~4 倍，促进气相法聚乙烯工艺的发展。

气相流化床反应器中引入搅拌器，可实现反应床层聚合物颗粒的均匀搅拌且大流量的循环。搅拌器的旋转可清除反应器上部釜壁上的粘釜物。通过研究搅拌流化床内压力和截面平均颗粒浓度的轴向分布、压力脉动、停留时间分布、颗粒速度的径向分布，发现引入搅拌桨后，可以使大粒径的颗粒如 Geldart D 类 PP 颗粒产生散式流态化现象，强化了流态化过程。可制备乙烯质量分数达 30%、橡胶含量 50%（质量分数）的抗冲聚丙烯共聚物。

采用 MZCR 技术，由于在一个反应器中实现丙烯均聚与乙烯丙烯共聚的快速、多次切换，从而在产物中产生大量的嵌段共聚物（PP-b-EPR），使起增韧作用的橡胶相与聚丙烯基体相间产生很强的结合力，产物的抗冲性与刚性的平衡得到最大程度的优化，其机械物理性能超过常规 Spheripol 工艺以及 Catalloy 技术制备的聚烯烃材料。

参考文献

[1] Cai P, Chen L F, van Egmond J, Tilston M. Some recent advances in fluidized-bed polymerization technology[J]. Particuology, 2010, 8(6): 571-578.

[2] Galli P, Vecellio G. Polyolefins: The most promising large-volume materials for the 21st century[J]. Journal of Polymer Science Part a—Polymer Chemistry, 2004, 42(3): 396-415.

[3] 阳永荣, 陈纪忠, 陈伟, 戎顺熙, 吕德伟. 气相法聚乙烯流化床反应器冷凝模式操作工艺[J]. 石油化工动态, 1997, 5(2):29-37.

[4] 王洪涛, 周象珉. 气相法聚乙烯冷凝态技术应用 [J]. 合成树脂与塑料, 1997, 14(4):25-27.

[5] Jean-Claude Chinh, Michel C H, Filippelli David Newton, Michael B Power. Polymerization Process[P]: US 5 541 270. 7-30-1996.

[6] 洪汇, 陈超美, 庄益平, 阳永荣. 烯烃气相聚合反应技术开发的新进展 [J]. 化学反应工程

与工艺, 1998, 14(1):79-85.

[7] 柏基业, 张永俊, 韩颖, 王嘉骏, 冯连芳. 搅拌流化床的研究与应用 [J]. 化工设备与管道, 2013, 50(1):1-5.

[8] 张永俊. 搅拌流化床中粘结性颗粒流态化特性研究 [D]. 杭州: 浙江大学, 2015.

[9] Leva M. Pressure drop and power requirements in a stirred fluidized bed[J]. AIChE J, 1960, 6(4):688-692.

[10] 冯连芳, 张文峰, 王嘉骏, 顾雪萍, 王凯. 气固搅拌流化床内的压力脉动特性 [J]. 浙江大学学报（工学版）, 2007, 41(3):524-528.

[11] 顾雪萍, 韩颖, 王嘉骏, 冯连芳. 气固搅拌流化床内压力脉动特性的数值模拟 [J]. 化工学报, 2013, 64(2):498-503.

[12] 金涌, 祝京旭, 汪展文, 俞芷青, 等. 流态化工程原理 [M]. 北京: 清华大学出版社, 2001.

[13] 王嘉骏, 张文峰, 冯连芳, 顾雪萍. 气固搅拌流化床压力脉动的小波分析 [J]. 化工学报, 2006, 57(12):2854-2859.

[14] Park H S, Kang Y, Kim S D. Wavelet transform analysis of pressure fluctuation signals in a pressurized bubble column[J]. Chemical Engineering Science. 2001, 56: 6259-6265.

[15] Wang Jiajun, Han Ying, Gu Xueping, Feng Lianfang, Hu Guhua. Effect of agitation on the fluidization behavior of a gas-solid fluidized bed with a frame impeller[J]. AIChE J, 2013, 59(4):1066-1074.

[16] 韩颖. 基于计算流体力学的烯烃聚合反应器模型化与模拟研究 [D]. 杭州: 浙江大学, 2013.

[17] Covezzi M, Mei G. The multizone circulating reactor technology[J]. Chemical Engineering Science, 2001, 56(13): 4059-4067.

[18] 岑可法, 倪明江, 骆仲泱, 严建华, 等. 循环流化床锅炉理论、设计与运行 [M]. 北京: 中国电力出版社, 1998.

[19] 张文峰. 丙烯气相聚合流化床反应器冷态模拟研究 [D]. 杭州: 浙江大学, 2006.

[20] 汤颜菲, 王嘉骏, 冯连芳, 顾雪萍. 提升管内气固流动行为的数值模拟 [J]. 化学反应工程与工艺, 2006, 22(5):445-450.

[21] Li Jinghai. Compromise and resolution -exploring the multi-scale nature of gas-solid fluidization[J]. Powder Technology, 2000, 111(1): 50-59.

[22] Zhao Guibing, Yang Yongrong. Multiscale resolution of fluidized-bed pressure fluctuations[J]. AIChE J, 2003, 49(2): 869-882.

[23] Daizo K, Octave L. Fluidization Engineering[M]. Second Edition. Boston: Butterworth-Heinemann, 1991: 144-150, 371-378.

[24] Jones P J, Leung L S. Downflow of solids through pipes and valves// Davidson J F, Clift R, Harrison D. Fluidization[M]. Second Edition. London: Academic Press, 1985: 293-329.

[25] Geldart D, Radtke A L. The effect of particles on the behavior of equilibrium cracking

catalysts in standpipe flow[J]. Powder Technology, 1986, 47: 157-165.

[26] Wang J, Bouma J H, Dries H. An experimental study of cyclone dipleg flow in fluidized catalytic cracking[J]. Powder Technology, 2001, 112: 221-228.

[27] 魏耀东, 刘仁恒, 孙国刚, 时铭显. 负压差下降管内的气固两相流 [J]. 化工学报, 2004, 55(6): 896-901.

[28] Grace J R, Tuot J. A theory for cluster formation in vertically conveyed suspension of intermediate density[J]. Trans IchemE, 1979, 57: 49-54.

[29] Bai D, Jin Y, Yu Z. Cluster observation in a two-dimensional fast fluidized bed[C]//Kwauk M, Hasatani M. Fluidization '91-Science and Technology. Beijing: Science Press, 1991: 110-115.

[30] Bai D, Shibuya E, Masuda Y, et al. Flow structure of circulating fluidized bed[J]. Chemical Engineering Science, 1996, 51: 957-966.

[31] Li Hongzhong, Hong Rouyu, Wang Zhaolin. Fluidizing ultrafine powders with circulating fluidized bed[J]. Chemical Engineering Science. 1999,54:5609-5615.

[32] Claus Riehle. Measuring and calculating solid carry over in a CFB cold flow model for different materials[J]. Powder Technology, 2000,107:207-211.

[33] Bai D, Jin Y, Yu Z, Zhu J X. The axial distribution of the cross-sectionally averaged voidage in fast fluidized beds[J]. Powder Technology, 1992, 71: 51-58.

[34] Arena U, Cammarata A, Pistane L. High velocity fluidization behavior of solids in a laboraty scale circulating bed[C]//Circulating Fluidized Technology. Oxford: Pergamon Press, 1986: 119-126.

[35] Bader R, Findlay J, Knowlton T M. Gas/solid flow patterns in a 30.5cm diameter circulating fluidized bed[C]//Basu P, Large J F. Circulating Fluidized Bed Technology Ⅱ. Oxford: Pergamon Press, 1988: 123-138.

[36] Patience G S, Chaouki J, Kennedy G. Solid residence time distribution in CFB reactors[C]//Basu P, Large J F. Circulating Fluidized Bed Technology Ⅲ. Oxford: Pergamon Press, 1991:599-604.

[37] Avidan A A, Yerushalmi J. Solid mixing in an expanded top fluid bed[J]. AIChE J, 1985, 31(5): 835-841.

[38] Ambler P A, Miline B J, Berruti F, Scott D S. Residence time distribution of solids in a circulating fluidized bed: Experimental and modeling studies[J]. Chemical Engineering Science, 1990, 45(8): 2179-2186.

[39] Rhodes M J, Zhou S, Hirama T, Cheng H. Effect of operating conditions on longitudinal solids mixing in a circulating fluidized bed riser[J]. AIChE J, 1991, 37(10): 1450-1458.

[40] 魏飞, 金涌, 俞芷青, 甘俊, 汪展文. 磷光颗粒示踪技术在循环流态化中的应用 [J]. 化工学报, 1994, 45(2): 230-235.

[41] Galli P. The reactor granule technology: The ultimate expansion of polypropylene properties? [J]. Journal of Macromolecular Science—Pure and Applied Chemistry, 1999, A36(11): 1561-1586.

[42] 宁英男，董春明，王伟众，徐昊垠，姜涛. 气相法聚丙烯生产技术进展 [J]. 化工进展，2010, 29(12): 2220-2227.

[43] 吴钢良，田洲，王嘉骏，顾雪萍，冯连芳. 多区循环反应器中丙烯气相聚合的模拟分析 [J]. 化学工程, 2011, 39(6):79-83.

[44] 田洲. 高性能多相聚丙烯共聚物制备的新方法——气氛切换聚合过程及其模型化 [D]. 杭州 : 浙江大学, 2012.

[45] 汤颜菲. 丙烯聚合多区流化床反应器内气固流动行为的数值模拟 [D]. 杭州 : 浙江大学, 2006.

第三章

淤浆聚合过程强化技术

第一节 引言

　　气液和气液固反应器广泛应用于石油化工、生物化工和废水处理等工业过程中，如许多气液反应需要在固体催化剂颗粒存在条件下进行，气液反应生成固体颗粒形成三相体系以及一些液体作为介质的气固反应体系等。气液反应过程的强化、反应装置的大型化趋势对于气液反应器的设计、优化提出了新的要求。目前对气液固搅拌反应器的实验研究多是从平均气含率、搅拌功率和悬浮特性等宏观特性方面进行考察，而由于测试手段的限制和流体流动的复杂性，对搅拌槽内微观特性，如气泡尺寸、局部相含率等研究还少见报道。气泡尺寸和局部相含率反映了气液固三相体系中局部气液分散和固液悬浮特性，对反应器的设计、放大和改造有着重要的价值。反应器内局部气液分散行为的深入解析可以为现有反应器的优化操作和新结构反应器的开发提供指导。

　　气液搅拌反应器具有操作灵活性强、传质效果好、混合效率高等优点，而在过程工业中广泛应用。反应器结构是影响内部物料流动、混合、传质及反应的重要因素，对气液搅拌反应器开展结构优化意义重大。气液固三相体系的核心强化过程，就在于搅拌机构的设计。

　　早期对气液搅拌釜的优化研究依赖于实验手段，测量方法受限，需反复试验，太过耗时且成本较高。随着计算流体力学（Computational Fluid Dynamics，CFD）技术的发展，能快速而相对准确地获取反应器内部详细的流场信息。平均气含率、气泡尺寸和局部气含率是气液搅拌反应器内十分重要的流体力学参数，直接影响着气液间的传质与反应，较小的气泡尺寸和较大的局部气含率使气液间的接触面积增大，从而增大了气液间的传质速率，有利于气液反应的进行。然而基于 CFD 的优化过程通常只考虑单参数变化，涉及多个参数则需要通过大量的模拟才能筛选出较优结果，加上多相体系固有的复杂性，导致计算量巨大且只能得到局部最优解，从而难以强化反应过程。

多目标遗传算法（Multi-Objective EvolutionaryAlgorithm，MOEA）具有全局优化、并行搜索、快速收敛等特点。针对上述问题，提出了将 CFD 技术与优化算法相结合的解决方法。以双层桨气液搅拌反应器为例进行结构优化，验证了该方法的可行性和有效性。建立以桨叶结构参数为优化变量，以最大气含率和最小搅拌功率为目标函数的优化命题，利用 CFD 和 NSGA- Ⅱ 算法耦合求解，得到了 PCBDT-PTD（下层斜凹叶圆盘涡轮桨 - 上层下压斜叶桨）优化桨组合。

低压聚乙烯淤浆釜式法生产装置中，解决聚合釜内流动、混合与传热问题是聚合釜设计的关键。从已有某装置的扩能改造来看，在聚合釜尺寸不变的情况下，通过搅拌器的改造，可以提高单线生产能力，经济效益显著。

另外，在三相混合体系中，固体颗粒的加入，对于气液分散的负面影响很大，反过来，气体对于颗粒的悬浮也具有影响，使得气液固三相反应体系非常复杂，其设计、过程强化与放大都非常具有挑战性。

第二节　搅拌槽内气液固三相体系的分散特性

气泡尺寸、局部气含率和气液相界面积是气液分散的重要特征参数，它反映了气液两相体系中气体的局部分散和传质特性，对反应器的设计、放大和优化有着重要价值。部分研究者对较低通气量下的单层桨或传统的涡轮桨搅拌槽内局部分散特性进行了研究，对于工业中广泛应用的双层桨和多层桨搅拌槽的研究较少，而在实际工业生产中，许多情况下为满足高蒸发和高负荷的要求，需要在中高通气量下操作，如在对二甲苯的氧化过程中，工艺操作要求在高搅拌转速和高通气量下进行，因此对高通气量下局部气液分散特性的研究具有实际应用价值。

对中高通气量不同桨组合搅拌槽内局部气液分散特性进行了研究，考察了搅拌转速、通气量和固体颗粒对槽内气泡尺寸、局部气含率的影响。桨组合优化以达到最佳的气液分散效果在工业生产中有着重要的应用价值 [1]。

一、实验部分

实验装置由进气系统、搅拌槽和测量系统组成，如图 3-1 所示。搅拌槽由有机玻璃制造，内径 T 为 0.38 m，椭圆形槽底高 0.1 m。搅拌槽内均布四块挡板，挡板宽 $T/12$，距槽壁 5 mm。四个内径为 0.025m 的管式气体分布器分别安装在相邻两挡板中间，进气管口距槽底 $0.36T$，距槽中心 $0.34T$，气体以和水平面成 45° 夹角沿搅拌桨旋转的方向进入槽内。这种靠近槽壁安装的管式气体分布器，其优点是通气功率下降小，不易气泛，适合较高通气量下的操作[2]。

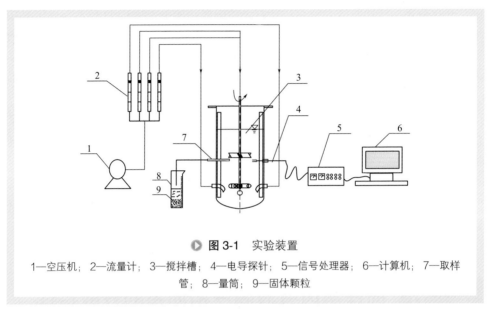

图 3-1 实验装置

1—空压机；2—流量计；3—搅拌槽；4—电导探针；5—信号处理器；6—计算机；7—取样管；8—量筒；9—固体颗粒

实验桨型如图 3-2 所示，分别为上翻斜叶桨（PTU）、凹叶桨（CBT）、圆盘凹叶桨（CBDT）、圆盘斜凹叶桨（PCBDT）和圆盘涡轮桨（DT）。搅拌桨直径与槽直径比 D/T 都为 0.45，上、下层桨离底距离分别为 $0.36T$ 和 $0.72T$。对双层组合桨，若上层桨为上翻六斜叶桨（6-PTU），下层桨为六凹叶桨（6-CBT），则用 PTU-CBT 表示，其他桨组合的表示方法与此相同。搅拌桨顺时针旋转。

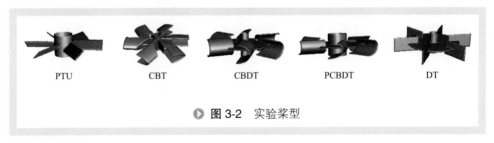

PTU　　　　CBT　　　　CBDT　　　　PCBDT　　　　DT

图 3-2 实验桨型

实验中的气相介质为空气，液相介质为自来水，固体颗粒为玻璃珠，颗粒的尺寸为 80～120 μm，粒径呈正态分布，颗粒的真密度为 2500 kg/m³。采用光电转速计测量搅拌转速，搅拌转速范围为 388～528 r/min；转子流量计测量空气流量，通气量范围为 20～120m³/h。采用通气前后液位差对平均气含率进行测量，采用双电导电极探针测量气泡尺寸和局部气含率。为便于实验结果的比较，测量局部气含率和气泡尺寸时，所有操作都是在通气后液位为 $1.18T$ 条件下进行的。采用取样法测量局部固含率，采用扭矩传感器测量搅拌功率。

桨组合研究中考察了由前述 5 种桨型组成的 8 种桨组合，即：CBDT-CBT，DT-CBDT，PCBDT-CBDT，PCBDT-CBT，PCBDT-DT，PTU-CBDT，PTU-CBT，PTU-DT。

二、平均气含率

图 3-3 为 PTU-CBT 搅拌槽内不同搅拌转速下平均气含率随通气量的变化。随着通气量和搅拌转速增加，平均气含率增加，但增加的趋势变缓。在通气量 Q_g 为 50 m^3/h 附近有气含率变化的拐点。将通气量 Q_g>50 m^3/h 的操作称为高通气量操作。文献中的通气表观气速基本小于 0.04 m/s，相当于 Q_g 为 16 m^3/h 左右，称为低通气量，则 16 m^3/h<Q_g<50 m^3/h 称为中等通气量。

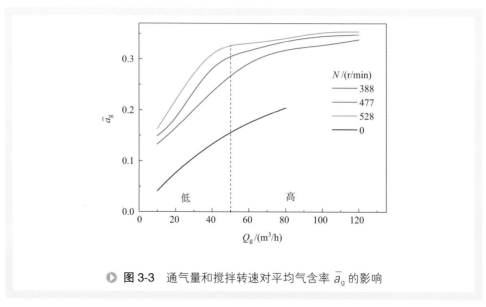

● **图 3-3** 通气量和搅拌转速对平均气含率 $\bar{a}_g$ 的影响

当搅拌转速为 0r/min 时，搅拌槽即变成浅层鼓泡塔。当有一定的搅拌转速时，其平均气含率比搅拌转速为 0r/min 时要高得多，说明叶轮搅拌对气液分散作用明显。

图 3-4 为不同搅拌转速下，相对功率消耗 P_g/P_0 随通气特征数 Fl_g [$=Q_g/(Nd^3)$] 的变化关系。随通气特征数 Fl_g 的增加，P_g/P_0 先大幅度下降，达到通气特征数为 0.4 左右，再增加通气特征数，P_g/P_0 下降的幅度较小。为此，可将 Fl_g=0.4 作为划分高、低通气量的界限，当 Fl_g>0.4 为高通气量。当搅拌转速 N 为 477 r/min 时，通

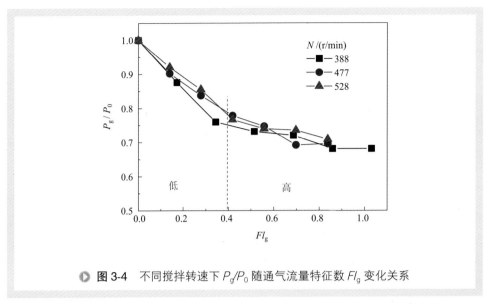

图3-4 不同搅拌转速下 P_g/P_0 随通气流量特征数 Fl_g 变化关系

气特征数 Fl_g=0.4界限的通气量 Q_g 为 57 m³/h，和图3-3中的采用气含率划分的界限接近。

由文献［3］可知，在达到泛点通气特征数时，其相对功率 P_g/P_0 有阶跃。通气量范围内未发现 P_g/P_0 有阶跃现象，所以操作都是在泛点搅拌转速以上进行的。研究的最高通气量达 120 m³/h 未发现气泛现象，进一步验证了关于靠近边壁通气的多管式气体分布器不易气泛，适合高通气量下操作的结论。

图3-5为不同通气量下，PTU-CBT 桨组合平均气含率随单位体积液体搅拌功率

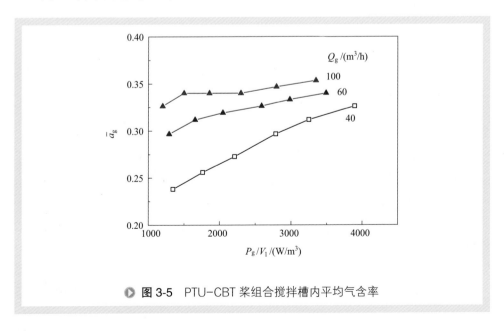

图3-5 PTU-CBT 桨组合搅拌槽内平均气含率

的变化曲线。随通气量 Q_g 或单位体积液体搅拌功率 P_g/V_1 增加，平均气含率增加。当通气量较低（$Q_g=40\ m^3/h$）时，平均气含率随单位体积搅拌功率的变化曲线较陡峭，高通气量（$Q_g=100\ m^3/h$）下，平均气含率随单位体积搅拌功率的变化曲线较为平缓。以上实验结果表明，在较低通气量下，搅拌功率对搅拌槽内气液分散的影响较大，而在高通气量下，搅拌功率的输入对搅拌槽内气液分散的影响减弱。

对实验数据进行回归，得到平均气含率与单位体积液体搅拌功率和表观气速的关联式为：

$$\bar{a}_g = 0.127(P_g/V_1)^{0.17}v_g^{0.23} \tag{3-1}$$

表观气速为 0.049～0.294 m/s，说明在中高通气量下，搅拌功率和通气量的变化对搅拌槽内平均气含率的影响比低通气量下小。

三、局部气含率轴向分布

图 3-6 为 PTU-CBT 组合桨搅拌槽内局部气含率沿轴向分布。在下叶轮轴向高度附近气含率出现峰值，在上叶轮轴向偏上位置气含率出现峰值[4]。

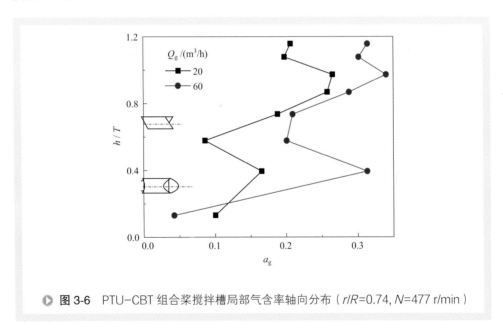

▶ 图 3-6　PTU–CBT 组合桨搅拌槽局部气含率轴向分布（r/R=0.74, N=477 r/min）

PTU 上翻斜叶桨为混合流桨，流体主要斜向上排出，在叶轮的上方形成一个大的循环涡，只有少部分流体向下循环，形成一个较小的循环涡。受流型和气体浮力的作用，从 PTU 桨叶端排出的气泡大部分斜向上运动，在斜向上主流方向上气泡数量多，气含率高，而在叶轮水平高度上的非主流方向上气泡数量少，气含率较低，结果使得测量的气含率峰值向上偏离上层 PTU 桨较远。另外，在叶轮上方大循环涡的涡心位置，流体速度小，压力相对较低，气体容易聚集，也使得在叶轮偏上方气含率较高。

除了在叶轮区出现气含率峰值外，在槽底区域和两桨间区，气含率相对较低，在这些区域气液分散效果不是很好。在靠近液面区，实验结果显示气含率略有上升，这主要是由于在液面的气液交界面处，流动强烈地波动，将外界空气中的部分气体返混到流体中引起的。

实验结果表明：PTU-CBT组合桨搅拌槽内气含率轴向分布特性为在上、下叶轮区域出现气含率峰值，上层PTU斜叶桨区气含率峰值向上偏离上叶轮较远；槽底区和两桨间区气含率相对较低，靠近液面附近有气体返混。

图3-7为不同通气量下局部气含率轴向分布。随着通气量增加，搅拌槽内大部分区域局部气含率增加，但槽底区域与其他区域不同，随着通气量增加，气含率不增反减。槽底区域局部气含率随通气量变化的这种现象应与气泡尺寸变化和下叶轮的气液分散能力相关。因气体浮力的作用，进入槽体的气泡大部分向上运动，只有少部分很小的气泡才能在液流的夹带下向槽底运动，随着通气量增加，下叶轮区域的气泡尺寸增加，气泡受到的浮力增大，液流很难将大气泡循环夹带到槽底区域，使槽底区域气泡数量减少，气含率降低。另外，通气量增加，搅拌功率下降，叶轮排出量减小，流体将气泡向槽底循环夹带能力减弱，也导致槽底区域气含率降低。实验结果表明，在中高通气量下，通气量增加，槽底区域气含率不增反减，叶轮将气体向槽底区域分散的能力减弱，在槽底区域易形成局部"气泛"状态。

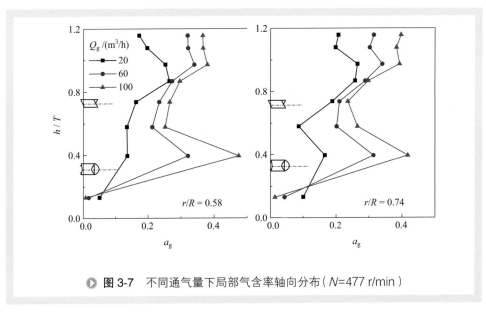

图 3-7 不同通气量下局部气含率轴向分布（ N=477 r/min ）

比较图3-7中等通气量与高通气量下气含率的轴向分布，在中等通气量（Q_g=20 m³/h）时，下叶轮区的气含率较低，气含率轴向分布较均匀；随着通气量增加，下叶轮区的气含率大幅度增加，气含率分布均匀性变差，当通气量 Q_g 为 100 m³/h 时，下叶轮区的气含率值较大，说明在高通气量下，下叶轮的载气能力增强。实验的气体分布器环径和桨径分别为 0.68T 和 0.45T，气体分布器环径比桨径大，下叶轮的载气方式为诱导载气。

图 3-8 为较低通气量与高通气量时，气体在下叶轮区分散示意图。当通气量较低时，进入槽体的气体对流体的影响小，上升的气体与液流的方向一致，大部分气体沿着靠近槽边壁上升，下叶轮载气量小，进入下叶轮区剪切分散的气体量少，下叶轮主要靠形成流体的高湍动能对气体分散，导致下叶轮区气含率较低。在高通气量下，从气体分布器进入的气体流速大，受液流影响小，高速的气流使气泡快速分散到下叶轮区，使下叶轮的载气量大幅度增加，下叶轮可以对大量进入桨区的气体进行剪切分散，但同时，高通气量下叶轮搅拌功率下降，流体循环能力减弱，叶轮搅拌形成的湍动能减弱，使其对气体的湍动分散能力减弱。除叶轮搅拌对气体的分散外，高通气量下从气体分布器进入的气体本身所具有的高湍动能也对气体在下叶轮区分散有很大作用。

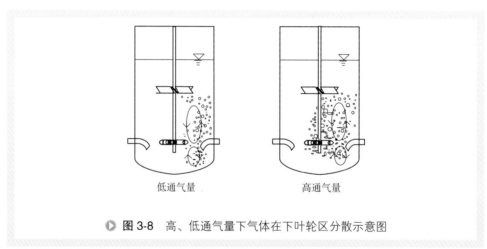

低通气量　　　　　　　高通气量

▶ 图 3-8　高、低通气量下气体在下叶轮区分散示意图

实验结果表明：

（1）通气量增加，搅拌槽内大部分区域的气含率增大，但槽底区域气含率降低，在高通气量下，叶轮将气体向槽底循环的能力减弱，槽底易出现局部"气泛"状态。

（2）对气体分布器环径比桨径大的双层组合桨搅拌槽，下层桨主要依靠诱导载气，高通气量下，下层桨有更好的载气能力。

图 3-9 和图 3-10 分别为在中等通气量（Q_g=20 m³/h）和高通气量（Q_g=100 m³/h）条件下，搅拌转速对气含率轴向分布的影响。由图 3-9，在中等通气量（Q_g=20 m³/h）下，搅拌转速增加，搅拌槽内各轴向高度上气含率增加明显。在下叶轮区域，搅拌转速较小时，气含率峰值较小，随搅拌转速增加，气含率增加幅度大，说明搅

拌转速增加，下叶轮诱导载气能力增强。由图 3-9，在低搅拌转速（N=388 r/min）下，液面附近的气含率没有上升，气体返混的量少，在高搅拌转速下，液面附近的气含率升高，说明搅拌转速增加，液面附近的流体湍动大，有利于液面区域气体的返混。由图 3-10，在高通气量（Q_g=100 m³/h）下，仅在下叶轮区域气含率增加明显，而在其他区域气含率增加的幅度较小，特别在上层桨以上区域和槽底区域，搅拌转速基本对气含率没有影响。

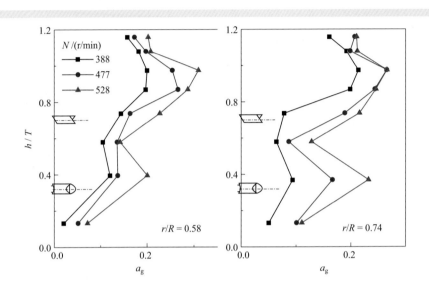

▶ 图 3-9　中等通气量下搅拌转速对气含率轴向分布的影响（Q_g=20 m³/h）

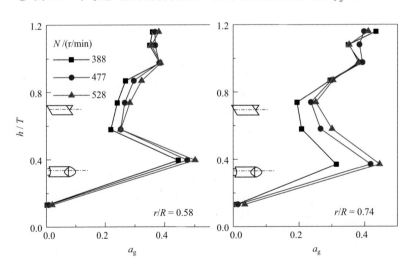

▶ 图 3-10　高通气量下搅拌转速对气含率轴向分布的影响（Q_g=100 m³/h）

实验结果表明：在中等通气量下，搅拌转速增加，搅拌槽内各区域气含率增加明显，下层桨的诱导载气能力增强，液面附近气体返混加大；在高通气量下，搅拌转速增加，仅叶轮区气含率增加，而在上层桨以上区域和槽底区域几乎不受搅拌转速的影响。

四、气泡尺寸

图 3-11 为不同通气量下，PTU-CBT 组合桨搅拌槽内气泡尺寸轴向分布。无论是高通气量还是中等通气量下，在槽底区域的气泡尺寸都较小，且基本不受通气量的影响；在下叶轮区域，气泡尺寸没有明显地减小，这可能与气体分布器和下叶轮在同一轴向高度有关；在上叶轮区域，当通气量较低（Q_g=20 m³/h）时，r/R=0.58 径向处，在叶轮高度附近气泡尺寸达极小值，r/R=0.74 径向处，在叶轮偏上区域气泡尺寸达极小值，在高通气量（Q_g=60m³/h，100 m³/h）下，都在叶轮偏上方区域气泡尺寸达极小值。比较在 r/R=0.58 径向处，气泡尺寸极小值轴向位置，与较低通气量相比，高通气量下，气泡尺寸极小值轴向位置上移。气泡尺寸在上叶轮区域的这种分布趋势，与上叶轮的桨型密切相关，当通气量较低（Q_g=20 m³/h）时，上叶轮对气泡有很好的分散作用，叶轮附近强烈的流体湍动，使在 r/R=0.58 处，叶轮轴向高度附近气泡就能达极小值，但由于从叶端排出的大部分小气泡随主流斜向上运动，

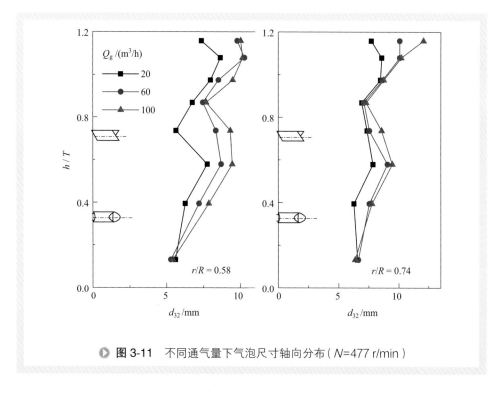

◆ 图 3-11　不同通气量下气泡尺寸轴向分布（N=477 r/min）

使得在 r/R＝0.74 径向位置叶轮偏上方气泡尺寸才有极小值。在高通气量（Q_g＝60m³/h，100 m³/h）下，一方面，叶端排出的大部分小气泡随主流斜向上运动，使叶轮偏上方气泡尺寸较小，另一方面，高通气量下，叶轮对气泡的破碎作用减弱，从叶端排出的气泡尺寸较大，但流体的湍动较大，从叶端排出的气泡以破裂为主，气泡在随主流斜向上运动的过程中不断破裂减小，使得气泡尺寸在上叶轮偏上方达极小值[5]。

从上循环区到液面区，在中等通气量（Q_g＝20 m³/h）下，气泡尺寸变化比较平缓，到液面附近，气泡尺寸略有减小，在高通气量（Q_g＝100 m³/h）下，从上循环区到液面区，气泡尺寸大幅度增加，这主要有两点原因：一方面，高通气量下，该区域的气含率高，气泡数量多，气泡之间相互碰撞聚并概率大，另一方面，高通气量下，通气搅拌功率下降，叶轮搅拌对气泡的破碎作用减弱，所以，在高通气量下，从上循环区到液面区气泡总体表现以聚并为主，且随着通气量的增加，聚并速率更大。

实验结果表明：对 PTU-CBT 组合桨搅拌槽，气泡尺寸在槽底区域较小；在上叶轮区偏上区域有极小值，高通气量下，上叶轮区气泡尺寸极小值在轴向有上移趋势；中等通气量下，从上循环区到液面区，气泡尺寸变化较平缓，在高通气量下，气泡尺寸从上循环区到液面区增加剧烈。

图 3-12 和图 3-13 分别为在中等通气量（Q_g＝20 m³/h）和高通气量（Q_g＝100 m³/h）下搅拌转速对气泡尺寸轴向分布的影响。由图 3-12，在中等通气量（Q_g＝20 m³/h）下，搅拌转速对气泡尺寸作用明显，在 r/R＝0.58 径向处，当搅拌转速较低（N＝388 r/min）时，上叶轮区最小气泡尺寸在叶轮偏上区域，而在高搅拌转速下，上叶轮区最小气泡尺寸下移到靠近叶轮附近；高搅拌转速（N＝528 r/min）下，下叶轮区气泡尺寸有明显的减小。受上层斜叶桨流型的影响，在 r/R＝0.74 径向处，气泡尺寸都在叶轮偏上区域达极小值。由图 3-13，在高通气量下，叶轮搅拌对气泡尺寸的影响明显减弱，上循环区和液面区气泡尺寸基本不受搅拌转速的影响。

比较图 3-12 和图 3-13，无论高通气量还是中等通气量下，搅拌转速增加，槽底部分区域的气泡尺寸有增大趋势。这是因为搅拌转速增加，流体速度增大，有更多、更大的气泡在液流夹带下循环到槽底区域。

实验结果表明：中等通气量下，搅拌转速对搅拌槽内各区域气泡尺寸影响明显，高通气量下，搅拌转速对各区域气泡尺寸的影响减弱；在槽底的部分区域，随着搅拌转速增加，气泡尺寸有增大趋势。

对高通气量下搅拌槽内平均气泡尺寸回归关联式较少，对中高通气量下搅拌槽内气泡平均尺寸回归关联式为：

$$\bar{d}_{32} = 15.60(P_g / V_1)^{-0.081} v_g^{0.047} \tag{3-2}$$

关联式中的 P_g/V_1 指数值比理论推导的非聚并体系的指数（−0.4）绝对值要小，但和聚并体系指数（−0.14）较接近。Takahashi 等[6] 在通气量 0.025～0.01vvm（每分钟通气量与罐体实际料液体积的比值）条件下得到气泡尺寸的关联式为：

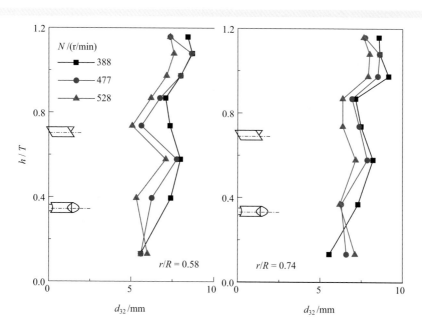

● **图 3-12** 不同搅拌转速下气泡尺寸轴向分布（Q_g=20 m³/h）

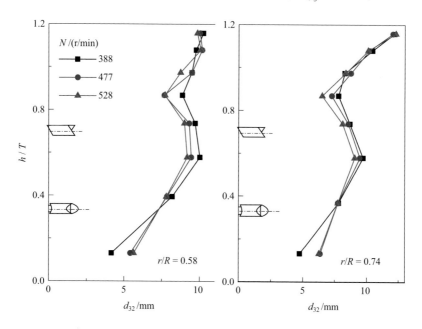

● **图 3-13** 不同搅拌转速下气泡尺寸轴向分布（Q_g=100 m³/h）

$$\bar{d}_{32} \propto N^{-0.50}Q_g^{0.10} \qquad (3\text{-}3)$$

说明在高通气量下通气量的大小对气泡尺寸的影响减弱。

五、不同桨组合气液分散特性比较

搅拌桨组合对搅拌槽内气液分散有很大的影响。在双电导电极探针测量气泡尺寸和局部气含率的基础上，根据气液相界面积 A 与上述两者之间的关系，即 $A=6a_g/d_{32}$，得到局部气液相界面积，比较了 8 种搅拌桨组合在转速 N 为 477 r/min，通气量 Q_g 分别为 40 m³/h 和 100 m³/h 条件下，r/R=0.58 处局部气液相界面积轴向分布特性。

图 3-14 为在通气量 Q_g 为 40 m³/h 条件下，各桨组合的局部气液相界面积轴向分布。对于大部分桨组合，上叶轮区的气液相界面积明显比下叶轮区大，主要原因是下层桨靠诱导载气，相对较低通气量下诱导载气效果不是很好；上层带圆盘桨在叶轮附近气液相界面积出现很大的峰值，而不带圆盘桨在上叶轮附近气液相界面积较低，说明上层带圆盘桨对气体有很好的阻缓作用。

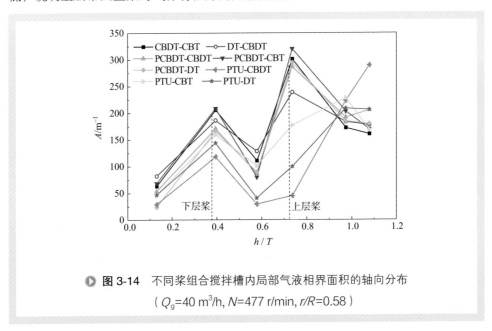

> **图 3-14** 不同桨组合搅拌槽内局部气液相界面积的轴向分布
> （ Q_g=40 m³/h，N=477 r/min，r/R=0.58 ）

比较相对较低通气量（ Q_g=40 m³/h ）下 8 种桨组合的气液分散能力，CBDT-CBT，PCBDT-CBDT，PCBDT-CBT 桨组合的气液相界面积接近，分散效果都较好，其中 PCBDT-CBT 桨组合略优。比较气液分散受桨型的影响，发现上层桨区的气液相界面积受桨型的影响更大些，特别是将上层桨加圆盘后局部气液相界面积变化明显。

图 3-15 为在高通气量（ Q_g=100 m³/h ）下，各桨组合的局部气液相界面积轴向分布。在高通气量下，各桨组合的下叶轮区的气液相界面积峰值明显比上叶轮区大，说明在高通气量下，下层桨的载气能力增强，比较气液相界面积受桨型的影响，发

现下层桨受桨型的影响更大，说明在高通气量下，气液分散主要取决于下层桨。8种桨组合中，PCBDT-CBDT桨组合的气液分散能力最佳。

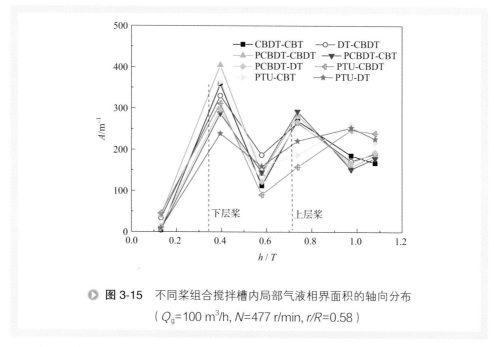

图3-15 不同桨组合搅拌槽内局部气液相界面积的轴向分布
($Q_g=100$ m³/h, $N=477$ r/min, $r/R=0.58$)

上下层桨对搅拌槽内气液分散的作用和气体分布器结构和操作条件相关，搅拌槽采用环形气体分布器，分布器环径较小，通气量相对较小，且气体分布器离下层桨较近，下层桨能对气体很好地分散，上层桨起辅助作用。搅拌槽采用从靠近边壁通气的管式气体分布器，通气孔和下层桨在相同的轴向高度，在较低通气量下，下层桨对从边壁进入的气体的诱导载气能力不好，只能对气体初步分散，上层桨对气液分散起着主要作用，而在高通气量下，槽内气含率高，流体湍动和返混加强，下层桨的诱导载气能力增强，并逐渐起主要作用。

六、固体颗粒对气液分散特性的影响

固体颗粒对气液分散的影响是一个很复杂的过程，一方面，固体颗粒的存在使流体的黏度变大、流体湍动减弱、阻碍气泡的运动通道等，不利于气液分散；另一方面，固体颗粒存在于气泡液膜中，可降低液体表面张力，有利于气泡的破碎并有效抑制气泡聚并，即有利于气液分散。各个因素相互作用，取决于哪个因素占主体作用。

图3-16为在通气量Q_g为40 m³/h，搅拌转速N为477 r/min条件下，在$r/R=0.58$径向处，局部气含率、气泡尺寸和气液相界面积轴向分布。固体颗粒加入，搅拌槽内各轴向高度上局部气含率降低，且在轴向较低区域气含率下降幅度更大；气泡尺寸在

槽内大部分区域增大，但在槽底区域减小；由气含率和气泡尺寸的关系，可得到气液相界面积的轴向分布，气液相界面积随着固体颗粒浓度增加而减小。Chen 等[7]研究了三层桨组合气液搅拌槽内固体颗粒对气液分散的影响，发现固体颗粒的加入使得轴向大部分位置的局部气含率降低。

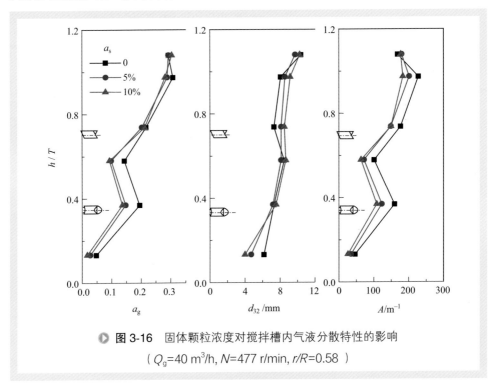

▶ **图 3-16** 固体颗粒浓度对搅拌槽内气液分散特性的影响
（Q_g=40 m³/h, N=477 r/min, r/R=0.58）

　　总体上，固体颗粒加入使流体的湍动能减弱，气含率下降，气液相界面积减小，不利于气液分散。在轴向较低区域气含率下降更大，应与固体颗粒浓度轴向分布相关。由图 3-17，固体颗粒浓度在搅拌槽内总体上随轴向高度的增加而降低，在液面附近固含率达最低值。在轴向较低区域，固含率高，固体颗粒对气液分散的影响大，故气含率下降幅度更大，相反，在轴向较高区域，固体颗粒浓度低，对该区域的气液分散影响程度小，气含率下降幅度较小。

　　固体颗粒加入后，搅拌槽内大部分区域气泡尺寸变大，是由于固体颗粒加入使流体的黏度增大，固液相混合密度增大，流体湍动减弱，使气泡更容易聚并。在槽底区域，气泡尺寸减小，是因为槽底区域固体颗粒浓度大，阻碍了较大气泡向槽底区域循环，另外，固体颗粒加入使槽底区域流体速度减小，流体将气泡向槽底循环夹带的能力减弱。

　　以上研究结果表明：固体颗粒的加入不利于搅拌槽内气液的分散，固体颗粒对局部气含率的影响程度与颗粒的悬浮效果密切相关，在轴向较低区域固体浓度高，颗粒对局部气含率的影响程度大；在轴向较高区域固体颗粒浓度低，颗粒对局部气含率的影响程度小。

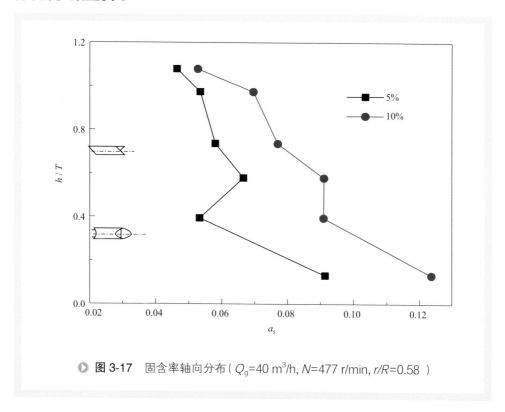

图 3-17 固含率轴向分布（Q_g=40 m³/h, N=477 r/min, r/R=0.58 ）

搅拌槽内气液固三相体系的分散特性CFD模拟

目前对气液搅拌槽内流体流动进行数值模拟，大部分假设气泡尺寸是单一不变的，这显然与实际物理现象不符，也使模拟的结果与实验值偏差较大。Venneker 等[8]采用群体平衡模型（PBM）对单层桨搅拌槽内气泡尺寸进行了数值模拟，其将气泡分成多组，得到各组气泡的分率，计算量大，而实际工程中更关心的是局部平均气泡尺寸。采用局部平均气泡尺寸模型对搅拌槽内气泡尺寸和气含率进行了数值模拟，计算量小，模拟的结果和实验吻合得较好，但其模拟的为单层桨，且通气量较低，而对较高通气量下，双层或多层组合桨搅拌槽内气液分散特性的数值模拟研究却少见报道。

采用计算流体力学（CFD）方法对 PTU-CBT 组合桨搅拌槽内气液两相流动进行了数值模拟，其中气泡尺寸采用 CFD 与气泡尺寸模型进行耦合求解得到，模拟结果与用双电导电极探针测量的气泡尺寸和局部气含率实验值进行了对比[9]。

一、模拟对象与方法

模拟的搅拌槽结构及搅拌桨型如图 3-18 所示，搅拌桨顺时针旋转。根据流体流动的对称性，选取槽体的一半作为计算域，计算域高度取通气后液位高为 $1.18T$。计算的物系为水 - 空气体系。

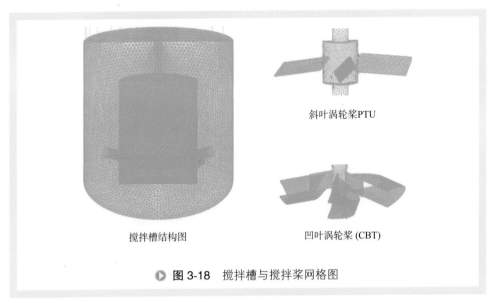

斜叶涡轮桨PTU

搅拌槽结构图

凹叶涡轮桨 (CBT)

▶ 图 3-18　搅拌槽与搅拌桨网格图

槽壁、挡板和桨叶部分设置为非滑移壁面，壁面边界层采用 scalable 函数处理。气体分布器进气设置为速度入口（velocity inlet）条件，进口处气含率为 1.0，气泡体积平均直径由实验取 7.0mm。气体出口液面设置为脱气（degassing condition）条件。叶轮旋转部分和其他静止部分采用多重参考系法（MFR）处理，动区域的位置为 $0.24 \leqslant h/T \leqslant 0.95$，$-0.52 \leqslant r/R \leqslant 0.52$，两部分之间的质量、动量和能量通过交界面传输。初始条件设置搅拌槽内气含率为 0，采用定常态计算，物理时间步长（physical time scale）设置为 0.01s。

CFD 模拟的通气量范围为 1.25～40m³/h（对应表观气速 0.0031～0.098m/s）。为考察通气量对气液分散特性的影响，比较了中、低通气量下气液分散特性，即将通气量为 1.25 m³/h 操作条件下的气液分散特性与 20 m³/h 以上操作条件下的气液分散特性进行对比。

采用非结构化四面体网格，对槽体静止部分和桨叶旋转部分分别划网格。为增加计算的精确度，对气体分布器的通气孔、搅拌桨、挡板、交界面和气体出口等部位采取网格加密处理。通过对不同数量网格的试算比较，得到与网格数无关解，最终网格总数为 459902 个。

二、基本控制方程

气液两相流动采用欧拉 - 欧拉双流体模型描述，其包含的质量守恒方程和动量守恒方程分别为：

质量守恒方程

$$\frac{\partial}{\partial t}(\rho_i a_i) + \nabla \cdot (a_i \rho_i \vec{u}_i) = 0 \qquad (3\text{-}4)$$

动量守恒方程

$$\frac{\partial}{\partial t}(a_i \rho_i \vec{u}_i) + \nabla \cdot (a_i \rho_i \vec{u}_i \vec{u}_i) = -\varepsilon_i \nabla p + \nabla \cdot \overline{\overline{\tau}}_{\text{effi}} + \vec{R}_i + \vec{F}_i + a_i \rho_i \vec{g} \qquad (3\text{-}5)$$

式中，p 为压力；$\vec{R}_i$ 为相间动量交换项；$\vec{F}_i$ 表示科里奥利力及在旋转参考坐标下的离心作用力，其表达式为：

$$\vec{F}_i = -2a_i \rho_i \vec{N} \times \vec{u}_i - a_i \rho_i \vec{N} \times (\vec{N} \times \vec{r}) \qquad (3\text{-}6)$$

雷诺应力 $\nabla \cdot \overline{\overline{\tau}}_{\text{effi}}$ 与平均速度梯度相关，可用 Boussinesq 假设模型得到。

三、气液相间动量传输

气相和液相之间由于相互作用而存在动量交换，选择合适的相间作用力模型对气液两相流模拟准确性非常重要。相间作用力包括曳力、升力、虚拟质量力和湍流耗散力等，其中升力和虚拟质量力相对曳力较小，可以忽略不计，只考虑曳力和湍流耗散力对相间动量传输的作用，即：

$$\vec{R}_i = \vec{R}_D + \vec{R}_{\text{TD}} \qquad (3\text{-}7)$$

假设曳力产生的动量交换与两相的速度差成正比，则

$$\vec{R}_{D,l} = -\vec{R}_{D,g} = K(\vec{u}_g - \vec{u}_l) \qquad (3\text{-}8)$$

上式中相间作用系数 K 为：

$$K = \frac{3}{4} \frac{C_D}{d} a_g \rho_l \, |\vec{u}_g - \vec{u}_l| \qquad (3\text{-}9)$$

C_D 为曳力系数，采用 Grace 曳力系数模型进行模拟，该模型将气泡分为球体、椭圆体和盖帽体，不同形状的气泡的曳力系数分别为：

球体：

$$C_{D(\text{sphere})} = \max\left(\frac{24}{Re}(1+0.15Re^{0.687}),\, 0.44\right) \qquad (3\text{-}10)$$

椭圆体：

$$C_{\mathrm{D(ellipse)}} = \frac{4}{3} \frac{gd}{U_{\mathrm{T}}^2} \frac{\Delta\rho}{\rho_{\mathrm{l}}} \tag{3-11}$$

$$U_{\mathrm{T}} = \frac{\mu_{\mathrm{l}}}{\rho_{\mathrm{l}} d} Mo^{-0.149}(J - 0.857) \tag{3-12}$$

$$Mo = \frac{\mu_{\mathrm{l}}^4 g \Delta\rho}{\rho^2 \sigma^3} = \mathrm{Morton} \quad \text{数} \tag{3-13}$$

$$J = \begin{cases} 0.94H^{0.751} & 2 < H \leqslant 59.3 \\ 3.42H^{0.441} & H > 59.3 \end{cases} \tag{3-14}$$

$$H = \frac{4}{3} EoMo^{-0.149} \left(\frac{\mu_{\mathrm{l}}}{\mu_{\mathrm{ref}}} \right)^{-0.14} \tag{3-15}$$

$$Eo = \frac{g(p_{\mathrm{l}} - p_{\mathrm{g}})d_{\mathrm{b}}^2}{\sigma}$$

盖帽体：

$$C_{\mathrm{D(cap)}} = \frac{8}{3} \tag{3-16}$$

气泡尺寸的形状可采用 C_{D} 的值进行判断，曳力系数的值确定方法为：

$$C_{\mathrm{D(dist)}} = \min(C_{\mathrm{D(ellipse)}}, \ C_{\mathrm{D(cap)}}) \tag{3-17}$$

$$C_{\mathrm{D}} = \max(C_{\mathrm{D(sphere)}}, \ C_{\mathrm{D(dist)}}) \tag{3-18}$$

当气含率较高时，对 Grace 曳力系数模型进行修正为：

$$C_{\mathrm{D(dens)}} = a_{\mathrm{l}}^P C_{\mathrm{D}} \tag{3-19}$$

式中，P 为修正参数，取值 2。

湍流耗散力模型采用 Lahey 等[10] 推荐的模型

$$\vec{R}_{\mathrm{TD,l}} = -\vec{R}_{\mathrm{TD,g}} = -C_{\mathrm{TD}} k_{\mathrm{l}} \nabla a_{\mathrm{l}} \tag{3-20}$$

式中，C_{TD} 取 0.1。

液相的湍流黏度计算式为：

$$\mu_{\mathrm{t,l}} = \rho_{\mathrm{l}} C_\mu \frac{k^2}{\varepsilon} \tag{3-21}$$

对液相 k 和 ε 的计算采用标准的 $k\text{-}\varepsilon$ 模型，即：

$$\frac{\partial}{\partial t}(\rho_{\mathrm{l}} \varepsilon_{\mathrm{l}} k) + \nabla \cdot (\rho_{\mathrm{l}} \varepsilon_{\mathrm{l}} \vec{u}_{\mathrm{l}} k) = \nabla \cdot (\varepsilon_{\mathrm{l}} \frac{\mu_{\mathrm{t,l}}}{\sigma_k} \nabla k) + \varepsilon_{\mathrm{l}} G_{k,\mathrm{l}} - \varepsilon_{\mathrm{l}} \rho_{\mathrm{l}} \varepsilon + \varepsilon_{\mathrm{l}} \rho_{\mathrm{l}} \Pi_{k,\mathrm{l}} \tag{3-22}$$

$$\frac{\partial}{\partial t}(\rho_l \varepsilon_l \varepsilon) + \nabla \cdot (\rho_l \varepsilon_l \vec{u}_l \varepsilon) = \nabla \cdot (\varepsilon_l \frac{\mu_{t,l}}{\sigma_\varepsilon} \nabla \varepsilon) + \varepsilon_l \frac{\varepsilon}{k} \times (C_{1\varepsilon} G_{k,l} - C_{2\varepsilon} \rho_l \varepsilon) + \varepsilon_l \rho_l \Pi_{\varepsilon,l}$$

$$(3\text{-}23)$$

模拟参数分别为：C_μ=0.09，$C_{1\varepsilon}$=1.44，$C_{2\varepsilon}$=1.92，σ_ε=1.0，σ_k=1.3。气泡引起的附加湍流黏度（$\mu_{t,b}$）由 Sato 等模型[11]计算。

气相分率和密度相对较小，对气相湍流黏度的影响采用分散相零方程模型：

$$\mu_{t,g} = \frac{\rho_g}{\rho_l} \mu_{t,l}$$

$$(3\text{-}24)$$

四、气泡尺寸模拟方法

气泡尺寸是模拟气液两相间动量传递的关键参数，而搅拌槽内气泡尺寸分布很不均匀，不同区域气泡的破裂和聚并速率差异很大，采用单一气泡尺寸模拟气液两相流不是很合理。为更准确地预测搅拌槽内气液两相流动规律，需要采用 CFD 和气泡尺寸模型耦合的方法模拟气泡尺寸，并由得到的气泡尺寸对气液两相流 CFD 模拟结果进行修正。采用 Lane 等[12]提出的气泡数密度模型（BND）对局部平均气泡尺寸与分布进行数值模拟。

根据该模型，局部气泡数密度 n 为：

$$n = \frac{a_g}{(\pi/6)d^3}$$

$$(3\text{-}25)$$

式中，d 是计算域中每个位置的气泡体积平均直径，已知槽内每个位置的气泡数密度 n，就可求出局部气泡体积平均直径。

气泡数密度 n 的输运方程为：

$$\frac{\partial n}{\partial t} + \nabla \cdot (n\vec{u}_g) = S_{br} - S_{co}$$

$$(3\text{-}26)$$

式中，S_{br} 和 S_{co} 分别为气泡的破裂和聚并速率源项。湍流是引起气泡破裂的主要原因，只有尺寸与气泡尺寸相当的旋涡轰击气泡才可以使气泡破裂，而较大的旋涡只能对气泡起输运对流作用。Lane 等[12]给出的气泡聚并和破裂模型为：

聚并模型：

$$S_{co} = C_{co} \eta_{co} d^2 (\varepsilon d)^{1/3} n^2$$

$$(3\text{-}27)$$

破裂模型：

当 $We > We_{cr}$ 时，

$$S_{br} = C_{br} n \frac{(\varepsilon d)^{1/3}}{d} (1 - a_g) \exp\left(-\frac{We_{cr}}{We}\right)$$

$$(3\text{-}28)$$

η_{co} 为聚并频率，Chesters[13] 给出的表示式为：

$$\eta_{co} = \exp(-\sqrt{We/8}) \qquad (3\text{-}29)$$

C_{co}，C_{br} 分别为聚并和破裂系数。We_{cr} 为临界韦伯数，根据文献 [12] 取值 $We_{cr}=1.2$。

气泡数密度函数（BND）模型与 CFD 耦合求解气泡尺寸方法如图 3-19 所示。气泡数密度函数模型采用自编子程序通过用户接口函数嵌入到 CFD 中进行计算。每步迭代将 CFD 计算得到的湍流耗散率、气含率和流场等代入到气泡数密度函数模型中求解气泡尺寸，再通过气泡尺寸的变化对槽内流场和气含率分布等进行修正，直到气泡尺寸和气含率不再随迭代步骤变化为止。

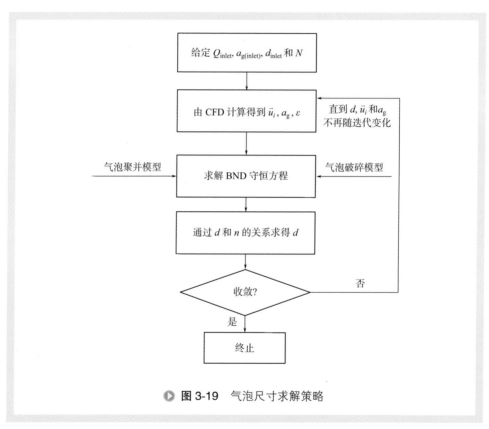

图 3-19 气泡尺寸求解策略

气液固三相体系的质量和动量守恒方程与气液两相类似，只是在气液两相的基础上加入固体颗粒第三相。气相和固体颗粒相与液相之间的相互作用考虑了曳力和湍动耗散力，所采用的曳力模型分别为 Grace 模型和 Schiller 模型，湍动耗散力模型采用 Lopez de Bertodano 推荐的模型，为简化计算，不考虑两分散相之间的相互作用。对气泡尺寸的模拟采用 BND 气泡尺寸模型。入口气泡尺寸取 7.0mm，模拟采用的固体颗粒为玻璃珠，密度为 2500 kg/m³。

五、宏观流动场

图 3-20 为在通气量 Q_g 分别为 1.25 m^3/h 和 40 m^3/h 条件下，两相邻挡板垂直截面上的气、液相宏观流动场。在液相流场中，下层凹叶桨为径向流桨，流场为流体从叶轮水平排出，到达槽壁后折成向上和向下两股流体，使在叶轮的上、下位置形成两个循环涡。对上层的上翻斜叶桨，流体从叶轮斜向上排出，在叶轮上方形成一个大循环涡，少部分流体在到达壁面后向下流动，形成较弱的循环流。由于气液相之间存在阻力以及气泡的浮力作用，气液相的流场不同。气相流场在上、下层桨的上下位置的循环涡不明显，说明气体随液相在搅拌槽内循环的量较少，由于气体浮力的作用，气相流场表现的明显特征是垂直向上逸出的方向矢量速度较大。

在叶轮区，由于通气量增加使通气搅拌功率下降，叶轮的排出量降低，中等通气量下气、液相流体速度明显比低通气量下小；受气体浮力作用，在上叶轮区域，中等通气量下气、液相流体的速度方向比低通气量下更向上倾斜。在低通气量下，气、液相流场在搅拌槽内形成多个明显的循环涡，但在中等通气量下搅拌槽内流体的循环涡减弱，特别在槽底区域，气、液相的循环涡基本消失，说明相对低通气量，中等通气量下液体在搅拌槽内循环、返混等程度减弱。

图 3-21 为在 r/R=0.58 处中、低通气量下气、液相流体速度轴向分布。对 PTU-CBT 组合桨搅拌槽，气、液相流场的轴向分布规律为在上、下叶轮区出现很高的流体速度峰值，上层桨因为是上翻斜叶桨，其峰值在叶轮的偏上位置。与低通气量相比，中等通气量下，叶轮区气、液相流体速度峰值降低，上叶轮区流体速度峰值偏上程度更大。在槽底区域，受气体分布器进口气体速度的影响，中等通气量下的气、液相流体速度比低通气量下大；在上循环区域和靠近液面区域，中等通气量下，气相流体速度较大，这主要是因为通气量较高，表观气速大，另外，中等通气量下，上循环以上区域气泡尺寸相对较大，气泡上升的速度更快。

由图 3-21（a），低通气量下，因气含率较低，气泡尺寸小，气泡的存在对叶轮区域液相流场影响小，使气、液相流体速度较接近。在槽底区域，因受到气体分布器进气速度的影响，气相流体速度比液相流体速度大；在上循环区域和接近液面区域，因气泡尺寸小、表观气速小等因素，液相速度比气相速度大。由图 3-21（b），中等通气量下的气、液相速度与低通气量下有很大的不同，在叶轮区域，气相速度比液相速度小；在槽底区域，气相速度比液相速度大，原因和前面低通气量下相同；在两桨间区、上循环区和液面区，气相速度比液相速度大。因低通气量下，气泡尺寸小，进气速度小。所以，气体浮力、进口气体速度等对流场的影响较小，可以认为，在低通气量下气泡运动主要来自叶轮搅拌提供的动力，但在较高通气量下，在两桨间区、上循环区和液面区，气相流体速度比液相大，表明在这些区域，气体的浮力、入口气体速度等对气泡运动的影响不可忽略。

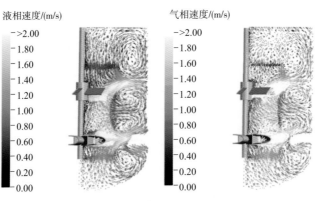

$Q_g = 1.25 \ \text{m}^3/\text{h}, \ N = 477 \ \text{r/min}$

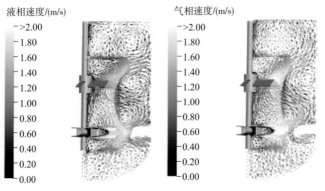

$Q_g = 40 \ \text{m}^3/\text{h}, \ N = 477 \ \text{r/min}$

▶ **图 3-20　中、低通气量下气、液相流场比较**

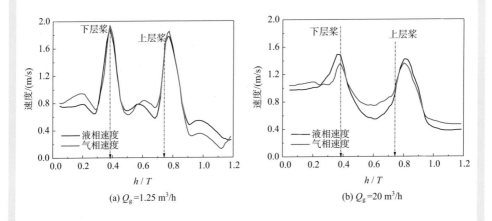

(a) $Q_g = 1.25 \ \text{m}^3/\text{h}$　　　　　(b) $Q_g = 20 \ \text{m}^3/\text{h}$

▶ **图 3-21　中、低通气量下气、液相流体速度轴向分布（$r/R=0.58$）**

六、局部气泡尺寸

1. 气泡尺寸的空间分布

气泡是气液搅拌槽内最基本的单元，对搅拌槽内气含率和气液相界面积有着直接的影响，是判断气液搅拌反应器性能好坏的重要依据。

图 3-22 为搅拌槽内不同截面的气泡尺寸分布模拟结果。在槽底中心区，由于气含率很低，该区域的气泡尺寸最小。Venneker 等[8] 采用 PBM 的方法同样得到气泡尺寸在槽底区最小，在叶轮区域较小。不同文献得出搅拌槽内气泡尺寸不同的分布规律，可能与实验的操作条件和搅拌槽的结构，特别是气体分布器的结构和安装位置有关。

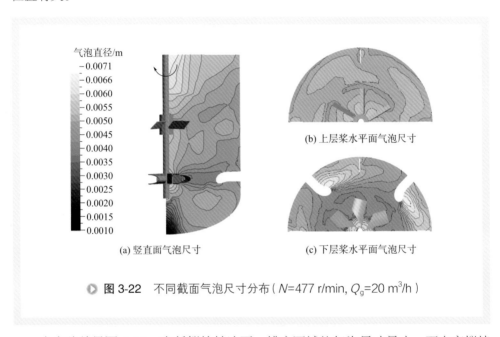

(a) 竖直面气泡尺寸

(b) 上层桨水平面气泡尺寸

(c) 下层桨水平面气泡尺寸

> **图 3-22**　不同截面气泡尺寸分布（N=477 r/min, Q_g=20 m³/h）

由实验结果图 3-12，在低搅拌转速下，槽底区域的气泡尺寸最小，而在高搅拌转速下，则叶轮区域的气泡尺寸最小。由图 3-22（a），气泡从上层桨叶端排出，气泡尺寸不是立刻变大，而是先变小，再变大。这主要是因为，在靠近叶端附近，流体的湍动能大，叶片的剪切力高，使得气泡从叶端排出后以破裂为主，气泡尺寸逐渐减小，随着流体离开叶端越来越远，流体的湍动变小，叶片对气泡的剪切作用变小，气泡逐渐以聚并为主，气泡尺寸变大。上层桨的叶片后部由于有气穴存在，气含率高，气泡尺寸较大，仅在叶端气泡的尺寸较小。在下叶轮区，由于流体的湍动大及 CBT 桨较强的剪切破碎作用，气泡尺寸在该区域叶轮附近都较小。气体分布器附近，局部气含率较高，进入槽体的气体还没来得及分散，气泡尺寸较大；挡板后由于负压和死区的存在，气含率较高，气泡之间易聚并，导致气泡尺寸较大。

由图 3-22，气泡尺寸的变化和流体流动方向比较一致，下层桨流体水平排出，气泡尺寸沿水平方向变化，上层斜叶桨流体斜向上排出，气泡尺寸也沿着斜向上方向先减小后增大。

图 3-23 为径向 r/R=0.58，0.66 处，两相邻挡板中间位置轴向气泡尺寸分布。模拟结果与用双电导电极探针法测量的平均气泡尺寸进行了比较。模拟的气泡尺寸比实验值偏大，原因是测量的气泡尺寸为个数平均气泡尺寸，即：

$$d_0 = \frac{\sum n_i d_i}{\sum n_i} \qquad (3\text{-}30)$$

模拟的气泡尺寸为体积平均直径：

$$d_{av} = \left(\frac{\sum n_i d_i^3}{\sum n_i} \right)^{\frac{1}{3}} \qquad (3\text{-}31)$$

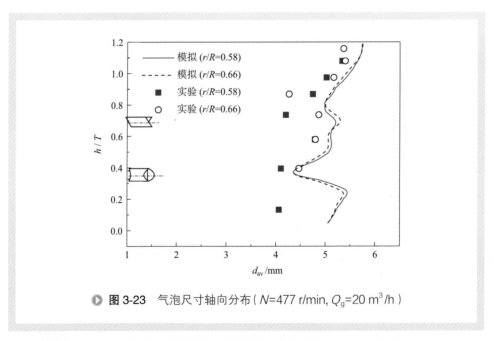

图 3-23 气泡尺寸轴向分布（N=477 r/min，Q_g=20 m³/h）

气泡组分分布曲线为左倾图时，不同形式气泡尺寸的大小关系为：$d_{32}>d_{av}>d_0$。所以模拟的体积平均直径比实验的个数平均气泡尺寸略大是合理的[14]。

2. 搅拌转速和通气量对气泡尺寸分布的影响

图 3-24 为在搅拌转速 N 为 477 r/min 条件下，两相邻挡板之间垂直截面上的气泡尺寸分布。中、低通气量下搅拌槽内气泡尺寸分布有很大不同，总体上，低通气量下各区域的气泡尺寸比中等通气量下小。由图 3-24（a），低通气量下，搅拌槽下

半区域的气泡尺寸比上半区域的气泡尺寸大，而在中等通气量下则相反，搅拌槽内上半区域的气泡尺寸比下半区域的气泡尺寸大，说明在低通气量下，上层浆以上区域，因气含率低，气泡数量少，气泡之间相互碰撞聚并的概率小，但低通气量时的通气搅拌功率高，槽内的湍流动能大，大量高能涡撞击气泡使气泡易破裂，导致在该区域气泡以破裂为主，而在中等通气量下，通气搅拌功率较低，撞击气泡的多数涡流的能量较低，气泡不容易破裂，但中等通气量下该区域的气含率高，气泡数量多，气泡之间的聚并概率很大，使得在该区域以聚并为主，气泡尺寸变大。

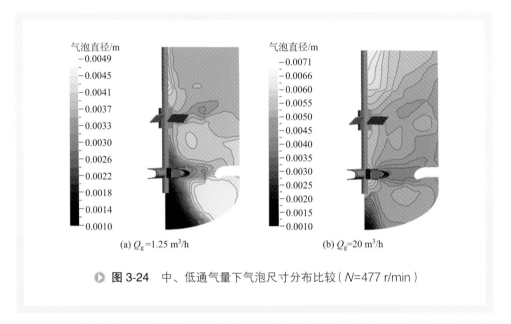

(a) Q_g=1.25 m³/h　　　　(b) Q_g=20 m³/h

▶ 图 3-24　中、低通气量下气泡尺寸分布比较（N=477 r/min）

比较气泡尺寸在垂直截面上分布的均匀性可以看到，低通气量下，大部分气泡尺寸分布在 3.7~4.9mm 之间，分布范围很窄，特别在上循环区和靠近液面区内，各位置气泡尺寸基本相同，气泡分布的均匀性较好；在中等通气量下，气泡分布的均匀性质变差，大部分气泡尺寸分布在 4.0~7.1mm 之间，分布范围宽，上循环区和靠近液面区内，各位置气泡尺寸变化很大。

图 3-25 为不同通气量下，水平截面平均气泡尺寸轴向分布。随着通气量的增加，搅拌槽内不同区域的水平截面平均气泡尺寸增加，其中，在靠近液面区域的气泡尺寸增加得更剧烈，这主要有两点原因：一方面，通气量增加，通气搅拌功率下降，使搅拌对气泡的破碎作用减弱，另一方面，通气量增加使该区域气含率增加，气泡数量增多，气泡之间聚并速率增大。最终，气泡在该区域总体表现为随着通气量增大聚并速率更为强烈。在低通气量下，叶轮区域的气泡尺寸下降明显，但在中等通气量下，叶轮区域的气泡尺寸下降小（图 3-25）。表明相对低通气量，中等通气量下叶轮搅拌对气泡的破碎作用减弱。在上层浆区域，当通气量很小时，叶轮区气泡尺寸极小值离上叶轮偏上位置较近，当通气量增大时，极小值位置有上移趋势。

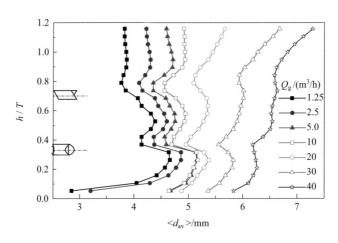

● **图 3-25** 通气量对水平截面平均气泡尺寸的影响（N=477 r/min）

图 3-26 为搅拌转速对中、低通气量下气泡尺寸分布的影响。无论是在中等通气量还是在低通气量下，搅拌转速增加，搅拌槽内大部分区域的气泡尺寸减小，但在槽底中心部分区域则相反，该区域气泡尺寸随着搅拌转速增加而增大。数值模拟的结果和实验现象较一致，但模拟的槽底部分区域的气泡尺寸随搅拌转速增大的范围比实验更接近于槽底中心，实验和数值模拟结果还有一定的差距。

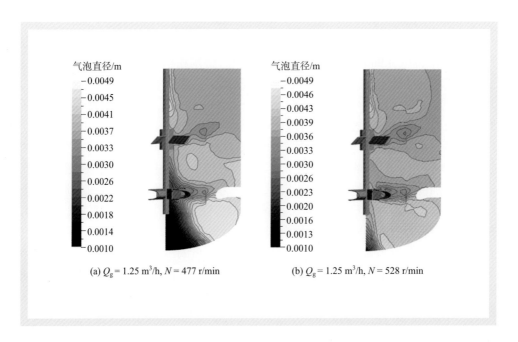

(a) Q_g = 1.25 m³/h, N = 477 r/min (b) Q_g = 1.25 m³/h, N = 528 r/min

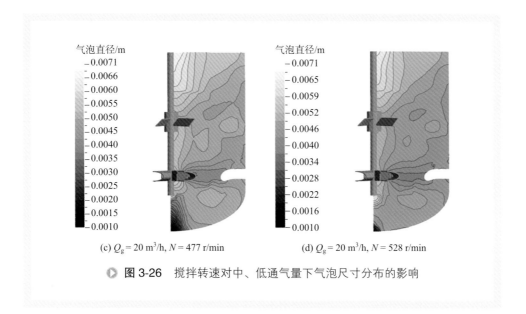

(c) $Q_g = 20$ m^3/h, $N = 477$ r/min   (d) $Q_g = 20$ m^3/h, $N = 528$ r/min

图 3-26 搅拌转速对中、低通气量下气泡尺寸分布的影响

图 3-27 为搅拌转速对中、低通气量下水平截面平均气泡尺寸的影响。无论是低通量还是中等通气量下，搅拌转速增加，搅拌槽内大部分区域水平截面平均气泡尺寸减小。槽底区域，随着搅拌转速增加，在低通气量 Q_g 为 1.25 m^3/h 条件下，槽底部分区域水平截面气泡尺寸增大，在中等通气量 Q_g 为 20 m^3/h 条件下，水平截面气泡平均尺寸减小。

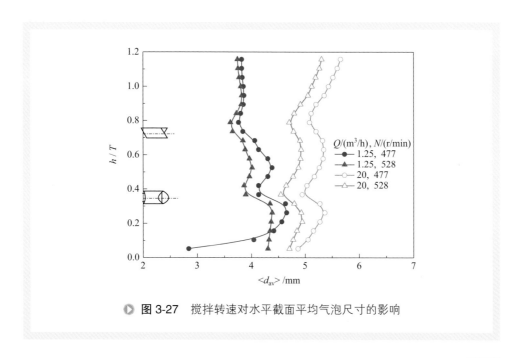

图 3-27 搅拌转速对水平截面平均气泡尺寸的影响

由图 3-28，在上叶轮区偏上轴向位置气泡尺寸有极小值，在低搅拌转速（N=415 r/min）下，上层桨区气泡尺寸极小值偏离上叶轮区较远，高搅拌转速（N=600 r/min）下，气泡尺寸极小值离上叶轮较近。

图 3-29 为搅拌转速和通气量对全槽平均气泡尺寸的影响。虽然操作条件对搅拌槽内不同区域的气泡尺寸影响不同，但总体上，随着搅拌转速的增加，全槽平均气

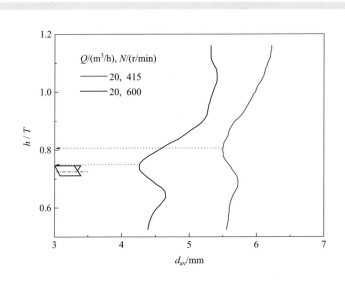

图 3-28 搅拌转速对上叶轮区气泡最小尺寸位置的影响（r/R=0.58）

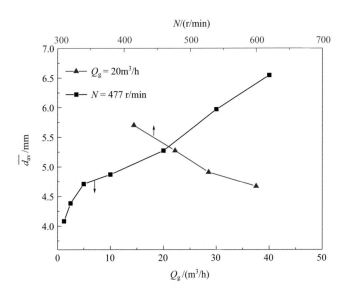

图 3-29 搅拌转速和通气速率对全槽平均气泡尺寸的影响

泡尺寸减小；随着通气量的增加，全槽平均气泡尺寸增加。当搅拌转速从 415 r/min 增加到 600 r/min 时，全槽平均气泡尺寸减小了 18.1%，当通气量从 1.25 m³/h 增加到 40 m³/h 时，全槽平均气泡尺寸增加了 60.3%。

七、气含率

1. 平均气含率

图 3-30 为搅拌转速和通气量对全槽平均气含率的影响，随着搅拌转速和通气量增加，全槽平均气含率增加。比较操作条件对全槽平均气泡尺寸和气含率的影响，当搅拌转速从 415 r/min 增加到 600 r/min 时，全槽平均气泡尺寸减小了 18.1%，平均气含率增加了 31.7%；当通气量从 1.25 m³/h 增加到 40 m³/h 时，全槽平均气泡尺寸和平均气含率分别增加了 60.3% 和 1341%。搅拌转速和通气量对搅拌槽内平均气含率的影响比对平均气泡尺寸的影响更为剧烈。

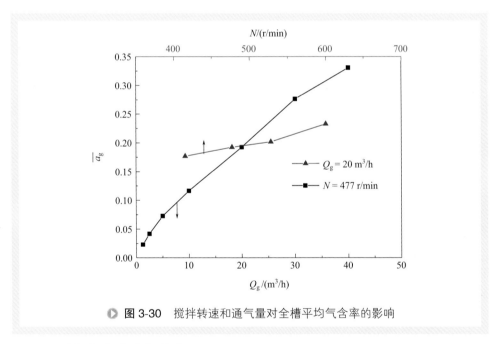

● 图 3-30　搅拌转速和通气量对全槽平均气含率的影响

2. 局部气含率空间分布

图 3-31 为不同截面局部气含率分布的模拟结果。在桨叶片后部，由于有负压的存在（图 3-32），气体容易在叶片后部聚集，形成所谓的气穴。叶片后部气穴的存在，使叶轮的搅拌功率下降，不利于气液分散。在上、下层桨循环涡的涡心位置，气体易富集，气含率较高。挡板后方存在流动死区且压力相对较低（图 3-32），气含率也相对较高。槽底区域，由于只有尺寸很小的气泡才能在液流的夹带下向下

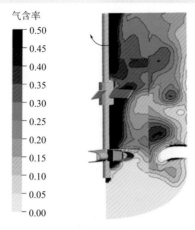

(b) 上层桨水平面气含率分布

(a) 竖直面气含率分布

(c) 下层桨水平面气含率分布

▶ **图 3-31** 不同截面局部气含率分布（N=477 r/min，Q_g=20 m³/h）

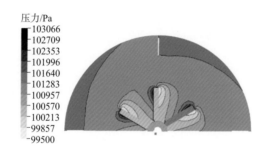

▶ **图 3-32** 上层桨水平面压力（N= 477r/min，Q_g=20 m³/h）

循环，该区域气含率最低。

图 3-33 为径向 r/R=0.58，0.66 处，两相邻挡板中间位置局部气含率轴向分布。局部气含率在上、下叶轮区轴向偏上位置有极大值，其中上层桨的气含率峰值离叶轮偏上较远，模拟结果和实验值总体上吻合得较好。

3. 搅拌转速和通气量对局部气含率分布的影响

图 3-34 为中、低通气量下搅拌槽内不同截面的气含率分布。中、低通气量下，搅拌槽内气含率分布有很大的差别。

由图 3-34（a），由于在低通气量（Q_g=1.25 m³/h）下，流体的速度大，气泡的尺寸小，气泡从叶端排出后能较多地随流体向下循环到下循环涡中心聚集，使下循环涡的气含率比上循环涡处略高。另外，搅拌槽为从靠近边壁进入气体，下层桨主要依靠诱导载气，在低通气量下，下层桨叶轮区的气含率很低，说明其诱导载气能力不好。

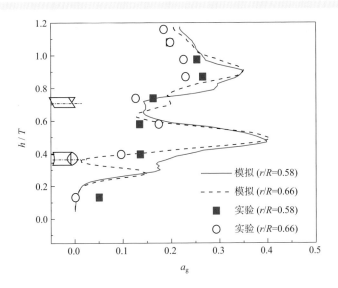

🔻 **图** 3-33 气含率轴向分布 (N=477 r/min, Qg=20 m³/h)

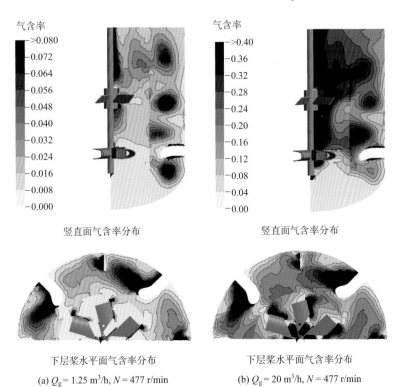

(a) Qg = 1.25 m³/h, N = 477 r/min   (b) Qg = 20 m³/h, N = 477 r/min

🔻 **图** 3-34 中、低通气量下气含率分布比较

和低通气量相比，中等通气量（Q_g=20 m³/h）下，搅拌槽内气含率分布有了很大的变化。由图 3-34（b），中等通气量下，在叶轮的下循环涡中心处的气含率明显比上循环涡处低，说明在中等通气量下，气体从叶端排出后随流体向下循环到下循环涡处的量相对减小。这主要有两点原因，一方面，中等通气量下的通气搅拌功率下降，液相流体速度变小，液相流体将气体向下循环涡处夹带的能力减小，另一方面，中等通气量下，气泡尺寸变大，气泡浮力增大，气泡不易于向下循环聚集。相对低通气量，中等通气量下，叶轮搅拌对气体的分散能力减弱，气体更容易向槽体中心集中，使槽体中心处气含率高。气体容易向槽体中心聚集的现象不利于气液分散，特别在通气量较高的条件下，大部分气体从槽体中心直接逸出，而没有得到很好的利用，更高通气量下向槽体中心聚集的气体易形成气泛。由图 3-34，相对低通气量，中等通气量下，下叶轮区的含率较高，说明中等通气量下的下叶轮的载气能力有了很大的提高。提高通气量，有利于下叶轮的载气能力，这与实验结论较一致。

图 3-35 为通气量对水平截面平均气含率的影响。随通气量增加，除槽底区水平截面平均气含率增加较小外，其他区域的水平截面平均气含率都有明显的增加。在较低通气量（Q_g=1.25 m³/h）下，气含率沿轴向分布比较均匀，通气量增加，气含率分布的均匀性变差。在低通气量（Q_g=1.25 m³/h）下，在搅拌桨的上、下方气含率分别出现两个峰数值，随着通气量增加，到通气量 Q_g 为 40 m³/h 时，叶轮上、下方的两个气含率峰值逐渐合并为一个峰值。由图 3-34，得到的水平截面平均气含率峰值是截面经过循环涡涡心处产生的，在较高通气量下，叶轮区域的整体气含率都较高，且叶轮将气体向下循环的能力减弱，下循环涡涡心的气含率相对较低，所以在中高通气量下只能得到一个偏上位置的气含率峰值。

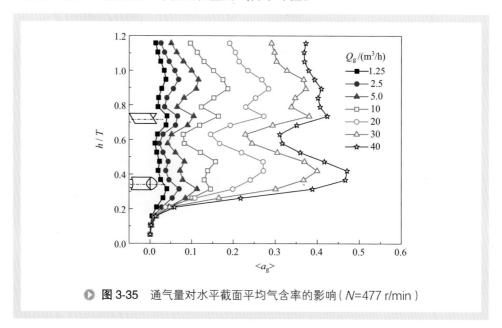

▶ 图 3-35 通气量对水平截面平均气含率的影响（N=477 r/min）

图 3-36 和图 3-37 分别为在低通气量和中等通气量下，搅拌转速对水平截面平均气含率的影响。无论是在中等通气量还是在低通气量下，搅拌转速增加，搅拌槽内各区域的水平截面平均气含率增加。在低通气量（Q_g=1.25 m³/h）下，在上、下叶轮的上下位置，水平截面平均气含率出现两个峰值，下叶轮区，上面的峰值比下面的峰值低，在上叶轮区域，上、下位置的峰值高度较接近，而在中等通气量下，在下叶轮区域只出现了一个在叶轮偏上位置的峰值，在上叶轮区域为在叶轮上、下位置两个峰值，但下面的峰值要比上面的小。如前所述，在低通气量下，叶轮以下位置气含率峰值高，和下循环涡涡心处气含率聚集较高有关，中等通气量下，流体的循

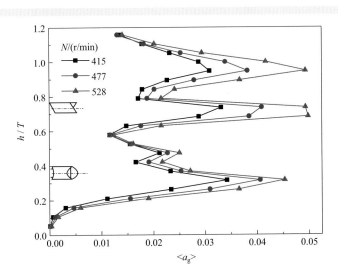

▶ **图 3-36** 搅拌转速对低通气量水平截面平均气含率的影响（Q_g=1.25 m³/h）

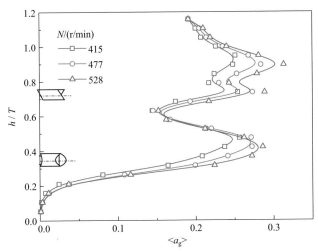

▶ **图 3-37** 搅拌转速对中等通气量下水平截面平均气含率的影响（Q_g=20 m³/h）

环能力减弱，下循环涡不明显，气体聚集少，导致在上叶轮以上位置的截面平均气含率峰值较高，以下位置较低，而在下叶轮区叶轮以下位置的气含率峰值则消失。

八、气液相界面积分布

由气液相界面积与气含率和气泡尺寸的关系，$A=6a_g/d$，得到如图 3-38 所示的搅拌槽内气液相界面积分布。槽底区由于气含率低，导致气液相界面积很小。上、

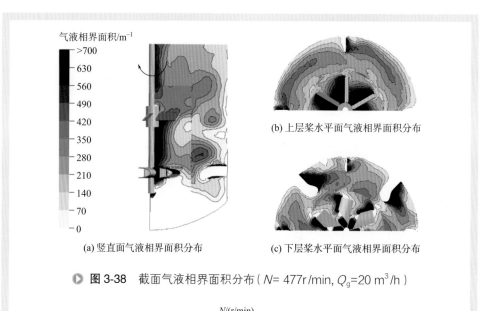

(a) 竖直面气液相界面积分布　　　(c) 下层桨水平面气液相界面积分布

▶ **图 3-38**　截面气液相界面积分布（ $N= 477r/min, Q_g=20\ m^3/h$ ）

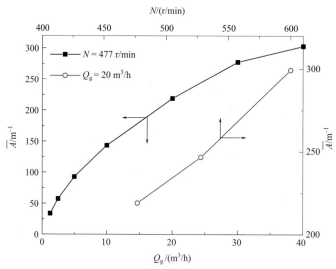

▶ **图 3-39**　搅拌转速和通气量对全槽平均气液相界面积的影响

下叶轮区域气液相界面积很高，说明叶轮区气液分散得较好。通气管口附近，由于通入的气体还未得到很好的分散，局部气含率高，使得该位置的气液相界面积也较大。

图 3-39 为模拟的全槽平均气液相界面积随搅拌转速和通气量的变化趋势。增加通气量使平均气液相界面积增大，但随通气量的增加趋势逐渐变缓，这主要是因为，通气量增加，平均气含率增加，但同时气泡尺寸变大。随搅拌转速增加，搅拌槽内平均气含率上升，气泡尺寸减小，导致平均气液相界面积增大。

九、固含率分布

图 3-40 为模拟的不同截面的固含率分布，由于固体颗粒的密度比水的密度大，固体颗粒容易下沉，搅拌槽内固含率分布的总体趋势为随着轴向高度的增加而降低。在槽底区域，固含率分布并不是在槽体中心最大，固含率的分布趋势沿着径向先增大后减小，在边壁和槽体中心的中间位置，固含率达最大值。叶片后部由于有气穴的存在，气含率较高，挤压了固体颗粒存在的空间，所以叶片后部的固含率较低，叶片前部的固含率比较高。和叶轮区相似，挡板前的迎液位置固含率较高，挡板后部由于气含率较高，导致固含率较低。

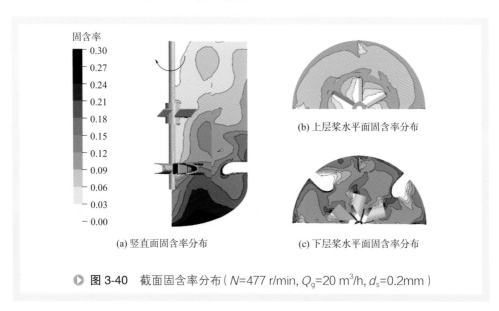

(a) 竖直面固含率分布　(b) 上层桨水平面固含率分布　(c) 下层桨水平面固含率分布

▶ 图 3-40　截面固含率分布（N=477 r/min，Q_g=20 m³/h，d_s=0.2mm）

图 3-41 为在 r/R=0.58 处，两相邻挡板中间位置固含率随着轴向的变化趋势。固含率总体上沿轴向高度的增加而降低，在叶轮区域固含率下降很大，这是由于叶轮区域气含率高，挤压了固体颗粒存在的空间所致。模拟结果和实验值吻合得较好。

图 3-42 为在 N=477 r/min，Q_g=20 m³/h，a_s=0.111 操作条件下，不同尺寸颗粒对搅拌槽内水平截面平均气含率分布的影响。总体上，随着固体颗粒的加入，搅拌槽内气含率下降，但颗粒尺寸对搅拌槽内气含率分布的影响程度是不同的。当颗粒尺

寸较小时（d_s=0.1～0.2 mm），颗粒的加入，下层桨以下区域的气含率下降，且随着颗粒尺寸的增加气含率下降程度增大，而在上层桨以上区域的气含率随着颗粒尺寸的增加下降程度较小。当固体颗粒达到 d_s=0.5 mm 时，搅拌槽内轴向较低位置的气含率变化更加明显，与气液两相比较，下层桨附近的局部气含率峰值下移，但在上层桨以上区域，气含率的大小更接近气液两相的数值模拟值。搅拌槽内局部气含率随固体颗粒加入呈现的变化趋势是与固体颗粒在搅拌槽内浓度分布密切相关的。

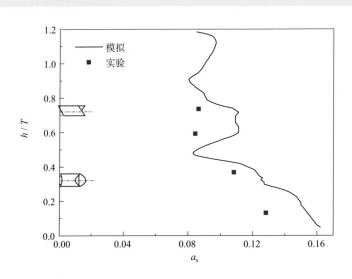

图 3-41   固含率轴向分布（N=477 r/min, Q_g=20 m³/h, d_s=0.1mm）

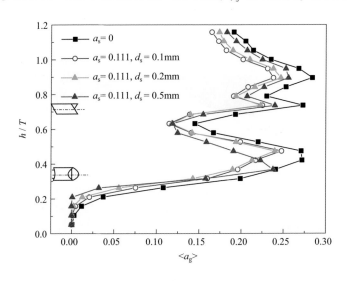

图 3-42   固体颗粒对水平截面平均气含率的影响

如图 3-43 所示，当固体颗粒尺寸较小时（d_s=0.1 mm），颗粒在搅拌槽内分布比较均匀，随着颗粒尺寸增大，颗粒更容易在槽底沉积，导致轴向较低位置处的固含率增加，较高位置处的固含率降低。由于固体颗粒的加入，槽内流体的密度、黏度等增加，湍动减弱，叶轮搅拌对气液的分散效果变差，使总体上搅拌槽内气含率降低。在下层浆以下区域，随着颗粒尺寸的增大，颗粒更难悬浮，此区域的固含率增加，使气体随着固含率的增加更不容易分散。而在上层浆以上区域，颗粒尺寸越大，固含率越低，越接近于气液两相，使得该区域颗粒对气液分散的影响程度越小，所以，颗粒尺寸越大，上层浆以上区域的气含率下降越小。颗粒 d_s=0.5 mm时，下层浆处气含率峰值下移是因为：颗粒尺寸大，导致在下层浆的轴向较低区域的固含率很高，由于固体颗粒的下沉，对上升的气体有阻缓和下拉作用，颗粒尺寸越大，阻缓下拉作用越明显，所以当颗粒 d_s=0.5 mm 时，下层浆区域的气含率峰值下移。

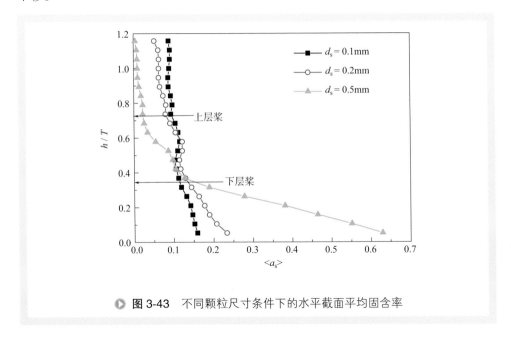

图 3-43　不同颗粒尺寸条件下的水平截面平均固含率

基于多目标遗传算法协同的气液搅拌反应器优化

由于多相搅拌体系内流场复杂，流体的湍动、两相间的相互作用以及气泡在运动过程中的聚并和破碎都可能导致搅拌釜内气泡尺寸分布不均匀，均一气泡尺寸假设与实际情况存在一定偏差。气泡尺寸对动量传递和传质效率等有重要影响,在计算流体力学(CFD)中耦合气泡尺寸模型,可提高模拟和优化结果的准确性。

考虑到气液传质特性和节能减排在工业应用中的重要性,基于传质和能耗开展反应器的结构优化研究。仍以双层桨气液搅拌釜为研究对象,引入简化的气泡尺寸模型描述釜内的气泡尺寸变化,并对流场进行修正。首先在验证 CFD 模型准确性的基础上,以增大气液相接触面积和减少搅拌功耗为优化目标,对双层桨叶片结构进行优化;然后对优化结果开展 CFD 分析,考察桨组合类型对流体传质和混合特性的影响;最后通过氧传质实验和扭矩测量实验验证优化桨组合的可靠性,为解决实际生产中气液体系的多目标优化问题提供理论指导。

工程领域的优化设计通常面临在多个目标和多种约束条件下如何获取最优解的问题。尤其是对于多相搅拌体系,反应器内部流体流动状况较为复杂,在优化设计的过程中需要对设计参数进行多次修改,从而涉及对大量相似算例的重复模拟计算,不仅耗时也容易陷入局部最优。

针对上述问题,以气液搅拌反应器的几何结构为研究对象,将参数化建模与网格划分、数值模拟、优化算法和实验测量模块集成到同一个优化平台,建立了基于实验和计算流体力学(CFD)分析的多目标优化策略。文献[15]首先介绍了优化平台中的各组成模块及优化流程的实现过程,然后详细地介绍了建模与网格划分、数值模拟、多目标遗传算法和实验测量的方法原理,为气液搅拌反应器的结构优化提供理论依据。

一、优化方法的建立

1. 优化平台

多目标优化平台是整个优化方法论的核心,在先进计算机技术的支持下可以实现整个优化过程的自动化运行,通过高水平、全方位的搜索策略能够快速得到 Pareto 最优解集。不需要设计人员对个体进行人为判断和修改,减少了优化设计过程的盲目性,同时也节省了时间,提高了优化效率。

该平台由建模及网格划分、数值模拟、优化算法和实验测量四个模块组成,其框架和各模块的功能如图 3-44 所示。参数化建模和网格划分一般认为是 CFD 模拟的前处理步骤,即根据反应器的结构参数建立三维几何模型并自动划分网格后,方可进行数值模拟,将其统称为 CFD 分析。随后依据 CFD 流场分析结果进行多目标优化操作,利用优化算法寻找全局最优解。这三个模块层次分明,衔接紧密,经由计算机编程在 MATLAB 平台上进行整合,可以得到完整的优化程序,以实现自动优化过程。实验测量模块则独立存在,通过双电导电极探针、扭矩传感和在线溶氧监测等多种测量手段实现,用于辅助验证 CFD 模型的准确性以及优化结果的可靠性。

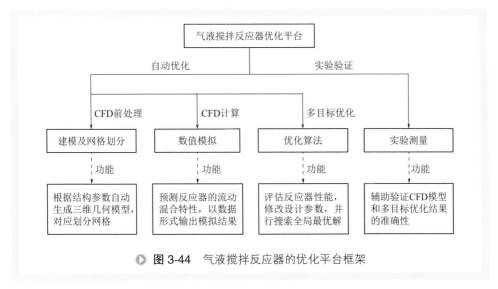

图 3-44　气液搅拌反应器的优化平台框架

2. 优化流程

在多目标优化平台的基础上，提出了一种适用于气液搅拌反应器的优化方法。该方法借助试验设计方法（DOE）对可行性设计空间进行均匀采样[16]，充分获得空间信息，选出满足约束条件的样本为优化算法提供初始解集。优化算法选用快速非支配排序遗传算法（NSGA-Ⅱ），因其搜索效率高，能够防止优秀个体的流失并保持种群的多样性。具体的多目标优化流程如图 3-45 所示。

整个优化流程大致分为以下六个步骤：

（1）根据多目标优化问题确定设计变量、目标函数和约束条件等，将气液搅拌反应器结构参数化，即：将反应器的几何形状表达成一组包含所有设计变量的结构参数。

（2）利用 DOE 中常用的 Sobol 序列法为优化过程提供初始种群，在获得大量空间信息的同时明显减少试验量。种群中的个体对应不同的设计变量。

（3）初始种群中个体的结构参数（包含设计变量）进入优化程序后，将自动调用 GAMBIT 软件进行参数化建模并对模型进行网格划分，输出网格文件。

（4）自动调用 FLUENT 软件读取网格文件，对个体进行 CFD 流场模拟和性能预估。将模拟结果以数据形式输出，以便供优化算法读入并进行优劣性评价。

（5）利用实验技术验证 CFD 模型的准确性。将测量的平均气含率、局部气含率、气泡尺寸和搅拌功率等特性参数与模拟结果对比，验证后可省略此步。

（6）设计变量一旦进入优化程序就会被算法读取，NSGA-Ⅱ算法根据种群个体的 CFD 评价结果，对设计变量进行交叉、变异等遗传进化操作，产生具有新结构的个体。同时返回（3）开始下一轮计算，直到满足终止条件，结束优化，输出 Pareto 最优解集。可借助实验方法进一步考察优化结果的可靠性。

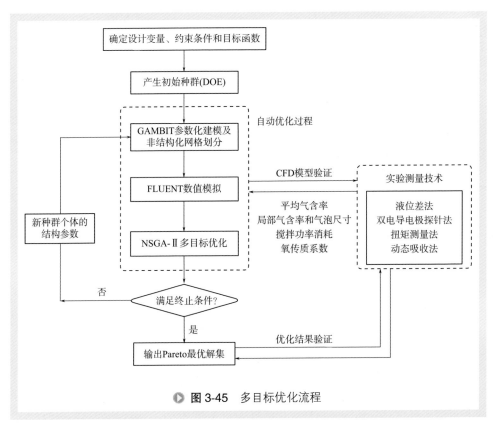

图 3-45　多目标优化流程

3. NSGA优化算法

为了改善 NSGA 算法计算复杂度高、没有多样性保护策略和需要指定共享半径等缺陷，2000 年 Deb 等[17] 提出了带精英策略的非支配排序算法 NSGA-Ⅱ，在多目标优化领域得到了广泛关注。采用 NSGA-Ⅱ 算法对气液搅拌反应器结构进行多目标优化。该算法具有以下特点：

（1）采用快速非支配排序法，使计算复杂度由 $O(mN^3)$ 降低到 $O(mN^2)$，其中 m 为目标函数个数，N 为种群大小；

（2）提出用拥挤度和拥挤度比较算子代替需要指定共享半径的适应度策略，使 Pareto 域的个体实现均匀分布，并保持了种群多样性；

（3）引入精英策略，扩大采样空间，将父代种群与其子代种群组合，共同竞争产生下一代种群，有利于避免父代的优良个体流失，迅速提高种群的水平。

将快速非支配排序法和拥挤度比较算子相结合，使 NSGA-Ⅱ 算法具有卓越的全局搜索能力。接下来对快速非支配排序法和拥挤度比较算子分别进行介绍[18]。

（1）快速非支配排序法　快速非支配排序法是对 NSGA 算法中的非支配排序算法进行改进：如果一个个体 i 的所有目标函数都大于另一个个体 j，则定义 i 支配 j。

对于每个 i 都设有两个参数 n_i 和 S_i，其中 n_i 为种群中支配 i 的个体数量，S_i 为个体中被 i 所支配的个体集合。

如果 n_i 为 0，即不存在支配 i 的个体，则将个体 i 放入非支配解的第一级 F_1（非支配序 $i_{rank}=1$），然后对当前集合 F_1 内的每个个体 i 考察它所支配的个体集 S_i，将 S_i 中的每个个体 j 的 n_j 减 1（因为支配 j 的个体 i 已经在集合 F_1 中），如果 $n_j - 1=0$，则将个体 j 存入非支配解的第二级 F_2（$j_{rank}=2$），然后对集合 F_2 继续上述分级操作并赋予相应的非支配序，直到所有的个体都被分级排序为止。

（2）拥挤度比较算子　拥挤度，又称为拥挤距离，是指个体 i 周围不被种群中其他任何个体所占有的搜索空间，一般用 i_d 表示，i_d 比较小则说明个体周围的解是比较拥挤的。经过非支配排序和拥挤度计算，种群中每个个体都具备两个属性：非支配序 i_{rank} 和拥挤度 i_d。为了让算法收敛到一个均匀分布的 Pareto 域内，NSGA-Ⅱ定义了一个拥挤度比较算子 $\mathfrak{Z}_n$，并且定义 $i \mathfrak{Z}_n j$ 表示个体 i 优于个体 j。个体 i 和另一个体 j 进行比较，当满足条件 $i_{rank}<j_{rank}$，或者满足条件 $i_{rank} = j_{rank}$ 且 $i_d>j_d$ 时，认为个体 i 优于个体 j。即：如果两个个体的非支配排序等级不同，非支配序小的个体更优；如果它们排在同一等级，则拥挤度大的个体更优。

NSGA-Ⅱ 的优化流程如图 3-46 所示：首先给定种群大小和遗传代数，种群大

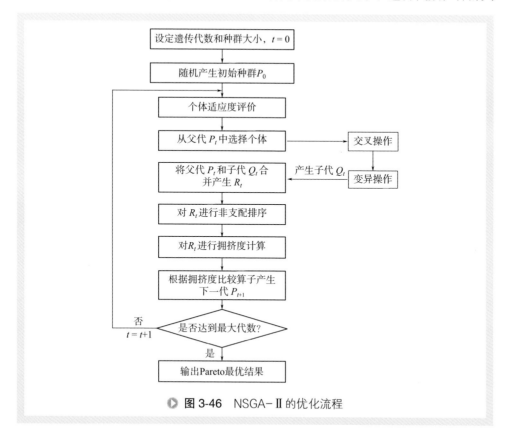

图 3-46　NSGA-Ⅱ 的优化流程

小即群体中所含的个体数量；然后利用 DOE 试验方法随机初始化一个父代种群 P_0；接着对 P_0 中的每个个体进行快速非支配排序，个体的适应度值即为非支配序 i_{rank}；采用锦标赛法从父代种群 P_t 中选择个体，进行交叉、变异遗传操作后产生子代种群 Q_t；根据精英策略，将父代种群 P_t 与子代种群 Q_t 合并组成种群 R_t，然后对 R_t 进行快速非支配排序，对个体完成分级后会产生一系列非支配解集 F_i 并计算个体的拥挤度，由于非支配序小的个体更优（即 F_1 内的个体最优），先将 F_1 的个体放入下一代种群 P_{t+1} 中，如果该种群数量没有达到设定值，则继续添加 F_2，假如添加 F_2 时种群数量溢出，则对该集合进行拥挤度计算，再按照大小排序选出拥挤度大的个体直到将种群 P_{t+1} 填满为止；新种群将返回适应度评价开始新一轮的优化筛选过程，在达到最大遗传代数后，输出 Pareto 最优解集。

NSGA- Ⅱ 的参数设置为：初始种群规模 24，遗传代数 100 代，交叉概率 0.9，交叉和变异分布指数均为 20。

4. 建模与网格划分

将气液搅拌反应器的几何形状表达成一组结构参数，为了让优化程序自动地进行网格划分和数值计算，需要先通过参数化建模将输入的几何尺寸转换为能被网格划分软件识别的模型数据，再对建立的三维模型划分网格，并进行网格无关性考察，保证网格质量的同时尽量减少网格数目。

商业软件 GAMBIT 是面向 CFD 分析的高质量的前处理器，具有全面的三维建模功能、先进的网格划分技术以及快速的更新策略，其主要功能包括几何建模和网格划分。用户操作的日志文件，记录了用户操作的全部内容，包括处理的对象、方法和参数。GAMBIT 可以自动生成日志文件，用户也可以创建、修改和编辑日志文件，并通过运行文件来再现和重复所有操作。此外，它还在日志文件中加入了变量、数组、函数、循环语句和宏命令等程序语言，可以实现编程化、参数化、自动化的几何建模和网格生成。因此，将 GAMBIT 提供的用户日志文件用于大量且有规律的数据建模，可有效减少人员的重复操作，提高设计效率。

只对反应器的设计变量进行考察，其余结构参数不变，涉及许多相似的几何模型。为了实现过程自动化、提高优化效率，采用 GAMBIT 进行建模和网格划分，软件会自动生成用户操作记录日志文件。再将反应器待优化的设计参数与日志文件中对应的命令行数据关联，每个个体的设计变量取值不同，将对应产生不同的日志文件。根据批处理命令，在下次重新读入日志文件时，软件会自动更新反应器的几何模型。虽然在优化过程中反应器的几何形状会根据不同的设计参数发生变化，但是总体结构形式不会改变，所以不同个体在网格划分过程中共用一个拓扑结构，它们的几何模型可以实现自动关联映射，从而生成不同的网格。

图 3-47 为不同设计参数对应的几何模型和网格划分示意图。

同样，由于气液搅拌反应器优化是在同一工况下进行，计算所采用的模型和边

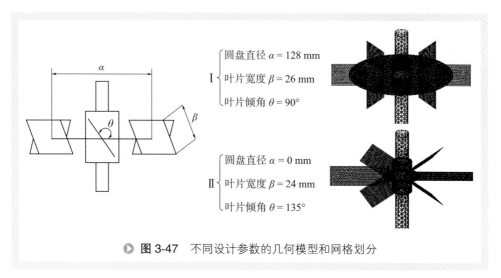

图 3-47　不同设计参数的几何模型和网格划分

界条件均相同，优化过程中涉及大量相似的模拟算例，所以不同个体算例的网格文件读入、求解器开启、条件设置、迭代计算、后处理等操作均可以通过在商业软件 FLUENT 中运行用户操作记录日志文件自动实现。

利用 CFD 技术预测气液搅拌反应器的流动与混合性能，为优化过程提供参考和判断依据。模拟采用欧拉 - 欧拉双流体模型，将气体分散相和液体连续相均视为拟连续介质。该模型将两相的控制方程在欧拉坐标系下处理成相同形式，计算量较小，在气液搅拌反应器的模拟中广泛应用。

5. 实验测量与验证

选用空气 - 水体系，在转速 300 r/min、气体流量 8 m³/h、对应表观气速 0.02 m/s 的条件下进行。仍然采用 RT-RT*、CBDT-RT*、CBDT-PTU* 和 CBDT-PTD* 四种参照桨组合与优化桨组合进行对比验证。考虑了气泡尺寸大小及分布，实验测量参数包括：局部气含率、局部气泡尺寸、氧传质系数和功率消耗。为了得到 d_{32}-ε 形式的气泡尺寸模型，在不同转速下进行了 8 组实验，测量了不同的单位液相体积功率和对应的平均气泡直径。测量点分布在两挡板中间的垂直平面上，轴向高度分别为 h/T=0.39，0.48，0.60，0.73，0.81，0.96；径向位置分别为 r/R=0.34，0.44，0.54，0.64，0.74，0.84。

图 3-48 为 CBDT-RT* 参照桨组合在 210 r/min，240 r/min，270 r/min，300 r/min，330 r/min，345 r/min，360 r/min 和 375 r/min 八种转速下测量的 P_g/V_l 和 d_{32} 的对数拟合结果。$\ln d_{32}$ 与 $\ln(P_g/V_l)$ 呈明显的负比例关系。

$$\ln d_{32} = \ln a + b \ln(\frac{P_g}{V_l}) \tag{3-32}$$

通过图 3-48 的拟合直线得到常数 a，b 的值，可得：

$$d_{32} = 0.00933\left(\frac{P_g}{V_1}\right)^{-0.085} \quad\quad （3-33）$$

由 $\varepsilon = P_g/(\rho_1 V_1)$ 推导出气泡尺寸模型：

$$d_{32} = 0.0052\varepsilon^{-0.085} \quad\quad （3-34）$$

该模型将反应器内的湍流耗散率与气泡尺寸关联。

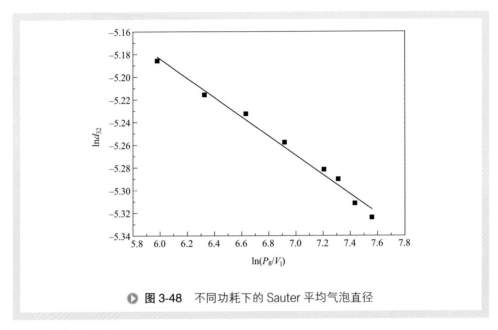

● 图 3-48　不同功耗下的 Sauter 平均气泡直径

二、模拟策略

　　模拟的气液搅拌反应器结构与上述实验装置的几何结构一致。采用 GAMBIT 软件生成反应器的几何模型并划分网格，根据搅拌釜和流体流动的对称性，选取槽体的一半作为计算域。采用非结构化四面体网格，对釜体静止区域和桨叶旋转区域分别进行划分。为增加计算精确度，对桨叶、挡板及气体分布器的通气孔等部位进行网格局部加密。以 CBDT-RT* 参照桨组合为例，通过网格无关性分析，发现整体网格数量为 881800 和 1023200 时，模拟结果相差很小，为提高计算效率，选定数量为 881800 的网格尺寸进行计算。值得注意的是，在优化过程中，GAMBIT 会根据不同个体的优化变量自动更新几何模型，网格划分时设置的尺寸参数不变，但网格数量会有轻微的变化。

　　采用 FLUENT 软件进行数值模拟，槽壁、挡板、桨叶和气体分布器部分设置为无滑移壁面。分布器的小孔设置为速度入口，为了提高模拟结果的准确性，使其更符合实际的物理现象，将釜顶液面设置为自由液面，即出口边界处气体可以自由进出，而对于液体则相当于壁面，数学模型表达为：

$$\left[\frac{\partial u_{gi}}{\partial Z}\right]_{i=X,Y,Z} = 0$$

$$\left[\frac{\partial u_{li}}{\partial Z}\right]_{i=X,Y} = 0 \qquad (3\text{-}35)$$

$$u_{lZ} = 0$$

气泡尺寸采用关联湍流耗散率和气泡直径的气泡尺寸模型进行描述，通过用户自定义函数（UDF）嵌入 FLUENT 软件耦合计算。叶轮旋转区和静止区采用"多重参考系"（MRF）法处理，动区域位置为 $0.21 \le h/T \le 0.87$，$-0.66 \le r/R \le 0.66$，两者之间的质量、动量等数据通过交界面传输。采用 SIMPLE 算法求解压力与速度的耦合问题，利用一阶迎风格式对方程进行离散，各控制方程残差设为 10^{-5}。

由于气泡尺寸会影响反应器内部的气含率、气液传质等性质，在 CFD 模拟中引入气泡尺寸模型可以减小模拟值和实验值的误差。采用简化的平衡状态下的气泡尺寸模型，将实验数据拟合的气泡尺寸关联式通过 C 语言编写 UDF 嵌入到 CFD 中，经耦合求解得到搅拌釜内的气泡尺寸大小及分布，如图 3-49 所示。将每步迭代计算得到的湍流耗散率代入气泡尺寸关联式中求解气泡尺寸，再通过气泡尺寸的变化对釜内流场进行修正，直到气泡尺寸和气含率、湍流耗散率等流场特性都不再随迭代变化为止。

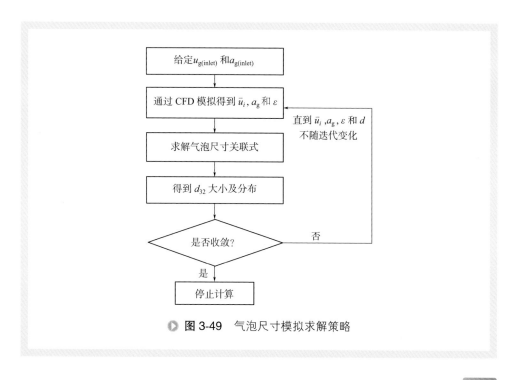

▶ **图 3-49** 气泡尺寸模拟求解策略

三、CFD模型验证

引入气泡尺寸模型预测反应器内部的气泡大小并对流场进行修正。为了验证CFD模型的准确性和普适性，采用CBDT-RT*和CBDT-PTD*参照桨组合，分别对局部气含率和局部气泡尺寸的模拟和实验值进行对比分析，如图3-50所示。图3-50（a）和图3-50（b）为径向r/R=0.64处，CBDT-RT*的气含率和气泡尺寸的轴向分布。对比发现，局部气含率的模拟值和实验值在两桨附近出现极大值，而气泡尺寸的模拟值和实验值在两桨附近出现极小值。此外，在两桨之间和靠近液面处气泡尺寸较大，并且模拟值大于实验值。主要因为流体循环区的湍动较弱，气泡尺寸关联式在弱湍动区域存在一定的局限性，导致模拟结果偏大。总的来说，耦合气泡尺寸模型求解，CBDT-RT*的轴向气含率和气泡尺寸的模拟值与实验值吻合较好。对于CBDT-PTD*，由图3-50（c）和图3-50（d）可知，模拟的轴向气含率和气泡尺寸均在两桨之间出现极大值，与实验结果吻合良好。因此，气泡尺寸模型可以较为准确地预测反应器内部的气泡大小及分布。

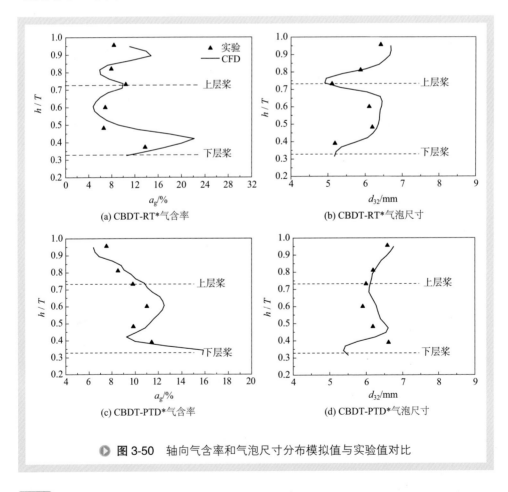

图 3-50 轴向气含率和气泡尺寸分布模拟值与实验值对比

与基于均一气泡尺寸假设的模拟结果相比，引入气泡尺寸模型的非均一气泡尺寸体系中，CBDT-RT* 在径向 $r/R=0.64$ 处的轴向气含率分布更接近实验测量值，如图 3-51 所示。表 3-1 列出了均一气泡尺寸体系和非均一气泡尺寸体系对应的平均气含率和搅拌功率。对比发现，虽然耦合气泡尺寸模型可以减小与实验值之间的误差，但是两种体系对应的模拟结果差别不大。因为选用空气 - 水介质，且搅拌转速较大，通气量偏低，在实际中气液流场复杂，流体湍动十分剧烈，釜内气泡尺寸变化不大，导致气泡尺寸关联式中拟合的参数 $b=-0.085$，即受湍流耗散率影响较小。如果是针对气泡尺寸变化较大的搅拌体系，引入气泡尺寸模型的优势将会更加明显。

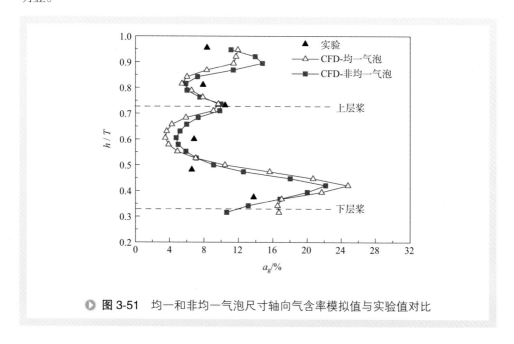

▶ **图 3-51** 均一和非均一气泡尺寸轴向气含率模拟值与实验值对比

表3-1 均一和非均一气泡尺寸模拟结果与实验结果对比

类别	$\bar{a}_g/\%$	P/W
均一气泡尺寸模拟	8.98	63.48
非均一气泡尺寸模拟	8.90	61.28
实验测量	8.85	58.75

四、叶片优化策略

选取桨叶结构参数作为优化变量，即：上层桨的圆盘直径 α，叶片宽度 β 和叶片倾斜角度 θ 及下层桨的半椭圆叶片长径比 γ，叶片宽度 δ 和叶片切角 φ。

工业气液搅拌反应器内部往往涉及复杂的化学反应。对于多相反应而言，气液相界面积是一个重要参数，直接影响反应过程中的传质速率。增大气液两相接触面积，可以显著地提高传质速率，从而加快反应。而节约能耗可以明显降低工业生产成本，与企业盈利密切相关。因此，将优化目标定为整体平均气液相界面积和搅拌功耗。

气液相界面积（A）与气含率和气泡尺寸相关，表达式如下：

$$A = \frac{6a_g}{d_{32}} \tag{3-36}$$

通过模拟计算，可以得到计算域内每一个网格的体积（v_i）和对应的气液相界比面积（A_i），从而得到体积平均气液相界面积（$\overline{A}$）：

$$\overline{A} = \frac{\sum_n v_i A_i}{V_t} \tag{3-37}$$

CFD 后处理输出搅拌力矩，可以计算得到搅拌功率 P。

为了实现更高效、更节能的气液传质过程，建立了以桨叶结构参数为优化变量，以最大平均气液相界面积（$\overline{A}$）和最小搅拌功率（P）为目标的优化命题。同样，为了更方便地在 Pareto 前沿上选择最终解，将 $\overline{A}$ 的最大值替换为 $1/\overline{A}$ 的最小值，优化问题可表述为：

$$\min F\left\{\frac{1}{A}(X), P(X)\right\} \tag{3-38}$$
$$X = (\alpha, \beta, \theta, \gamma, \delta, \varphi)$$

X 是包含一组优化变量的向量，对于每一个变量，变化范围需满足在上下限之间。

五、Pareto 最优解

以 α，β，θ，γ，δ，φ 六个参数为优化变量，以最大平均气液相界面积和最小搅拌功率为优化目标进行多目标优化。经过 600 个个体的迭代计算，计算结果基本收敛，形成了较为清晰的 Pareto 曲线，优化结果如图 3-52 所示。设计空间内个体解的分布较为分散，在 Pareto 前沿附近相对较密集。Pareto 曲线的左下部分是一组同时满足 A 较大和 P 较小的最优解，从中选择三个例子（即：OPT1，OPT2，OPT3）作为最终设计桨型，对应参数和优化结果如表 3-2 所示。分析发现，优化桨组合分为 PCBDT-PTU（斜凹叶圆盘涡轮桨 - 上翻斜叶桨）和 PCBDT-PTD（斜凹叶圆盘涡轮桨 - 下压斜叶桨）两种类型[19]。

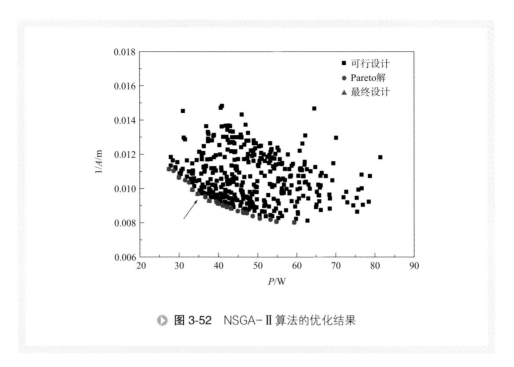

图 3-52　NSGA-Ⅱ算法的优化结果

表3-2　部分最优解的设计变量和目标函数值

| 最优解 | 下层桨（PCBDT） | | | 上层桨（PTD/PTU） | | | $1/A \times 10^{-3}$ /m | P/W |
	γ	δ /mm	φ /（°）	α /mm	β /mm	θ /（°）		
OPT1	1.0	28	20	0	24	135	9.94	33.36
OPT2	2.0	26	10	0	22	45	9.69	34.72
OPT3	1.0	26	10	0	26	45	9.28	37.67

六、最优解分析

　　表 3-3 分别给出了优化桨组合和参照桨组合的气液相界面积及轴功率的模拟结果。通过优化前后的结果对比可知，优化桨组合的气液相界面积均相对较大，PCBDT-PTU（OPT3）较 CBDT-RT* 参照桨组合增加了 15%。虽然 CBDT-PTU* 桨组合的气液相界面积也较大，但其功耗比 PCBDT-PTD（OPT1）桨组合高出近 34%，属于较高能耗桨型。由此可见，优化后桨组合的功率明显降低。

表3-3 优化桨组合和参照桨组合的CFD模拟结果对比

桨型	$A/\mathrm{m^{-1}}$	P/W
CBDT-RT*	93.8	61.28
CBDT-PTU*	101.3	44.75
CBDT-PTD*	96.4	38.36
PCBDT-PTD（OPT1）	100.6	33.36
PCBDT-PTU（OPT2）	103.2	34.72
PCBDT-PTU（OPT3）	107.8	37.67

当上层桨为下压斜叶桨（PTD）时，选取 PCBDT-PTD（OPT1）优化桨组合为例，对其在两挡板中间垂直截面上的气体分散特性进行详细分析，如图 3-53 所示。图 3-53（a）为气相速度流线图，与之前对 PCBDT-PTD 的流场分析一致，存在两个明显的循环圈，气体从分布器出来后先被下层桨分散，一部分被 PCBDT 的下循环流带动向下运动，另一部分则随着与 PTD 排出流合并形成的大循环圈进行轴向循环，之后从液面逸出。从图 3-53（b），除了釜底气含率偏低和循环涡的涡心处气含率相对较高外，截面上的气含率分布非常均匀。根据气泡尺寸分布图 3-53（c）可知，在釜底区域气含率极低，气泡尺寸最小。叶轮区气泡尺寸较小，而循环区气泡尺寸较大，主要因为叶端流体湍动能大，剪切力高，气泡受桨叶高剪切作用破碎成小气泡，小气泡再随着桨叶产生的循环流向釜内各区域运动，随着循环区液相速度的降低，湍动减弱，气泡富集，不断聚并形成大气泡。釜顶靠近液面区域气泡尺寸较大，因为该区域远离搅拌桨，流场强度明显减弱，湍流耗散率随之降低，气泡的聚并作用加强，尺寸明显增大。图 3-53（d）展示了截面上的气液相界面积分布，釜底区域气含率低，气液相界面积很小，而叶轮区气含率高，气泡尺寸小，气液相界面积相对较高，说明该区域气液分散很好。下层桨的涡心位置和分布器附近受高气含率影响气液相界面积也较大。

当上层桨为上翻斜叶桨（PTU）时，选取 PCBDT-PTU（OPT2）优化桨组合为例，对其在两挡板中间垂直截面上的气体分散特性进行详细分析，如图 3-54 所示。从图 3-54（a）上可以发现反应器内存在四个明显的循环圈，除了在下层径向流桨区域存在两个循环圈外，在上翻桨的上方近壁面处也存在两股明显的循环流，气泡随着

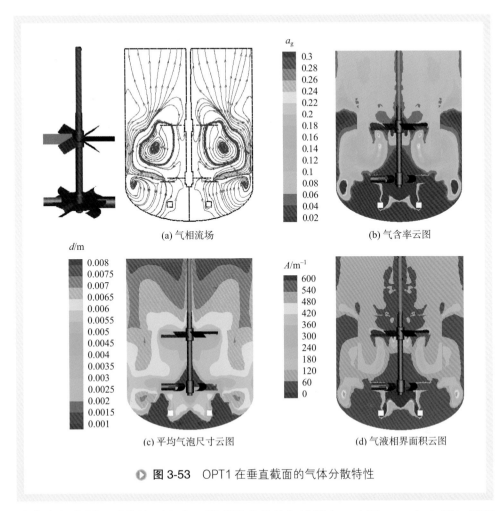

(a) 气相流场   (b) 气含率云图

a_g
0.3
0.28
0.26
0.24
0.22
0.2
0.18
0.16
0.14
0.12
0.1
0.08
0.06
0.04
0.02

d/m
0.008
0.0075
0.007
0.0065
0.006
0.0055
0.005
0.0045
0.004
0.0035
0.003
0.0025
0.002
0.0015
0.001

(c) 平均气泡尺寸云图

A/m^{-1}
600
540
480
420
360
300
240
180
120
60
0

(d) 气液相界面积云图

图 3-53 OPT1 在垂直截面的气体分散特性

液体在釜内循环后从液面逸出,促进了整体的气液混合。由图 3-54(b)可知循环涡的涡心位置气含率相对较高,尤其是在 PTU 附近存在局部气含率峰值。由于出口边界修正为自由液面,气体在釜顶区域的循环有所加强。由图 3-54(c)可知,在釜底区域气泡尺寸最小,叶轮区的气泡尺寸较小,并且沿着流动方向气泡尺寸先减小后逐渐增大,碰到壁面后再变小。这是因为叶片附近剪切力高,流体湍动能大,气泡从叶端排出后以破碎为主,尺寸减小;随着流体逐渐远离叶端,叶片对气泡的剪切作用变小,流体湍动变弱,气泡以聚并为主,尺寸变大;在壁面处由于撞击扰动再次破碎成小气泡。流体循环区和釜顶近液面区的气泡尺寸较大,因为在这些区域液相流场强度较弱,湍流耗散率随之降低,气泡的聚并作用加强,尺寸增大。图 3-54(d)为气液相界面积分布,釜底区域气含率低,气液相界面积很小,上、下叶轮区气含率高,气泡尺寸小,气液相界面积相对较高,尤其是 PTU 附近受气含率峰值影响气液相界面积明显更高。

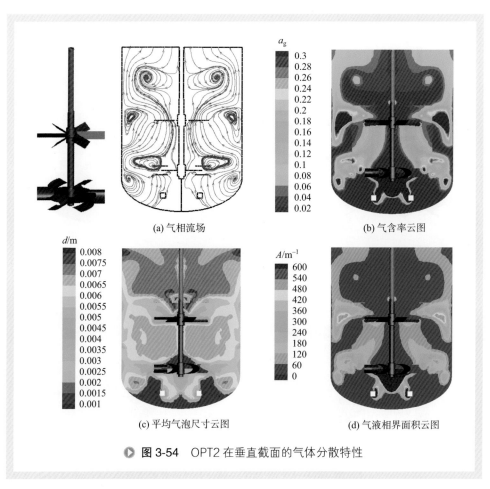

(a) 气相流场

(b) 气含率云图

(c) 平均气泡尺寸云图

(d) 气液相界面积云图

▶ **图 3-54** OPT2 在垂直截面的气体分散特性

七、桨组合的影响

为了深入探讨双层桨组合类型对气液相界面积和功率消耗的影响，选定了九种桨组合类型，从中挑出每种类型的优秀代表进行局部分散特性的对比分析，其设计参数和模拟结果如表 3-4 所示。

表3-4　九种桨组合的结构参数和模拟结果

桨型	下层桨			上层桨			A /m^{-1}	P /W
	γ	δ /mm	φ /(°)	α /mm	β /mm	θ /(°)		
RT-RT	0	30	0	128	22	90	90.9	61.4
CBDT-RT	2.0	34	0	128	26	90	96.4	62.3
PCBDT-FT	2.5	24	65	0	24	90	89.7	57.0

桨型	下层桨			上层桨			A /m^{-1}	P /W
	γ	δ /mm	φ /(°)	α /mm	β /mm	θ /(°)		
RT-PTU	0	24	0	0	26	45	105.9	47.5
CBDT-PTU	1.5	30	0	0	20	45	99.3	38.8
PCBDT-PTU	2.0	26	10	0	22	45	103.2	34.7
RT-PTD	0	22	0	0	24	135	90.8	34.5
PCBDT-PDTD	1.0	34	40	128	26	135	95.3	42.9
PCBDT-PTD	1.0	28	20	0	24	135	100.6	33.4

研究表明，当上层桨的结构参数相同时，下层凹叶圆盘桨可以在低功耗下实现更高效的气液传质。研究还表明，上层桨类型对气体的传质效果具有显著影响。PTU 桨组合的气液相界面积均相对较高，并且其叶片宽度对气液相界面积影响较大，叶片越宽，气液相界面积越大，但能耗也会相应增加。上层桨为 PTD 的桨组合虽然在传质效率上略低于 PTU 桨，但其能耗普遍较低。而上层桨为 RT 的桨组合在传质和功耗方面均呈弱势，即气液相界面积较低且功耗最高，属于高能耗桨型。因此，PCBDT-PTD 和 PCBDT-PTU 桨组合既能降低能耗，又利于气液传质，与其他组合相比具有明显优势。

图 3-55 为九种桨组合在两挡板中间垂直截面上的气含率分布图。对比均一气泡尺寸条件下的气含率分布可知，引入气泡尺寸模型对气含率分布影响较小，分布规律为：盘式涡轮桨由于圆盘的阻碍作用在其上方气含率偏低；PTU 组合的气体分布均匀性较差，上层桨附近区域近壁面处存在气含率峰值而在其上部区域气体含量较低；PTD 组合在釜内的气体分布均匀性最佳。所有桨组合的釜底区域气含率偏低，循环涡的涡心位置气含率较高。此外，将压力出口边界修正为自由液面边界，明显加强了气体在釜顶液面附近的循环，使之不再直接逸出，促进了反应器上部的气液分散，令模拟结果更接近真实情况。

图 3-56 给出了不同桨组合在两挡板中间垂直截面上的气泡尺寸分布。不同的桨组合遵循相同的气泡尺寸分布规律。在桨叶区域由于叶片的高剪切作用气泡尺寸均相对较小。下层桨以径向流桨为主，气泡尺寸沿水平变化。上层桨为径向流桨（RT 和 FT）时，尺寸沿径向先变小后变大；上层桨为上翻斜叶桨（PTU）时，尺寸沿斜上方变化；而上层桨为下压式混合流桨（PTD 和斜叶圆盘涡轮桨 PDTD）时，气泡尺寸沿桨叶斜下方变化。因此得出结论：桨叶区的气泡尺寸沿着排出流方向先变小后逐渐变大。因为排出流在运动过程中能量逐渐减弱，湍动能降低，气泡之间更易接近、碰撞形成大气泡。在循环区域内，流体中心的液相速度较小，气含率又

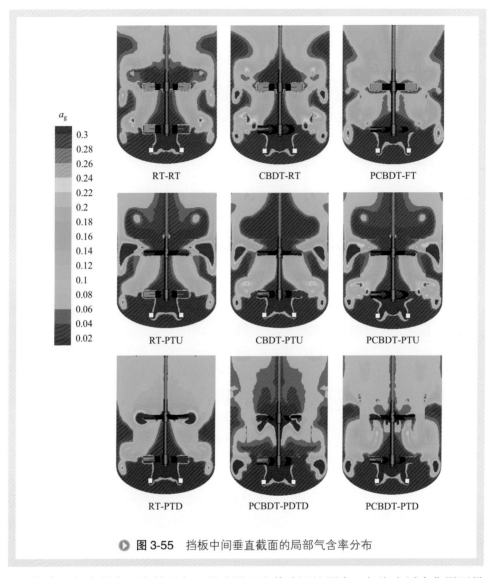

▶ 图 3-55　挡板中间垂直截面的局部气含率分布

相对较高，气泡易发生聚并现象，尺寸明显比桨叶区的更大。气泡在浮力作用下最终会上升至液面，该区域流体湍动弱，气泡在上升过程中不断聚并和长大，导致釜顶的气泡尺寸最大。

　　九种组合在垂直截面上的气液相界面积分布如图 3-57 所示。从图中可以发现，在搅拌转速 N=300 r/min，通气量 Q_g=8 m³/h 的操作条件下，气液相界面积主要受气含率影响。上层盘式涡轮桨的圆盘会阻碍气体上升，导致圆盘上方的局部气液相界面积偏低，分布不均匀。虽然 PTU 桨组合的气液相界面积分布均匀性最差，但是在上层桨上方附近的气泡聚集区出现较高的局部峰值，促进了整体的传质速率。而 PTD 桨组合则是因为搅拌釜内气液相界面积分布均匀，使得整体的传质速率较快，

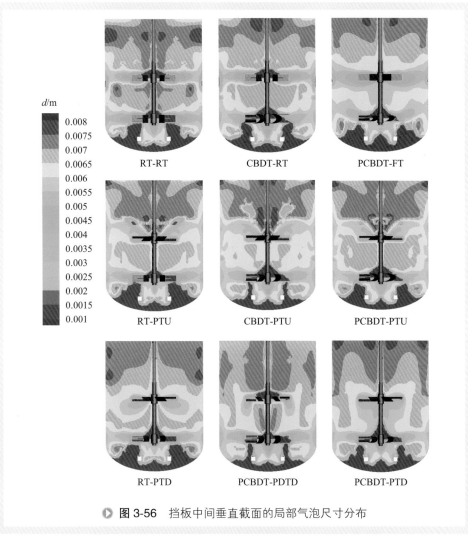

◉ **图 3-56** 挡板中间垂直截面的局部气泡尺寸分布

其中 PCBDT-PTD 桨组合的气液相界面积分布最好，传质效果最佳。

上层桨对气液传质效果具有显著影响，主要分为径向流桨、上翻式混合流桨和下压式混合流桨三类。为了更直观地分析桨组合对气液相界面积分布的影响，每类上层桨选取了两组功率较低、气液相界面积较高的桨型进行分析。图 3-58 为六组桨型气液相界面积轴向分布的模拟结果。对比发现，PTU 桨组合分别在下层桨和上层桨的上方存在局部最大值，其数值明显高于 RT 桨组合的对应峰值，导致平均气液相界面积较大。其中，PCBDT-PTU（OPT2）优化桨组合的峰值略高于 CBDT-PTU，传质效果更好。下压式桨组合虽然没有明显极值，但其气液相界面积沿轴向均匀分布，使得平均气液相界面积也相对较大。其中，PCBDT-PTD（OPT1）优化桨组合的局部气液相界面积远大于 PCBDT-PDTD，具有更优异的传质特性。

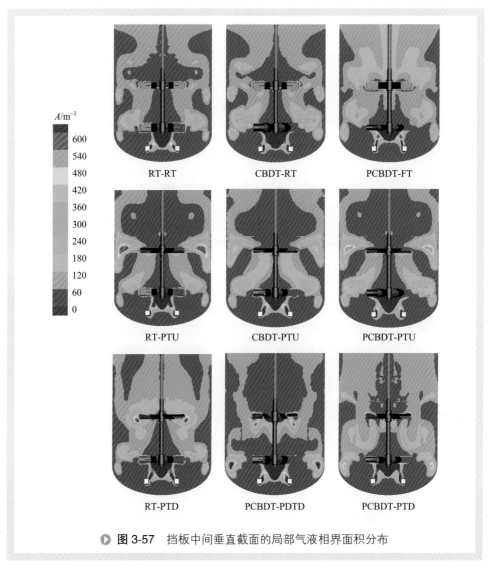

A/m^{-1}

600
540
480
420
360
300
240
180
120
60
0

RT-RT	CBDT-RT	PCBDT-FT
RT-PTU	CBDT-PTU	PCBDT-PTU
RT-PTD	PCBDT-PDTD	PCBDT-PTD

▶ **图 3-57** 挡板中间垂直截面的局部气液相界面积分布

八、最优解气液分散强化效果

　　以气液相界面积的大小反映传质速率的快慢,旨在低能耗下实现高效传质。因此,通过实验对比优化桨组合和参照桨组合的氧传质系数和搅拌功率,来验证优化结果的准确性。

　　表3-5中给出了优化桨组合和所有参照桨组合的传质系数和搅拌功率的实验值。结果表明,RT-RT* 标准桨组合传质效果最差,优化桨组合能够在低功耗下实现快速、高效传质。实验测得 PCBDT-PTU 优化桨组合的氧传质系数接近 RT-RT* 桨组合的两倍,能耗较 RT-RT* 降低了29%;而与传质最快的 CBDT-PTU* 参照桨组合相

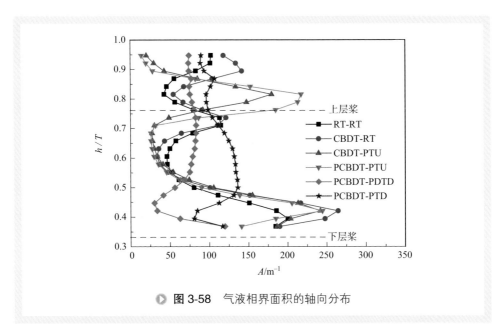

图 3-58　气液相界面积的轴向分布

比，传质系数提高了 11%，能耗降低了约 25%，属于理想的快传质、低能耗型。实验结果与表 3-4 的模拟结果一致，验证了多目标优化方法解决复杂问题的准确性，为工业搅拌反应器的优化研究开拓了新思路。

表3-5　优化桨组合和参照桨组合的实验结果对比

桨型	k_1a /s^{-1}	P /W
RT-RT*	0.1218	44.07
CBDT-RT*	0.1529	58.75
CBDT-PTU*	0.2380	41.90
CBDT-PTD*	0.1880	38.85
PCBDT-PTD（OPT1）	0.2262	30.37
PCBDT-PTU（OPT2）	0.2647	31.20

第五节　结语

　　气液搅拌反应器因具有操作灵活性强、传质效果好、混合效率高等优点在过程工业中广泛应用。反应器结构是影响内部物料流动、混合、传质及反应的重要因素，对气液搅拌反应器结构进行优化意义重大。早期对气液搅拌釜的优化研究依赖于实验手段，测量方法受限，需反复试验，太过耗时且成本较高。随着计算流体力学（Computational Fluid Dynamics，CFD）技术的发展，能快速而相对准确地获取反应器内部详细的流场信息。然而基于 CFD 的优化过程通常只考虑单参数变化，涉及多个参数则需要通过大量的模拟才能筛选出较优结果，加上多相体系固有的复杂性，导致计算量巨大且只能得到局部最优解。

基于实验与 CFD 分析，建立了一种适用于气液搅拌反应器设计的多目标优化方法。借助双电导电极探针和扭矩测量等实验技术验证 CFD 模型，并在 MATLAB 平台上整合 CFD 分析模块和优化算法模块，引入参数化建模和自动网格生成技术，利用 CFD 模拟获取反应器内部流场信息，以此指导快速非支配排序遗传算法（Non-dominated Sorting Genetic Algorithm，NSGA-Ⅱ）在庞大的求解空间中高效并行寻优。通过创建模块接口，实现全自动优化过程，可以显著地减少计算量，获取全局最优解。

针对反应器内部气泡大小分布不均的问题，引入了关联湍流耗散率与气泡直径的气泡尺寸模型，在模型验证的基础上，对双层桨气液搅拌反应器进行多目标优化。首先以桨叶结构参数为优化变量，以最大气液相界面积和最小搅拌功率为目标建立优化命题，得到了 PCBDT-PTU（斜凹叶圆盘涡轮桨 - 上翻斜叶桨）和 PCBDT-PTD（斜凹叶圆盘涡轮桨 - 下压斜叶桨）两种优化桨组合。然后利用不同桨型揭示了反应器内部气泡尺寸分布规律，阐明了桨组合类型对目标函数的影响。研究发现，叶轮区的气泡尺寸沿着排出流方向先变小后逐渐变大，在循环区和液面附近气泡相对较大。此外，PCBDT-PTU 优化桨组合的局部气液相界面积峰值最高，而 PCBDT-PTD 优化桨组合的气液相界面积分布最均匀，均能在低功耗下实现高效传质。最后，验证了优化结果的准确性，实验测得 PCBDT-PTU 优化桨组合的氧传质系数接近 RT-RT 标准桨组合的两倍，能耗较 RT-RT 降低了 29%。

参考文献

[1] 李良超. 气液反应器局部分散特性的实验与数值模拟 [D]. 杭州：浙江大学, 2010.

[2] Breucker C, Steiff A, Weinspach P M. Interactions between stirrer, sparger and baffles concerning different mixing problems [C]// Proc 6th European Conference on Mixing. 1988: 399-406.

[3] 马志超, 包雨云, 高娜, 高正明. 不同叶片形状盘式涡轮搅拌桨的气 - 液分散特性 [J]. 过程工程学报, 2009, 9(5): 854-858.

[4] 李良超, 王嘉骏, 顾雪萍, 冯连芳, 李伯耿. 双层桨搅拌槽内局部气液分散特性研究 [J], 浙江大学学报（工学版）, 2009, 43(3):463-467.

[5] 李良超, 王嘉骏, 顾雪萍, 冯连芳. 双层组合桨搅拌槽内气液微观分散特性 [J], 化学工程, 2009, 37(8):24-27

[6] Takahashi K, Mcmanamey W J, Nienow A W. Bubble size distribution in impeller region in a gas sparged vessel agitated by a Rushton turbine [J]. J Chem Eng Japan, 1992: 25: 427-434.

[7] Chen Lei, Bao Yuyun, Gao Zhengming. Void fraction distribution in cold gassed and hot sparged phase strirred tanks with multi-impeller [J]. Chinese Journal of Chemical Engineering, 2009, 17(6): 887-895.

[8] Venneker B J, Derksen J J, Akker H A. Population balance modeling of aerated stirred vessels based on CFD[J]. AIChE J, 2002, 48(4): 673-685.

[9] 李良超 , 王嘉骏 , 顾雪萍 , 冯连芳 , 李伯耿 , 气液搅拌槽内气泡尺寸与局部气含率的 CFD 模拟 [J], 浙江大学学报（工学版）, 2010, 44(12):2396-2400

[10] Lahey R, Lopez de Bertodano M, Jones O. Phase distribution in complex geometry conduits[J]. Nuclear Engineering and Design, 1993, 141（1-2）: 177-201.

[11] Sato Y, Sadatomi M. Momentum and heat transfer in two phase bubble flow [J]. Int J Multiple Flow, 1981, 7: 167-177.

[12] Lane G L, Schwarz M P, Evans G M. Predicting gas-liquid flow in a mechanically stirred tank[J]. Applied Mathematical Modeling, 2002, 26(2): 223-235.

[13] Chesters A K. The modeling of coalescence processes in fluid-liquid dispersions: A review of current understanding[J]. Transactions of the Institution of Chemical Engineers, 1991, 69: 259-270.

[14] Moilanen P, Laakkonen M, Visuri O, Alopaeus V, Aittamaa J. Modelling mass transfer in an aerated 0.2m^3 vessel agitated by Rushton, Phasejet and Combijet impellers [J]. Chemical Engineering Journal, 2008, 142(1): 95-108.

[15] 陈苗娜 . 基于计算流体力学和多目标遗传算法的气液搅拌反应器模拟与优化 [D]. 杭州 : 浙江大学 , 2017.

[16] Rmann T H, Suzzi D, Adam S, Khinast J G. DOE-Based CFD Optimization of Pharmaceutical Mixing Processes[J]. Journal of Pharmaceutical Innovation, 2012, 7: 181-194.

[17] Deb K, Agrawal S, Pratap A, Meyarivan T. A fast elitist non-dominated sorting genetic algorithm for multi-objective optimization: NSGA- Ⅱ [C]//Proceedings of the 6th International Conference on Parallel Problem Solving from Nature. Paris: 2000: 849-858.

[18] 朱国俊 . 基于 NSGA- Ⅱ算法的轴流式叶片优化设计 [D]. 西安 : 西安理工大学 , 2009.

[19] Chen M N, Wang J J, Zhao S W, Xu C Z, Feng L F. Optimization of Dual-Impeller Configurations in a Gas-Liquid Stirred Tank Based on Computational Fluid Dynamics and Multiobjective Evolutionary Algorithm[J]. Industrial & Engineering Chemistry Research, 2016, 55(33):9054-9063.

第四章

高黏物系聚合过程强化技术

溶液聚合是合成橡胶工业中最常用的聚合方法，包括顺丁橡胶、丁基橡胶、溶聚丁苯橡胶、乙丙橡胶、苯乙烯-丁二烯-苯乙烯热塑性弹性体等；许多特种聚合物原材料制备，多数是在特殊溶剂下聚合的，例如芳纶、聚苯硫醚、聚醚醚酮等。液相本体聚合是单体加少量甚至不加溶剂的聚合过程，后处理简单且产物纯净，是绿色的聚合方法，例如光学级聚甲基丙烯酸甲酯、透明级聚苯乙烯等。

这些溶液聚合和液相本体聚合过程中，单体、溶剂、聚合物是相容的，聚合体系的黏度从数厘泊增加到数百万厘泊，呈现出高黏、非牛顿的复杂流变特性，物料的流动、混合、传热和传质都极其困难，并与聚合反应相互耦合；另外，高黏状态下聚合动力学往往发生异变（例如凝胶效应），转化率受到限制，或者加入溶剂降低黏度，影响了生产效率。

正是因为以上特点，聚合反应装置的设计与放大、聚合反应过程的强化一直依赖实验和经验，难度大、周期长，面临极大挑战[1]。聚合过程强化对于过程优化和特种聚合物新产品开发具有重要意义。

第一节 高黏物系搅拌强化设备发展

一、新型立式搅拌釜

对于高黏物系的搅拌混合，最经典的方案是采用锚式搅拌桨。由于高黏物系的非牛顿特性，表观黏度随剪切速率的变化而变化；不同的搅拌结构在反应器内各区域的剪切速率是不同的，反应器内的流动行为、搅拌器结构设计、搅拌功率计算都是比较复杂的。搅拌功率计算通常是假设搅拌反应器内存在一个平均剪切速率与搅拌转速成比例，即表观黏度法[2]。基于对流动行为的理解，为了强化高黏度体系的传热与混合，研究者开发出多种结构的新型搅拌式聚合釜。比较典型的有带刮刀的搅拌聚合釜强化传热、优化搅拌叶片结构强化混合。

1. 带刮刀的搅拌聚合釜

顺丁橡胶生产装置是国内自主开发的代表性的聚合物工业化成套技术，聚合釜采用了内外单螺带搅拌桨，在中黏（聚合首釜）-高黏（聚合后釜）物系中能达到强化混合的要求。由于物料粘壁、传热性能差，生产周期、过程能耗与先进技术比有不少的差距。Craw-ford-Russell 刮壁式聚合釜（图 4-1）是用于较高黏度体系仍能保持较高传热系数的聚合釜。对于容积 11.2 m³ 聚合釜，直径 ϕ2130mm，外部有传热夹套面积 16.9m²，内部冷却套筒传热面积 23.8 m²，总传热面积达到了 40.7m²，内套筒内是双螺带搅拌器。这种聚合釜已成功用于日本宇部兴产公司的钴系顺丁橡胶生产装置，当物系黏度达到 1000 Pa·s 时，采用了刮壁机构的聚合釜夹套和内套筒的传热系数仍能保持在 120～170 kcal/（m²·h·℃），聚合釜空时产率达到 885～1120 t/（m³·a），这是很高的生产强度。

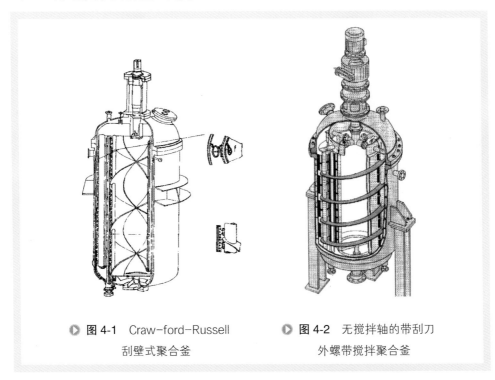

▶ 图 4-1　Craw-ford-Russell　　　　▶ 图 4-2　无搅拌轴的带刮刀
　　　　刮壁式聚合釜　　　　　　　　　　　　外螺带搅拌聚合釜

为了防止黏性物料在中心搅拌轴上粘接，避免"爬杆效应"的发生，可采用无搅拌轴的内螺带搅拌桨（图 4-1）或无搅拌轴的外螺带搅拌桨（图 4-2）。用于顺丁橡胶生产时，可降低凝胶含量、提高产品质量。

2. 类双螺带高黏搅拌器

传统的双螺带桨因其较强的切向和轴向流动，广泛应用于层流条件下高黏流体的混合。德国 Ekato 公司参考双螺带桨的流混原理开发了新型的 PARAVISC 高黏搅拌器[37]，如图 4-3 所示，桨叶结构由两个半圆弧桨以及底部刮壁式桨组成，桨叶直径为筒体直径的 0.9～0.98 倍，适用于层流体系，物料的最高黏度为 1000 Pa•s，具有高效的混合性能[3]，可以用于胶黏剂、密封胶、橡胶、油漆、油脂等高黏物料的混合，也可以用于溶液聚合和本体聚合过程。

为适应中黏度或过渡流域的搅拌混合，Ekato 公司在 PARAVISC 桨叶内侧设置挡板，或者采用同轴双驱内外搅拌器（PARAVISC-COAXIAL），由内外两部分组成，如图 4-4 所示。外层为 PARAVISC 高黏搅拌器，其桨叶直径为筒体直径的 0.9～0.98 倍，搅拌转速较低，叶端线速度约为 2 m/s。内层为轴流式 VISCOPROP 搅拌器，其桨叶直径为筒体直径的 0.3～0.5 倍，搅拌转速较高，叶端线速度可以达到 30 m/s。这种组合搅拌器具备优异的混合性能和传热性能，可以满足复杂体系的混合任务，可用于本体聚合以及溶液聚合等领域。

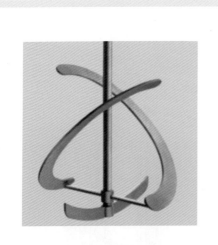 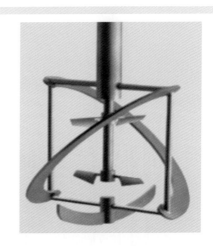

▶ **图 4-3** Ekato PARAVISC 高黏搅拌器   ▶ **图 4-4** Ekato PARAVISC-COAXIAL 同轴双驱内外搅拌器

高效新结构搅拌桨，需要深入解析搅拌釜内各区域的流动行为与混合特性。计算流体力学（CFD）能够模拟计算搅拌槽内的三维流场，揭示流场随搅拌叶轮和搅拌槽的构型、尺寸和操作条件的变化规律；粒子成像测速（PIV）技术可以准确获得搅拌槽中流动信息，如时均或瞬时速度、动能耗散速率、剪切速率等。CFD 和 PIV 的互为印证，为新结构搅拌研发和搅拌混合强化提供了有效手段。

葛春艳[4]基于 SST k-ω 模型和滑移网格方法相耦合的 CFD 过渡流模型与 PIV 实验相结合的方法，揭示了中心菱形挡板对双螺带桨（图 4-5）流动特性的影响规律，研究表明增加中心挡板扩展了双螺带桨适用的流域范围，在层流和过渡流域均能达到较好的混合效率。

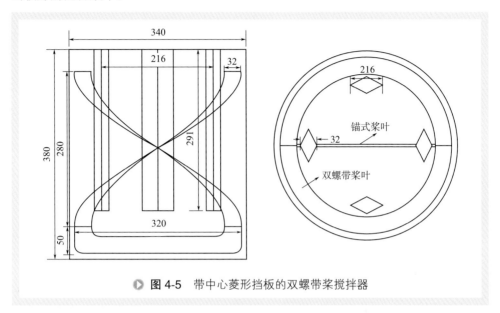

图 4-5　带中心菱形挡板的双螺带桨搅拌器

从图 4-6 可以看出，配置内侧菱形挡板后双螺带桨在层流域（$Re<800$）的混合时间（t_m）有所降低，在过渡流域（$Re=800\sim3000$）混合特性明显优于无挡板配置的双螺带桨。

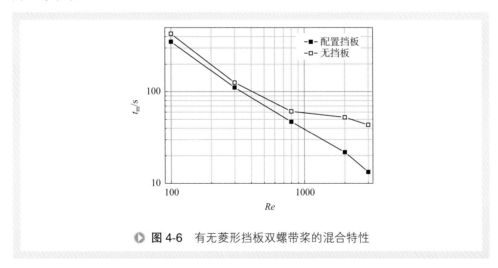

图 4-6　有无菱形挡板双螺带桨的混合特性

多层组合的断螺带（BHR）可以看作是内外双螺带搅拌桨（DHR）的变异，葛春艳[4]研究了断螺带桨的流动行为，如图 4-7 所示。模拟和实验结果表明，在层流域断螺带桨的内外叶片分别把流体向相反方向推动，相邻叶片之间的流动能够有效衔接形成类似于双螺带桨的全局流动；在过渡流域形成内外双循环流动模式。

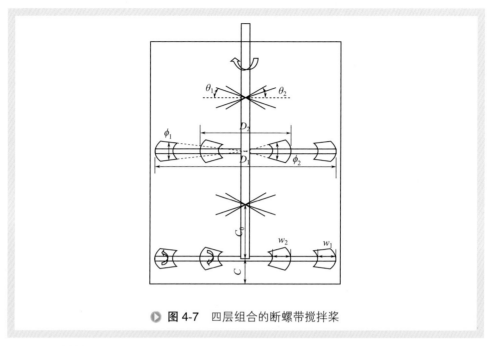

图 4-7　四层组合的断螺带搅拌桨

李娜[5]将多目标遗传算法与 CFD 进行耦合，综合优化断螺带桨的层间距、外叶片倾斜角度和内叶片倾斜角度对流动和混合的影响，得到了几何结构优化断螺带桨，如表 4-1 所示。从表中可看出，几种断螺带桨的混合时间数（T_m）略大于双螺带，但是功率特征数（N_p）明显低于双螺带，因此断螺带的单位体积混合能（W_v）明显小于双螺带，减少了 20% 以上，优化结构后断螺带桨的混合性能显著强化。

表4-1　不同螺带桨的混合时间数（T_m）、功率特征数（N_p）和单位体积混合能（W_v）

桨型	T_m	N_p	$W_v/(10^4 \text{J/m}^3)$
DHR	13.0	0.750	0.265
BHR20-38-0.25	14.0	0.510	0.194
BHR20-29-0.26	15.0	0.510	0.208
BHR19-25-0.27	14.5	0.490	0.193
BHR18-45-0.25	13.5	0.480	0.176

从断螺带搅拌桨与双螺带桨的流场结构对比（图 4-8）可以看出，相对于双螺带搅拌桨，断螺带桨内侧叶片能够加强槽中心区域的剪切作用，使全槽剪切速率分布更加均匀。研究表明，内层叶片直径对流动特性影响较小，层间距是实现搅拌槽内物料整体循环与混合的关键。

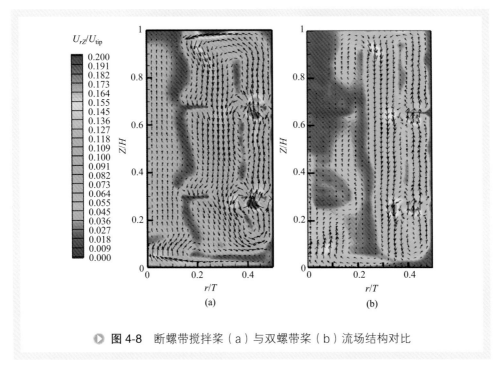

图 4-8　断螺带搅拌桨（a）与双螺带桨（b）流场结构对比

二、新型卧式搅拌釜

1. 捏合式反应器

对于特高黏体系，螺杆挤出机具有良好的自清洁性能，但其长径比大，反应空间有限，剪切作用强，物料的停留时间很短。捏合式搅拌反应器继承了螺杆挤出机自清洁的特征，并具有大的反应空间、优异的混合性能、较好的表面更新性能，因而在本体聚合、缩合聚合、聚合物脱挥等领域方面具有较好的应用前景[6]。

德国 Bayer 公司公布了一系列卧式双轴高黏搅拌设备[7-10]，如图4-9所示。这种设备几何结构极为复杂，桨叶之间相互啮合作用以及桨叶与壁面之间的刮擦作用，使得设备具有完全的自清洁特性。反应器内不存在死区，物料可以获得较快的表面更新，还具有大的有效反应体积和轴向输送能力。

德国 BASF 公司公开了一种新型的卧式双轴捏合反应器的专利[11,12]，如图4-10所示。两根搅拌轴上分布着数目各异的捏合杆，捏合杆数目少的搅拌轴为清理轴，捏合杆数目多的搅拌轴为主搅拌轴，该设备的自清洁功能依靠两根搅拌轴上捏合杆的捏合作用。物料在径向呈现全混流的状态，轴向上则呈现平推流的特征。该设备还具有较好的传热能力和较大的有效反应体积。

日本 KURIMOTO 公司也开发了类似的搅拌设备，如图4-11所示。该设备具有优秀的平推流特性和自清洁性能，适合高黏物系操作，极强的表面更新能力。具有大的气液界面积，有效体积大适合长停留时间操作。反应器的体积为2~50000 L，承受的最高温度为350℃、承压范围为100 Pa~0.6 MPa。可以用于本体聚合、缩合聚合、溶液聚合以及脱挥等方面，例如聚酰胺、聚碳酸酯、聚酯、超吸水聚合物的制备。

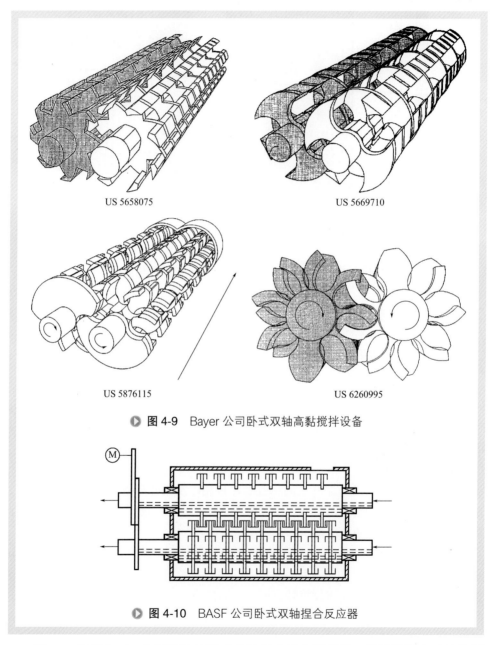

US 5658075

US 5669710

US 5876115

US 6260995

图 4-9 Bayer 公司卧式双轴高黏搅拌设备

图 4-10 BASF 公司卧式双轴捏合反应器

图 4-12 为瑞士 List 公司设计的卧式单轴捏合反应器[13-16]。搅拌结构由叶片和捏合杆两个部分组成，其中叶片有圆盘等结构，而捏合杆有 T 字形、L 字形、倒 U 字

形、三角形等多种结构。反应器的自清洁特性依赖于搅拌轴上和反应器壁面上的捏合杆之间的相互作用，可用于结晶、干燥、溶解、蒸发、聚合物脱挥等过程。

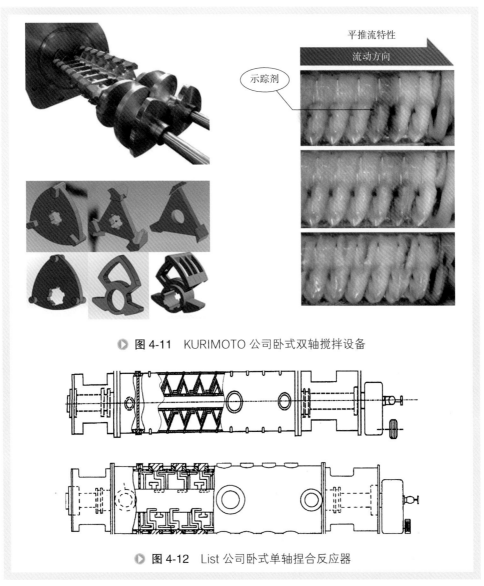

● 图 4-11　KURIMOTO 公司卧式双轴搅拌设备

● 图 4-12　List 公司卧式单轴捏合反应器

List 也开发了一系列双轴自清洁搅拌反应器[17,18]。捏合杆为倒 U 字形结构的卧式双轴搅拌设备如图4-13所示。搅拌结构由捏合杆和叶片组成，捏合杆的数目和叶片结构可以根据反应体系的要求进行调整。当叶片为圆盘时，物料可以获得较大的传热和传质界面积；当叶片为开窗圆盘、锯齿状和波浪状等结构，使得物料在轴向上更容易输送。通常将捏合杆数目多的称为主搅拌轴，而另一个称为清理轴。搅拌轴和搅拌桨可以中空设计，通入加热或者冷却介质，以强化反应釜的传热性能。搅拌结构交替分布在搅拌轴上，两个搅拌轴的转速与捏合杆的数目成反比，搅拌方向可以相同，也可以相反。搅拌结构以一定的角度倾斜排布在搅拌轴上，可以增加物料在轴向上的推动力。

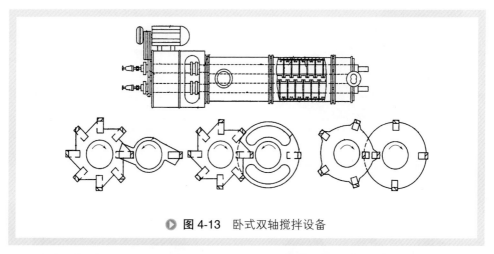

▶ 图 4-13　卧式双轴搅拌设备

对于年产 10000t 的聚乳酸（PLA）的连续聚合过程，催化剂浓度为 100×10^{-6}，丙交酯的转化为95%，重均分子量为150000，假设传热介质的温度是180℃，Safrit等[19]分别采用全混流搅拌釜（CSTR）和 List 捏合反应器为聚合装置，进行了模拟计算对比，结果如表 4-2 所示。可以看出，采用 CSTR 时反应器体积为 125 m^3，而 List 捏合反应器的体积仅为 2900 L。另外，List 反应器中剪切速率较高，物料的表观黏度最大仅为 18 Pa·s，因而釜内物料的温度也容易控制。短停留时间、低表观黏度可减少釜内的热点，防止 PLA 降解。List 捏合式反应器特殊的搅拌桨叶结构设计，强化了高黏物系的混合过程。

表4-2　CSTR和List 捏合反应器对比

项目	CSTR	Kneader
体积 / L	125000	2900
表面积 / m^2	117	43
比表面积 / m^{-1}	0.936	14.8
反应器温度 / ℃	195	194（max）
物料表观黏度 / Pa·s	300	18（max）
停留时间 / min	3.8	1.7

2. 高效动态混合器

德国 INDAG 公司开发的卧式高效动态混合器如图 4-14 所示，搅拌机构由固定在筒壁上的定子和搅拌轴上的转子组成，可以进行模块化设计，搅拌转速为100～1800r/min，可选用填料密封、单端面机械密封或者双端面机械密封，物料的流量为50～120 m³/h，可以处理黏度为1～70000 Pa·s的物料，设备的操作温度为0～350℃，设备的操作压力为6～160bar。具有以下几个方面的优点：①优异的自清洁性能；②几乎无压降损失；③无堵塞；④混合能量可调整以适应产品或者容量的变化；⑤即使在极高的浓度下也能实现非常均匀的混合。可以用于连续生产油+水+乳化剂的乳液、油+酸的分散体、硅油+水+乳化剂的乳液、聚合物+高压蒸汽的分散体、乳胶泡沫+硫化剂+胶凝剂的混合物、沥青+聚合物改性沥青+酸+黏合剂的混合物、塑料熔体（聚酯，聚酰胺，聚甲基丙烯酸甲酯等）和添加剂的混合物、植物油+甲醇+甲醇的混合物等。

▶ 图 4-14　INDAG 公司高效动态混合器

第二节　卧式双轴捏合反应器混合强化研究

卧式捏合反应器结构复杂，其设计主要借助于工程经验[20]。难以用常规的CFD 模拟方法进行处理，如多重参考系法（Multi-Reference Frame，MRF）和滑移网格方法（sliding mesh）。利用计算流体力学软件 Polyflow 结合有限元方法（Finite Element Method，FEM）模拟计算新结构的卧式双轴捏合反应器中的流场[21]、采用粒子示踪技术来研究其混合过程是有效手段[22]。据此，叶阳等提出了一种新型的卧式双轴捏合反应器结构[23]。

卧式双轴捏合反应器（Kneader，K1）的结构如图 4-15（a）和图 4-16（a）所示。同时，设计了不同结构的捏合反应器来考察捏合杆的数目以及结构、圆盘结构对流动和混合过程的影响，如表 4-3 所示。

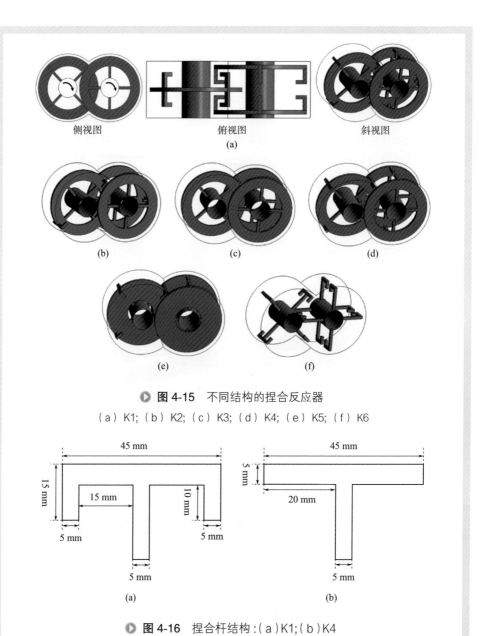

> **图 4-15** 不同结构的捏合反应器

（a）K1；（b）K2；（c）K3；（d）K4；（e）K5；（f）K6

> **图 4-16** 捏合杆结构：（a）K1；（b）K4

表4-3 不同结构的捏合反应器

项目	捏合杆数目	捏合杆结构	圆盘结构
K1	4	图 4-16（a）	开窗圆盘
K2	2	图 4-16（a）	开窗圆盘
K3	0	无	开窗圆盘

项目	捏合杆数目	捏合杆结构	圆盘结构
K4	4	图 4-16（b）	开窗圆盘
K5	4	图 4-16（a）	光滑圆盘
K6	4	图 4-16（a）	无

　　K2 由开窗圆盘和两个捏合杆组成［图 4-15（b）］，K3 仅包括开窗圆盘［图 4-15（c）］，K4 由开窗圆盘和四个捏合杆组成［图 4-15（d）］，K5［图 4-15（e）］由光滑圆盘和四个捏合杆组成，K6 仅由四个捏合杆组成［图 4-15（f）］。其中，K1，K2，K5，K6 的捏合杆结构相同，如图 4-16（a）所示，而 K4 的捏合杆结构如图 4-16（b）所示。

一、流体动力学分析

　　图 4-17 为 $Z=0.0525$ m 平面上的速度矢量图。两个搅拌轴的旋转方向相同，物料存在主循环流动，左右两侧存在物料交换。反应器中基本无流动死区，捏合杆末端和重叠区域的速度较大。物料在重叠区域存在二次流，随着桨叶位置的变化而改变。

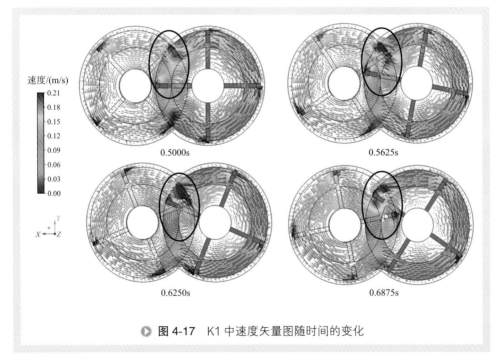

▶ 图 4-17　K1 中速度矢量图随时间的变化

　　重叠区域中相邻的两个捏合杆首先相向运动，其间距逐渐减小（$t=0.5625$ s）。当 $t=0.5625$ s 时，两个捏合杆发生相互交错。随着桨叶旋转，交错的两个捏合杆间距逐渐增大，并且相互背离（$t=0.6875$ s）。可见，捏合杆在重叠区域中存在着周期性的交互作用，其变化周期取决于捏合杆的数目和搅拌转速。

捏合杆对反应器流场的影响如图4-18～图4-20所示。两个搅拌轴附近区域的流速较小，捏合杆末端区域和重叠区域的流速较大，且高速流动区域随着捏合杆数目的增加而增大（K1>K2>K3）。K3仅由开窗圆盘组成，圆盘附近区域的流速较高，反应器中存在着较多的流动死区。图4-19也显示了捏合杆在重叠区域中的交互作用，桨叶与反应器和搅拌轴壁面以及桨叶之间的间歇较小，捏合杆可以相互刮擦，因而K1具备较好的自清洁性能。

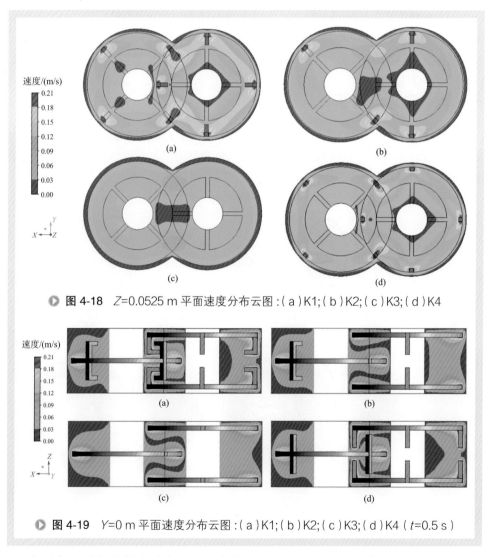

▶ **图 4-18**　Z=0.0525 m 平面速度分布云图：(a) K1；(b) K2；(c) K3；(d) K4

▶ **图 4-19**　Y=0 m 平面速度分布云图：(a) K1；(b) K2；(c) K3；(d) K4 (t=0.5 s)

捏合杆的结构也影响反应器中的流动过程。K1的捏合杆结构为"E"字形，K4的捏合杆结构为"T"字形，因而K1中捏合杆的交互作用优于K4，K1高速流动区域大于K4，K1的自清洁性能也优于K4。

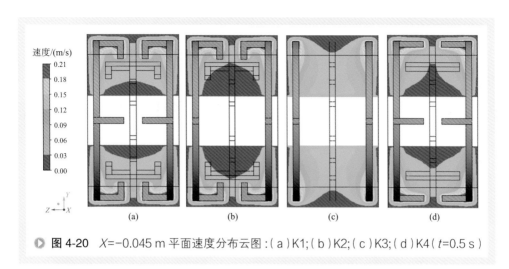

图 4-20　X=−0.045 m 平面速度分布云图：(a) K1；(b) K2；(c) K3；(d) K4（t=0.5 s ）

二、混合过程

1. 分散混合

图 4-21 为 Z=0.0525 m 平面上局部剪切速率分布云图。捏合杆末端和重叠区域的剪切速率较大，且高剪切区域随着捏合杆数目的增加而逐渐增大。反应器在 Z=0.0525 m 平面上混合指数分布如图 4-22 所示，可以看出，流场主要为剪切流。K1 的混合指数大于 K2 和 K3，因此，分散混合性能的次序为：K1>K2>K3。而 K1 中的剪切速率和混合指数大于 K4，因此 K1 具备更优异的分散混合性能。

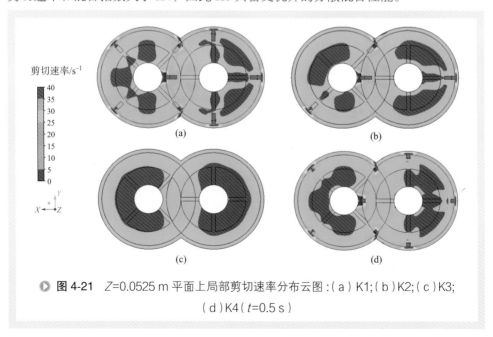

图 4-21　Z=0.0525 m 平面上局部剪切速率分布云图：(a) K1；(b) K2；(c) K3；(d) K4（t=0.5 s ）

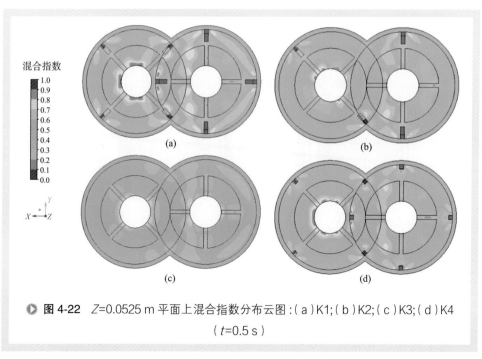

图 4-22 $Z=0.0525\,\mathrm{m}$ 平面上混合指数分布云图：（a）K1；（b）K2；（c）K3；（d）K4
（$t=0.5\,\mathrm{s}$）

2. 分布混合

在 K1 中随机放置 1000 个无黏性材料点，其中红色点表示浓度为 1，蓝色点表示浓度为 0。材料点在轴向上的混合过程如图 4-23 所示，红色和蓝色的界面几乎不随混合过程的进行而变化，这说明反应器不存在轴向推动力，仅适用于连续过程。材料点在周向上的混合过程如图 4-24 和图 4-25 所示，捏合杆可以推动物料在周向上的运动和均匀化，进而强化物料在周向上的混合过程。

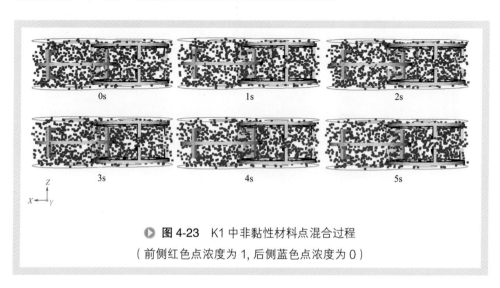

图 4-23 K1 中非黏性材料点混合过程
（前侧红色点浓度为 1，后侧蓝色点浓度为 0）

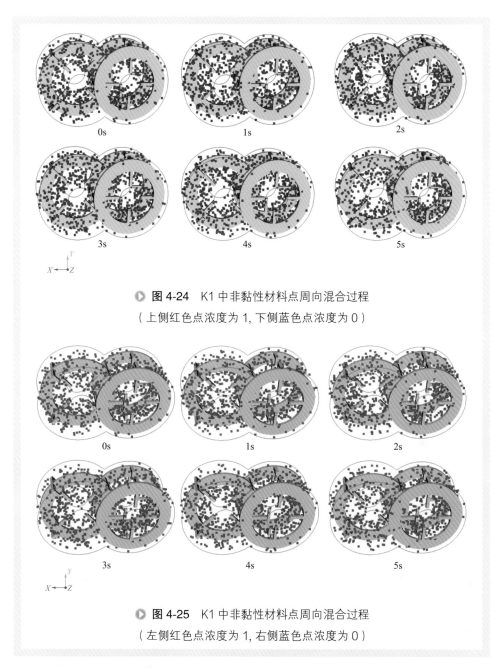

图 4-24 K1 中非黏性材料点周向混合过程

（上侧红色点浓度为 1，下侧蓝色点浓度为 0）

图 4-25 K1 中非黏性材料点周向混合过程

（左侧红色点浓度为 1，右侧蓝色点浓度为 0）

　　分离尺寸随时间的变化如图 4-26 所示。两种颜色粒子的界面几乎不随混合过程的进行而变化，因而物料在轴向上混合过程最弱（图 4-23），其分离尺度始终处于较高的水平。

　　捏合杆可以推动物料在周向上的混合过程，两种颜色粒子的界面迅速消失（图 4-24 和图 4-25），因此其对应的分离尺度较小。同时，可以看出物料在上下侧的混合过程快于左右侧，但两者的差异随着混合过程的进行而逐渐减小。

捏合杆数目和结构对混合过程的影响如图 4-27 所示。反应器均存在主循环流动，推动物料在周向上的混合过程。当搅拌结构中存在捏合杆时，桨叶在旋转过程中可以推动更多的材料点进行混合。同时，重叠区域存在强烈的交互作用进一步强化物料的混合过程。因此，K1 中的混合过程明显快于 K2 和 K3。K1 中捏合杆在重

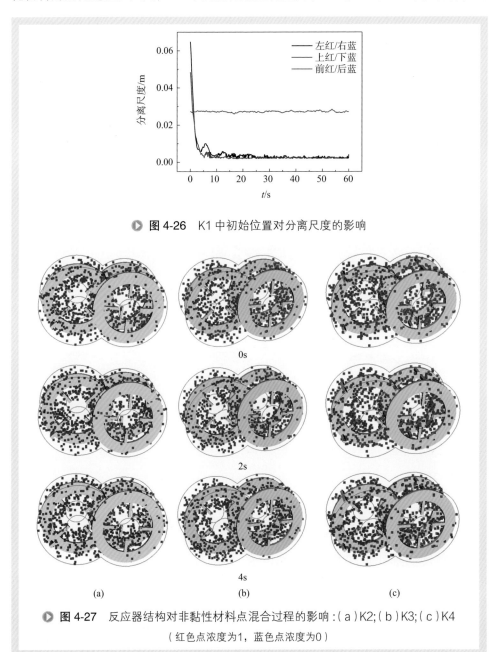

图 4-26 K1 中初始位置对分离尺度的影响

0s

2s

4s

(a)   (b)   (c)

图 4-27 反应器结构对非黏性材料点混合过程的影响：（a）K2；（b）K3；（c）K4

（红色点浓度为1，蓝色点浓度为0）

叠区域的交互作用优于 K4，因而 K1 具有最好的分布混合性能。

反应器结构对分离尺寸的影响如图 4-28 所示。物料的混合过程随着捏合杆数目的增大而得到强化，因而分离尺度呈现减小的趋势。K1 的分布混合过程最快，其分离尺度最小。K2 的捏合杆数目少于 K1，粒子的分布混合过程较慢，但其分离尺度和 K1 的差异随着混合时间的延长逐渐减小。K3 仅包含开窗圆盘，不存在捏合杆，因而粒子的分布混合性能最差，其分离尺度始终处于较高的水平。K4 的捏合杆结构与 K1 不同，其捏合杆之间的交互作用弱于 K1，因此其分离尺度大于 K1。

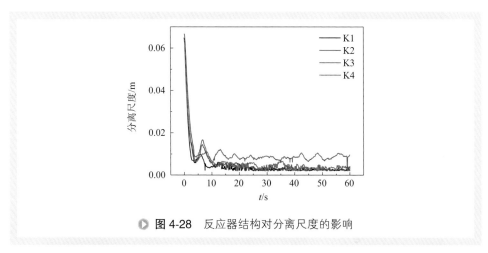

▶ **图 4-28** 反应器结构对分离尺度的影响

3. 混合过程机理

当粒子簇（1000 个材料点）位于 K1 的左侧区域（0.07m<X<0.11m；0m<Y<0.04m；0.01m<Z<0.035m）时，粒子簇首先随着桨叶的旋转逐渐发生形变，随后粒子簇进入重叠区域中，捏合杆之间的交互作用将粒子簇打破并分散到反应器的左右两个区域中，如图 4-29（a）所示。

当粒子簇（1000 个材料点）位于 K1 的中心区域（−0.02m<X<0.02m；0m<Y<0.04m；0.01m<Z<0.035m）时，捏合杆迅速将粒子簇打破，并分布到反应器的左右两侧区域中，如图 4-29（b）所示。因而，其分布指数也最小，如图 4-30 所示。

可见，左右两侧物料在重叠区域捏合杆作用下存在着物料交换过程。

当粒子簇（1000 个材料点）位于 K1 的右侧区域（−0.07m<X<−0.11m；0m<Y<0.04m；0.01m<Z<0.035m）时，粒子簇未进入重叠区域时，粒子仅分布在反应器的左侧区域。当粒子进入重叠区域后，部分粒子在捏合杆的作用下进入到反应器的右侧区域，如图 4-29（c）所示。

在反应器中心区域（−0.02m<X<0.02m；0m<Y<0.04m；0.01m<Z<0.035m）放置 1000 个材料点，反应器结构对分布混合过程如图 4-31 所示。反应器的搅拌转速和

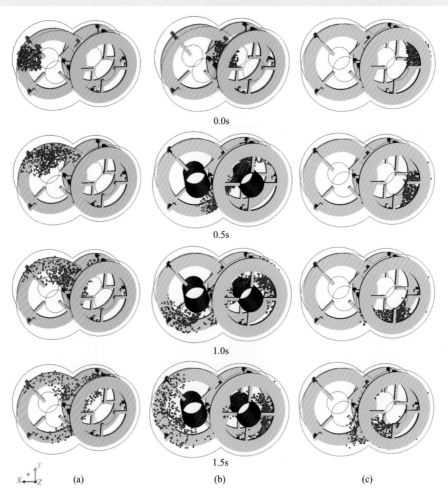

0.0s

0.5s

1.0s

1.5s

(a)　　　　　　　　　(b)　　　　　　　　　(c)

▶ 图 4-29　K1 中材料点分布混合过程：(a) 左侧；(b) 中心；(c) 右侧

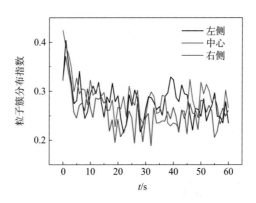

▶ 图 4-30　K1 起始位置对粒子簇分布指数的影响

方向相同，因而其流型也近似，材料点的混合过程进而也类似。K1 的捏合杆数目多于 K2 和 K3，K1 中捏合杆之间交互作用优于 K4，因此 K1 中材料点的分布混合过程最快。K3 由开窗圆盘组成，圆盘附近的区域流速较高，材料点主要围绕在圆盘的周围，因而其分布混合性能最差。

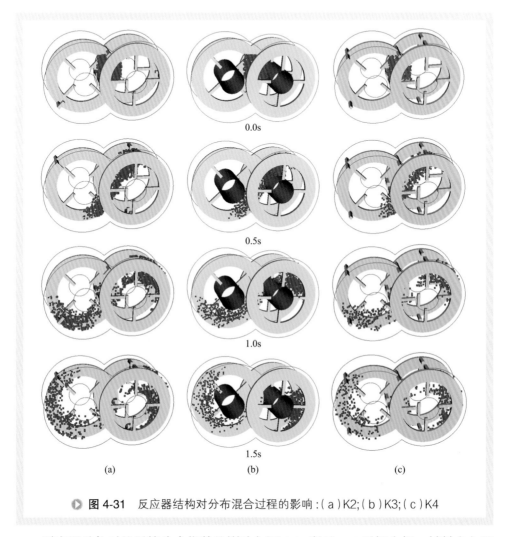

▶ 图 4-31　反应器结构对分布混合过程的影响：(a) K2；(b) K3；(c) K4

反应器结构对粒子簇分布指数的影响如图 4-32 所示。K3 无捏合杆，材料点主要围绕在圆盘的周围，分布混合性能最差，因而其粒子簇分布指数始终处于较高的水平。K1 的捏合杆数目多于 K2 和 K3，分布混合性能较好，因而 K1 的粒子簇分布指数较小。尽管 K1 的捏合杆数目和 K4 相同，但 K1 的捏合杆作用优于 K4，因而 K1 的粒子簇分布指数小于 K4。

图 4-33 显示了两个粒子簇的混合过程。在反应器重叠区域中放置两个粒子

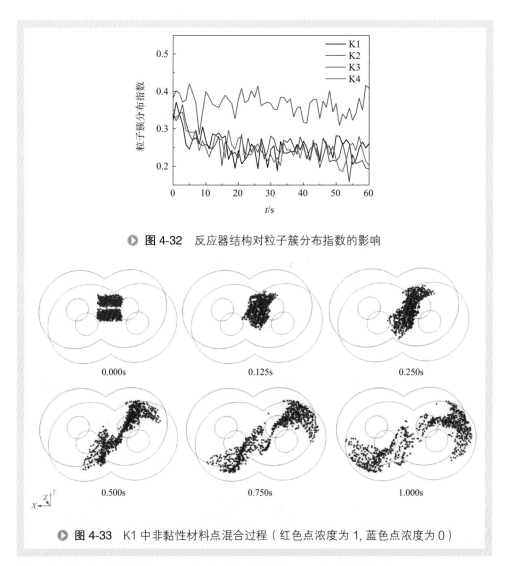

图 4-32　反应器结构对粒子簇分布指数的影响

图 4-33　K1 中非黏性材料点混合过程（红色点浓度为 1，蓝色点浓度为 0）

簇，其中每个粒子簇有 1000 个非黏性材料点。上侧粒子簇（−0.02m<X<0.02m；0.025m<Y<0.04m；0.01m<Z<0.035m）为红色点，其浓度为 1，下侧粒子簇（−0.02m<X<0.02m；0m<Y<0.015m；0.01m<Z<0.035m）为蓝色点，其浓度为 0。当搅拌桨叶旋转时，重叠区域中的捏合杆相向运动，两者的间距逐渐减小，两个粒子簇先逐渐靠近而后合二为一，并且粒子簇的形状在流场的作用下变得不规则，这表示物料在捏合杆的作用下受到挤压并发生形变。当左右两侧的捏合杆捏合时，合并的粒子簇被分割。随着桨叶的旋转，捏合后的两个捏合杆之间的距离逐渐增大，被分割的粒子簇受到强烈的拉伸作用形变逐渐增大。随后，两种颜色的粒子被均匀分布到反应器中。

图 4-34 为卧式双轴捏合反应器（K1）混合机理的示意图。首先，粒子簇 Crumb-

1a 和粒子簇 Crumb-2a 逐渐靠近而后合并为一体。其次，合并的 Crumb 在捏合杆相互作用下被切割。接着，捏合杆的间距逐渐增大，被切割的 Crumb 受到强烈的拉伸作用而发生形变，最终得到粒子簇 Crumb-1b 和粒子簇 Crumb-2b。

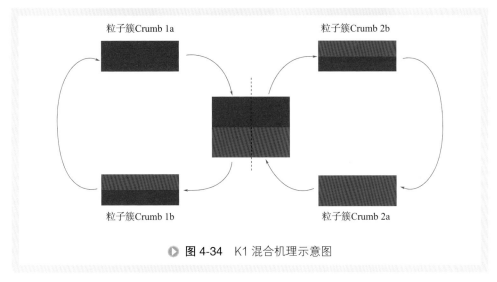

粒子簇Crumb 1a

粒子簇Crumb 2b

粒子簇Crumb 1b

粒子簇Crumb 2a

▶ 图 4-34　K1 混合机理示意图

4. CFD 模拟与实验结果的对比

成文凯[24] 搭建了冷模试验装置，如图 4-35 所示，在釜中放置四个搅拌桨叶，加入适量的 68 Pa·s 高黏糖浆为实验物料，使得桨叶被完全浸没，选用红曲米（红色）和菠菜粉（绿色）为示踪剂。CFD 模拟中放置 5000 个示踪粒子，采用红色和蓝色两种颜色材料点与实验相对应。

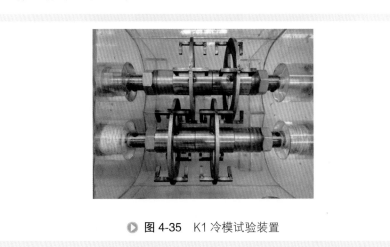

▶ 图 4-35　K1 冷模试验装置

将混有不同颜色的糖浆沿着轴向分别放置，其混合过程如图 4-36 所示。初始时刻左侧物料为红色，右侧物料为绿色，两种颜色的界面几乎不随混合过程的进行而发生变化，表明该反应器几乎不存在轴向推动力，仅适用于连续过程。实验混合过程与 CFD 模拟吻合较好。

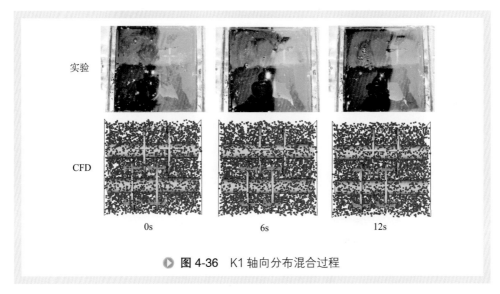

▶ 图 4-36 K1 轴向分布混合过程

图 4-37 为不同颜色的糖浆在周向上的混合过程。初始时刻上侧物料为绿色，下侧物料为红色。可以看出，釜中大部分物料迅速变为红色，而远离搅拌桨叶区域的物料混合较差。这是由于捏合杆在旋转过程中可以推动物料在周向上的运动，同时捏合杆在重叠区域中存在周期性的交互作用，进而强化物料在周向上的混合过程。

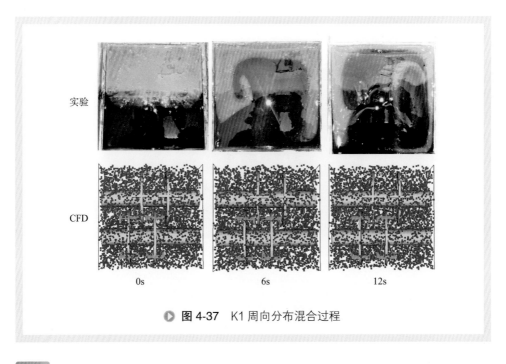

▶ 图 4-37 K1 周向分布混合过程

三、拉伸与混合效率

在反应器中随机放置 1000 个示踪粒子，通过对粒子的运动轨迹进行追踪，进而统计分析其拉伸长度与混合效率，考察反应器结构的影响。

1. 捏合杆数目的影响

反应器的拉伸长度随混合时间呈指数形式增长，这是有效层流混合的必要条件，如图4-38所示。随着捏合杆数目的增多，单位时间内捏合次数增加，反应器的平均拉伸长度也随之增大。在重叠区域中捏合杆对流体进行多次的分裂和折叠，使得流体单元重新定向并继续拉伸，因而瞬时混合效率的平均值始终保持在零以上，且随着捏合杆数目的增多而增大，如图4-39所示。反应器的时均混合效率均大于0，这表明反应器中存在较强的重定向作用，如图4-40所示。

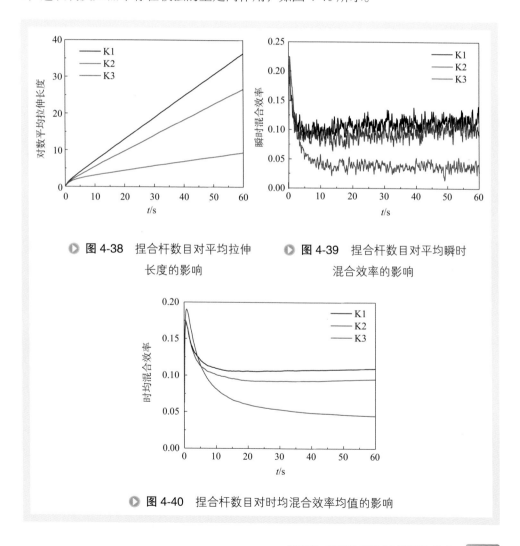

> **图 4-38** 捏合杆数目对平均拉伸
> 长度的影响

> **图 4-39** 捏合杆数目对平均瞬时
> 混合效率的影响

> **图 4-40** 捏合杆数目对时均混合效率均值的影响

K1 的搅拌结构由一个开窗圆盘和四个捏合杆组成，而 K3 的搅拌结构仅由开窗圆盘组成，两个搅拌同向同速旋转，与卧式双轴圆盘反应器相似（两个搅拌轴旋转方向相反）。在混合时间为 60 s 时，捏合杆数目对拉伸长度和时均混合效率的影响如表4-4，可见，K1 的拉伸长度为 K3 的 3.87 倍，K1 的时均混合效率为 K3 的 2.725 倍，捏合杆可以极大强化反应器的混合性能，因而捏合反应器的混合性能远优于圆盘反应器。

表4-4　三种不同结构的捏合反应器

桨结构	对数平均拉伸长度	时均混合效率
K1	36.34	0.109
K2	26.69	0.094
K3	9.39	0.040

2.捏合杆结构的影响

K1 中捏合杆的交互作用优于 K4，因而 K1 的平均拉伸长度大于 K4（图 4-41），但两者的瞬时混合效率和时均混合效率接近（图 4-42、图 4-43）。

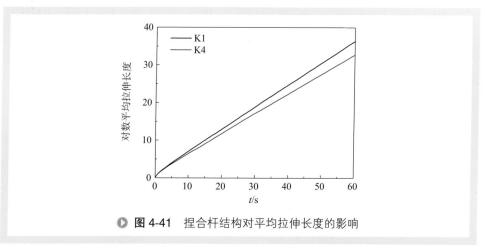

▶ **图 4-41**　捏合杆结构对平均拉伸长度的影响

3.圆盘结构的影响

圆盘结构对平均拉伸长度的影响如图 4-44 所示。K1 由开窗圆盘和捏合杆组成，K5 由光滑圆盘和捏合杆组成，K6 中仅包含捏合杆。随着圆盘面积的增大，粒子的运动轨迹受阻，其平均拉伸长度会相应减小，因而 K1 和 K6 的平均拉伸长度大于 K5。

圆盘结构对瞬时混合效率的影响如图 4-45 所示。K1 的混合效率高于 K5 和 K6，但三者的差异较小。可见，圆盘结构对混合过程的影响较小。

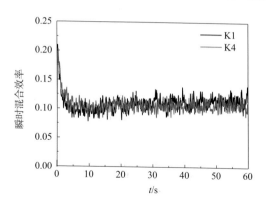

◉ 图 4-42　捏合杆结构对平均瞬时混合效率的影响

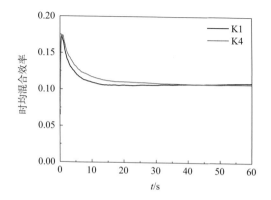

◉ 图 4-43　捏合杆结构对时均混合效率的影响

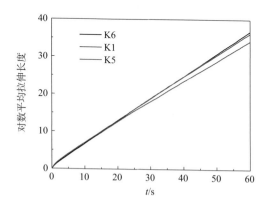

◉ 图 4-44　圆盘结构对平均拉伸长度的影响

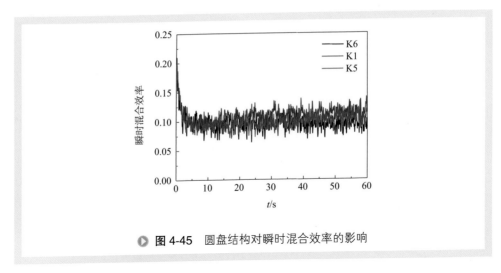

图 4-45　圆盘结构对瞬时混合效率的影响

4.旋转方向的影响

搅拌轴旋转方向对桨叶位置的影响如图 4-46 所示。当左右两个搅拌轴的旋转方向相同，重叠区域中相邻的两个捏合杆相向运动，其距离逐渐减小而后发生捏合，随后捏合杆之间的距离逐渐增大，如图 4-46（a）所示。当两个搅拌轴的旋转方向相

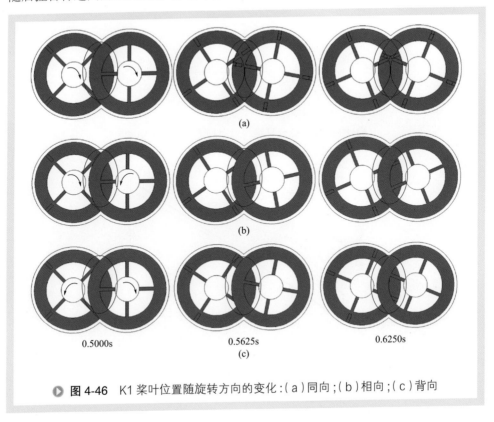

(a)

(b)

0.5000s　　0.5625s　　0.6250s
(c)

图 4-46　K1 桨叶位置随旋转方向的变化：（a）同向；（b）相向；（c）背向

反，以相向（左侧搅拌轴为顺时针方向，右侧搅拌轴为逆时针方向）或者背向（左侧搅拌轴为逆时针方向，右侧搅拌轴为顺时针方向）方式运动时，重叠区域中相邻两个捏合杆并未发生捏合作用，如图 4-46（b）和（c）。

旋转方向对平均拉伸长度和瞬时混合效率的影响如图 4-47 和图 4-48 所示。当两个搅拌轴为同向旋转运动时，捏合杆会在重叠区域发生捏合作用，因而流体单元受到强烈的压缩、剪切和拉伸作用，这使得流体单元发生重新定向。此时，反应器中流体单元的拉伸长度随着混合时间呈现指数方式增长，瞬时混合效率的均值始终大于 0。

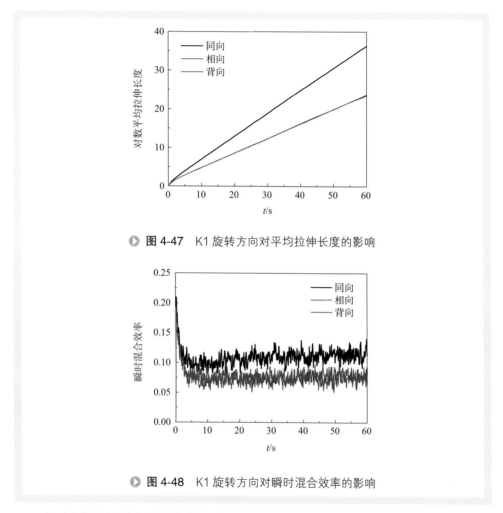

▶ **图 4-47** K1 旋转方向对平均拉伸长度的影响

▶ **图 4-48** K1 旋转方向对瞬时混合效率的影响

当两个搅拌轴以相向或者背向方式旋转时，尽管捏合杆在重叠区域中并未发生捏合作用，但会强化流体在周向上的流动和混合过程，因而其拉伸长度也随着时间呈指数形式增长，瞬时混合效率也始终大于 0。但是，它们均小于搅拌轴以同向方式旋转的情况。

四、小结

利用计算流体力学软件 Polyflow、采用有限元方法（FEM）模拟计算卧式双轴捏合反应器中的流场，进一步采用粒子示踪技术对其混合过程进行研究。

卧式双轴捏合反应器中基本不存在流动死区，捏合杆末端区域和重叠区域的流速较大，存在一个主循环流动，重叠区域存在二次流，其大小和位置随之桨叶的旋转发生周期性变化。当搅拌轴以同向方式旋转时，重叠区域中相邻的捏合杆才会发生捏合作用。

反应器在轴向上几乎不存在推动力，捏合杆可以推动物料在周向上的运动，进而强化周向混合过程，圆盘结构对混合过程的影响较小。捏合杆对反应器的混合过程具有显著影响。捏合杆在重叠区域存在周期性的交互作用，流体单元经历强烈的压缩、剪切和拉伸作用，进而发生重新定向，因而拉伸长度随混合时间呈指数增长。拉伸长度、瞬时混合效率以及时均混合效率随着捏合杆数目的增多而增大。

第三节　应用示例——聚苯硫醚溶液聚合过程

一、聚合过程工艺特征分析

聚苯硫醚（PolyPhenylene Sulfide，PPS）是指主链由亚苯基与硫原子交替连接所形成的高性能特种工程塑料，具有优良的热稳定性、良好的耐腐蚀性，在高温高湿等环境下具有优良的绝缘性和介电性等，广泛应用于宇航、军事、电子、电器、精密仪器、汽车、机械、家电、涂层等领域。

聚苯硫醚的合成是在有机极性溶剂中（一般为 N- 甲基吡咯烷酮，NMP），碱金属硫化物（常用硫化钠）和多卤芳香族化合物（通常采用二氯苯）缩聚得到[25]。伴随聚合反应的进行，反应釜内聚合物系的黏性不断上升，特别是进行高分子量的聚苯硫醚的合成过程中，聚合反应液的黏性提高非常快，这时聚合釜内的混合就比较困难，并且容易发生聚合物成团和附着在反应釜内壁上，影响聚合反应的正常进行。

为得到纤维级聚苯硫醚的方法是在聚合反应体系中添加助剂，聚合产物相分离得到高分子量的聚苯硫醚产品[26]，聚苯硫醚颗粒大小与形态影响到产品洗涤过滤的难易程度，高分子量的聚苯硫醚析出往往伴随低分子和杂质的包埋，影响生产效率和产品质量。

因此，间歇法生产聚苯硫醚的聚合反应器要满足前期低温预聚过程中加热与颗粒分散（低黏体系）、中期高温扩链过程搅拌混合（高黏体系）、后期高分子量聚合物分离过程（颗粒沉析）等一系列困难，这些问题又是相互关联的。聚合反应过程中各阶段的强化与协调成为工程化的关键问题。

二、宽黏度域的搅拌强化

许多聚合过程开始时物料的黏度很低，随反应的进行黏度会越来越高，有的在反应后期还会析出固体粒子，前述的聚苯硫醚聚合过程就具有代表性。显然对于这样的变工况反应体系，如果采用传统的低黏或高黏搅拌器，都不能很好适应化工过程不同阶段的需求，直接导致过程效率低、产品质量差。

目前，宽适应性搅拌器主要有美国 LIGHTNIN 的 A315 搅拌器，法国 ROBIN 的 HPM 搅拌器，德国 Ekato 的 INTERPRO 搅拌器以及日本住友重机、神钢泛技术、三菱重工各自开发的 MAXBLEND（MB）、FULLZONE（FZ）、SANMELER（SM）搅拌器，特别是后三者表现出良好的综合性能和灵活适应性[27]，它们的具体结构如图 4-49～图 4-51 所示。一些研究者在此基础上进行了结构优化[28]。

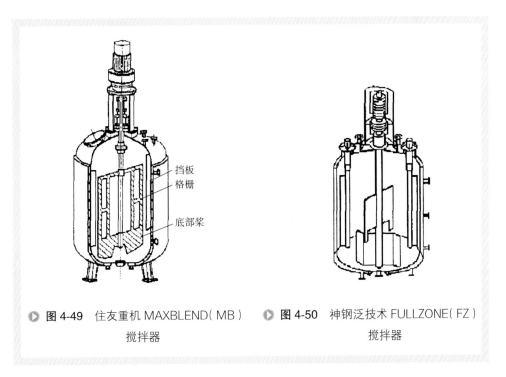

挡板
格栅

底部桨

▶ 图 4-49　住友重机 MAXBLEND（MB）　　▶ 图 4-50　神钢泛技术 FULLZONE（FZ）
搅拌器　　　　　　　　　　　　　　　　　搅拌器

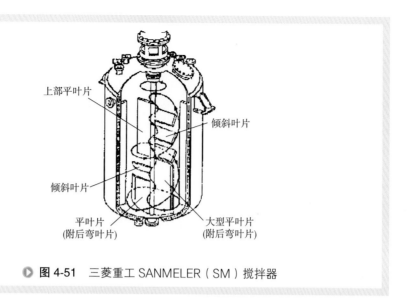

上部平叶片

倾斜叶片

倾斜叶片

平叶片
（附后弯叶片）

大型平叶片
（附后弯叶片）

图 4-51　三菱重工 SANMELER（SM）搅拌器

1. 大叶片桨的搅拌传热与混合特性

顾雪萍等[29]实验研究了泛能式搅拌桨（FZ）的功率特性、传热与混合特性。在层流域内，建立了功率特征数 Np 与桨几何尺寸及雷诺数 Re 的关联式，得到了努塞尔特征数 Nu 与桨几何尺寸、雷诺数 Re、普朗特特征数 Pr 以及体系黏度的关系，并采用单位质量流体表示的雷诺数 $\varepsilon D^4/v^3$ 取代雷诺数关联。

内外单螺带桨为典型的高黏度搅拌桨，它主要提供的是搅拌釜内的轴向流，对放射流则贡献很小。泛能式桨是轴向流和放射流相结合的搅拌桨，考虑到放射流的形成使流体冲刷釜壁，而使传热面附近的流体更新速度加快，温度边界层减薄，从而传热速度加快，传热效率提高。所以可以推测，在釜内流体黏度不是很高，轴向流的形成不是很困难的情况下，这种新型桨的传热性能要优于内外单螺带桨。图4-52 比较了泛能式桨与内外单螺带桨的传热特性，可以看出在中低黏度区内相同功耗下泛能式桨的传热系数明显高于螺带桨。

在评价搅拌器的混合性能时，往往在流体相同和混合时间也相同的前提下来评比搅拌器，因此常用混合效率特征数（C_4）来比较混合效率的高低，C_4 表示流体在一定的黏度和混合时间下，搅拌器所需的单位体积混合能。在流体黏度和混合时间相同的情况下，两种搅拌器的 C_4 之比反映了它们的能耗之比。图 4-53 采用混合效率特征数 C_4 比较了泛能式桨和双螺带桨的混合效率，可以看出：当表观雷诺数 $Re^*<3$ 时，双螺带桨的混合效率高于泛能式桨；当 $Re^*>3$ 时，泛能式桨的混合效率比双螺带桨高。

泛能式搅拌桨为大桨径搅拌桨，其特点是叶宽很大，差不多近似等于液深，叶片呈平板状，可得到大量的循环流；而且由于采用单一的叶片，循环路径单纯，局部剪切减弱，剪切分布均匀，有利于槽内产生均一的流动，缩短混合时间。因此与典型的高黏度搅拌桨螺带桨比较，泛能式搅拌桨传热和混合性能要好。泛能式桨另一特点为上部叶片下端的凸起板以及下部叶片叶端的后掠板，凸起板起到连接上下叶片之间流动的桥梁作用，后掠板则增加了放射流的排出，而且上下叶片间以适当的角度配置，以促使形成上下循环流。

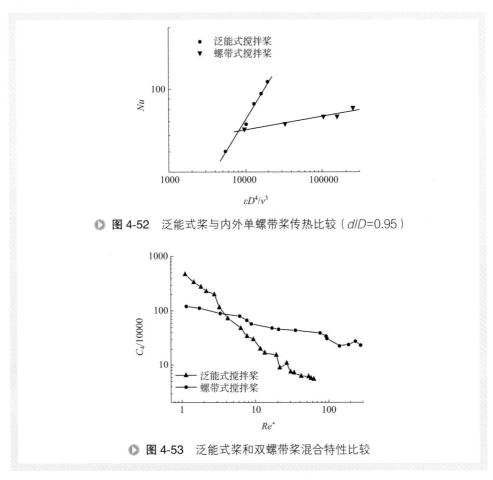

● 图 4-52　泛能式桨与内外单螺带桨传热比较（d/D=0.95）

● 图 4-53　泛能式桨和双螺带桨混合特性比较

2. 大叶片桨的计算流体力学模拟分析

Hidalgo-Millána 等 [30] 采用粒子图像测速技术（PIV）研究了 Maxblend® 叶轮在挡板搅拌槽中过渡区和紊流区的牛顿流体的流动特性。将 Maxblend® 的流场与双层斜桨（PBT）、双层 Ekato Intermig® 叶轮进行了比较。结果表明，开式叶轮在径向和轴向产生复杂的局部流动；相比之下，Maxblend® 叶轮具有高效的上下循环流动。

作者采用 CFD 模拟对比分析了新型大叶片组合搅拌和传统锚式组合搅拌的流动特性，两种桨叶结构如图 4-54 所示。模型基本方程包括质量守恒方程和动量守恒方程，不考虑温度变化，也就不包括能量守恒方程，采用标准 k-ε 双方程模型封闭守恒方程。为简化计算，假设搅拌槽内流体的时均运动为稳定流动，忽略周期运动对流场内流体宏观运动的影响；流体为连续的不可压缩牛顿流体，搅拌槽内流动为各向同性湍流。

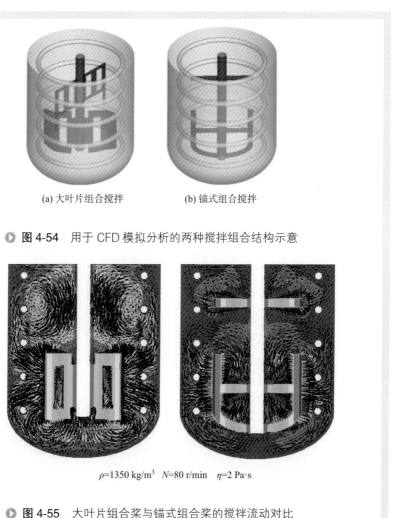

(a) 大叶片组合搅拌　　　　　(b) 锚式组合搅拌

▶ **图 4-54**　用于 CFD 模拟分析的两种搅拌组合结构示意

ρ=1350 kg/m³　　N=80 r/min　　η=2 Pa·s

▶ **图 4-55**　大叶片组合桨与锚式组合桨的搅拌流动对比

采用多重参考系法（MRF）处理运动的搅拌器、搅拌轴和静止的釜壁、挡板之间的相互作用，将整个计算区域分为两部分，即包含搅拌器、搅拌轴的旋转区域和包含釜内其他区域的静止区域。反应釜内壁、挡板、搅拌轴和搅拌器等均选用壁面边界条件，其中反应釜内壁和挡板定义为静止壁面条件，搅拌器和搅拌轴定义为运动壁面条件且相对于旋转坐标系的运动速度为零。液面定义为对称边界条件，即所有变量的法向梯度均为零，只有在平面内的分量。

图 4-55 是中等黏度（2Pa·s）相同搅拌速度下大叶片组合桨与锚式组合桨的搅

拌流动对比。明显看出，大叶片组合桨比之锚式组合桨的流场明显强化且釜内上下区域的流场比较均匀，锚式组合桨的上部存在明显的流动混合死区。

对于大叶片组合桨搅拌结构，物系黏度对流动影响的模拟结果如图 4-56 所示，图中可以看出在相同的搅拌速度下，物系黏度从 0.8Pa·s 到 5Pa·s 的变化范围，搅拌釜内的流动都能得到充分的发展，上下区域的流场比较均匀，流动死区基本消除。表明大叶片组合搅拌结构适应于宽黏度域范围内操作，消除了流动死区，强化了全槽内的流动混合。

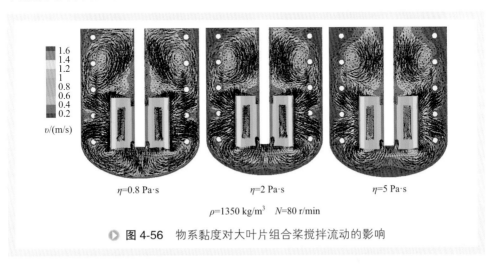

η=0.8 Pa·s　　　　η=2 Pa·s　　　　η=5 Pa·s

ρ=1350 kg/m³　N=80 r/min

▶ **图 4-56**　物系黏度对大叶片组合桨搅拌流动的影响

三、聚苯硫醚聚合过程强化方法

徐伟等[31] 研究了用硫化钠加压法制备聚苯硫醚树脂过程中搅拌叶形状对合成的影响，同时考察了搅拌速度、成型温度对聚苯硫醚沉析成型颗粒度的影响。采用的搅拌桨叶如图 4-57 所示。

实验结果发现，采用该大叶片的搅拌组合可防止聚合物成团和黏结在聚合反应釜的内壁上。这是由于搅拌叶回转，反应釜内液相从上部第一叶片移动到下方，进而从上部第二叶片移动到反应釜底部。上部第一叶片的下面侧产生正压，上部第二叶片的上面侧产生负压，上部第一叶片的下边部和上部第二叶片的上边部的重复部分中对反应液产生吸引力。从上部第一叶片移动到下方的反应液通过该重复部分从

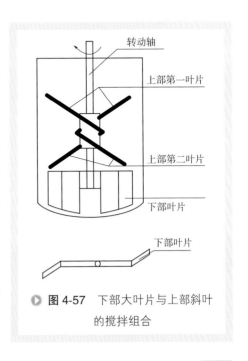

▶ **图 4-57**　下部大叶片与上部斜叶的搅拌组合

上部第二叶片被引导到反应釜的底部，进而由下部叶片移向径方向的外侧，沿着反应釜的内壁向上方移动。这样，反应釜内的流体实现了上下循环，消除了流动混合死区，聚合物成团和黏结消失，反应得到很好的进行，产品的均匀性也好。

搅拌速度对聚苯硫醚沉析颗粒形态的影响如表4-5所示。可以看出，后期成型降温时的搅拌速度对聚苯硫醚收率和MFR无明显影响，对颗粒度和均匀性影响是明显的。当搅拌速度小于或等于250r/min时，有块状聚合物的出现，均匀性差；当搅拌速度大于或等于800 r/min时，得到颗粒细小而更均匀的产品，增加洗涤过滤困难；选择适中600 r/min时，得到的产品均匀性最佳，洗涤过滤也容易。

表4-5　搅拌速度对聚苯硫醚沉析颗粒形态的影响

序号	1	2	3	4	5
搅拌速度 /（r/min）	100	250	400	600	800
收率 /%	91.78	91.98	92.37	92.70	93.1
MFR/ [g/（10 min）]	89.20	105.4	93.6	91.2	107.0
$L^{①} \geqslant 0.9$ mm	75.97	68.55	35.36	2.64	1.25
筛分 /% 0.9 mm > L > 0.3 mm	20.11	27.14	60.00	92.22	78.50
$L \leqslant 0.3$ mm	3.92	4.31	4.64	5.14	20.25
外观	部分块状物，大颗粒多，均匀性差	少量块状物，大颗粒多，均匀性差	无块状物，部分大颗粒，均匀性较好	大颗粒少，均匀性好	几乎无大颗粒，均匀性较好，细小粉末多
洗涤情况	洗涤过滤容易	洗涤过滤容易	洗涤过滤容易	洗涤过滤容易	洗涤过滤困难

① L 为粒径。

所以，大叶片组合搅拌结构对于宽黏度范围、均相与非均相操作过程都具有广泛的适应性，特别是对于间歇式聚合反应过程的传热、流动和混合强化，制备高品质特种聚合物产品具有应用价值。

第四节　应用示例——甲基丙烯酸甲酯的本体聚合过程

聚甲基丙烯酸甲酯（PMMA）模塑料由甲基丙烯酸甲酯（MMA）主单体与少量

的丙烯酸酯类单体共聚而成，是一种高透过率的高分子材料，广泛应用于光学材料和玻璃替代品。PMMA高性能模塑料通常以低温溶液聚合和高温本体聚合方式制备。

溶液聚合是单体溶于适当溶剂中进行的聚合反应，加入溶剂可使反应体系黏度降低，凝胶效应强度减弱。聚合物熔体经脱挥、造粒，可得到PMMA产品。聚合反应工艺多为两反应釜串联以及反应釜与管式反应器串联。

本体聚合是在不加溶剂的条件下，MMA单体由引发剂引发或热引发的聚合反应工艺技术。由于产物纯净，本体聚合是制备高端PMMA产品的首选工艺。然而，本体聚合过程中凝胶效应现象尤为显著。动力学模型的建立可指导聚合工艺流程和反应器的设计与强化。

一、聚合动力学模型

MMA聚合反应属于自由基聚合，其基元反应和相应的速率常数表达式如表4-6所示，其中，I为引发剂，M为单体MMA，CTA为链转移剂，P_n为聚合度n的死聚体，$P_n \cdot$为聚合度n的活聚体，$R \cdot$为自由基。

表4-6　甲基丙烯酸甲酯本体聚合机理

引发剂分解	$I \xrightarrow{k_d} 2R \cdot$
热引发	$2M \xrightarrow{k_{th}} R \cdot$
链转移剂引发	$CTA \xrightarrow{k_{di}} R \cdot$
引发	$R \cdot + M \xrightarrow{k_I} P_1 \cdot$
链增长	$P_n \cdot + M \xrightarrow{k_p} P_{n+1} \cdot$
链断裂	$P_n \cdot \xrightarrow{k_{dp}} P_{n-1} \cdot + M$
向单体链转移	$P_n \cdot + M \xrightarrow{k_{trm}} P_n + P_1 \cdot$
向CTA链转移	$P_n \cdot + CTA \xrightarrow{k_{trt}} P_n + CTA \cdot$
耦合终止	$P_n \cdot + P_m \cdot \xrightarrow{k_{tc}} P_{n+m}$
歧化终止	$P_n \cdot + P_m \cdot \xrightarrow{k_{td}} P_n + P_m$

基于自由基聚合过程的扩散理论，汪情兵[32]提出了半经验的凝胶效应数学模型。该模型考虑聚合物分子量及其分布、聚合物浓度、反应温度等对聚合体系黏度的影响，并将链终止速率常数、链增长速率常数与其关联。

$$\frac{1}{k_t}=\frac{1}{k_{t,0}}+f_{t1}(T)\frac{(M_w^{\alpha}\times \mathrm{PDI}^{\alpha(\alpha-1)/2})^{\beta}}{\exp(\dfrac{2.3(1-x)/(1+\varepsilon x)}{A+B(1-x)/(1+\varepsilon x)})}$$

$$\frac{1}{k_p}=\frac{1}{k_{p,0}}+f_p(T)\frac{C_b}{\exp(\dfrac{2.3(1-x)/(1+\varepsilon x)}{A+B(1-x)/(1+\varepsilon x)})}$$

（4—1）

从表 4-6 的本体聚合反应机理出发，建立 MMA 间歇本体聚合的物料衡算方程（表 4-7），通过反应温度在玻璃化转变温度（T_g）上/下的 MMA 本体间歇聚合实验数据，采用流程模拟软件 gPROMS 中参数拟合模块，求解微分方程组，得到上述动力学模型的凝胶效应参数关联式。

$$f_{t1}(T)=2.5\times10^{-11}\exp(187.8/T)$$

$$f_p(T)=2.3\times10^{-16}\exp(14192.9/T)$$

$$\alpha=\begin{cases}0.56+0.6(T_g-T)/T_g & (T<T_g)\\ 0.56 & (T>T_g)\end{cases}$$

$$\beta=1.60$$

（4—2）

表4-7 MMA间歇本体聚合物料守恒方程

$$\frac{d[I]}{dt}=-k_d[I]-[I]\frac{1}{V}\frac{dV}{dt}$$

$$\frac{d[M]}{dt}=-k_p[M]\lambda_0-k_{trm}[M]\lambda_0+k_{dp}\lambda_0-[M]\frac{1}{V}\frac{dV}{dt}$$

$$\frac{d[CTA]}{dt}=-k_{trt}[CTA]\lambda_0-k_{dt}[CTA]-[CTA]\frac{1}{V}\frac{dV}{dt}$$

$$\frac{d\lambda_0}{dt}=2fk_d[I]+k_{dt}[CTA]+k_{th}[M]^2-k_t\lambda_0^2-\frac{\lambda_0}{V}\frac{dV}{dt}$$

$$\frac{d\lambda_1}{dt}=2fk_d[I]+k_{dt}[CTA]+k_{th}[M]^2+k_p[M]\lambda_0-k_{dp}\lambda_0$$
$$+(k_{trm}[M]+k_{trt}[CTA])(\lambda_0-\lambda_1)-k_t\lambda_0\lambda_1-\frac{\lambda_1}{V}\frac{dV}{dt}$$

$$\frac{d\lambda_2}{dt}=2fk_d[I]+k_{dt}[CTA]+k_{th}[M]^2+(k_p[M]-k_{dp})(2\lambda_1+\lambda_0)$$
$$+(k_{trm}[M]+k_{trt}[CTA])(\lambda_0-\lambda_2)-k_t\lambda_0\lambda_2-\frac{\lambda_2}{V}\frac{dV}{dt}$$

$$\frac{d\mu_0}{dt}=(k_{td}+0.5k_{tc})\lambda_0^2+(k_{trm}[M]+k_{trt}[CTA])\lambda_0-\frac{\mu_0}{V}\frac{dV}{dt}$$

$$\frac{d\mu_1}{dt}=k_t\lambda_0\lambda_1+(k_{trm}[M]+k_{trt}[CTA])\lambda_1-\frac{\mu_1}{V}\frac{dV}{dt}$$

$$\frac{\mathrm{d}\mu_2}{\mathrm{d}t} = k_t\lambda_0\lambda_2 + k_{tc}\lambda_1^2 + (k_{trm}[M] + k_{trt}[CTA])\lambda_2 - \frac{\mu_2}{V}\frac{\mathrm{d}V}{\mathrm{d}t}$$

$$\frac{\mathrm{d}x}{\mathrm{d}t} = (k_p + k_{trm})\lambda_0(1-x) - \frac{k_{dp}(1+\varepsilon x)\lambda_0}{[M]_0}$$

$$\frac{1}{V}\frac{\mathrm{d}V}{\mathrm{d}t} = (k_p + k_{trm})\varepsilon\frac{1-x}{1+\varepsilon x}\lambda_0 - \frac{k_{dp}\varepsilon\lambda_0}{[M]_0}$$

$$M_n = M_m\frac{\lambda_1 + \mu_1}{\lambda_0 + \mu_0}$$

$$M_w = M_m\frac{\lambda_2 + \mu_2}{\lambda_1 + \mu_1}$$

$$\mathrm{PDI} = M_w / M_n$$

对于凝胶效应模型中的参数 $f_{t1}(T)$ 可理解为温度对黏度的影响，随着反应温度的升高，$f_{t1}(T)$ 值下降，体系黏度降低，表观终止反应速率常数 k_t 增大。黏度参数 α 与反应温度 T、T_g 有关，当反应温度低于玻璃化转变温度 T_g 时，聚合末期聚合体系为玻璃态，随着温度上升，体系黏度降低，参数 α 逐渐减小；当聚合温度高于 T_g，聚合物处于高弹态，黏度参数 α 为定值。随着温度升高，玻璃化效应模型中的参数 $f_p(T)$ 随之降低，表观链增长反应速率常数 k_p 升高。

该模型能很好地预测 MMA 在玻璃化转变温度上／下的宽温度范围聚合过程的单体转化率及其分子量，适用于含有链转移剂和引发剂的宽温度范围的聚合体系。

二、聚合过程强化方法

杨青岚[33]公开了一种高温连续溶液聚合的 PMMA 工艺，如图 4-58 所示。此工艺聚合温度在 130～160℃，高温条件下体系黏度低，为了减弱凝胶效应强度，加入少量溶剂。原料按照一定的配比后混合进入聚合反应器，当转化率达到 50% 左右时，聚合物熔体进入脱挥装置，脱去溶剂和未反应完的单体，最后挤出造粒。

王朋国等[34]研究了低温连续本体聚合工艺制备 PMMA 工艺技术，如图 4-59 所示。采用釜式反应器与反应式挤出机组合方式，以 BPO 为引发剂，正丁硫醇为链转移剂，甲基丙烯酸甲酯与少量丙烯酸正丁酯、丙烯酸乙酯等第二单体在全混釜中低温（$T<100℃$）共聚，转化率达到 10%～20% 后进入挤出机进一步反应挤出，同时脱除部分挥发性单体（主要是 MMA）并回收，可制备高纯度的 PMMA。由于停留时间短，控制在凝胶效应发生前，可以有效降低分子量分布指数，由于对反应过程的控制精度较高，且聚合过程转化率低，回收单体能耗高。

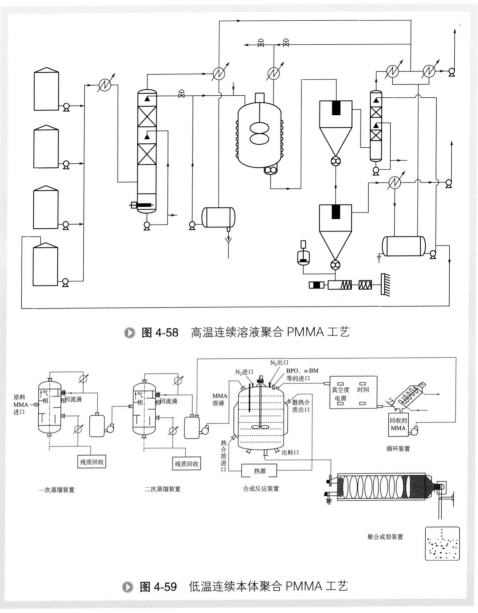

● 图 4-58　高温连续溶液聚合 PMMA 工艺

● 图 4-59　低温连续本体聚合 PMMA 工艺

　　传统的 PMMA 本体聚合装置采用的是立式搅拌釜，随着聚合过程的进行，体系的黏度急剧增大，因此单体的转化率一般不超过 50%。瑞士 List 公司公开了 MMA 本体聚合的新方法[35]（图 4-60），采用 List 卧式捏合反应器为聚合装置，物料的平均停留时间为 20 min，MMA 的转化率可以达到 90%，反应热和机械搅拌生成的热量通过 MMA 的蒸发移除，MMA 再经过冷凝回流进入反应器中，得到的聚合物的重均分子量为 84000，进一步可以使用 List 捏合反应器或者螺杆挤出机将残留的 MMA 脱除到极低含量。

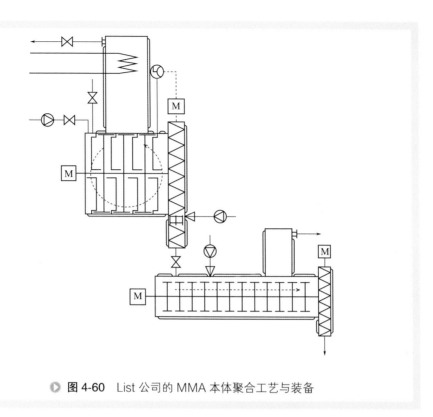

◗ 图 4-60　List 公司的 MMA 本体聚合工艺与装备

　　作者基于前述的玻璃化转变温度（T_g）上/下的宽温度范围 MMA 本体聚合过程动力学模型，设计建立了卧式双轴捏合搅拌反应器与双螺杆挤出机组合的短流程 MMA 本体聚合装置（图 4-61），显著强化了高黏聚合过程的流动混合，在实现MMA 本体聚合高转化率的同时、获得窄分子量分布的聚合物产品。

◗ 图 4-61　短流程 MMA 本体聚合工艺与装备

溶液聚合或液相本体聚合过程中，聚合体系的黏度从数厘泊增加到数百万厘泊，呈现出高黏、非牛顿的复杂流变特性，物料的流动、混合、传热和传质越来越难，聚合装置的操作工况越来越严苛。聚合反应动力学在高黏状态下往往会发生凝胶效应，不仅影响生产效率、也会影响产品的质量。进一步，聚合物体系的复杂性，流体本构方程的不足，流动、传热和传质与聚合反应的相互耦合性，致使高黏物系聚合反应器的开发和强化一直是关注的核心问题。

高端聚合物材料制备过程往往涉及高黏、变黏、黏弹性等复杂流变特性，以及特殊溶剂的复杂物系，相关聚合工程技术国际领先型公司秘而不宣。从流场结构化和能质强化的角度研发适用于复杂物系的自清洁搅拌聚合技术与装备，形成短流程低能耗的少溶剂或本体聚合、聚合物溶液直接脱挥的工艺与设备一体化技术，对于高端聚合物材料制备是技术突破的关键。

聚合过程强化是在针对特定聚合过程、遵循聚合反应动力学（反应机理、产物链结构）、聚合反应过程流变行为的基础上，通过强化流动与混合、强化传热与传质、耦合工艺与装备，实现聚合过程效能的最大化、聚合物产品结构的可控化、聚合过程的绿色化[36]。聚合动力学和聚合过程传递密切结合，开发新型聚合过程和新装备，促进规模化聚合过程的质量优化。

参考文献

[1] 冯连芳，曹松峰，顾雪萍，王凯.高黏搅拌聚合反应装置[J].合成橡胶工业，2001，24(5):257-261.

[2] 王嘉骏，冯连芳，顾雪萍，王凯.锚式搅拌器功率消耗与Metzner常数研究[J].化学工程，1999,27(6):20-23.

[3] Iranshahi A, Heniche M, Bertrand F, Tanguy P A. Numerical investigation of the mixing efficiency of the Ekato Paravisc impeller[J]. Chemical Engineering Science, 2006, 61(8):2609-2617.

[4] 葛春艳.基于PIV和CFD的搅拌桨设计和改进[D].杭州:浙江大学，2014.

[5] 李娜.基于计算流体力学和多目标遗传算法的反应器结构模拟与优化[D].杭州:浙江大学，2015.

[6] 成文凯，王嘉骏，顾雪萍，冯连芳.聚合物搅拌脱挥设备及其CFD模拟研究进展[J].化工进展，2016, 35(5): 1283-1288.

[7] Schuchardt H. Mixing apparatus[P]: US, 06260995. 2001-07-17.

[8] Schebesta K, Schuchardt H, Ullrich M. Self-cleaning reactor/mixer for highly viscous and cohesive mixing materials[P]: US, 05876115. 1999-03-02.

[9] Schebesta K, Schuchardt H, Ullrich M. Self-cleaning reactor/mixer for highly viscous and solids-bearing materials to be mixed[P]: US, 05658075. 1997-08-19.

[10] Schebesta K, Schuchardt H, Ullrich M. Completely self-cleaning mixer/reactor[P]: US, 5669710. 1997-09-23.

[11] Stueven U, Van Miert L, Van Esbroeck D, Stephan O, Hillebrecht A, Wei H. Mixing kneader and process for preparing poly (meth) acrylates using the mixing kneader[P]: US, 8070351B2. 2011-12-06.

[12] Stueven U, Van Miert L, Van Esbroeck D, Stephan O, Hillebrecht A, Wei H. Mixing kneader and process for preparing poly (meth) acrylates using the mixing kneader[P]: US, 20120071613A. 2012-03-22

[13] List J, Schwenk W, Kunz A. Mixing and kneading apparatus[P]: US, 05934801. 1999-08-10.

[14] Liechti P, Kunz A, List J, Arnaud D. Kneader mixer[P]: US, 05823674. 1998-10-20.

[15] List J M, Schwenk W, Kunz A. Mixing kneader[P]: US, 5121992. 1992-6-16.

[16] List J, Schwenk W, Dotsch W, Liechti P. Continuously operating mixing kneader[P]: US, 5147135. 1992-9-15.

[17] Fleury P, Kunkel R. Device for carrying out mechanical, chemical, and/or thermal processes[P]: US, 2014/0376327A1. 2014-12-25.

[18] 皮埃尔 - 阿兰·弗勒里，丹尼尔·维特，罗兰·康凯尔，阿尔佛雷德·昆兹，皮埃尔·利希蒂. 用于进行机械、化学和 / 或热过程的方法 [P]: 中国，201380050512.2. 2013-9-26.

[19] Safrit B T, Schlager G E, Li Z. Modeling and simulation of polymerization of lactide to polylactic acid and co-polymers of polylactic acid using high viscosity kneader reactors[C]// 71st Annual Technical Conference of the Society of Plastics Engineers, 2013.

[20] Seck O, Maxisch T, Warnecke H, Bothe D. Investigation of the mixing-and devolatilization behavior in a continuous twin-shaft kneader[J]. Macromolecular Symposia, 2010, 289(1): 155-164.

[21] 叶阳，成文凯，王嘉骏，顾雪萍，冯连芳. 聚合物反应挤出过程数值模拟进展 [J]. 高分子通报，2018, 9:1-7.

[22] ChengWenkai , Ye Yang, Jiang Shuxian, Wang Jiajun, Gu Xueping, Feng Lianfang. Mixing intensification in a horizontal self-cleaning twin-shaft kneader with a highly viscous Newtonian fluid[J]. Chemical Engineering Science, 2019, 201:437-447.

[23] 叶阳，成文凯，王嘉骏，顾雪萍，冯连芳. 一种搅拌装置和一种卧式自清洁反应器 [P]: 中国，201810098685.6. 2018-1-31.

[24] 成文凯. 卧式双轴搅拌脱挥设备的成膜特性与传质过程强化 [D]. 杭州：浙江大学，2019.

[25] 唐元鑫. 纤维级聚苯硫醚合成与改性 [D]. 天津：天津工业大学，2014.

[26] 张马亮. 高性能聚苯硫醚树脂合成、改性及性能研究 [D]. 天津：天津工业大学, 2015.

[27] 张和照，杨中伟，冯波. 多功能大型宽叶搅拌桨 [J]. 化学工程, 2014, 32(4): 30-34, 52.

[28] 刘宝庆，钱路燕，刘景亮，徐妙富，林兴华，金志江. 新型大双叶片搅拌器的实验研究与结构优化 [J]. 高校化学工程学报, 2013, 27(6):945-951.

[29] 顾雪萍，冯连芳，王嘉骏，刘烨，王凯. 泛能式搅拌桨搅拌特性研究 [J]. 化学工程, 2003,31(4):54-57.

[30] Hidalgo-Millána A, Zenitb R, Palaciosb C, Yatomic R, Horiguchic H, Tanguyd PA, Ascanioa G. On the hydrodynamics characterization of the straight Maxblend® impeller with Newtonian fluids[J]. Chemical Engineering Research and Design, 2012, 90(9):1117-1128.

[31] 徐伟，姜飞. 防粘连、颗粒均匀的聚苯硫醚合成研究 [J]. 塑料工业, 2012, 40(9):23-32.

[32] 汪情兵. 甲基丙烯酸酯类本体聚合过程模型化 [D]. 杭州：浙江大学, 2018.

[33] 杨青岚. 光学级聚甲基丙烯酸甲酯连续式溶液聚合工艺及所用设备 [P]: 中国, 200710043411.9. 2007-07-04.

[34] 王朋国，马素德，胡波，钟力生，徐传骧. 连续反应制备聚合物光纤用PMMA芯颗粒料 [J]. 塑料工业, 2006, 34(1): 1-3.

[35] Fleury P, Isenschmid T, Liechti P. Method for the continuous implementation of polymerisation processes[P]: US, 08376607B2. 2013-2-19.

[36] 许超众，冯连芳. 聚合过程强化技术的发展 [J]. 化工进展, 2018, 37(4):1314-1322.

[37] https://www.ekato.com.cn/products/jbjjy/2017/0709/99.html [EB/OL].[2020-1-28].

第五章

高黏物系脱挥过程强化技术

第一节 引言

聚合反应釜出口的物料中通常会残留一定含量的小分子挥发性物质（挥发分），如未反应的单体、溶剂、低分子量的低聚物、反应的副产物等，这些挥发分会影响聚合物的加工性能和使用性能。因此，需要将挥发分脱除到一定的含量，这个过程称为聚合物脱挥[1]，其重要性仅次于聚合工艺和高黏聚合反应装置。对于缩聚合过程，脱挥和聚合是互相耦合的。

当聚合物中挥发分含量较高时，脱挥过程一般经历 3 个阶段[2]：闪蒸脱挥、起泡脱挥、扩散脱挥。其中，闪蒸脱挥是体系的热力学控制，过程能耗高，但容易实现。而起泡脱挥和扩散脱挥强烈依赖于传递过程，具有较高的技术难度。

扩散脱挥主要包括三个过程：界面形成，界面传质和界面更新。其中，界面形成与界面更新的主要影响因素是搅拌设备中的流体力学特性，而界面传质的主要影响因素为挥发分在聚合物中的扩散。通常，挥发分的扩散系数非常小，且随着脱挥过程的进行急剧减小。因而，高效的聚合物搅拌脱挥设备需要具备优异的流体力学性能、具有大的气液相界面积和高效的表面更新能力。

顺丁橡胶、乙丙橡胶等合成橡胶主要采用溶液聚合的方法进行工业生产，聚合釜出口的橡胶溶液中固含量仅有 10%～20% 左右。目前，橡胶溶液的脱挥工艺主要采用水析凝聚的方法将未反应的单体和残留的溶剂进行脱除，其工艺流程复杂，生产线长，能耗高，设备投资费用高，且产生大量的废水，环保压力非常大。瑞士List 公司开发了卧式自清洁搅拌设备[3]，成功用于顺丁橡胶溶液的直接脱挥工艺。将固含量为 10% 胶液通过两级卧式搅拌设备，溶剂含量可以降低到 10^{-6} 级别，工艺流程可以得到极大简化。与传统的水析凝聚工艺和干燥流程相比，直接脱挥技术的能耗降低 76%，水的用量降低 66%，这代表了聚合物脱挥技术的主要发展方向，而卧式搅拌设备是技术核心。

涤纶工业丝长期采用先熔融缩聚、然后固相增黏、再螺杆熔融挤出纺丝的三段法进行生产，其工艺流程长、设备投资大、生产能耗高，而且为非连续化的过程。陈文兴等[4]开发了新型的管外降膜式液相增黏反应器，研发成功了高效节能的熔体直纺涤纶工业丝新技术，来自终缩聚反应器的聚酯熔体，通过液相增黏反应器增黏后，直接进行纺丝。新技术比切片纺技术工艺流程缩短 30h 以上，单位产品综合能耗下降 35.7% 左右。

可见，高效聚合物脱挥设备的开发对于促进聚合工业的产业升级有着极为重要的作用。

第二节　脱挥过程原理

聚合物脱挥物系通常具有以下几个方面的特点[5]：

（1）黏度很高，且随着脱挥过程的进行将增加几个数量级；

（2）流变行为复杂，大多为非牛顿流体，有些聚合物还具有较强的黏弹性，常常需要用非线性本构方程表达；

（3）挥发分在聚合物中的扩散系数小，且随着脱挥过程的进行会发生几个数量级的变化，并强烈地依赖于挥发分的浓度；

（4）相平衡关系呈现高度的非理想性。

聚合物脱挥是一个受到热力学以及传质控制的分离过程，其单元操作具有很强的技术性，难点在于处理的物料为高黏流体，且脱挥过程中伴随发生的热传递、传质以及化学反应影响了脱挥聚合物的性能，使得过程更为复杂，通常需要借助特殊的设备。

一、传质机理

1. 起泡脱挥

当挥发分的含量较高时，聚合物脱挥的主要传质机理为起泡脱挥。起泡脱挥认为挥发分从聚合物中的脱除是以一系列复杂的气泡传递机理完成的，通常包括成核、增长、运动与形变、聚集与合并、破裂以及真空脱除等过程[6]。将过饱和的聚合物暴露在较低压力或者一定的真空度下，脱挥过程中会形成气泡，可以增加气液相界面积，缩短挥发分从聚合物中脱除的路径。因此，起泡脱挥是一种非常高效的脱挥方式。关于起泡脱挥的理论主要包括四种：相际传质理论、气泡核化理论、气泡生长控制理论以及气泡核化 - 生长共同控制理论。

2. 扩散膜脱挥

Latinen[7]首次提出了旋转熔体池模型来描述聚苯乙烯 / 苯乙烯体系在单螺杆挤出机中脱挥过程。该模型基于经典的渗透传质模型来描述聚合物脱挥过程，认为挥发分从聚合物中的脱除通过扩散方式完成，挥发分首先从聚合物主体中扩散到气液相界面，再从界面上扩散到气相主体中，图 5-1 为部分填充的螺杆的示意图。旋转熔体池模型假设：熔体池全混，忽略气相侧的传质阻力，挥发分的扩散系数为常数。

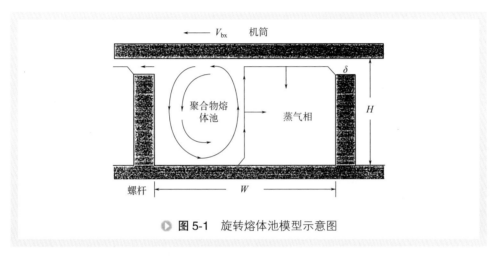

▶ **图 5-1** 旋转熔体池模型示意图

基于上述假设，一维传质模型如下：

$$\frac{\partial c}{\partial t} = D \frac{\partial^2 c}{\partial x^2} \tag{5-1}$$

初始条件为：

$$t = 0, x > 0; c = c_0 \tag{5-2}$$

边界条件为：

$$x = 0, t > 0; c = c_e \tag{5-3}$$

$$x \to \infty, t > 0; c = c_0 \tag{5-4}$$

式中，D 为传质系数；c_0 为挥发分的起始浓度；c_e 为挥发分在气液相界面的平衡浓度。对上述偏微分方程求解，得如下关系式：

$$\frac{c - c_e}{c_0 - c_e} = \mathrm{erf}\left[\frac{y}{2\sqrt{Dt}}\right] \tag{5-5}$$

气液相界面的平均摩尔通量为:

$$n_{\mathrm{x}} = 2\sqrt{\frac{D}{\pi\theta_{\exp}}}(c_0 - c_{\mathrm{e}}) \qquad (5\text{-}6)$$

该模型使用渗透模型来建立质量通量和传递系数之间的关系:

$$n_{\mathrm{x}} = 2\sqrt{\frac{D}{\pi\theta_{\exp}}}(c_0 - c_{\mathrm{e}}) = k_{\mathrm{L}}(c_0 - c_{\mathrm{e}}) \qquad (5\text{-}7)$$

传质系数为:

$$k_{\mathrm{L}} = 2\sqrt{\frac{D}{\pi\theta_{\exp}}} \qquad (5\text{-}8)$$

总的传质系数包括熔体池和刮擦膜两个部分:

$$k_{\mathrm{L}}a = k_{\mathrm{L}}a_{\mathrm{pool}} + k_{\mathrm{L}}a_{\mathrm{film}} \qquad (5\text{-}9)$$

物料平衡方程为:

$$\frac{\mathrm{d}^2 c}{\mathrm{d}Z^2} - Pe\frac{\mathrm{d}c}{\mathrm{d}Z} - PeN_{\mathrm{ex}}(c_0 - c_{\mathrm{e}}) = 0 \qquad (5\text{-}10)$$

轴向上的 Pe 特征数为:

$$Pe = \frac{UL}{E} \qquad (5\text{-}11)$$

式中　U——聚合物熔体轴向平均速度;

　　　L——脱挥单元的长度;

　　　E——轴向涡流扩散系数。

当 $Pe \to 0$ 时,物料在轴向上完全混合,当 $Pe \to \infty$ 时,物料在轴向上无混合,即为平推流。

提取特征数 N_{ex} 为:

$$N_{\mathrm{ex}} = \frac{k_{\mathrm{L}}aL\rho}{\dot{m}_{\mathrm{L}}} \qquad (5\text{-}12)$$

式中　ρ——聚合物熔体的密度;

　　　$\dot{m}_{\mathrm{L}}$——质量传递速率。

将残余单体浓度和传质过程变量进行关联,如下:

$$\frac{c - c_{\mathrm{e}}}{c_0 - c_{\mathrm{e}}} = f(Pe, N_{\mathrm{ex}}) \qquad (5\text{-}13)$$

3. 扩散颗粒脱挥

固相脱挥是指聚合物呈颗粒状态时的脱挥过程,例如乳液聚合产品、溶液聚合橡胶、悬浮聚合的聚氯乙烯以及淤浆聚合的聚丙烯[8]。假设传递为一维,仅靠分子扩散完成，建立质量微分衡算方程：

$$\frac{\partial c}{\partial t} = D\left(\frac{\partial^2 c}{\partial H^2} + \frac{K}{H}\frac{\partial c}{\partial H}\right)$$ （5-14）

初始条件：

$$c(0, H) = c_0$$ （5-15）

边界条件：

$$c\left(\pm\frac{h}{2}, t\right) = c_e, c(R_B, t) = c_e$$ （5-16）

$$\left.\frac{\partial c}{\partial H}\right|_{H=0} = 0$$ （5-17）

$$K = 0（矩形）；\quad K = 1（圆柱体）；\quad K = 2（球形）$$ （5-18）

式中 H——坐标变量。

$$H = Y, \quad -\frac{h}{2} \leqslant Y \leqslant \frac{h}{2}（矩形粒子）$$
$$H = r, \quad 0 \leqslant r \leqslant R_B（球形粒子）$$ （5-19）

对于球形颗粒，脱挥效率为：

$$E_f = 1 - \sum_{n=1}^{\infty}\frac{\exp(-6a_n D_e)}{a_n}$$ （5-20）

式中

$$a_n = \frac{(n\pi)^2}{6}$$ （5-21）

$$D_e = \frac{t}{t_D} = \frac{a^2 D t}{9}$$ （5-22）

二、化学反应

聚合物脱挥有时可以用来促进化学反应，如缩聚反应体系。另外，大多数的聚合物加工过程（包括脱挥）容易受到化学反应（解聚或降解）的影响。

缩聚是官能团单体多次重复缩合而形成缩聚物的过程。缩聚反应的结果，除了主产物外，往往还伴有副产物的生成。缩聚反应的例子包括聚对苯二甲酸乙二醇酯（PET）、聚对苯二甲酸丁二醇酯（PBT）、聚碳酸酯、聚苯硫醚、聚酰胺、多芳基化合物、液晶聚合物和聚氨基甲酸酯等产品。对于绝大多数缩聚反应的后期，如何有效地脱除挥发性副产品是控制反应速率的关键。设计反应器时不但要重视副产品的除去，还应考虑分子量增加时产品物理性能的变化。以 PET 的生产为例，其缩聚反应器中的功率消耗比预聚釜大得多，这是因为聚合物平均黏度增加了几千倍[8]。

在大多数聚合物熔融加工过程中，通常还伴有聚合物的降解反应，这种降解反应包括热降解（断链、解聚）、热氧化降解或者其他化学副反应如水解。热降解和热氧化降解反应可产生低分子量的链段，生成不需要的副产品，在很多情况下还使产品有颜色。解聚破坏了聚合物分子链，增加了单体含量，因而增加了分离负荷。

三、传热限制

在脱挥过程中，将热量传入或者导出聚合物脱挥体系的有效手段是非常重要的。当大量的挥发分蒸发时，必须供给蒸发潜热。当脱挥操作进行到最后阶段时，聚合物黏度很高，必须除去耗散热，以免聚合物在高温下出现降解的可能。此外，热力学平衡、聚合物黏度、挥发分扩散系数也都是温度的函数。因此，必须控制好脱挥过程中的温度。

在给定温度下，气液平衡决定了残留挥发分含量的极限。绝大多数的聚合物溶液与拉乌尔定律存在较大的偏差。Flory 和 Huggins 提出了一个描述聚合物溶液相平衡的公式[6]：

$$\ln(\frac{p_1}{p_1^0}) = \ln(1-\phi_2) + \phi_2 + \chi_{12}\phi_2 \tag{5-23}$$

式中　ϕ_1，ϕ_2——挥发分和聚合物的体积分数；

χ_{12}——给定体系下的 Flory-Huggins 相互作用参数，可以用于表征两者的亲和性。

$$\chi_{12} = \frac{V_1(\delta_1-\delta_2)^2}{RT} \tag{5-24}$$

式中　V_1——溶剂的摩尔体积；

δ_1，δ_2——挥发分和聚合物的溶度积参数。

当 $\chi_{12} < 0.5$ 时，挥发分和聚合物具有较好的相容性。当聚合物中挥发分的浓度较低时：

$$\ln(\frac{p_1}{p_1^0}) = \ln(1-\phi_2) + 1 + \chi_{12} \tag{5-25}$$

上式可以近似为：

$$p_1 = \frac{\rho_2}{\rho_1} W_1 p_1^0 e^{(1+\chi_{12})} \tag{5-26}$$

亨利定律常用于表征物质的溶解性，如下：

$$p_1 = HW_1 \tag{5-27}$$

由亨利定律可得：

$$H = \frac{\rho_2}{\rho_1} W_1 p_1^0 e^{(1+\chi_{12})} \tag{5-28}$$

提高聚合物体系的温度可以强化聚合物脱挥过程。当温度升高，体系的黏度下降，挥发分的扩散系数增大。但是，在操作进行到最后阶段时，聚合物黏度很高，必须首先除去耗散热，以免聚合物在高温下降解[8]。

第三节　降膜式脱挥器

一、设备概述

落条式脱挥器[6]（Falling Strand Devolatilizer，FSD）如图 5-2 所示，将有一定含量挥发分的聚合物经过预热后输送到闪蒸罐中，聚合物熔体或者溶液在重力的作用下形成条状的流体，且在流动的过程中逐渐变细，闪蒸罐的压力低于体系中挥发

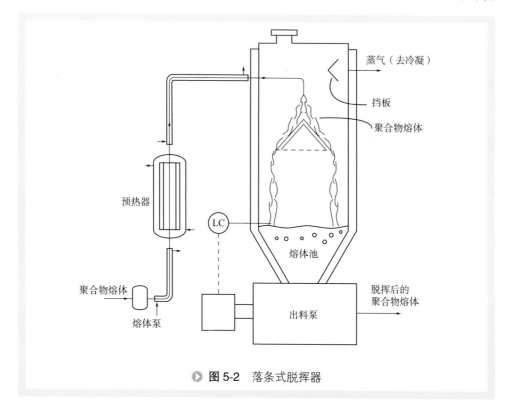

▶ 图 5-2　落条式脱挥器

分的饱和蒸气压，挥发分从体系中闪蒸出来。尽管落条式脱挥器应用广泛，但存在以下几个方面的缺点：

（1）物料在脱挥器中的停留时间分布较宽；

（2）物料在流动过程中仅依靠重力作用，存在不稳定流动的可能；

（3）气液传质界面更新的局限性；

（4）难以适用于黏度较高的场合。

基于存在的上述问题，可以通过引入一定结构的成膜元件或者管束，改善聚合物熔体的成膜性能和表面更新性能。刘兆彦提出了一种降膜式脱挥设备[9]（图5-3），可用于聚酯的熔融缩聚过程。这种设备由内外两层塔组成，外塔顶部设置蒸气出口，底部设置物料出口。内塔为脱挥设备的核心部件，成膜元件为平行角条组成的栅板，相邻两个栅板层的角条方向垂直，从塔顶到塔底栅板的层间距逐渐增大，且

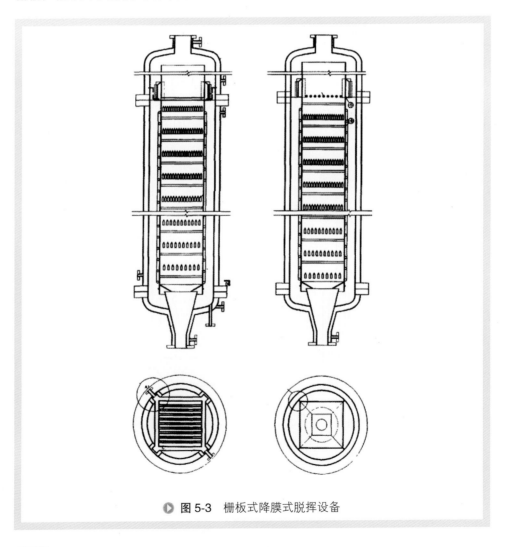

▶ 图5-3　栅板式降膜式脱挥设备

角条之间的缝隙也变宽，物料在塔内呈活塞流，具有较大的传质比表面积和较好的界面更新性能。

奚桢浩通过引入不同结构的导流降膜元件组合构造了多级多通道的新型高黏降膜脱挥设备[10]（图5-4），对高黏流体在多种结构的降膜元件下的流动成膜过程、表面更新过程以及混合过程进行冷模实验研究，结果表明，黏性力、惯性力、重力以及表面张力共同作用并且影响流动成膜过程，开孔、栅缝和带有支撑件的栅缝的稳态降膜过程均存在液位和流量的自平衡现象；当流体黏度较高时，这几类降膜元件的成膜效率均接近 $100m^2/(m^3 \cdot s)$，远优于传统的卧式缩聚反应器。在搭建了新型缩聚反应器热模实验平台中成功实现了不同分子量的聚酯和聚碳酸酯的熔融缩聚，聚合物的分子量可以在较短的时间内迅速提升，其效率远高于传统的卧式缩聚反应器。

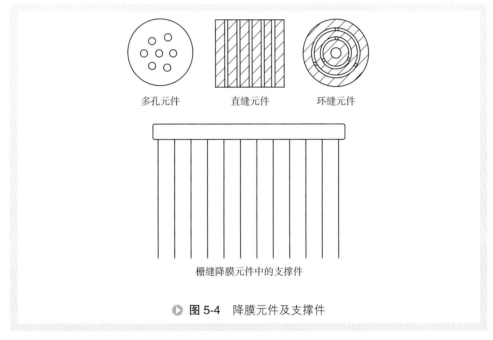

多孔元件　　　　直缝元件　　　　环缝元件

栅缝降膜元件中的支撑件

▶ 图 5-4　降膜元件及支撑件

赵思维等公开了一种多层落管式降膜缩聚反应器[11]，如图5-5所示，设备主要由外塔和多个塔芯组成，塔芯包括多个并行排列的降膜落管和塔板，其中降膜落管由中空管和固定在管子外壁上的多个落套降膜元件构成。降膜元件可以为单一结构或者多种结构的落套组合而成。当落套为上分离套和下分离套时，物料可以在降膜落管上形成很大的气液相界面，且在经过上/下分离套的时候，内部壁面区和表面区的流体相互转变，因而该设备具备优异的表面更新性能。

综上，降膜式脱挥器是通过在设备中设置各种结构的降膜元件来强化黏性流体的流动成膜过程和液膜的表面更新过程，进而强化高黏物系的传质过程。

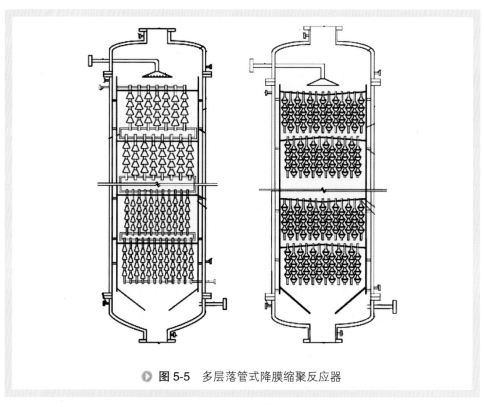

二、流动成膜与传质特性

　　赵思维设计了不同结构的降膜元件 [12]（图 5-6），通过冷模实验和 CFD 模拟的方法对高黏流体在管外的流动特性、成膜特性以及表面更新特性进行了研究。菱形管和单锥管分别在光滑圆管上添加菱形和单锥降膜元件，双锥管的降膜单元由两个大小不同且方向相反的圆锥组成。

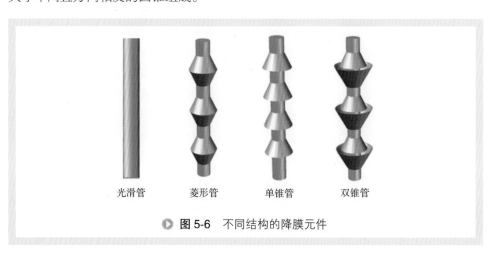

光滑管　　　菱形管　　　单锥管　　　双锥管

▶ 图 5-6　不同结构的降膜元件

图 5-7 和图 5-8 为不同管型的流动成膜过程与液相体积分布云图。可以看出，光滑管的液相流动比较平稳，靠近出口的位置液膜较厚，在沿着壁面向下流动的过程中液膜收缩；对菱形管而言，液膜流动过程与光滑管近似，流体在菱形凸起的部分曲折流动；单锥管的液膜流动过程中会出现液膜收缩的过程；双锥管的液膜流动过程更为复杂，由于相邻的两个锥放置的方向相反，液相的流动过程与折流板上的流动相似，外层的流体在向下的流动过程中转为内层流体，这强化了液膜的表面更新过程。

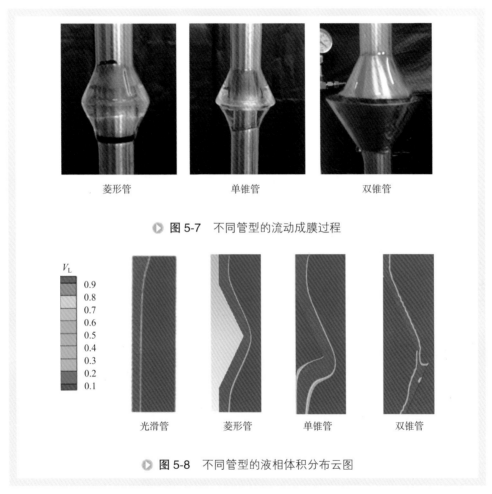

菱形管　　　　　　　单锥管　　　　　　　双锥管

▶ **图 5-7**　不同管型的流动成膜过程

光滑管　　　菱形管　　　单锥管　　　双锥管

▶ **图 5-8**　不同管型的液相体积分布云图

图 5-9 为不同结构管型对成膜效率的影响。液相在菱形管突起的部分曲折流动，造成液面的波动，因而菱形管的成膜面积优于光滑管，在操作的物料黏度范围内，其成膜面积为光滑管的 1.2 倍以上。对于单锥管而言，液相在流动过程中会出现液膜收缩的现象，在圆管和锥形构件之间形成了空气薄层，两侧均可以发生气液传质过程，因此其成膜效率最高。当物料黏度为 56 Pa·s 时，单锥管和菱形管的成膜面

积分别为光滑管的 1.99 倍和 1.44 倍。

　　图 5-10 为不同结构管型对脱挥效率的影响。可以看出，菱形管和单锥管的流场情况相近，但是单锥管的成膜效率与表面更新频率均高于菱形管，因此，单锥管的脱挥效率稍高，为光滑管脱挥效率的 1.5 倍左右。双锥管由于可以进行液膜内外的物料交换，液膜的表面更新频率较高，脱挥效率远高于其他三种管型。当进料流量为 5mL/s 时，光滑管、菱形管、单锥管和双锥管的脱挥效率分别为 2%，3.55%，3.76% 和 5.4%。

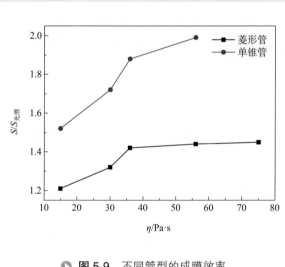

图 5-9　不同管型的成膜效率

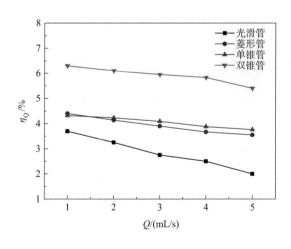

图 5-10　不同管型的脱挥效率（η =36Pa·s）

第四节　卧式双轴圆盘反应器

一、设备概述

卧式圆盘反应器包括单轴圆盘反应器和双轴圆盘反应器，搅拌轴上存在着一定数目和结构的圆盘，具有优异的成膜性能和较好的表面更新能力，是聚酯工业中典型的终缩聚反应器。

图 5-11 为德国 Zimmer 公司开发的单轴圆盘反应器[13]。物料借助于黏性力、重力、表面张力等作用在圆盘表面形成液膜，运动过程中又存在着形变，如图 5-12 所示，液膜与反应器中的物料混合，并以一定的速率进行更新。随着聚合过程的增加，体系黏度逐渐增加，圆盘之间的间距也相应增加。

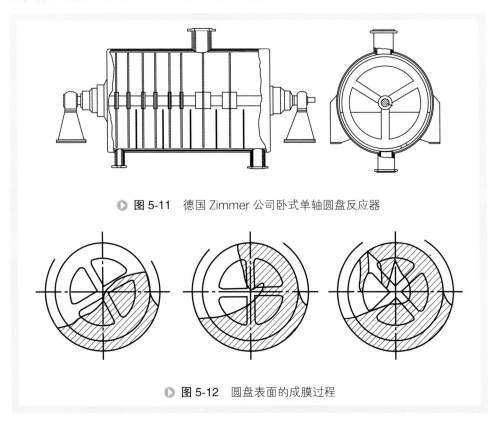

> 图 5-11　德国 Zimmer 公司卧式单轴圆盘反应器

> 图 5-12　圆盘表面的成膜过程

对于卧式单轴圆盘反应器，物料在反应器的成膜性能和表面更新只是依赖于物料与搅拌元件之间的相互作用。随着反应的进行，物料的黏度进一步增大，桨叶之间会存在一定的粘连，进而限制圆盘表面的成膜与液膜的表面更新。

美国 DuPont 公司[14]设计了卧式双轴圆盘反应器，桨叶结构可以为光滑圆盘，也可以设置一定数目和结构的窗口或者网格。桨叶交替排布在两个搅拌轴上，搅拌轴的旋转方向相反，搅拌转速相同，相邻两个桨叶之间存在重叠区域，流动成膜机理与单轴圆盘反应器不同，适用于黏度更高的聚合体系，如图 5-13 所示。

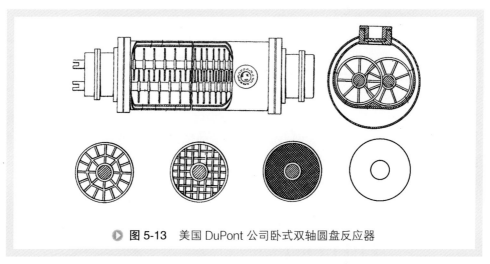

▶ **图 5-13** 美国 DuPont 公司卧式双轴圆盘反应器

日本 Hitachi 公司开发了新型的卧式双轴搅拌设备[15]，不仅可以处理黏度为几帕·秒的物系，也可以处理超高黏度的物料，且具有较好的自清洁能力，可用于聚酯的连续化生产，如图 5-14（a）所示。桨叶为"8"字形开窗结构，桨叶的边缘设置两个刮刀。桨叶并列排布在两个旋转方向相反的搅拌轴上，平行排布的两个桨叶之间的相位角为 90°，轴向上相邻两个桨叶之间的相位角也为 90°。搅拌过程中，液面呈现周期性变化，形成较大的气液相界面积。桨叶表面的刮刀可以降低物料的粘连作用，减小液膜的厚度和传质阻力，同时液膜可以获得较快的表面更新。研究表明，物料在径向为全混流、轴向为平推流，8 层桨叶组合卧式反应器的停留时间分布特性相当于 11 个串联的全混搅拌槽的流动状态[16]。日本 Hitachi 公司还公布了相似的卧式双轴搅拌设备[17]，如图 5-14（b）所示。

日本 Kurimoto 公司 Fujii 等人公开了一种新型的卧式双轴搅拌设备[18]，桨叶结构近似为三角形，桨叶以一定的相位角平行排布在搅拌轴上，其旋转方向和旋转速度相同，如图 5-15 所示。桨叶尖端和反应器壁面、平行排布的两个桨叶之间以及桨叶在轴向上的间距都非常小，极大地降低了物料在桨叶和壁面上沉积的可能性，因此该设备具有良好的自清洁特性。桨叶表面可以设置一定结构的窗口，窗口区域具有较好的成膜特性，易于将挥发分从体系中脱除，适用于聚酯的连续化生产。

卧式双轴圆盘反应器的脱挥性能取决于黏性流体在旋转圆盘表面的成膜特性与表面更新性能，其影响因素包括物料黏度、圆盘转速、圆盘结构以及在搅拌轴上的排布方式等。

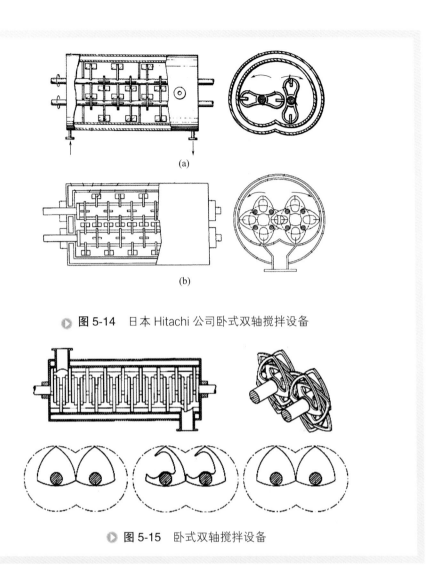

图 5-14　日本 Hitachi 公司卧式双轴搅拌设备

图 5-15　卧式双轴搅拌设备

二、流动成膜特性

1.卧式单轴圆盘反应器与卧式双轴圆盘反应器对比分析

成文凯搭建了卧式双轴圆盘反应器的冷模实验平台，如图 5-16 所示，在两个搅拌轴上分别设置一个圆盘，利用计算流体力学 CFD 模拟方法分析了旋转圆盘的液膜流动过程[19]。

卧式双轴圆盘反应器中的流动成膜过程如图 5-17 所示。研究发现，左侧液膜厚度分布不均匀，起始区液膜厚度最大，靠近搅拌轴中心的位置液膜较厚，而圆盘边缘处液膜较薄。右侧液膜厚度较小，且在径向与周向上呈均匀分布。

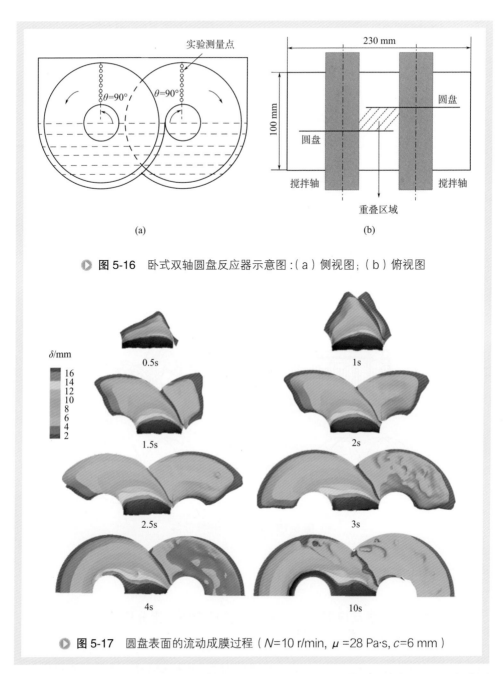

图 5-16 卧式双轴圆盘反应器示意图：(a) 侧视图；(b) 俯视图

图 5-17 圆盘表面的流动成膜过程（$N=10$ r/min，$\mu=28$ Pa·s，$c=6$ mm）

图 5-18 为卧式单轴圆盘反应器和双轴圆盘反应器中液膜的速度矢量图和液膜厚度分布图。单轴圆盘反应器中的成膜过程受到黏性力、重力、表面张力等影响，液膜厚度在径向和周向上呈现不均匀分布。根据液膜表面速度的大小可以将液膜分为起始区、加速区以及稳定流动区[20]。其中，起始区存在弯月面，液膜厚度最大，随着圆盘旋转过程中，液膜速度逐渐增大，液膜厚度减小，最后趋于稳定。

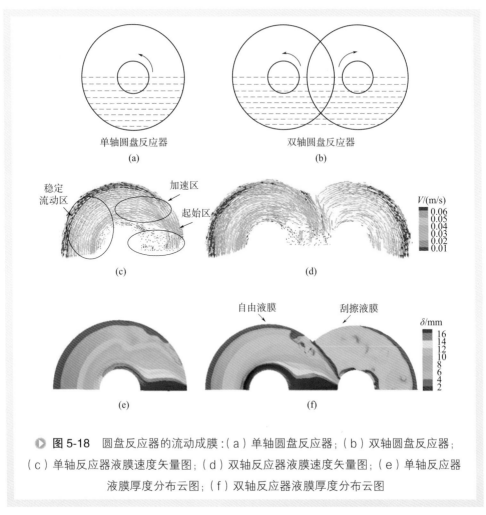

图 5-18　圆盘反应器的流动成膜：（a）单轴圆盘反应器；（b）双轴圆盘反应器；
（c）单轴反应器液膜速度矢量图；（d）双轴反应器液膜速度矢量图；（e）单轴反应器
液膜厚度分布云图；（f）双轴反应器液膜厚度分布云图

对于双轴圆盘反应器，相邻两个圆盘之间存在重叠区域，进而会影响其流动成膜过程。将不受重叠区域影响的液膜称为"自由液膜"，受重叠区域影响的液膜称为"刮擦液膜"。可以看出，自由液膜厚度分布不均匀，与单轴圆盘反应器中的成膜过程类似，而刮擦液膜则较为均匀，液膜厚度远小于自由液膜。

2. 圆盘结构对成膜过程的影响

圆盘结构对反应器中的流动成膜过程也具有显著影响。成文凯通过计算流体力学 CFD 模拟方法获取了开窗圆盘的流动成膜过程[21]，如图 5-19 所示。研究发现，自由液膜（左侧液膜）在径向和周向上分布不均匀，窗口区域形成凹陷的液膜，液膜厚度较小，而刮擦液膜（右侧液膜）则相对均匀分布，液膜厚度较小，而且圆盘表面的液膜稳定后呈现周期性变化，变化周期取决于搅拌转速和窗口数目。

图 5-20 为不同结构圆盘表面的液膜厚度分布云图。相邻两个圆盘之间存在重叠区域，光滑圆盘（solid disk）表面会形成自由液膜和刮擦液膜，两者均为具有一个

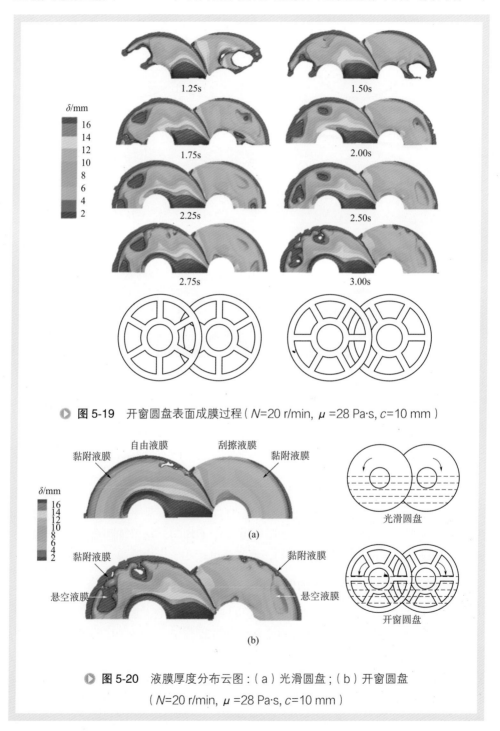

▶ **图 5-19**　开窗圆盘表面成膜过程（*N*=20 r/min, *μ*=28 Pa·s, *c*=10 mm）

▶ **图 5-20**　液膜厚度分布云图：（a）光滑圆盘；（b）开窗圆盘

（*N*=20 r/min, *μ*=28 Pa·s, *c*=10 mm）

自由液面的黏附液膜。对于开窗圆盘（wheel）而言，自由液膜在窗口区域呈现凹陷状态，辐条区域呈现凸起状态，外部圆环处液膜较薄，靠近搅拌轴中心圆环上液膜较厚。而刮擦液膜分布较为均匀，在窗口区域呈凹陷的状态。窗口区域会形成悬空液膜，有两个自由液面。辐条和圆环区域会形成黏附液膜，只有一个自由液膜。

图 5-21 为液膜 Y 方向速度随径向位置的变化（负值表示液膜回流到液相主体中）。对于两种圆盘而言，自由液膜和刮擦液膜的 Y 方向速度随着径向位置的增大呈现先增大而后减小的趋势，圆盘边缘的液膜在重力作用下加速到一最大值，而后在黏性力等作用下逐渐减速。对于自由液膜，当径向位置大于 40 mm 时，开窗圆盘液膜速度大于光滑圆盘。外部圆环上的黏附液膜在重力作用下，向下运动到窗口区域，转变为悬空液膜，液膜在窗口区域不受圆盘表面的黏滞阻力的影响。对于刮擦液膜，开窗圆盘的液膜 Y 方向速度远大于光滑圆盘，即液膜可以快速和液相主体进行混合。可见，开窗圆盘的液膜表面更新性能优于光滑圆盘。

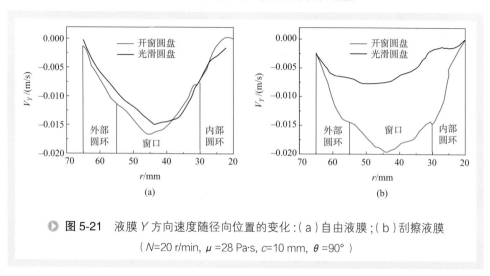

图 5-21 液膜 Y 方向速度随径向位置的变化：（a）自由液膜；（b）刮擦液膜
（ N=20 r/min, μ =28 Pa·s, c=10 mm, θ =90° ）

图 5-22 为开窗圆盘表面自由液膜的相对速度矢量图，起始区液膜厚度最大，相对速度最大。可以看出，黏附液膜和悬空液膜之间存在相互作用和相互转化的过程。外部圆环上的黏附液膜在重力作用下，转变为窗口区域的悬空液膜；液膜继续向下移动，悬空液膜又转变为内部圆环上的黏附液膜。随着圆盘的旋转运动，辐条上的黏附液膜和窗口中的悬空液膜也存在相互转化的过程。

搅拌转速对开窗圆盘成膜过程的影响如图 5-23 所示。当物料黏度为 1.5 Pa·s，搅拌转速为 10 r/min 时，圆盘表面持液量较低，圆环和辐条上存在黏附液膜，而窗口区域无悬空液膜。当搅拌转速为 20 r/min 时；圆盘表面的持液量增大，黏附液膜也随之变厚，窗口区域逐渐形成稳定的悬空液膜。

图 5-24 为开窗圆盘流动成膜相图。对于特定的物料黏度、液位以及圆盘结构，存在一个最低的转速，使得窗口区域存在稳定的悬空液膜，这个转速称为最小成膜

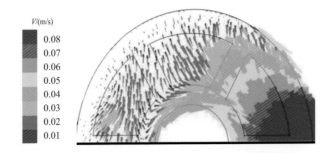

图 5-22 开窗圆盘表面自由液膜相对速度矢量图（ *N*=20 r/min, *μ* =28 Pa·s ）

窗口区域无液膜

窗口区域存在稳定的液膜

(a)

(b)

图 5-23 搅拌转速对开窗圆盘成膜过程的影响：（ a ）10 r/min；（ b ）20 r/min（ *μ* =1.5 Pa·s, *c*=10 mm ）

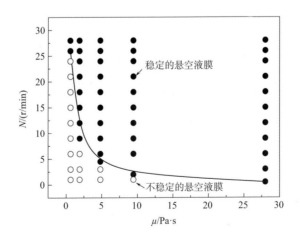

图 5-24 开窗圆盘流动成膜相图

转速。最小成膜转速随着物料黏度的增大而减小，两者存在如下的关系：

$$N_{min}\mu=16.65 \qquad\qquad (5\text{-}29)$$

三、液膜厚度分布

Cheng 等[19]采用探针法来测量高黏牛顿流体糖浆在旋转圆盘表面的液膜厚度，通过计算流体力学 CFD 模拟获取了液膜厚度分布，并考察了物料黏度、搅拌转速、圆盘间距以及圆盘结构的影响。

1.物料黏度的影响

物料黏度对圆盘表面液膜厚度分布云图和平均液膜厚度的影响如图 5-25 和图 5-26 所示。当物料黏度为 4.4 Pa·s 时，自由液膜和刮擦液膜的膜厚分布云图基本相

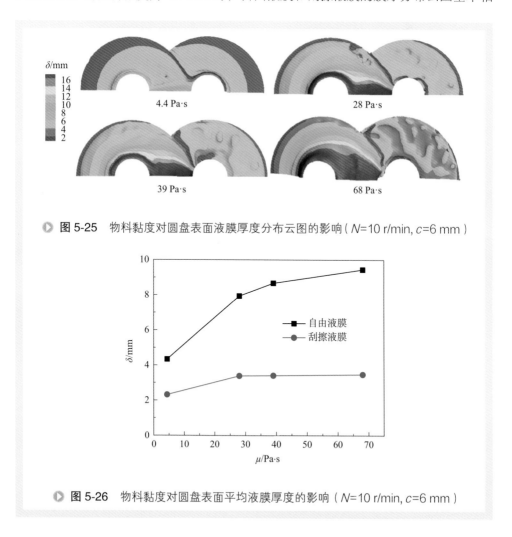

▶ **图 5-25** 物料黏度对圆盘表面液膜厚度分布云图的影响（ N=10 r/min, c=6 mm ）

▶ **图 5-26** 物料黏度对圆盘表面平均液膜厚度的影响（ N=10 r/min, c=6 mm ）

似，自由液膜平均厚度约为 4 mm，小于圆盘间距 6 mm。当物料黏度大于 28 Pa·s 时，自由液膜的平均厚度大于 8 mm，自由液膜在径向和周向位置呈现不均匀分布，而刮擦液膜厚度分布则较为均匀，且厚度较小。自由液膜厚度随着黏度的增大而增大，而刮擦液膜的平均厚度则基本保持不变。

图 5-27 为 90°相位上液膜厚度随径向位置的变化曲线。可以看出，实验测量值和 CFD 模拟数据吻合良好，这证实了 CFD 模拟的可靠性。自由液膜厚度随着径向位置的增大而减小。自由液膜在圆盘中心处液膜较厚，圆盘边缘处较薄，且随着物料黏度的增大而变厚。

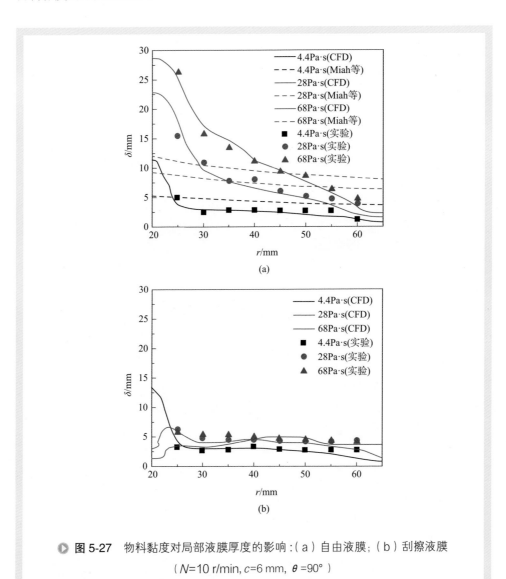

图 5-27 物料黏度对局部液膜厚度的影响：(a)自由液膜；(b)刮擦液膜
（N=10 r/min，c=6 mm，θ=90°）

Miah 等 [22] 基于 CFD 模拟研究了牛顿流体在竖直旋转圆盘表面的液膜厚度，同时采用激光扫描的方法获取了圆盘表面液膜厚度分布云图，CFD 模拟数据和实验测量数据吻合良好。同时，建立了液膜厚度和搅拌转速、物料黏度、表面张力、径向位置和角度的关联式，可以准确预测圆盘表面的液膜厚度，其公式如下：

$$\delta / R = \frac{0.261 Ca^{0.1} Fr^{0.32}}{Re^{0.2}(r / R)^{0.36}\theta^{0.16}} \tag{5-30}$$

式中　R——圆盘半径；

　　　r——径向位置；

　　　θ——角坐标；

　　　Ca——毛细管特征数；

　　　Fr——弗劳德特征数；

　　　Re——雷诺特征数。

将上述公式来预测自由液膜厚度，结果发现，该公式预测值与 CFD 模拟数据和实验数据存在较大偏差，这是由于 Miah 等使用的物料黏度偏小，该公式适用于黏度较低的体系。

当物料黏度为 4.4 Pa·s 时，自由液膜厚度和刮擦液膜厚度基本相等，且随着径向位置的增大而减小。当物料黏度大于 28 Pa·s 时，自由液膜在径向上分布不均一，而刮擦液膜则较为均匀，且液膜厚度较小。

2.搅拌转速的影响

图 5-28 和图 5-29 为搅拌转速对液膜厚度分布云图和平均液膜厚度的影响。当搅拌转速为 5 r/min 时，自由液膜的平均厚度大于圆盘间距 6 mm，刮擦液膜厚度分布则较为均匀。圆盘表面的持液量随着转速的增大而增大，自由液膜也逐渐变厚，刮擦液膜则由于重叠区域的影响呈现均匀分布，而且平均液膜厚度基本保持不变。

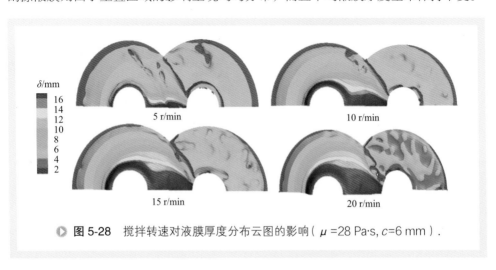

▶ **图 5-28** 搅拌转速对液膜厚度分布云图的影响（μ =28 Pa·s，c=6 mm）.

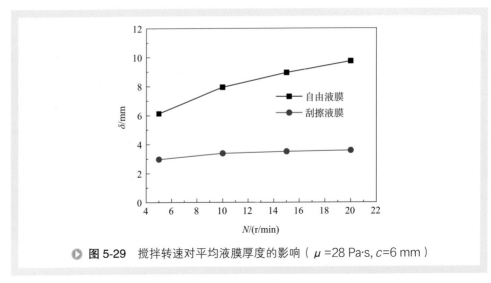

图 5-29　搅拌转速对平均液膜厚度的影响（μ=28 Pa·s, c=6 mm）

搅拌转速对局部液膜厚度的影响如图 5-30 所示。自由液膜厚度随搅拌转速的增大而增大。刮擦液膜除靠近搅拌轴区域外，液膜厚度几乎不随径向位置和搅拌转速而改变。

3.圆盘间距的影响

图 5-31 和图 5-32 为圆盘间距对液膜厚度分布云图和平均液膜厚度的影响。随着圆盘间距的增大，自由液膜厚度呈现略微减小的趋势，刮擦液膜则逐渐变厚，这是因为圆盘之间的剪切作用逐渐减弱。当圆盘间距为 4 mm 时，自由液膜平均厚度约为 8 mm，刮擦液膜平均厚度约为 2 mm；当圆盘间距为 20 mm 时，自由液膜和刮

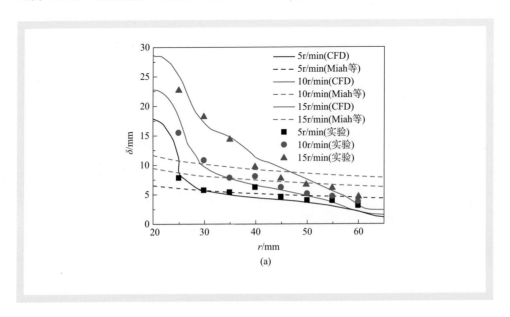

(a)

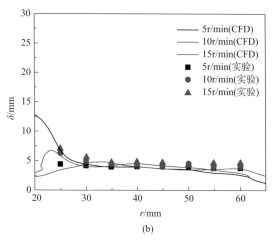

(b)

● 图 5-30　搅拌转速对局部液膜厚度的影响：（a）自由液膜；（b）刮擦液膜
（μ=28 Pa·s，c=6 mm，θ=90°）

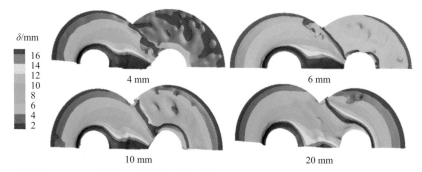

● 图 5-31　圆盘间距对液膜厚度分布云图的影响（N=10r/min，μ=28 Pa·s）

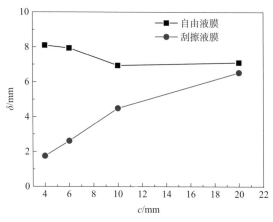

● 图 5-32　圆盘间距对平均液膜厚度的影响（N=10 r/min，μ=28 Pa·s）

擦液膜的平均厚度分别为 7.11 mm 和 6.53 mm。可见，随着圆盘间距继续增大，两个圆盘的成膜互不影响，这相当于单轴圆盘反应器的流动成膜过程。

图 5-33 为圆盘间距（c）对圆盘径向（r）的局部液膜厚度的影响。圆盘间距基本不影响自由液膜厚度，但刮擦液膜随着圆盘间距的增大而增大。因此，对于高黏流体，圆盘间距是刮擦液膜的主要影响因素。

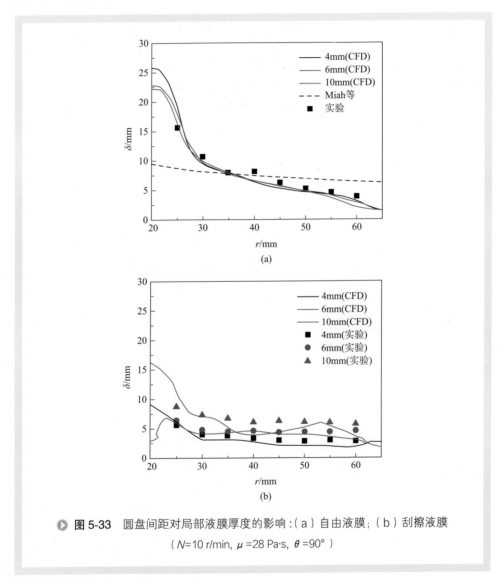

(a)

(b)

▶ 图 5-33　圆盘间距对局部液膜厚度的影响：（a）自由液膜；（b）刮擦液膜
（N=10 r/min，μ =28 Pa·s，θ =90°）

4.圆盘结构的影响

图 5-34 为 90° 相位上，局部液膜厚度随径向位置的变化。可以看出，自由液膜厚度随着径向位置的增大而减小，开窗圆盘表面自由液膜厚度远小于光滑圆盘，而

两种圆盘上的刮擦液膜厚度则基本一致。局部液膜厚度随相位的变化如图5-35所示。对于自由液膜和刮擦液膜，开窗圆盘的窗口附近区域的液膜厚度远小于光滑圆盘。

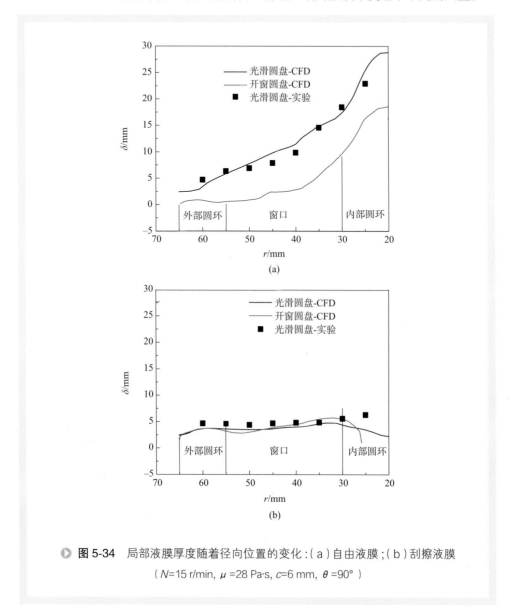

🔘 **图5-34** 局部液膜厚度随着径向位置的变化：(a)自由液膜；(b)刮擦液膜
（ N =15 r/min, μ =28 Pa·s, c =6 mm, θ =90° ）

四、传质特性

成文凯和陈忠辉采用CO_2在糖浆中等速吸收的方法来测定卧式双轴圆盘反应器的容积传质系数[23,24]（ $k_L a$ ），实验流程如图5-36所示，主要实验步骤如下：

（1）取一定体积和黏度的糖浆加入反应釜中，以一定速率通入N_2，高速搅拌并

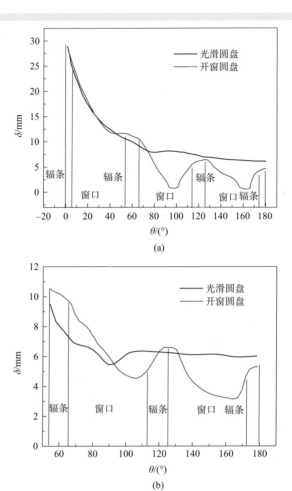

图 5-35　局部液膜厚度随相位的变化 : (a) 自由液膜 ; (b) 刮擦液膜

（ N=20 r/min, μ=28 Pa·s, c=10 mm, r=45 mm ）

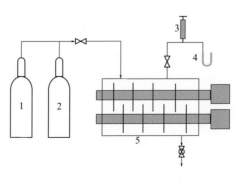

图 5-36　实验流程图

1—N$_2$钢瓶;2—CO$_2$钢瓶;3—注射器;4—U形管压差计;5—反应器

启动真空泵，以尽量降低糖浆中 CO_2 的初始浓度；

（2）停止搅拌，待反应器中的压力恢复到常压，打开底部出料阀门，取样称重并分析样品中 CO_2 的浓度；

（3）通入 CO_2 置换反应器上部的气相空间，关闭反应器所有的进口与出口，设置搅拌转速，启动搅拌；

（4）当糖浆对 CO_2 进行吸收时，反应器内部压力减小，通过注射器向反应器中及时补充 CO_2，使得 U 形管压差计（与外界大气压相连通）的刻度保持稳定，并且记录 CO_2 的累积吸收体积随时间的变化；

（5）以一定速率向反应器中通入 CO_2，保持体系常压，高速搅拌，至体系中 CO_2 的吸收和解吸达到平衡，取样分析其平衡浓度。

1.物料黏度和搅拌转速的影响

图 5-37 为 CO_2 在糖浆中的累积吸收体积随时间的变化，其中圆盘间距为 8mm。可以看出，CO_2 的累积吸收体积与时间呈线性关系，且随着搅拌转速的增加而增加。

图 5-38 为物料黏度和搅拌转速对 k_La 的影响。可以看出，体系的 k_La 的数量级为 10^{-4}，因此该实验方法可行[25]。物料黏度增大，桨叶的持液量增大，液膜厚度增大，传质阻力增加，传质界面的更新能力减弱，因而 k_La 减小。当搅拌转速增加时，传质界面的更新加快，k_La 随之增大。

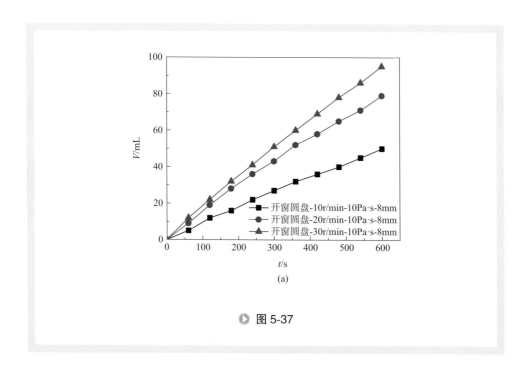

◆ 图 5-37

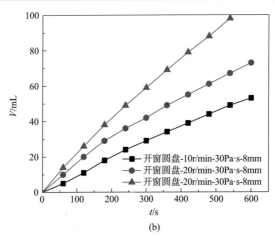

(b)

▶ **图 5-37** CO_2 的累积吸收体积随时间的变化：(a) 10 Pa·s；(b) 30 Pa·s

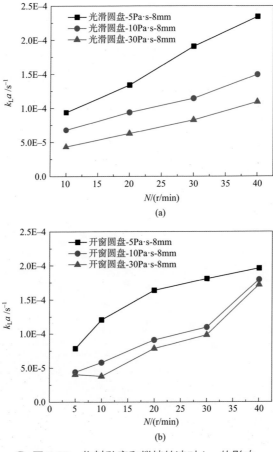

(a)

(b)

▶ **图 5-38** 物料黏度和搅拌转速对 k_La 的影响

2.圆盘间距的影响

图 5-39 为圆盘间距对 $k_L a$ 的影响。当搅拌转速较低时（5 r/min 和 10 r/min），圆盘表面的持液量较低，液膜厚度小于圆盘间距，圆盘单独成膜，两种间距情况下的成膜情况与单轴圆盘反应器相似，因此，两者的 $k_L a$ 基本相同。

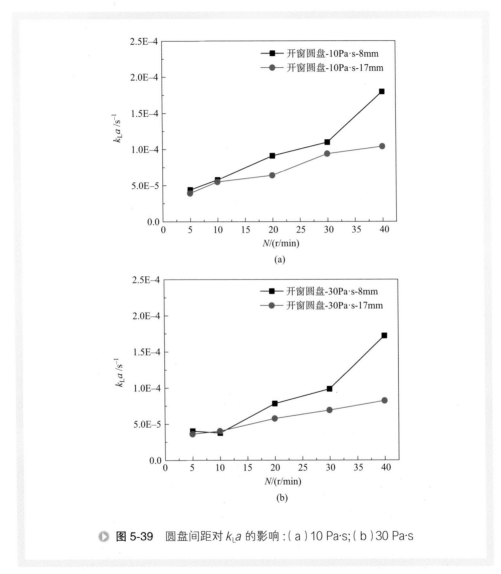

● **图 5-39**　圆盘间距对 $k_L a$ 的影响：(a) 10 Pa·s；(b) 30 Pa·s

随着圆盘转速的增加，两者的差异逐渐增大，圆盘间距为 8 mm 时的传质性能更佳。当圆盘间距为 17 mm 时，圆盘表面的液膜厚度（在操作转速范围内）小于 17 mm，此时相邻圆盘之间几乎不存在刮擦作用（图 5-40），液膜较厚，传质阻力较大，其 $k_L a$ 较小。

10Pa·s-5r/min-8mm   10Pa·s-30r/min-8mm

 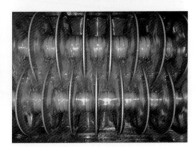

10Pa·s-5r/min-17mm   10Pa·s-30r/min-17mm

▶ 图 5-40 圆盘间距对流型的影响（开窗圆盘）

陈忠辉等[25]考察了桨叶数量对 $k_L a$ 的影响，如图 5-41 所示，$k_L a$ 随着桨叶数量的增加而增大。当圆盘数量增加后，圆盘表面的液膜面积增大，增加了气液两相的传质面积。但是，$k_L a$ 和桨叶数量之间并非简单的线性关系，这是由于相邻圆盘之间的成膜过程是相互影响的。随着桨叶数量增加，桨叶间距逐渐减小，当间距减小到一定程度时，相邻桨叶在旋转过程中拉起的流体会存在部分重叠，而严重的时候流体会随着桨叶一起旋转，形成"固体回转"现象，气液传质面积反而下降，进而导致 $k_L a$ 减小。因此，增加桨叶数量可以提高 $k_L a$，但也要综合考虑物料的黏度和桨叶间距等因素。

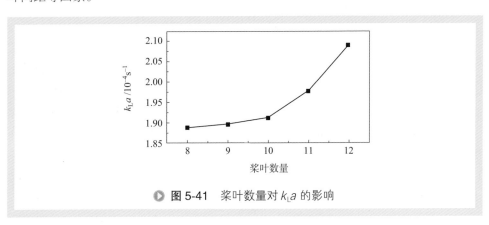

▶ 图 5-41 桨叶数量对 $k_L a$ 的影响

3.圆盘结构的影响

图 5-42 为圆盘结构对 k_La 的影响。可以看出，开窗圆盘的传质性能优于光滑圆盘，这是由于开窗圆盘在窗口区域形成凹陷的液膜，液膜厚度较小，且液膜回流到液相主体的速度更快，即液膜的表面更新性能优于光滑圆盘。因此，圆盘开窗可以强化液膜流动与表面更新过程，进而强化传质过程。

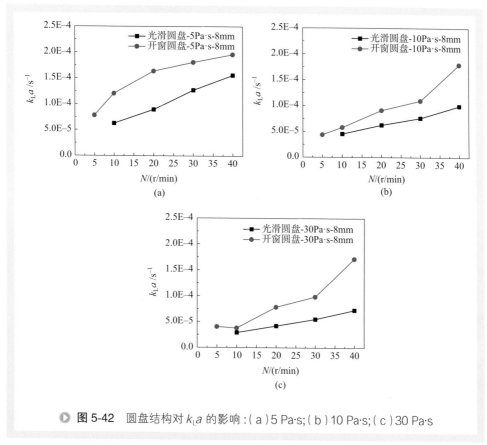

图 5-42 圆盘结构对 k_La 的影响：(a) 5 Pa·s；(b) 10 Pa·s；(c) 30 Pa·s

4.刮刀的影响

陈忠辉等 [25] 考察了刮刀圆盘对传质性能的影响，如图 5-43 所示。当物料黏度较低时（3.3 Pa·s），带有刮刀圆盘的传质性能更佳，在每个圆盘上安装四只刮刀后，其 k_La 约提高为不带刮刀圆盘的 1.23 倍。当物料黏度较高时（35.6 Pa·s），带有刮刀圆盘的传质性能变差，可能的原因在于：有刮刀圆盘的持液量高于无刮刀圆盘，当物料黏度超过一定数值时，大部分的物料集中在桨叶上，釜内的物料很少，液膜的表面更新性能很差，桨叶上的物料与釜内物料几乎不存在传质交互作用。因此，当圆盘间距较低、装液量较低和黏度较高时，不宜在桨叶上设置刮刀。

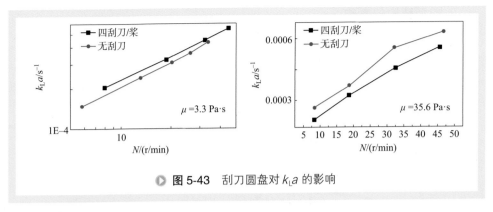

◐ 图5-43 刮刀圆盘对 k_La 的影响

5. 装料量的影响

陈忠辉等[25]采用CO_2在糖浆中等速吸收的方法来测定卧式双轴圆盘反应器的容积传质系数 k_La，考察了装料量的影响，如图5-44所示。当搅拌转速较低时，装料系数 f 越小，k_La 越大；在中间一段转速范围内，装料系数为0.35时的 k_La 的最高；而当搅拌转速增大到一定程度（约30r/min），三种装料情况的 k_La 趋于相等。

卧式双轴圆盘反应器中的传质面积包括两部分，一部分为釜内水平方向液面的面积，另一部分为旋转圆盘表面液膜的面积。当搅拌转速较低时，旋转圆盘表面的液膜更新频率较低，釜内水平方向的气液接触面积成为主要因素（尤其当圆盘间距较大时），此时，降低装料量有利于提高液体的比表面积。当搅拌转速较高时，圆盘表面形成的黏附液膜和悬空液膜的更新频率加

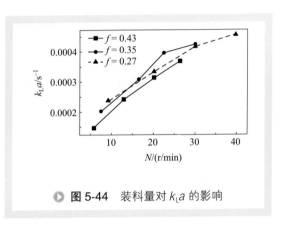

◐ 图5-44 装料量对 k_La 的影响

快，因而成为气液传质的主导因素，若釜内的装料量过低，圆盘表面的液膜未能获得有效的更新，传质性能反而降低。当搅拌转速增大到一定数值时，三种装料系数下圆盘的持液量相同，因而其对应的传质性能也相当。

可见，对于一个特定的体系而言，存在一个临界装料体积 V_c，当装料量大于或者小于它时，体系的 k_La 都会减小，相应的装料系数为临界装料系数 f_c。从传质的角度考虑，实际操作最好能在 f_c 这一点进行，但通常取比 f_c 略高的数值为操作条件来提高反应釜的有效利用率。

第五节　卧式双轴捏合反应器

一、设备概述

　　瑞士 List 公司开发了新型的卧式捏合反应器，具有以下几个方面的特征：具有高效的自清洁特性，尽可能减小流动死区，降低产物的累积以及降解的可能；可以间歇操作或者连续操作；物料的停留时间分布窄，可以通过选择不同的搅拌结构和操作条件来控制物料的停留时间；具有大的传热面积，搅拌轴（可以设计为中空结构）以及搅拌结构中可以通入加热或者冷却介质，可以对反应器中物料的温度进行精确调控；长径比小，具有较大的气相空间，捏合杆之间相互作用可以强化物料的混合和表面更新作用。

　　图 5-45 为瑞士 List 公司的卧式双轴捏合反应器[26]。桨叶由叶片和捏合杆组成，两个搅拌轴以同向或者相向的方式进行旋转，搅拌轴的转速与捏合杆的数目成反比。两个搅拌轴上均有捏合元件，在搅拌轴的旋转运动过程中存在相互作用来实现设备高效的自清洁特性、混合特性以及表面更新特性，可用于本体聚合、缩合聚合、聚合物脱挥、溶解等过程[27-29]。

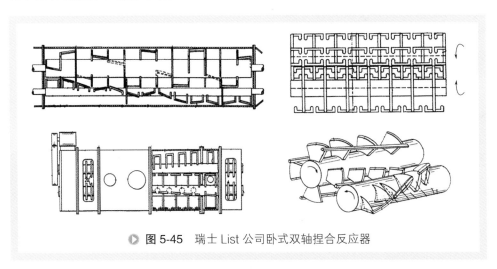

> **图 5-45**　瑞士 List 公司卧式双轴捏合反应器

　　商业聚乳酸（PLA）产品中残留丙交酯的含量要求小于 0.5%，因此 PLA 本体聚合完成后必须脱挥，List 自清洁捏合反应器很适合该过程。图 5-46 是基于捏合反应器的 PLA 本体聚合与脱挥两段流程示意[30]，丙交酯在 List 捏合反应器中进行聚合，聚合釜出口的 PLA 中含有 5% 的丙交酯；经过第二阶段的 List 脱挥器，脱除的丙交酯经冷凝后回收利用，脱挥器出口的 PLA 中的丙交酯含量为（100～3000）×10^{-6}。

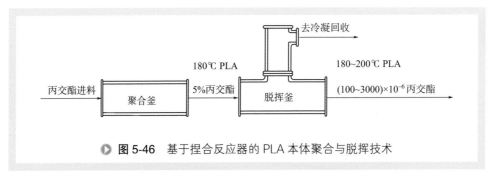

图 5-46　基于捏合反应器的 PLA 本体聚合与脱挥技术

叶阳等[31]设计了新型的卧式双轴自清洁搅拌设备，如图 5-47 所示，转轴上沿轴向固定有多个相同的搅拌盘，所述搅拌盘由多个相同的沿径向布置的搅拌杆和连接两个相邻搅拌杆的固定杆组成，所述搅拌杆包括沿径向布置的支撑杆和垂直设置在支撑杆上的两个或多个搅拌桨叶，其中一个搅拌桨叶位于所述支撑杆末端，两个转轴上的搅拌盘交错布置。相比于传统卧式双轴反应器，该发明结构简单，具有更大的反应空间，物料在釜体内做剪切拉伸流，可适应不同黏度的流体；停留时间可控；与传统的卧

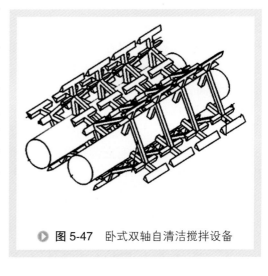

图 5-47　卧式双轴自清洁搅拌设备

式双轴反应器相比，可实现釜体内全反应区域的相互刮擦，自清洁效果强；反应能耗低，混合效率高。

二、流动成膜特性

成文凯[23]搭建了卧式双轴捏合反应器的冷模实验装置（如图 5-48），通过可视化技术和计算流体力学 CFD 模拟方法来研究其高黏牛顿流体糖浆在釜内的流动成膜过程，每个搅拌单元由四个捏合杆与一个开窗圆盘（四个窗口）组成，两个搅拌轴为同速同向旋转。

两个搅拌轴的旋转方向均为顺时针（图 5-49），左侧桨叶的起始区位于左侧，其成膜过程为自由过程，而右侧桨叶的起始区在重叠区域中，其成膜过程中受到左侧桨叶的刮擦作用。左侧桨叶的持液量多于右侧桨叶，液相主要集中在左侧，如图 5-50 所示。因此，反应器非满釜操作时，会形成不对称自由液面。

▶ **图 5-48** 可视化实验装置图

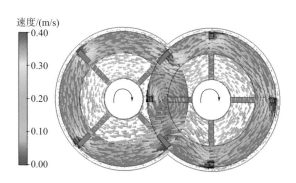

▶ **图 5-49** 速度矢量图

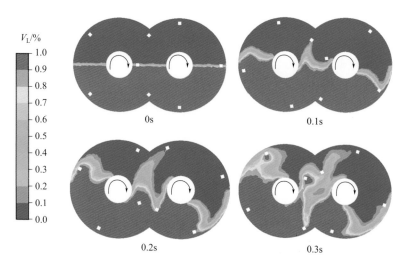

▶ **图 5-50** 液相体积分布云图（N=60 r/min, μ =68 Pa·s）

1.搅拌转速的影响

搅拌转速和加料量对流型的影响如图 5-51 所示。当釜中料液体积为 3.3 L 或者 3.8 L，左侧物料多于右侧物料，反应器中形成非对称自由液面。当大部分桨叶被浸没时（4.5L），即使处于较高的转速下，左右两侧液面基本保持不变。

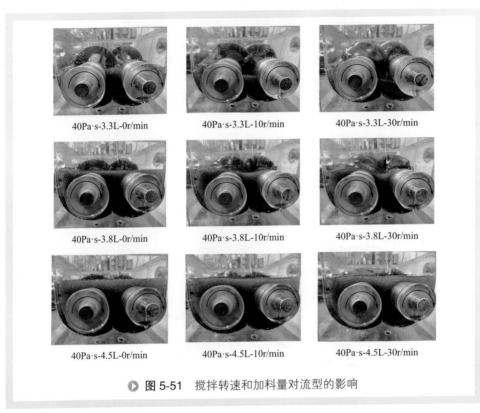

40Pa·s-3.3L-0r/min　　40Pa·s-3.3L-10r/min　　40Pa·s-3.3L-30r/min

40Pa·s-3.8L-0r/min　　40Pa·s-3.8L-10r/min　　40Pa·s-3.8L-30r/min

40Pa·s-4.5L-0r/min　　40Pa·s-4.5L-10r/min　　40Pa·s-4.5L-30r/min

▶ 图 5-51　搅拌转速和加料量对流型的影响

窗口区域的成膜过程与开窗圆盘相似，在一定条件下会形成较为稳定的悬空液膜，而捏合杆的成膜过程较为复杂。但桨叶的持液量较低时，捏合杆上只存在黏附液膜，当持液量增加时，捏合杆会形成滴流，随着持液量继续增加，捏合杆区域形成悬空液膜，如图 5-52 所示。

2.物料黏度的影响

图 5-53 为物料黏度对成膜过程的影响。捏合杆表面、圆环和辐条表面形成黏附液膜，而窗口以及捏合杆区域形成悬空液膜。当物料黏度为 5Pa·s 时，桨叶的持液量较小，反应器中只存在黏附液膜［图 5-53（a）］。当物料黏度为 30Pa·s 时，桨叶的持液量增加，黏附液膜和悬空液膜共存［图 5-53（b）］。

图 5-54 为物料黏度对悬空液膜最小成膜转速的影响。可以看出，窗口区域和捏合杆区域的最小成膜转速均随着物料黏度的增大而急剧减小，且捏合杆区域悬空液

6Pa·s-3.3L-2r/min   6Pa·s-3.3L-10r/min

40Pa·s-3.3L-1r/min   40Pa·s-3.3L-2r/min

▶ **图 5-52**　搅拌转速和物料黏度对成膜过程的影响

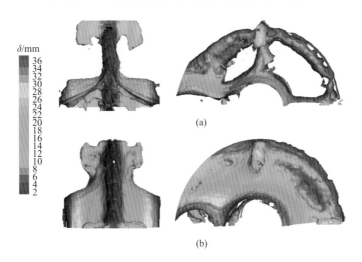

▶ **图 5-53**　物料黏度对成膜过程的影响：(a) 5 Pa·s；(b) 30 Pa·s (N=20r/min)

膜的最小成膜转速要远大于窗口区域。

　　叶阳[32]设计了一种新型的卧式双轴捏合反应器，并且搭建冷模实验平台（如图5-55所示），通过可视化技术研究高黏牛顿流体糖浆在釜内的流动成膜过程。反应器的搅拌单元仅由捏合杆组成，每个搅拌单元包括内外两层捏合杆，两个搅拌轴为差速同向旋转。

图 5-56 为物料黏度对反应器流动成膜过程的影响。当物料黏度为 0.8Pa·s 时，糖浆基本不黏附在桨叶上，釜内液面比较平稳，水平液面的面积为气液传质的主导

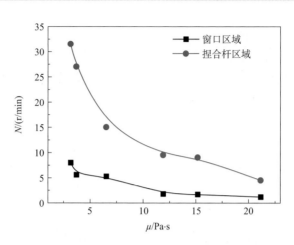

图 5-54　物料黏度对最小成膜转速的影响

图 5-55　反应釜实验装置

1—电动机；2—变频器；3—平台；4—搅拌轴；5—齿轮；6—反应釜；7—搅拌桨

(a) 0.8 Pa·s　　　　　　　　(b) 2 Pa·s

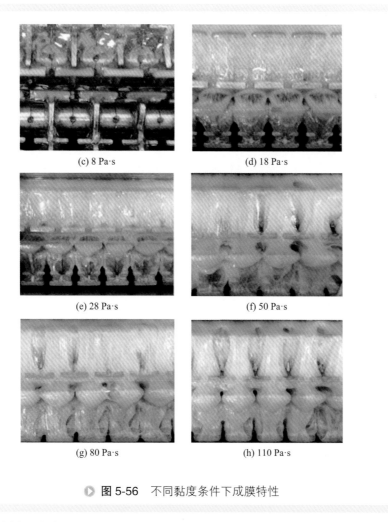

(c) 8 Pa·s

(d) 18 Pa·s

(e) 28 Pa·s

(f) 50 Pa·s

(g) 80 Pa·s

(h) 110 Pa·s

▶ 图 5-56　不同黏度条件下成膜特性

因素。当物料黏度为 2 Pa·s 时，桨叶上黏附少量的糖浆，液面出现波动。当物料黏度为 8 Pa·s 时，上方液位较高，将大部分桨叶浸没，而下方液位较低，桨叶上的液膜厚度明显增大。随着物料黏度的进一步增加，桨叶上的物料量增大，部分桨叶基本被物料包裹，部分的桨叶上液膜厚度明显增大。

三、传质特性

　　成文凯[23]采用CO_2在高黏度糖浆中等速吸收的方法来测定卧式双轴捏合反应器的容积传质系数（$k_L a$），并考察了物料黏度、搅拌转速、桨叶结构等因素的影响。

　　图 5-57 为卧式双轴捏合反应器的传质实验装置图。14 个桨叶交替排布在两个搅拌轴上，桨叶间距固定。圆盘的直径是 130 mm，圆盘厚度为 5 mm。实验过程中改

变捏合杆数目和圆盘结构，如表 5-1 所示。K1 由四个捏合杆和一个开窗圆盘组成，K2 由两个捏合杆和一个开窗圆盘组成，K3 仅由开窗圆盘组成，K4 由四个捏合杆和一个眼镜型叶片组成。

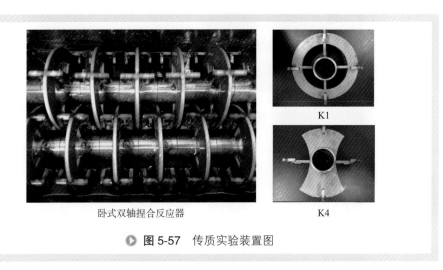

图 5-57 传质实验装置图

卧式双轴捏合反应器

K1

K4

表5-1　卧式双轴捏合反应器参数

项目	捏合杆	盘
K1	4	开窗圆盘
K2	2	开窗圆盘
K3	0	开窗圆盘
K4	4	眼镜型叶片

1. 物料黏度和搅拌转速的影响

图 5-58 为物料黏度对 k_La 的影响。当物料黏度为 0.58 Pa·s 时，窗口和捏合杆区域在操作条件下均不能形成稳定的液膜（图 5-59），但此时 CO_2 在糖浆中的溶解能力较强，因而其 k_La 较高。

当物料黏度为 10 Pa·s 时，窗口区域形成悬空液膜，捏合杆上仅存在黏附液膜（图 5-59），但 CO_2 在糖浆中的溶解能力下降，因而 k_La 减小。随着物料黏度的增大，捏合杆可以形成悬空液膜，传质面积增加。当黏度为 30 Pa·s 时，k_La 出现第一个峰值，但此时桨叶的持液量较低，捏合作用产生的界面更新作用较弱。

当物料黏度大于 30 Pa·s 时，尽管液膜厚度和传质阻力增加，但桨叶的持液量增加，捏合作用使得反应器中更多的物料得以更新，因而 k_La 首先减小而后增加。当黏度为 92 Pa·s 时，k_La 出现第二个峰值，且两个峰值的差异随着搅拌转速的增加而增加，如表 5-2 所示。当搅拌转速为 10 r/min 时，30 Pa·s 和 92 Pa·s 对应的 k_La 分别为 $2.44 \times 10^{-4} s^{-1}$ 和 $3.21 \times 10^{-4} s^{-1}$。当搅拌转速为 20 r/min 时，30 Pa·s 和 92 Pa·s 对应的 k_La 分别为 $6.33 \times 10^{-4} s^{-1}$ 和 $8.03 \times 10^{-4} s^{-1}$。可见，捏合反应器适用于黏度较高的体系。

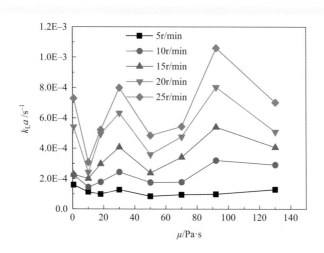

▶ **图 5-58** 物料黏度对 k_La 的影响（K1）

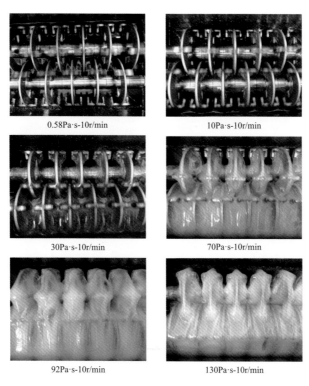

▶ **图 5-59** 物料黏度对流型的影响（K1）

当物料黏度继续增加时（130 Pa·s），CO_2 在糖浆中的扩散系数降低，液膜厚度增加，传质阻力增加，部分桨叶被完全包覆，传质面积减小，因而 k_La 也随之减小。

搅拌转速增大，单位时间内捏合次数增加，传质界面的更新作用增强，体系的 k_La 也逐渐增大。

表5-2　黏度对物料黏度对 k_La 的影响（K1）

项目	10 r/min-k_La/s^{-1}	15 r/min-k_La/s^{-1}	20 r/min-k_La/s^{-1}	25 r/min-k_La/s^{-1}
30 Pa·s	2.44×10^{-4}	2.44×10^{-4}	6.33×10^{-4}	8.00×10^{-4}
92 Pa·s	3.21×10^{-4}	5.40×10^{-4}	8.03×10^{-4}	10.60×10^{-4}

2. 捏合杆数目的影响

图 5-60 为捏合杆数目对 k_La 的影响。捏合杆数目增加，成膜面积增大，单位时间内捏合次数增加，传质界面更新作用得到强化，因此，k_La 大小次序为 K1>K2>K3。

当物料黏度为 10 Pa·s 时，捏合杆的成膜性能较差，捏合杆上仅存在黏附液膜，而窗口区域可以形成悬空液膜，因而三者 k_La 之间的差异较小，k_La 随转速变化的速率基本相同。当物料黏度为 70 Pa·s 时，搅拌转速增大，桨叶的持液量和液膜厚度增加，捏合杆的成膜性能较好，捏合杆可以极大强化传质界面的更新作用，K1 和 K2 的传质性能优于 K3，且 K1 和 K2 的 k_La 随转速变化的速率基本相同，均远大于 K3。K3 的桨叶仅由开窗圆盘组成，窗口区域形成较厚的液膜，传质界面的更新作用非常有限。

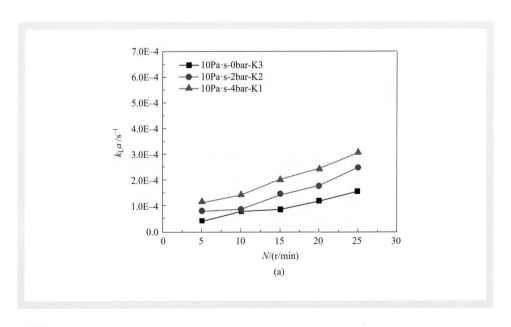

(a)

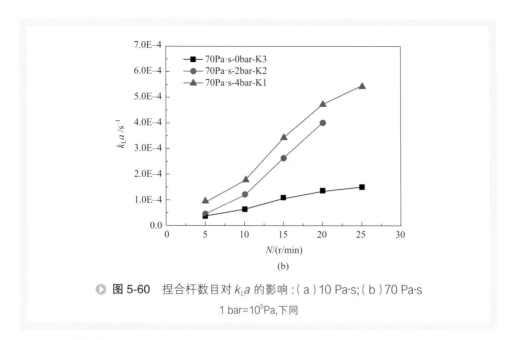

📍 图 5-60　捏合杆数目对 $k_L a$ 的影响：（a）10 Pa·s；（b）70 Pa·s

1 bar=10⁵Pa,下同

3. 盘结构的影响

盘结构和物料黏度对釜内流型的影响如图 5-61 所示。K1（kneader-wheel）由一个开窗圆盘和四个捏合杆组成，而 K4（kneader-eye）由一个眼镜型圆盘和四个捏合杆组成。当物料黏度为 10 Pa·s，搅拌转速为 10 r/min 时，捏合杆区域未能形成稳定的液膜，K4 的盘区形成稳定的黏附液膜，其成膜面积较小，而 K1 的窗口区域形成

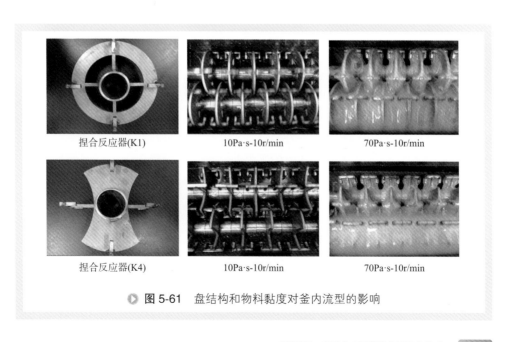

| 捏合反应器(K1) | 10Pa·s-10r/min | 70Pa·s-10r/min |
| 捏合反应器(K4) | 10Pa·s-10r/min | 70Pa·s-10r/min |

📍 图 5-61　盘结构和物料黏度对釜内流型的影响

悬空液膜，盘环区域形成黏附液膜，其成膜面积大，且窗口可以强化液膜的表面更新，因此，K1 的 k_La 大于 K4，如图 5-62 所示。

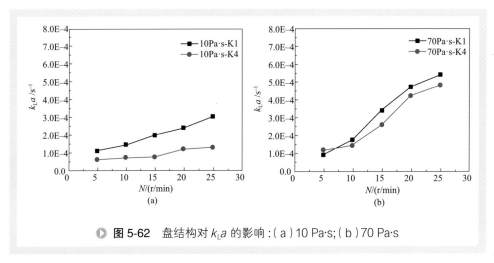

图 5-62 盘结构对 k_La 的影响：（a）10 Pa·s；（b）70 Pa·s

当物料黏度为 70 Pa·s 时，桨叶的持液量和液膜厚度增大，捏合杆上的成膜情况得以改善，但 K1 的持液量和成膜面积均大于 K4，捏合作用使得更多的传质界面被更新，K1 的传质性能优于 K4，但两者的 k_La 差异随着物料黏度的增大而减小，如图 5-62 所示。

4. 传质性能对比

卧式双轴圆盘反应器和卧式双轴捏合反应器的传质性能对比如图 5-63 所示。卧式双轴圆盘反应器包括光滑圆盘（solid disk）和开窗圆盘（wheel），有 20 个圆盘交

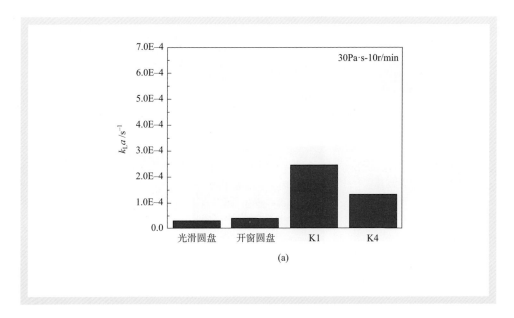

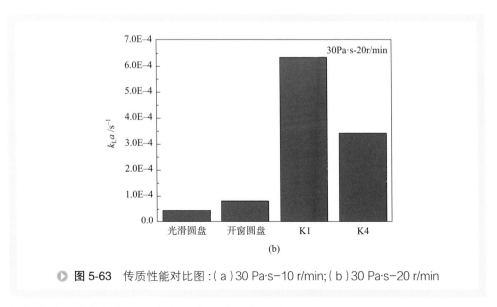

图 5-63　传质性能对比图：(a) 30 Pa·s-10 r/min;(b) 30 Pa·s-20 r/min

替排布在两个搅拌轴上，相邻两个圆盘的间距为 8 mm。

可以看出，捏合反应器的传质性能优于圆盘反应器。当物料黏度为 30 Pa·s，转速为 20 r/min 时，K1（kneader-wheel）的 k_La 是光滑圆盘（solid disk）和开窗圆盘（wheel）的 15 倍和 8 倍，这归因于捏合反应器独特的成膜机理和表面更新性能。

第六节　聚合物溶液直接脱挥试验

试验物料为苯乙烯类热塑性弹性体，包括苯乙烯 - 丁二烯 - 苯乙烯嵌段共聚物（SBS）和苯乙烯 - 异戊二烯 - 苯乙烯（SIS），选用的脱挥设备为 List 卧式双轴捏合反应器[23]。

一、脱挥试验方法

List 卧式双轴捏合反应器如图 5-64 所示。釜体材质为不锈钢，总体积为 3 L，操作压力为 -1～10bar，最高使用温度为 220℃，转速范围 0～80r/min。

脱挥工艺流程如图 5-65 所示。取一定体积的胶液加入卧式双轴捏合反应器中，关闭顶部排空口，设定搅拌转速，待胶液的温度稳定后，启动真空泵，缓慢打开顶部排空口，记录釜内压力和温度随脱挥时间的变化，定时取样并分析样品中挥发分的含量。

图 5-64　List 卧式双轴捏合反应器

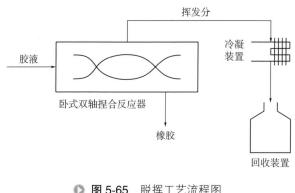

图 5-65　脱挥工艺流程图

二、直接脱挥过程形态演变

图 5-66 为胶液在釜中的形态演变过程。在脱挥过程初始阶段，真空泵开启，反

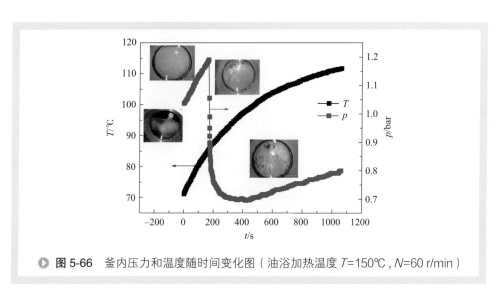

图 5-66　釜内压力和温度随时间变化图（油浴加热温度 T=150℃，N=60 r/min）

应釜内压力先降低；随后，胶液中的环己烷在加热和搅拌的作用下呈现过饱和的状态，环己烷以起泡脱挥方式进行脱除，釜内的压力随之升高；当环己烷的含量逐渐降低，胶液的黏度逐渐增大，环己烷以液膜表面扩散的方式进行脱除；当环己烷的含量降低到一定程度，橡胶在搅拌桨的强烈拉伸和剪切作用下形成颗粒。可见，直接脱挥过程涉及复杂的相变过程与传质过程。

三、弹性体种类对脱挥产物形态的影响

图 5-67 为弹性体种类对脱挥产物形态的影响。SBS 在脱挥后期以颗粒状态存在，颗粒形状不规则，粒径约为 0.5～4 mm，而 SIS 以液膜状态存在。可见，弹性体种类对其脱挥产物形态具有显著影响，换言之，这影响着脱挥设备的设计与优化。

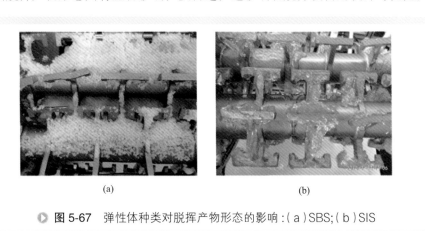

(a)   (b)

▶ **图 5-67** 弹性体种类对脱挥产物形态的影响：(a) SBS；(b) SIS

四、操作条件对挥发分含量的影响

温度对残留挥发分含量的影响如图 5-68 所示。体系黏度和挥发分的扩散系数随着温度升高而降低，因此，弹性体中的挥发分含量降低。SBS 在脱挥过程中为气固体系传质，而 SIS 为气液体系传质。SBS 与 SIS 的初始含量为 0.63% 和 1.04%，在 140℃和 60 r/min 条件下脱挥 60 min，SBS 与 SIS 中挥发分含量分别为 0.42% 和 0.23%。

图 5-69 为搅拌转速对残留挥发分含量的影响。搅拌转速增大，反应釜内表面更新得到强化，残留挥发分含量呈现减小的趋势。当搅拌转速过大，脱挥体系的返混增强，脱挥效果变差。SBS 在 20 r/min，40 r/min 和 60 r/min 初始含量分别为 0.91%，1.03% 和 1%，脱挥 90 min 后，挥发分含量分别为 0.10%，0.12% 和 0.16%。

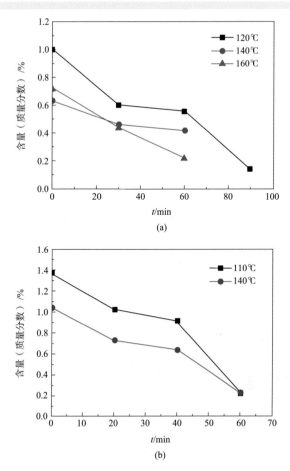

图 5-68　温度对残留挥发分含量的影响

（a）SBS, p=0.17 bar, N=60 r/min；（b）SIS, p=0.14 bar, N=60 r/min

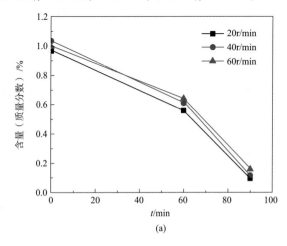

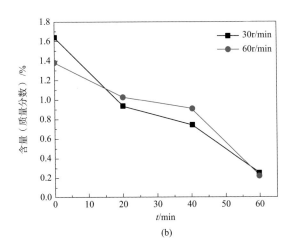

图 5-69　搅拌转速对残留挥发分含量的影响

（a）SBS，p=0.23 bar，T=140 ℃；（b）SIS，p=0.14 bar，T=110 ℃

第七节　结语

　　降膜式脱挥器是通过在设备中设置各种结构的降膜元件来强化黏性流体的流动成膜过程和液膜的表面更新过程，进而强化高黏物系的传质过程。

　　卧式双轴圆盘反应器中相邻两个圆盘之间存在重叠区域，会形成两种液膜，不受重叠区域影响的为自由液膜，受重叠区域影响的为刮擦液膜。自由液膜与单轴圆盘反应器中的成膜情况相似，圆盘表面液膜在径向和周向上不均匀分布，物料黏度和搅拌转速是主要影响因素。刮擦液膜在圆盘表面均匀分布，圆盘间距为其主要影响因素。

　　对于开窗圆盘反应器，窗口区域会形成具有两个自由液面的悬空液膜，其最小成膜转速随着物料黏度的增大而急剧减小，在圆环和辐条表面会形成只有一个自由液面的黏附液膜。采用液膜的变形率来分析表面更新，通过 CO_2 在糖浆中等速吸收的方法来测定反应器的容积传质系数（$k_L a$）。结果表明，开窗圆盘的表面更新和传质性能优于光滑圆盘，但窗口区域的强化作用具有一定的局限性。

　　卧式双轴捏合反应器，非满釜操作时，釜内流体形成不对称自由液面，捏合杆和窗口区域均可以形成悬空液膜。捏合杆数目增加，成膜面积增大，单位时间内捏合次数增加，传质界面更新作用得到强化，$k_L a$ 也随之增大。捏合反应器的传质性能优于圆盘反应器，这归因于捏合反应器独特的成膜机理与表面更新性能。

借助于 List 卧式双轴捏合反应器对苯乙烯类热塑性弹性体环己烷溶液的直接脱挥工艺进行研究。研究发现，直接脱挥过程涉及复杂的流变动力学、相变过程以及传质过程。脱挥产物形态与苯乙烯类热塑性弹性体的种类有关。经 List 反应器脱挥后，苯乙烯类弹性体 SBS 和 SIS 挥发分含量分别可以达到 0.10% 和 0.22%。

参考文献

[1] Biesenberger J A, Sebastian D H. Principles of polymerization engineering[M]. New York: Wiley-Interscience, 1983.

[2] 谢建军, 潘勤敏, 潘祖仁. 聚合物系脱挥研究进展 [J]. 合成橡胶工业, 1998(03): 8-14.

[3] Fleury P, Witte D, Schildknecht H. Comparison of devolatilization technologies for viscous polymers[C]//ANTEC 2005. Chicago: 2005.

[4] 陈文兴, 马建平, 王建辉, 胡智暄, 高琳. 涤纶工业丝液相增黏技术的研发 [J]. 合成纤维工业, 2013, 36(3):1-4.

[5] 潘勤敏. 聚合工程中的质量传递 [M]. 杭州: 浙江大学出版社, 1998.

[6] Tadmor Z, Gogos C G. Principles of polymer processing[M]. New York: John Wiley & Sons, 2006.

[7] Latinen G A. Devolatilization of viscous polymer system[J]. ACS Adv Chem Series, 1961, 34: 235-245.

[8] (美) 奥尔布莱克 R J (Albalak Ramon J). 聚合物脱挥 [M]. 赵旭涛, 龚光碧, 谷育升等译. 北京: 化学工业出版社, 2005.

[9] 刘兆彦. 一种栅板式聚酯缩聚塔 [P]: 中国, 97121654.1. 1997-11-21.

[10] 奚桢浩. 流场结构化的新型高黏缩聚反应器 [D]. 上海: 华东理工大学, 2010.

[11] 赵思维, 王嘉骏, 冯连芳, 顾雪萍, 刘钰, 余翔翔, 程层. 一种多层落管式降膜缩聚反应器 [P]: 中国, 201610321654.3. 2016-05-16.

[12] 赵思维. 黏性流体落管式降膜脱挥特性的实验与 CFD 模拟研究 [D]. 杭州: 浙江大学, 2017.

[13] Kuehne H, Dietze M, Hauer F. Polycondensation apparatus[P]: US, 3617225. 1971-11-2.

[14] Leonard V J. Apparatus for continuous polymerization[P]: US, 2758915. 1956-8-14.

[15] Maruko M, Oda C, Nakashima E. Continuous reactor for viscous materials[P]: US, 3964874. 1976-6-22.

[16] 王凯, 孙建中. 工业聚合反应装置 [M]. 北京: 中国石化出版社, 1997.

[17] Okamoto N, Motohiro S, Itou Y, Harada S. Apparatus for continuous stirring and process for continuous polycondensation of polymer resin[P]: US, 6846103B2. 2005-1-22.

[18] Fujii A, Yamasaki K, Fukumoto K. Kneader/stirrer[P]: US, 9427890B2. 2016-8-30.

[19] Cheng W, Wang J J, Gu X P, Feng L F. Film formation in a horizontal twin-shaft rotating disk reactor for polymer devolatilization[J]. Chemical Engineering Science, 2017, 166: 19-27.

[20] 邓斌, 戴干策. 圆盘反应器流场数值模拟 [J]. 化学反应工程与工艺, 2015, 31(3): 254-261.

[21] Cheng W K, Wang J J, Gu X P, Feng L F. Film flow on rotating wheel in a horizontal twin-shaft reactor for polymer devolatilization[J]. Chemical Engineering Science, 2018, 191: 468-478.

[22] Miah M S, Al-Assaf S, Yang X, Mcmillan A. Thin film flow on a vertically rotating disc of finite thickness partially immersed in a highly viscous liquid[J]. Chemical Engineering Science, 2016, 143: 226-239.

[23] 成文凯. 卧式双轴搅拌脱挥设备的成膜特性与传质过程强化 [D]. 杭州: 浙江大学, 2019.

[24] 陈忠辉. 卧式双轴圆盘反应器研究 [D]. 杭州: 浙江大学, 2001.

[25] 陈忠辉, 冯连芳, 顾雪萍, 王凯. 卧式双轴圆盘反应器传质特性研究 [J]. 合成技术及应用, 2001(2): 1-4.

[26] Fleury P, Kunkel R. Device for carrying out mechanical, chemical, and/or thermal processes[P]: US, 2014/0376327A1. 2014-12-25.

[27] Palmer D. Mixing kneader[P]: US, 6039469. 2000-5-21.

[28] Dötsch W, Schwenk W, Kunz A. Mixing kneader with rotating shafts and kneading bars[P]: US, 5407266. 1995-4-18.

[29] List H, Schwenk W, Kunz A. Multi-spindle kneading mixer with fixed kneading counterelements[P]: US, 4941130. 1990-7-10.

[30] Safrit B T, Diener A E. Kneader Technology for the Direct Devolazliation of Temperature Sensitive Elastomers[C]//Rubber Division of the American Chemical Society. 180th Technical Meeting, Paper #13. 2011.

[31] 叶阳, 王嘉骏, 成文凯, 顾雪萍, 冯连芳. 一种搅拌装置和一种卧式双轴自清洁反应器 [P]: 中国, 201810098685.6. 2018-01-31.

[32] 叶阳. 新型卧式双轴反应器的 CFD 模拟与传质研究 [D]. 杭州: 浙江大学, 2019.

第六章

反应挤出强化均相聚合过程

第一节　引言

　　反应挤出（reactive extrusion，又名挤出反应），是一种将聚合反应与挤出成型结合在一起的加工工艺。它是以螺杆挤出机作为连续化反应器，使聚合单体或聚合物熔体在挤出过程中发生物理变化的同时发生化学反应，最终直接挤出获得新的聚合物材料或制品的方法。具体地讲，它是利用螺杆挤出机处理高黏体系的独特功能，通过调整螺杆形式、螺纹元件形状、螺纹元件排布及组合，对各个区段的温度、剪切强度和物料停留时间及分布进行独立控制，使物料连续完成熔融、流动、化学反应、混合分散、排气和挤出成型等一系列基本单元操作，从而实现聚合物的化学反应与挤出加工有机地结合。与传统聚合物合成工业的工艺流程长、能耗高、环境污染严重相比，聚合反应挤出时间往往只有几分钟到十几分钟，无需进行复杂的分离提纯和溶剂回收等后处理过程，并且可实现聚合物生产的连续化，其优势显而易见。

　　反应挤出是 20 世纪 60 年代才兴起的反应技术，最早主要用于聚合物的降解控制和熔融接枝。例如，1966 年埃克森化学公司通过反应挤出技术控制聚合物的自由基降解，制得了窄分子量聚丙烯（PP）；进而他们又在螺杆挤出机中将马来酸酐、丙烯酸以及其他单体接枝到聚烯烃中，从而改善了聚烯烃的极性[1]。反应挤出技术因生产连续化、工艺灵活、操作简单经济并能使聚合物性能多样化和功能化而备受重视。到 1983 年，就已有 150 个公司申请了 600 多个有关反应挤出技术方面的发明专利。到 20 世纪 80 年代，许多公司和高校等研究机构开始通过反应挤出技术进行聚合物共混改性，制备高性能的聚合物材料。之后，随着研究不断深入，反应挤出逐渐成为聚合物加工领域的热门议题。目前，反应挤出技术的应用已从聚合物的可控降解、熔融接枝扩展到聚合物的交联和偶联反应、聚合物单体的连锁聚合和逐步聚合等多个方面，开发的聚合物材料涉及聚烯烃、聚酯、聚酰胺、聚甲基丙烯酸酯、聚氨酯、聚甲醛和聚酰亚胺等各类聚合物，其研究的水平与深度上都在进一步扩展和深入。

第二节　反应挤出原理与特点

一、反应挤出原理

典型的反应挤出过程如图 6-1 所示。主反应物通过进料口加入挤出机中，根据反应顺序，各种液体或气体反应物通过合适的注入口引入。在螺杆高速旋转产生的剪切和推动作用下，物料得到充分混合分散并向前输送。与此同时，通过料筒的外加热和螺杆与料筒之间的强烈的剪切摩擦产生的内热作用提供反应所需要的热量，使主反应物与加入的反应剂之间发生混合而进行化学反应。未反应的单体和产生的小分子副产物通过靠近机头部位安装的真空排气口排出，反应生成的聚合产物从螺杆挤出机的前部机头经口模挤出，再经冷却，切成粒子或直接成型为制品。用于反应挤出的螺杆通常由数段不同规格的螺纹块或捏合块套在心轴上组合而成，可以针对不同的工艺要求和聚合反应特点进行排列组合，从而保证反应的顺利进行。

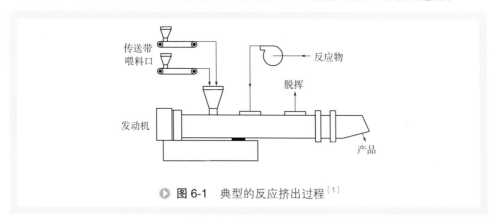

传送带
喂料口
反应物
脱挥
发动机
产品

▶ 图 6-1　典型的反应挤出过程[1]

二、反应挤出特点

与传统间歇反应器相比，双螺杆挤出机具有如下优点[2-4]：

（1）适用高黏无溶剂反应。对于聚合物参与的反应，其反应体系的黏度在

10～10000 Pa·s 之间，传统间歇反应器对如此高黏反应体系是无能为力的。双螺杆挤出机在无需溶剂条件下对高黏体系的处理能力是反应挤出最大的优点，同时由于没有溶剂，反应挤出过程是安全的、环境友好的。

（2）加工条件适用范围宽。螺杆挤出反应器可以处理高温和低温反应，由于挤出机料筒是分段控温，因此不同区域之间可以存在较大温差。挤出机还可以在高压下操作，使得含有低沸点催化剂和反应物的反应体系的反应能顺利进行。此外，可以通过调节喂料量和螺杆转速来控制产量和混合效率。

（3）连续操作和多单元操作并行处理。由于完全填充和部分填充区域交错排列，允许沿着螺杆可以进行多点喂料、排气和反应，因此挤出机可以将喂料、固体输送、熔融、反应、排气、塑化和成型等多个单元操作同时完成，减少产品加工周期。此外，积木式螺杆组合可控制沿螺杆轴向的剪切强度的分布和梯度，能更好地控制反应速率和程度。

虽然可以在间歇反应器中进行的化学反应并不能全部由螺杆挤出机来完成，但是反应挤出为制备聚合物材料提供新的方法，并且在工业中有着广泛应用，其主要用途包括 [5-7]：

（1）本体聚合。指单体的聚合或共聚合反应通过反应挤出实现。在这个反应过程中，挤出机作为真正的聚合反应器。Kim 等 [8] 利用 ε-己内酯、ε-己内酰胺和 ω-十二碳内酰胺单体在螺杆挤出机中合成二元、三元和无规嵌段共聚物。目前，热塑性聚氨酯工业产品就是通过反应挤出工艺所制备的。

（2）聚合物化学改性。其目的是改善聚合物的化学或物理化学性能。通过把极性或功能单体接枝到聚合物主链或侧链是比较常用的聚合物改性方法。例如，Hu 等 [9] 利用双螺杆挤出机研究了马来酸酐接枝聚丙烯，并对不同加工条件下和沿着螺杆不同部位的接枝率进行了深入研究。Shearer 等 [10] 对聚丙烯的氢硅烷化改性进行了研究，认为加工过程包含 PP 链断裂和甲硅烷基反应到 PP 主链上两个反应过程。

（3）流变改性。包括聚合物分子量增加和减小，聚合物之间反应形成无规、嵌段和接枝聚合物等。控制聚合物降解可以调节其分子量分布，也就是流变性能，这个过程主要通过加入过氧化物来实现。例如，Berzin 等 [11,12] 考察了不同氧化剂浓度和挤出条件对 PP 分子量及分布和流变性能的影响，提出了理论模型，与实验值进行了对比。

但是，挤出机作为反应器也带来了一些限制，更为确切说是挑战：

（1）停留时间限制。螺杆挤出机中的停留时间很短，因此挤出机反应器只限于快速化学反应体系。由于无需溶剂，反应物扩散受到很大影响，反应速率将会减小，但是这可以通过提高反应温度和反应物的浓度来补偿，使更多反应体系可以进行反应挤出。

（2）热量移除困难。在螺杆挤出过程中，聚合物体系所产生的热量可通过料筒来移除。对于某些反应，短时间内会产生大量反应热，挤出机的冷却系统是有限的，不能快速移除热量。

（3）反应挤出过程复杂。传统挤出过程一般以聚合物为原料，在挤出过程中，熔体的特性不随时间变化。但由于反应挤出过程存在化学变化，如单体之间的缩聚、加成、开环形成聚合物的聚合反应，聚合物与单体之间的接枝反应，聚合物与聚合物之间的偶合反应和交联反应等，反应物的特性沿挤出方向会发生明显变化。例如，在本体聚合过程中，反应体系的黏度会随着反应挤出的进行而急剧增加。反应物的这种特性变化会强烈地影响反应体系的传热、传质和流动过程，进而影响反应进程，这些因素互相影响渗透，共同决定着最终的反应程度和产品的性能。

第三节　反应挤出的流动、混合与反应

挤出机复杂的几何结构和瞬态流动特征导致了流动、混合和反应非常复杂。而且，聚合物反应挤出加工中的流动、混合和反应是在高温、高压以及聚合物链结构、多相界面和混合设备等多尺度下同时发生的，再加上这些过程相互影响且在几分钟甚至几秒钟内完成，造成聚合物反应挤出加工一直是"黑箱"操作，只能依靠经验和摸索来确定工艺操作条件。因此，理解反应挤出加工过程中的流动、混合与反应尤为重要。

一、停留时间分布

由于挤出机中流动非常复杂，直接进行理论分析预测流动情况是非常困难的。停留时间分布是一个重要参数，常常被用来衡量挤出机的性能。一方面，停留时间分布（RTD）可以表征螺杆挤出机的宏观混合，也就是轴向混合。Danckwerts[13]讨论了累积停留时间分布和连续系统混合效率之间的关系，指出停留时间分布表示的混合是不同时间离开出口物料之间的混合。同时横向混合和产品均一性也受平均停留时间影响，因此RTD广泛用来表征双螺杆挤出机中的混合和流动模式。另一方面，对于反应挤出而言，若要检测/控制沿着挤出方向的聚合反应状况，进而研究其反应动力学，也需要知道挤出机不同部位的RTD。反应挤出产品的均一性一般可以通过控制RTD曲线的宽度来完成，通常来说RTD曲线越窄获得的产品越均一。但是，从反应角度来说，挤出机中反应物之间的接触时间和接触面积应尽可能大，才能使反应物转化率增加，使产品中残余反应物减少，这就需要宽的RTD分布，因此这是一个矛盾过程。在反应挤出过程中，需要清楚知道挤出机中的停留时间分布，才能平衡这一对矛盾，进而获得满意产品。Machado等[14]研究表明，利用2,5-二叔

丁基过氧化 -2,5- 二甲基己烷（DHBP）对聚烯烃进行交联和降解改性过程中，交联和降解程度强烈依赖于沿着挤出机螺杆各区域的 RTD。

1. RTD的定义与表征

在螺杆挤出机中，假如把流动物料分成足够数量的微小单元，那么流体的流动就是这些微元在进入挤出机后，随时间发展处于不同的空间位置，最后分别离开反应器的过程。挤出机中微元的停留时间各不相同，彼此产生混合，称为返混。由于返混，同一瞬间进入挤出机的微元不能同时离开反应器，出口流体中各微元的停留时间有长有短，从而形成了停留时间分布。有限个微元由于混合产生停留时间分布如图 6-2 所示。造成停留时间分布的主要原因是：

（1）流体单元的逆向混合。由于螺杆的拖曳、搅拌和压力作用引起的物料倒流、错流和交叉流。

（2）不均匀的速度分布所引起。物料在螺槽中流动时，由于速度与物料位置有依赖关系，这就造成螺杆挤出机不均匀的速度分布，进而造成停留时间分布。

（3）挤出机设计不当所引起的死角、短路、沟流、旁路等。

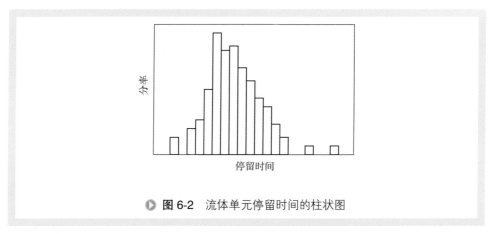

图 6-2 流体单元停留时间的柱状图

由于物料在反应器内的 RTD 完全是随机的，因此可以根据概率分布的概念来对物料在反应器内的 RTD 作定量描述。描述 RTD 的概率分布函数有 RTD 密度函数和累积 RTD 函数。

RTD 密度函数也称作 E 函数，通常用 $E(t)$ 表示。其定义为，在定常态下的连续流动系统中，相对于某瞬间 $t=0$ 流入反应器的流体，在反应器出口流体质点中，在反应器内停留了 t 与 $t+\mathrm{d}t$ 之间的流体质点所占的分率为 $E(t)\mathrm{d}t$。据定义，$E(t)$ 具有归一化性质，即：

$$\int_0^\infty E(t)\mathrm{d}t = 1 \tag{6-1}$$

累积 RTD 函数也称作 F 函数，通常用 $F(t)$ 表示。其定义为，在定常态下的连续流动系统中，相对于某瞬间 $t=0$ 流入反应器的物料，在反应器出口料流中停留时间少于 t 的物料所占的分率。$F(t)$ 和 $E(t)$ 之间具有如下关系：

$$F(t) = \int_0^t E(t)\mathrm{d}t \tag{6-2}$$

对 RTD 函数定量描述时常用到两个最重要的特征值——平均停留时间 $\bar{t}$ 和方差 σ_t^2。$\bar{t}$ 的物理意义是系统按平推流流动时的停留时间，定义为：

$$\bar{t} = \frac{\int_0^\infty tE(t)\mathrm{d}t}{\int_0^\infty E(t)\mathrm{d}t} = \int_0^\infty tE(t)\mathrm{d}t \tag{6-3}$$

上式表明，$\bar{t}$ 在几何图形上是曲线 $E(t)$-t 所围面积的重心在 t 坐标轴上的投影，在数学上称 $\bar{t}$ 为曲线 $E(t)$ 对于原点坐标的一次矩，又称 $E(t)$ 的数学期望。

$\bar{t}$ 只表示了停留时间的分布中心，描述 RTD 的离散程度需用到方差，它代表了物料在反应器中轴向混合（返混）程度的大小，在数学上它是指对于 $\bar{t}$ 的二次矩，即：

$$\sigma_t^2 = \frac{\int_0^\infty (t-\bar{t})^2 E(t)\mathrm{d}t}{\int_0^\infty E(t)\mathrm{d}t} = \int_0^\infty t^2 E(t)\mathrm{d}t - \bar{t}^2 \tag{6-4}$$

若将停留时间 t 用 $\bar{t}$ 进行无量纲化，即令 $\tau = t/\bar{t}$ 来表示无量纲停留时间，则有：

$$E(\tau) = \bar{t}E(t) \tag{6-5}$$

$$\sigma^2 = \sigma_t^2 / \bar{t}^2 \tag{6-6}$$

2. 挤出机 RTD 的测量原理

RTD 分布直接测量一般采用脉冲 - 响应技术，也就是在系统中加入脉冲干扰，然后测量系统对干扰的响应。根据示踪剂输入方式的不同，停留时间测量方法大致可分为三种：脉冲法、正阶跃法和负阶跃法。利用脉冲方法可以直接获得停留时间分布 $E(t)$；阶跃方法则获得的是累积停留时间分布 $F(t)$，需要通过一定换算才能获得 $E(t)$；负阶跃得到函数是 $1-F(t)$，同样需要换算才能获得 $E(t)$。

（1）脉冲法　脉冲法是在 $t=0$ 的瞬间，从稳态连续流动系统的入口输入 M（g 或 mol）的示踪剂 A，并同时在出口处记录出口物料中示踪剂 A 的浓度随时间的变化。根据 A 的物料平衡计算有：

$$M = \int_0^\infty Q_0 c_\mathrm{A}\mathrm{d}t \quad \text{或者} \quad c_0 = \frac{M}{Q_0} = \int_0^\infty c_\mathrm{A}\mathrm{d}t \tag{6-7}$$

式中　Q_0——该流动系统的体积流率；

c_A——出口物料中 A 的浓度。

由于出口物料中停留时间在 $t\sim t+\mathrm{d}t$ 的示踪剂量为 $Q_0 c_\mathrm{A}\mathrm{d}t$，由 A 的定义可知：

$$E(t)\mathrm{d}t = \frac{Q_0 c_\mathrm{A}\mathrm{d}t}{M} = \frac{c_\mathrm{A}}{c_0}\mathrm{d}t \quad \text{或者} \quad E(t) = \frac{c_\mathrm{A}}{c_0} \tag{6-8}$$

实验获得的是不同时刻点的瞬间样品，此时可由式（6-7）和式（6-8）计算 $E(t_i)$：

$$E(t_i) = \frac{c_{\mathrm{A}i}}{\displaystyle\sum_{i=1}^{N} c_{\mathrm{A}i}\Delta t_i} \tag{6-9}$$

由式（6-2）和式（6-9），可计算 $F(t_i)$：

$$F(t_i) = \frac{\displaystyle\sum_{i=1}^{i} c_{\mathrm{A}i}\Delta t_i}{\displaystyle\sum_{i=1}^{N} c_{\mathrm{A}i}\Delta t_i} \tag{6-10}$$

由式（6-3）和式（6-9），可计算 $\bar{t}$：

$$\bar{t} = \frac{\displaystyle\sum_{i=1}^{N_s} t_i c_{\mathrm{A}i}\Delta t_i}{\displaystyle\sum_{i=1}^{N_s} c_{\mathrm{A}i}\Delta t_i} \tag{6-11}$$

由式（6-4）和式（6-9），可计算 σ_t^2：

$$\sigma_t^2 = \frac{\displaystyle\sum_{i=1}^{N_s} t_i^2 c_{\mathrm{A}i}\Delta t_i}{\displaystyle\sum_{i=1}^{N_s} c_{\mathrm{A}i}\Delta t_i} - \bar{t}^2 \tag{6-12}$$

式中　Δt_i——相邻两次取样的间隔；

$\quad\quad c_{\mathrm{A}i}$——相应于时间 t_i 下的示踪剂浓度值；

$\quad\quad N_s$——瞬间样品的个数。

脉冲法可以直接求得 RTD 密度函数，但是实验技术上的一个难点是要在一瞬间（即时间间隔为零）就把全部示踪剂在进料的整个截面上均匀地加入进料中去。不过，当物料在反应器内的停留时间足够长而示踪剂加入的持续时间又足够短，相对而言可近似于瞬间加入，其误差可以不计。

（2）正阶跃法和负阶跃法　对于处在定常态的连续流动体系，在某瞬间 $t=0$，将流入系统的流体切换为含有示踪剂 A 的浓度为 $c_{\mathrm{A}0}$ 的第二流体，经这种切换后应保持系统内的流动模式不发生改变，并在切换成第二流体的同时，在系统出口处记录流出物料中 A 的浓度 c_A 随时间的变化。这种示踪剂从无到有的阶跃法称为正阶跃法。同理也可使用负阶跃法，即将含有一定浓度示踪剂的物料流在一瞬间切换成不含示踪剂的物料。对于正阶跃法则有：

$$F(t) = \frac{c_A}{c_{A0}} \tag{6-13}$$

可由出口的 c_A-t 曲线获得 $F(t)$ 曲线。用阶跃法时，应当注意物料切换要尽量快，并且不影响原来的流动状况。与脉冲法相比，阶跃法的实验技术更方便一些，但得到的是 $F(t)$ 曲线，需要加以微分才能求得 $E(t)$ 曲线。如直接从 $F(t)$ 曲线上进行图上微分，往往产生较大的误差。这时可先用多项式，依据所要求的精度，来逼近 $F(t)$ 曲线，定出各个系数值，然后再对多项式进行微分即可求得 $E(t)$ 函数。

3. 挤出机RTD的测量方法

（1）离线测量法　离线方法就是示踪剂加入挤出机后，在一定时间间隔收集挤出样品，然后测试示踪剂浓度。早期对螺杆挤出机中停留时间分布的测量一般选用离线技术，采用的测试手段多种多样，如表 6-1 所示。一般来说，离线测量方法所需的示踪剂的量要远大于相同测量原理的在线测量方法，这是因为离线采得的样品需要溶解在溶液中或通过其他方法测量，示踪剂浓度会降低，为此往往需要加大投入示踪剂的量。但是，示踪剂的量增加会对流动产生干扰，因此离线技术的误差将会大大增加。若要减小离线检测误差，取样时间间隔越短越好，但是工作量也会增加。

表6-1　螺杆挤出机中停留时间分布离线检测方法

测量方法	示踪剂	挤出机类型	参考文献	时间
分光光度计	颜料	单螺杆挤出机	Bigg 等[15]	1974 年
		双螺杆挤出机	Todd[16]	1975 年
		单螺杆挤出机	Weiss 等[17]	1989 年
紫外光度计	炭黑	双螺杆挤出机	Kao 等[18]	1984 年
	苯基、蒽接枝聚氯乙烯	同向 / 反向双螺杆挤出机	Cassagnau 等[19]	1991 年
	9- 蒽甲醇	同向双螺杆挤出机	Oberlehner 等[20]	1994 年
	1- 甲氨基蒽醌	同向双螺杆挤出机	Sun 等[21]	1995 年
			Hu 等[22]	1996 年
	蒽、蒽接枝聚苯乙烯	Buss 共捏合机	Hoppe 等[23]	2002 年
放射性	二氧化锰	反向双螺杆机	Janssen 等[24]	1979 年
		单螺杆挤出机	Tzoganakis 等[25]	1989 年
粒子计数	氯化钠晶体	单螺杆挤出机	Kemblowski 等[26]	1981 年
	铝片	Buss 共捏合机、同向 / 反向双螺杆挤出机	Shon 等[27]	1999 年

测量方法	示踪剂	挤出机类型	参考文献	时间
X-射线	氧化锑	同向/反向双螺杆挤出机	Rauwendaal[28]	1981年
煅烧	二氧化硅	同向双螺杆挤出机	Carneiro 等[29]	1999年

Shon 等[27]采用粒子计数的离线测量法获得的同向双螺杆 RTD 曲线如图 6-3 所示。不仅得到的数据点不连续，而且在确定延迟时间和峰值时有困难，平均停留时间和方差计算时误差也比较大。因此，随着在线测量技术的发展，离线技术也逐渐将被取代。

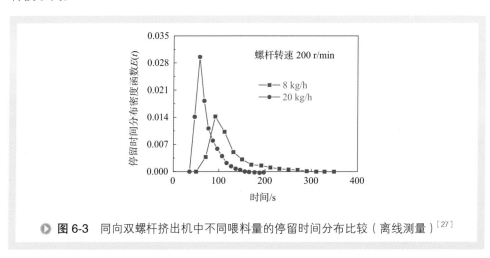

◉ **图 6-3** 同向双螺杆挤出机中不同喂料量的停留时间分布比较（离线测量）[27]

（2）在线测量法　从实验技术上来说，停留时间分布在线测量一般采用应答技术，即在聚合物熔体中添加一定的示踪剂，然后采用与熔体直接接触的耐高温耐高压传感器探头将示踪剂浓度等信号传递到外接的检测仪器，或者将聚合物熔体牵引出挤出机，进入到检测仪器分析其示踪剂信号。与离线测量方法相比，在线测量方法快捷，可以实时得到大量连续的实验数据点。但是，在线检测对仪器的要求比较高：首先示踪剂的浓度变化要易于标定，且能通过一定函数变化进行系统检测表征；其次检测系统要敏感、精确，能检测示踪剂浓度的微小变化；最后检测系统要能在一定操作条件下工作，比如要耐一定的压力、温度，而且在该条件下信号不失真。根据检测系统对加工条件承受能力不同，可将在线测量方法分为两种，一种就是直接将传感器与聚合物熔体接触来检测熔体中示踪剂浓度变化，也就是"in-line"检测，该方法对传感器的要求很高，要能耐高温、高压。另一种就是需要将聚合物通过牵引设备引出挤出机，然后检测其示踪剂浓度变化，也就是"on-line"检测，这对传感器要求相对较低、无需耐高温高压。文献报道的 RTD 在线测量方法，有根据放射性、超声波反射、近荧光、光反射和透射、导电性和磁感应系数的变化等建立的方法，下面将对各种方法的优缺点进行介绍。

① 放射性法　Wolf 等[30]采用经过放射性处理的 MnO_2（$^{55}Mn \xrightarrow{(n,\gamma)} {}^{56}Mn$）作为示踪剂在线测量了单螺杆挤出聚乙烯体系的 RTD。直径为 25.4 mm 的 NaI 探头安装在挤出机口模，检测放射性示踪剂衰变发出的 γ 射线，产生的信号被传送至记录单元。样品的放射性强度 I_A 是辐射时间 t_i、从核反应器中拿出之后经历的时间 t_c 及其他一些参数的函数，其表达式为：

$$I_A = \frac{N_0 \sigma_0 \phi a W}{3.7 \times 10^7 M}(1 - e^{-0.693\frac{t_i}{t_{1/2}}})(e^{-0.693\frac{t_c}{t_{1/2}}}) \qquad (6\text{-}14)$$

式中　N_0——阿伏伽德罗常数；

　　　σ_0——核反应同位素截面积；

　　　ϕ——中子通量；

　　　a——激发同位素天然丰度；

　　　W——照射样品质量；

　　　$t_{1/2}$——放射性同位素的半衰期。

研究者分别采用两种方法测量挤出过程的 RTD：一是示踪剂预先经过辐射处理，而后测定挤出产物的放射性强度；二是先加入未经辐射处理的示踪剂而后再对挤出产物进行辐射处理的实验，检测示踪剂浓度变化。这两种方法得到的结果相同。Thompson 等[31]采用同样的方法对反向非啮合双螺杆挤出机模头和第一复合区域的 RTD 进行了研究，并对挤出过程进行了模型化，采用的示踪剂仍为 Mn。

放射性方法的优点是可以测量螺杆每个点的停留时间分布，缺点是 γ 射线可以穿透机筒，对人身体有害，且试验设备复杂，操作不便。

② 光强法　光强法是依据光线经物料反射或透射强度正比于物料浓度的方法得到体系的停留时间分布。例如，Mélo 等[32]以一种有机颜料酞菁蓝为示踪剂，开发出一套在线测量停留时间分布的系统，其原理为：在挤出机出口狭缝处安置一块透明的玻璃，使白炽灯光可通过照射聚合物熔体，并有探头接收透射光。当透射光强度变化时，光敏电阻发生变化从而引起电路电压变化，信号经模数转换后由外接计算机收集处理得到停留时间分布数据。利用类似的装置，Wetzel 等[33]通过在聚合物熔体中加入二氧化钛（TiO_2）作为示踪粒子，采用光电二极管收集 TiO_2 对白炽灯光的散射强度，将其转化为电压信号成功测定了聚丁烯在同向双螺杆挤出机中的停留时间。事实上，不管是透射还是反射，在聚合物挤出过程中旋转的螺杆、光线照射的聚合物厚度以及示踪剂浓度等干扰因素对检测结果影响很大，得到的曲线波动剧烈，因此很难准确关联光信号与示踪剂浓度之间的关系。

③ 超声波衰减法　超声波衰减法是根据超声波衰减变化正比于示踪剂的浓度的特性得出物料的停留时间分布。相对于光强度法，该法在测量 RTD 方面更为可靠。例如，Chalamet 等人[34]采用各种无机粒子如碳酸钙（$CaCO_3$）、滑石粉（Talc）、

二氧化硅（SiO₂）和玻璃珠等作为示踪粒子，在挤出机口模处通过超声测得示踪剂浓度变化，在线测量了在双螺杆挤出机中二元羧酸低聚物/二唑啉缩聚共混体系的停留时间分布，如图 6-4 所示。从图 6-4 可看出，采用不同的示踪无机粒子，所获得的停留时间分布差别较大。这可能主要是不同示踪粒子对聚合物体系的黏度影响不同造成的。并且，通过超声检测识别无机粒子要求粒子含量较高，这会引起较大的波动，从而很难精确得到 RTD 数据。另外，超声波法设备结构复杂、测量成本高，这些都制约超声技术在聚合物挤出加工过程中在线测量方面的应用。

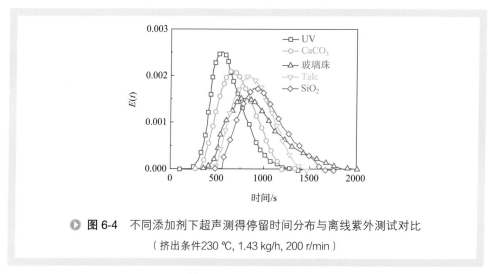

▶ **图 6-4**　不同添加剂下超声测得停留时间分布与离线紫外测试对比

（挤出条件230 ℃, 1.43 kg/h, 200 r/min）

④ 导电法　Unlu 和 Faller[35,36] 采用 KCl 作为示踪剂在线测量了玉米粉体系［湿含量 25 %（质量分数）］挤出加工的 RTD，测量原理是基于挤出体系的导电性变化来反映示踪剂的浓度变化。两根电极垂直嵌入口模流道中，两端分别串联 2 V 的直流电源和 10 Ω 的电阻构成回路，使用数字万用表测定电阻两端的电压，并连续记录电压的值，其原理如图 6-5 所示。

口模中连续流体的电导率可以通过对电阻两端电压的测量，结合 Kirchoff 定律和 Ohm 定律计算得到：

$$I_s = \frac{V_s}{R_s} = \frac{V_t}{R_t} = \frac{V_t}{R_s + R_d} \tag{6-15}$$

$$R_d = \frac{V_t R_s}{V_s} - R_s \tag{6-16}$$

$$K_d = \frac{1}{R_d} \tag{6-17}$$

式中　I_s——通过电阻器的电流；

　　　V_s——电阻器两端电压；

R_s——电阻器电阻（10Ω）；

V_t——回路总电压（2V）；

R_t——回路总电阻；

R_d——模头中材料电阻；

K_d——模头中材料的电导率。

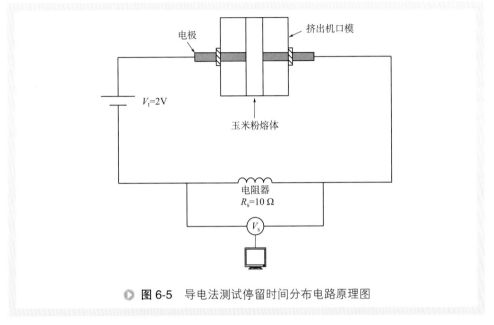

● **图6-5** 导电法测试停留时间分布电路原理图

利用加入 KCl 前后的玉米粉体系电导率差值，可计算得到 RTD。但是，该方法同样只能在口模中进行。Van Den Einde 等[37] 利用导电原理对螺杆元件局部混合情况进行了考察，挤出物料是玉米淀粉水溶液，黏度为 1.8 Pa·s，示踪剂是氯化钠（NaCl），选用的挤出机是透明机筒的模型化挤出机。研究表明螺杆元件的种类和排放位置对混合影响至关重要，它不但可以影响元件的上/下游混合，同时对螺杆填充程度也有影响。

该方法主要应用于食品挤出的停留时间分布的测量，物料的黏度比较低，加工温度也比较低，还未曾报道其应用到聚合物挤出加工中。

⑤ 荧光法　相比于超声技术，在线荧光检测技术灵敏度大幅度地提高，可大大减少示踪剂的用量，从而减小对聚合物体系的扰动。Hu 等[38,39] 采用荧光在线检测技术对比了分别以小分子 9-(甲氨基甲基)蒽（MAMA）及含有荧光官能团的聚苯乙烯和聚甲基丙烯酸甲酯大分子为示踪剂所测得的聚苯乙烯挤出加工的停留时间分布，如图 6-6 所示。由图 6-6 可看出，在聚合物体系中加入三种添加剂测得的停留时间分布结果基本重合。通过进一步对喂料速度及示踪剂分子量等条件进行研究，发现在分散良好的条件下采用不同荧光添加剂不会对 RTD 测试结果造成影响。

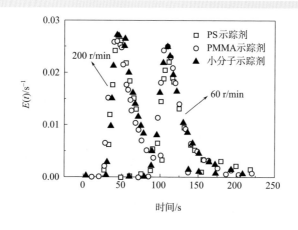

▶ 图 6-6　小分子、PS 大分子和 PMMA 大分子三种荧光示踪剂在线测得的停留时间分布的对比

4. 全局、部分和局部停留时间分布

　　沿着螺杆选择不同的测试点，可以将 RTD 分为部分 RTD 和全局 RTD。全局 RTD 表示喂料处到模头之间的螺杆的 RTD，而部分 RTD 表示喂料处到螺杆中间某个部位之间的 RTD。通过对部分 RTD 进行去卷积计算，可以得到每个螺杆段的局部 RTD。双螺杆挤出过程是处于"饥饿"状态，部分位置完全填充，部分位置则不完全填充，同时整根螺杆是由不同的元件组成，不同元件的混合能力也各不相同，因此非常有必要了解不同元件的混合能力，只有这样才能真正实现螺杆的模块化设计与强化。并且，局部 RTD 结合物料的微观混合，可以为反应挤出模型化提供重要信息。

　　以前的研究多为全局 RTD，对部分 RTD 的测量则关注比较少，究其原因主要是测试方法局限。例如，Wetzel 等 [33] 采用光散射的方法很容易受到螺杆旋转的干扰。Mélo 等 [32,40] 采用的方法则为光透射原理，只能设计含有透明窗口机头来测量全局 RTD，不可能应用到料筒上测量部分 RTD。于是，研究者采用两种方法来获得螺杆部分 RTD。第一种方法是将测试点固定在模头处，而在螺杆不同位置加入示踪剂。但是，这种方法有一个很大缺点，由于固体示踪剂在挤出机的中间位置加入，其流动和混合过程与喂料处加入的物料完全不同。比如从喂料口加入的物料已经熔融，而此时加入固体示踪剂还是完全固态，其流动形态与挤出物料完全不同，因此不能表征真正的 RTD。另外一种方法是将检测探头安装在挤出机中部任何位置，示踪剂和挤出物料可以在喂料口一起加入，该方法是先获得部分 RTD，进而得到局部 RTD，此类方法最佳。但是该方法对检测设备要求较高，比如探头必须耐高温高压，同时需要设计特殊的螺杆元件来保证测量准确。

Huneault[41] 将基于超声波原理的探头固定在模头处，在螺杆不同位置加入碳酸钙示踪剂来获取部分停留时间分布。通过对部分 RTD 曲线 [$h(t)$ 和 $g(t)$] 去卷积来获得局部 RTD 曲线 [$f(t)$]，首先假设 $f(t)$ 为平方函数，然后不断地改变 $f(t)$，直至残差 $\varepsilon(t)$ 最小：

$$h(t) = \int_0^t f(t) * g(t-\theta)\mathrm{d}\theta \qquad (6\text{-}18)$$

$$\varepsilon(t) = \int_0^\infty \left[h(t) - \int_0^t f(t) * g(t-\theta)\mathrm{d}\theta \right]\mathrm{d}t \qquad (6\text{-}19)$$

并且假设每个局部区的延迟时间是可以加和的：

$$f(t)^{\mathrm{delay}} = h(t)^{\mathrm{delay}} - g(t)^{\mathrm{delay}} \qquad (6\text{-}20)$$

这个方法的不足之处是由于加入的示踪剂为碳酸钙粉末，很容易黏附到料筒上面，而且示踪剂会干扰流场。计算卷积过程需要大量的计算迭代及结果收敛困难。

Wetzel 等 [33] 设计的探头可以放置在挤出机中部来测量部分 RTD。他们选用聚丁烯作为模型流体，TiO_2 作为示踪物质。由于螺杆底部反射对信号干扰很大，同时螺杆照射的聚合物厚度也会随着螺杆的旋转而逐渐变化，得到曲线波动剧烈，因此不能真正表征部分 RTD。在对部分 RTD 处理过程中，研究者假设所求的局部 RTD 函数符合 Weibull 分布：

$$f(t) = Kt^\alpha \exp\left[-(\frac{t}{E})^\beta \right] \qquad (6\text{-}21)$$

这里的 K 为度量常数，选择 α、β 和 E 为拟合参数，通过迭代修改函数的参数以进行去卷积。假设两个探头之间的传递滞后时间具有可加性，认为 Weibull 分布对 RTD 曲线是好的近似。函数的参数通过非线性优化方法调整，来减小误差。Elkouss 等 [42] 采用同样的测量方法得到了部分和局部 RTD，但是选用的拟合方程则不同。Poulesquen 等 [43] 利用荧光发射方法测量了部分 RTD，同样选用拟合方程来表征未知的局部 RTD 曲线。这个方法的不足之处是强制定义了去卷积曲线的形状，但是有时 RTD 曲线并不符合函数。

如果两条初始 RTD 曲线的形状能用已知的函数描述，那么就可以运用拉普拉斯变换作卷积或去卷积运算。这种方法的不足之处除了需求解复杂的拉普拉斯变换，还需要预先定义描述部分 RTD 曲线形状的函数。这种方法首先在 20 世纪 90 年代由 Chen 等 [44-46] 在一系列论文中提出，其主要应用是在卷积计算中来获得全局 RTD。2001 年，Potente 等 [47] 利用光反射方法测量部分 RTD，探头安置在挤出机中部，然后利用卷积理论获得了局部 RTD，其拟合曲线的方程为：

$$f(t) = \frac{2}{B} \exp(\frac{t-t_{\min}}{B}) \left[1 - \exp(\frac{t-t_{\min}}{B}) \right] \qquad (6\text{-}22)$$

式中　*B*——常数；

　　*t*_{min}——最小停留时间。

Canevarolo 等[48]基于等效停留时间的概念，提出了一种直接去卷积方法。去卷积曲线的时间值是通过两条 RTD 曲线的两个等效时间值相减得到。如果在某个时刻相同量的示踪剂排出体系，RTD 曲线上对应的两点被认为在时间上是等效的。假设初始时间（或滞后时间）、平均停留时间和等效停留时间具有可加性。Canevarolo 等提出的直接去卷积方法，实际上并没有涉及卷积理论，严格地说不能称其为去卷积方法。

张先明等[49,50]在 Hu 等[38]的研究基础上采用双探头在线荧光检测装置，基于荧光发射原理，直接测量得到了同向双螺杆挤出机部分和全局 RTD 实验数据，然后利用推导的去卷积计算的新方法，对部分 RTD 去卷积得到了局部 RTD。另外，这种在线测试方法可以获得挤出机任何部位的部分和全局 RTD，且检测过程能在高温高压下得到不失真信号，解决了以往只能在机头口模处检测全局 RTD 的问题。

二、挤出反应动力学在线测量

挤出机除了塑化功能外，还具备化学反应器的功能，物料在挤出机中可以完成本体聚合、化学接枝、偶联、交联、可控降解、功能化和官能团的改性等。反应挤出过程中，物料的混合状态、温度以及停留时间分布直接影响着反应进行，决定了最终产品的性能。因而，越来越多的在线检测技术被应用于聚合物反应挤出过程中的反应参数的检测与控制，如在挤出机出口处安装流变传感器（熔融指数和黏度）或光谱探测器（红外、近红外和紫外等）。

聚合物的熔融流变行为对其分子量及其分布、链支化和链缠结等特征非常敏感，可作为间接方法应用于聚合物反应改性挤出过程的监测。例如，Xanthons[51]将流变仪应用于尼龙 / 聚烯烃共混物反应挤出过程监测，初步提出并建立了聚合物熔体流变行为与其微观结构、宏观性能的关系。但是，对于反应相容挤出过程来说，在挤出机出口处所测得的聚合物相形态转变已达到稳定状态，其化学反应也已经完成，并不能获得加工过程的反应演变过程。Covas 等[52]基于此开发了一种新型在线毛细管流变仪。该设备采样装置为毛细管，能安装到挤出机任意位置，可以沿着挤出机取多个样品，而且采样时间少于 5s，因此该方法可测量沿着挤出机轴向反应体系的转化率，从而研究其反应动力学。

作为挤出加工过程最普遍的在线检测技术之一，近红外光谱在反应挤出过程混合检测的应用也逐渐成为目前研究的热点。Barrès 等[53]将近红外光谱应用于双螺杆挤出机中乙烯 / 乙烯醇共聚物与酸的催化酯化反应挤出过程的在线检测，从化学计量学角度结合最小二乘法处理红外谱图数据，与离线测试结果对比相吻合。

对于一些生物可降解聚合物，如聚羟基脂肪酸酯（PHAs）和聚乳酸（PLA）等在挤出过程中很不稳定，容易受热降解，其分子量变化非常明显。因此，对这类聚合物的挤出加工过程中，在线研究其分子降解是非常必要的。目前已有大量的文献报道了挤出加工过程中的工艺参数对聚合物分子降解情况的影响的离线研究方法，如分子量法、热力学法（玻璃化转变）、机械性能法等[54]。但是，在线测量的方法还需进一步发展。Wang 等[55]发现紫外光谱对聚乳酸熔体的颜色改变非常敏感，并通过离线法测定建立了 UV 吸收增加与聚乳酸分子量减少的关系，然后将其引入在线监测聚乳酸的熔融加工过程，实现了聚乳酸分子降解的实时监控。

第四节　反应挤出过程强化策略

反应挤出通常有如下要求：

（1）高效的混合和输送能力。反应挤出过程中各组分之间的混合状态的优劣决定着反应速率和产品的质量。由于反应混合物的黏度高且各组分之间的黏度差别大，混合输送相对困难，因而反应器的输送和混合能力都应很强。

（2）合适的停留时间及其分布。停留时间及其分布直接影响着聚合物的分子量及其分布。一方面，反应器应为物料提供足够的塑化时间、反应时间和混合分散时间，即需有较大的长径比；另一方面，反应器在保证化学反应充分完成的前提下，要防止部分物料因停留时间长而引起降解和交联等其他副反应。

（3）优异的排气性能。未反应的单体、小分子副产物以及物料中夹杂的挥发性组分要能在短时间内迅速排出，否则会影响反应过程的进行和完成，也影响制品质量的稳定性和密实性。

（4）多功能连续化操作。反应挤出将多个物理过程和化学过程集中在同一装置内，随物料向前输送连续化完成，反应体系的物理特性和化学特性都是不断变化，因而反应器应能满足高的空间和时间效率及连续性的工艺要求。

一、螺杆类型

挤出机作为反应器能同时处理低黏和高黏流体，并集进料、熔化、输送、混合、挤出和成型的功能为一体，可以很好地解决上述反应挤出的要求，是最常见的反应挤出设备。螺杆挤出机形式多样，螺杆的设计和操作条件在很大程度上影响着物料在双螺杆挤出中的流动行为，同时影响着物料的混合和反应程度。反应挤出设备根据螺杆数目主要分为单螺杆型和双螺杆型等。

单螺杆挤出机中的物料输送是拖曳型流动，固体输送过程为摩擦拖曳，熔体输送过程为黏性拖曳，在螺槽内呈壳层规则流动混合，意味着界面随应变呈线性增长，而各层间几乎不发生相互混合。因此，为了提高单螺杆挤出机的混合效果，必须打破聚合物熔体在螺槽内的这种层流混合，增加界面再取向。

相比于单螺杆，双螺杆挤出机的螺杆不是一根而是两根平行的螺杆。两根螺杆可以使加料方式由单螺杆速度决定的饱和加料变为饥饿加料，从而平均填充程度低于1，可以沿着螺杆加入不同组分来控制反应。更重要的是，双螺杆挤出机可以根据反应挤出的需要灵活地将螺杆划分为具有不同功能的独立区段，单独控制工艺，使得加料方式、运输能力、混合能力、排气能力和热交换能力都大大改善和加强。因此，螺杆结构与组合优化是强化反应挤出过程最常用的方法。

大体上，根据螺杆的啮合程度和旋转方向的不同，Sakai[56] 将双螺杆挤出机分为如图 6-7 所示的 6 种形式。啮合程度的差异取决于两根平行螺杆之间的距离。若一根螺杆的螺棱伸不到另一根螺杆的螺槽中，则为非啮合型双螺杆挤出机；若一根螺杆的螺棱可插到另一根螺杆的螺槽中，并与其螺槽根部之间有间隙，则为部分啮合双螺杆挤出机；若一根螺杆的螺棱顶部与另一个螺棱根部之间不留任何间隙，则为完全啮合双螺杆挤出机。对于非啮合双螺杆挤出机，由于两根螺杆不能形成封闭或半封闭的腔室，在加料量大、充满度高的条件下，其物料输送与单螺杆挤出机类似，物料对料筒和螺杆的摩擦力和黏性力是控制挤出机输送量的主要因素；而啮合双螺杆挤出机的输送主要靠螺棱的推动沿挤出方向向前输送，其机理主要是正位移输送，其输送和混合能力都比非啮合双螺杆更强。旋转方向主要是由螺杆的几何构造所决定的。对于同向旋转的双螺杆挤出机，两根螺杆完全相同，螺纹方向一致，而对于异向旋转的双螺杆，两根螺杆的螺纹方向相反。啮合异向旋转双螺杆中物料是被封闭在彼此隔开的 C 形腔室中，且这些 C 形小室中物料不随螺杆作转动，只沿着螺杆轴线方向作正位移动。由于啮合区螺槽纵横向都是封闭的，两螺杆间没有物料交换，故进入啮合区的物料有强制通过啮合区的趋势，这将在啮合区进口处产生

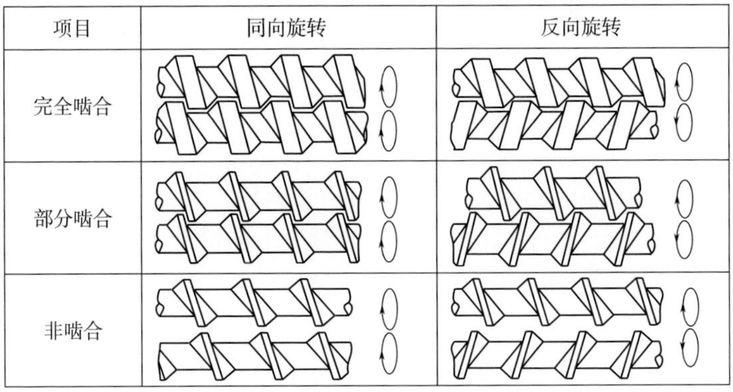

项目	同向旋转	反向旋转
完全啮合		
部分啮合		
非啮合		

▶ **图 6-7** 双螺杆挤出机分类 [56]

物料积累，进入辊隙的物料会对两螺杆产生很大的压力，因而一般在低速（20～40 r/min）下工作。啮合同向旋转双螺杆在啮合区两螺杆的螺槽是纵向开放的，使物料可由一根螺杆流向另一根螺杆，对于均匀的混合和热传递都是非常有利的。并且，啮合型同向旋转双螺杆挤出机具有停留时间分布较窄、排气性能优异以及生产能力高等特性，在反应挤出中得到了更为广泛的应用。

二、螺纹元件与组合

同向旋转双螺杆挤出机的螺杆是由不同导程的输送元件、不同错列角和厚度的捏合块和特殊混合元件组成的。这些螺纹元件的不同组合会影响物料在螺杆中的停留时间分布，从而影响聚合反应及产品性能。

螺纹元件有许多种类，其中最常用的有输送元件、捏合块和特殊元件等三种，如图 6-8 所示。输送元件主要是将物料从加料口向挤出模头输送，可通过改变螺距、螺纹头数、螺槽深度等参数来改变其输送能力。捏合块和特殊元件主要用来提高物料的分布和分散混合能力。对于捏合块来说，其横截面与输送元件相同，但其由一系列错列盘所组成，可以通过改变捏合盘的错列角和厚度来改变其混合能力。特殊元件的结构种类较多，TME 和 ESE 只是其中两种类型的特殊元件，Werner 和 Pfleiderer，Berstorff 和其他一些公司研发了许多特殊混合元件，这些混合元件可以对物料施加不同拉伸和剪切作用[57]。例如，在螺杆上引入销钉，物料被迫在销钉

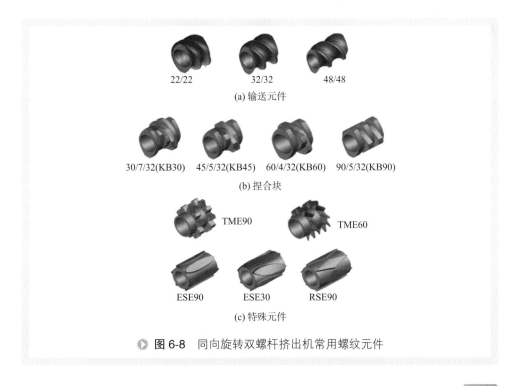

(a) 输送元件

(b) 捏合块

(c) 特殊元件

◉ 图 6-8 同向旋转双螺杆挤出机常用螺纹元件

之间流动且同时受到旋转的螺杆的剪切作用，使得分散相在流动过程中不断变形分裂，可以大大强化混合效果。此外物料之间和物料与销钉之间的摩擦作用也会产生热量，从而加速固体的熔融。此外，有时为了在挤出过程中建立负压，还采用反螺纹元件，阻止物料流体向前输送，以封闭捏合块元件，提高填充程度。

为了考察不同捏合元件和特殊元件的混合性能，Zhang 等 [58] 特别设计了如图 6-9 所示的螺杆构型。沿着挤出方向，分别设有三个荧光在线检测测试点，分别命名为探针 1，2 和 3。探针 1 和 2 分别位于捏合区域的前部和后部，用来测量部分停留时间 $E_1(t)$ 和 $E_2(t)$。探针 3 位于机头位置，用来检测喂料和机头之间的全局停留时间分布 $E_3(t)$。对应的三个局部区域停留时间分布 $E_{12}(t)$、$E_{23}(t)$ 和 $E_{13}(t)$ 可以通过实验得到的 $E_1(t)$、$E_2(t)$ 和 $E_3(t)$ 去卷积得到。捏合区域可以放置四个相同的捏合块，其局部的放大图如图 6-10 所示。通过更换该区域的捏合块元件，就可以获得不同类型捏合块的停留时间分布，进而能够比较它们的混合性能。

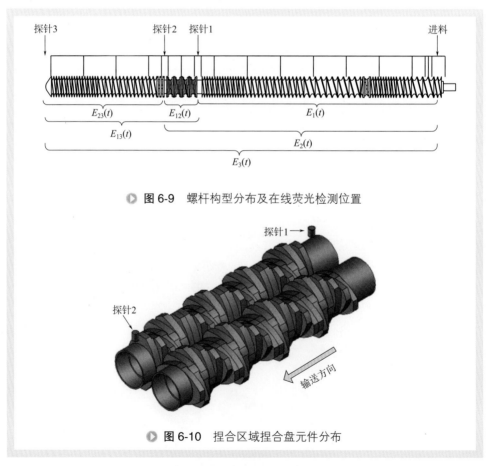

▶ 图 6-9 螺杆构型分布及在线荧光检测位置

▶ 图 6-10 捏合区域捏合盘元件分布

图 6-11 为不同螺纹元件对局部 RTD 的影响。从图 6-11 中，可以看出平均停留时间和分布曲线宽度按下列顺序排列：KB30 < KB60 ≪ KB90 < TME90。这表明随

着捏合元件角度的增加，轴向混合能力，且 90° 齿形盘元件优于传统的错列角捏合元件。

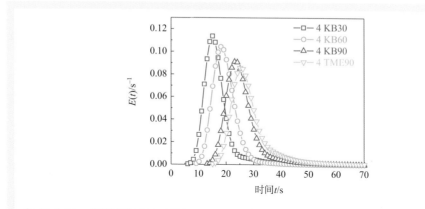

● **图 6-11**　螺杆螺纹元件对局部 RTD 的影响。螺杆转速：150 r/min；喂料量：17.8 kg/h

通过三维有限元方法也可以对捏合元件进行数值模拟来表征螺杆捏合元件的流动机理和分布混合能力。Zhang 等[59] 采用网格叠加技术解决了螺杆旋转带来的运动边界难题，基于速度场求解出了粒子从入口到出口的运动轨迹和停留时间，统计得到停留时间分布并与实验结果进行对比，结果相符较好，最小和平均停留时间随着捏合角度增大而增大，RTD 变宽。将粒子等同于无限小面，结合动力学理论模拟了粒子运动过程面积伸展率、瞬态混合和时间平均混合效率；考察粒子个数、初始位置和方向对三个参数的影响；比较螺杆捏合角度、捏合块厚度和捏合块之间的间隙对混合性能和混合效率的影响，不同捏合盘面积伸展能力和效率排序为：45° < 60° < 90°；相同捏合角度，捏合盘之间间隙有利于增加分布混合，厚的捏合盘片具有低的分布混合能力、高的分布混合效率。

这些螺纹元件的组合顺序及每个分段的长度可以根据反应特性和物理变化特性来决定。例如，由薄捏合盘组成的捏合块可以提高物料的填充，延长停留时间，增加纵向混合，而由厚捏合盘组成的捏合块能产生非常窄的停留时间分布，减小纵向混合和大幅提高横向混合。对于高反应速率的凝聚反应，可采用厚的捏合盘组成的捏合块组合以形成柱塞流输来实现窄分子量分布；对于离子聚合，可以用只有输送元件的螺杆组合来完成反应挤出过程。

通过螺杆、机筒的结构设计，也可以提供良好的温控和传热，使放热反应得到有效控制。对于放热量较大的反应体系，可以通过机筒壁上的循环沟槽内的冷却介质将热量导走。此外，也可对积木式的不同机筒段进行单独的加热或冷却以精确控制反应。

三、操作条件

与单螺杆挤出机内完全填充不同，双螺杆挤出机一般在"饥饿"条件下操作，也就是在挤出过程中，物料在双螺杆挤出机的不同区域既存在部分填充又存在完全填充的情况。因此，单螺杆挤出机只有一个加工参数可以调节，即螺杆转速；而双螺杆挤出机则有螺杆转速和喂料量两个参数可以调节，并且这两个参数互相独立。

采用如图6-9所示的螺杆组合，Zhang等[58]考察了螺杆转速和喂料速率对RTD的影响。如图6-12所示，在给定的喂料速率条件下，无论是探针1还是探针2处，增加螺杆转速会使RTD向短时间区域移动。但是，对RTD的峰宽影响较小，这意味着在给定条件下，增加螺杆转速并不能改善轴向混合，其作用只是使物料以更快的方式从喂料处输送并泵送出模口。如图6-13所示，在给定的螺杆转速条件下，增加喂料量同样使RTD曲线向短时间区域移动，这与增加螺杆转速的影响相似，但是RTD曲线随着喂料量增加而逐渐变窄，这说明增加喂料量减小轴向混合的能力。

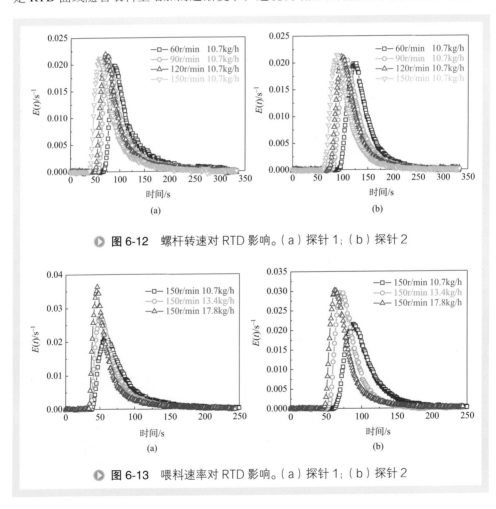

图6-12　螺杆转速对RTD影响。（a）探针1；（b）探针2

图6-13　喂料速率对RTD影响。（a）探针1；（b）探针2

进一步引入了停留体积分布（RVD）、停留转速分布（RRD）和无量纲停留时间分布理论来理解螺杆的输送和混合，推导它们之间的关系式。结果表明，对于同一螺杆构型，无论全局、部分还是局部，相同的 Q/N 具有相同的 RVD、RRD 和无量纲停留时间分布。这是因为当 Q/N 一定时，挤出机内的平均填充长度和完全填充长度相同。

因此，喂料量和螺杆转速等操作条件是通过填充度和停留时间对聚合物反应挤出过程产生影响，其中填充度的影响占主导地位。在调节螺杆转速和喂料量等加工参数时，提高双螺杆挤出机中的填充度，可以提高混合强度，促进聚合反应程度。

四、其他强化方式

随着反应挤出技术的迅速发展，新兴的辅助技术也应运而生，例如微波辅助、超声辅助等。通过反应挤出与这些技术的耦合，可进一步促进聚合过程中的传热、传质和反应，提升产品的性能。

1. 微波强化

与常规的加热方法相比，微波加热具有效率高、加热均匀的特点，能在短时间内迅速升高局部反应体系的温度，在适当的位置引入微波，可有效强化反应挤出过程。在螺杆较前的位置引入微波，可迅速有效地预热材料，使温度分布均匀，有利于提高单体的转化率和分子量。例如在丙交酯反应挤出开环聚合过程中，在螺杆的中部靠前的位置引入微波辅助加热（如图 6-14 所示），体系的温度迅速从 130 ℃上升至 190 ℃，有效提高了反应速率，最终丙交酯的转化率从 62% 上升至 80%，数均

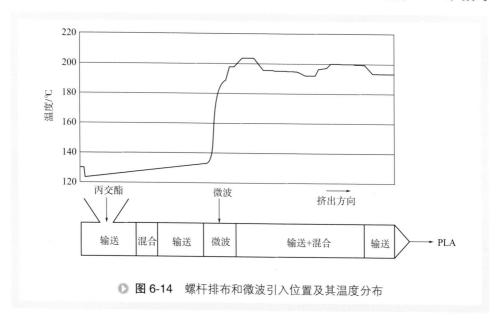

▶ 图6-14 螺杆排布和微波引入位置及其温度分布

分子量从 31456 升高至 34763。但是，在螺杆后端引入微波可能会导致局部温度过高，造成 PLA 链降解[60]。

此外，大多数情况下，聚合反应所需要的活化能很高，微波的引入能迅速提供反应所需活化能，从而迅速引发聚合反应。例如，微波辅助苯乙烯的自由基聚合[61,62]和丙交酯开环聚合[63,64]，均得到了较好的效果。因此，微波辅助反应挤出具有良好的发展前景。

2.超声强化

超声波是指频率为 $2 \times 10^4 \sim 2 \times 10^9$ Hz 的声波，在媒介传播过程中会与媒介相互作用，产生机械效应、空化效应、热效应、化学效应，可作为一种辅助的手段，与反应挤出技术耦合，可以作为热源，为反应体系供热，加快聚合反应。因此，超声与反应挤出耦合技术在聚合物的合成中有着重要的应用。

在聚合反应中，混合是关键因素之一，超声与反应挤出技术耦合的生产工艺，不仅能通过螺杆中引入的混合元件以及螺杆转速来强化混合，也能通过超声来强化混合，实现混合效率的最大化，从而提高反应速率，进而提高聚合物的数均分子量和转化率。例如在丙交酯开环聚合的反应挤出过程中引入超声，在 190 ℃，200 ℃ 和 205 ℃中反应，分子量分别提高了 46%，96% 和 120%，转化率分别提高了 22%，7% 和 8%[64]。

第五节 应用实例

反应挤出合成聚合物是指以螺杆挤出机作为反应器，在无溶剂或只含极少溶剂的情况下，单体、混合单体或预聚物直接通过加聚或缩聚，制备所需分子量或分子结构的聚合物。通常反应体系的黏度会随聚合物过程的进行骤然增加，可以从 0.1 Pa·s 以下增加到 10000 Pa·s 甚至更高。若采用传统的搅拌釜为反应器，在反应后期搅拌效率随着物料黏度的提高而迅速降低，反应体系中的传质和传热会变得非常困难，使得聚合物产物的分子量变宽甚至出现爆聚的现象。若采用减小投料量或溶剂稀释的方法，一方面降低了设备的使用效率，另一方面会增加溶剂的使用和回收成本。因此，采用"一步到位"的反应挤出聚合合成方式，不仅可以在螺杆挤出机的不同段区域同时输送黏度差别极大的原料或产物，而且能在狭窄的区间内有效控制因反应介质黏度不同所引起的温度梯度，并且能缩短工艺流程，无环境污染，是一种经济和有发展前途的方法。

当然，并非所有的聚合体系都能采用反应挤出的方法来实现聚合物的合成。应用反应挤出技术合成聚合物最关键的问题在于：

① 由于物料在螺杆挤出机中的停留时间是有限度的，从而要求聚合反应的时间最多不能超过 10 min，且转化率要达到 90% 以上，方便单体及副产物能完全地脱除。

② 由于聚合反应仅在数分钟内完成，需要迅速排除聚合物反应热以保证反应体系的温度低于聚合反应的上限温度，因此挤出机的热传导能力是否满足聚合热量的快速疏散，是聚合反应体系能够采用反应挤出技术进行聚合物合成的重要因素。

目前，采用反应挤出技术进行聚合物合成的聚合反应的例子包括：阴离子活性聚合，如聚苯乙烯（PS）及其共聚物、尼龙 6（PA6）等；缩聚反应如聚酯、聚酰亚胺等。

一、自由基聚合制备聚苯乙烯及其共聚物

为了使苯乙烯的聚合能够通过反应挤出实现，通常有两种方式，一是延长反应时间，二是选用合适的聚合方法，加快反应速率，缩短聚合时间。为了延长停留时间，可将三台双螺杆挤出机互相连接起来进行反应挤出聚合。这种方法已经成功用于制备苯乙烯与丙烯腈、甲基丙烯酸甲酯或丙烯酰胺的共聚物。一个典型的例子是：将自由基引发剂、苯乙烯和丙烯腈单体在 5℃ 下混合后，加入第一台挤出机，输送并加热升温至 130～180 ℃，并在 20～40 s 内输送到螺杆直径更大的第二台挤出机内，强烈的捏合使物料发生聚合，通过调节螺杆转速使得物料的停留时间为1.5～18 min，然后物料被送入第三台挤出机，通过真空排气口除去未反应单体，最后挤出造型。

苯乙烯活性阴离子聚合反应速度很快，且转化率高，能满足反应挤出所要求的反应条件。该反应是放热反应，且放热量很大，在绝热反应时，聚合体系的温度可达到 350℃。挤出机能够快速移除 70% 的热量，可使聚合体系的温度维持在 200 ℃，这为在双螺杆挤出中实现苯乙烯活性阴离子聚合提供了可能。例如，Gao 等[65] 以丁基锂为引发剂，已成功在双螺杆挤出机中通过反应挤出技术合成了聚苯乙烯。他们研究了反应挤出过程随反应时间和停留时间的变化，结果表明苯乙烯的聚合反应主要在沿螺杆 400～1000 mm 的区域发生，相应的停留时间为 1～4 min。

螺杆构型和加料方式也对聚苯乙烯及其共聚物的聚合反应过程有着重要的影响。Michaeli 等[66] 对比了四种螺杆构型和加料方式对苯乙烯和异戊二烯的聚合过程的影响，结果如图 6-15 所示。从不同螺杆区域的聚合体系温度可以看出，丁基锂加入的位置直接影响着反应挤出体系的温度分布。并且，不论预聚物的含量和引发剂的用量如何，螺杆构型 1 所得产物的分子量分布都呈现双峰分布，而螺杆构型 3 所得产物的分子量大，且呈单一分布，如图 6-16。螺纹元件的构型也对聚合产物的分子量分布有很大的影响。如图 6-17 所示，输送螺纹元件的螺距越小，聚合物产物越

均匀；随着螺杆转速的增加，采用错列盘厚度越小和强制输送作用越强的捏合块，聚合物产物分子量分布越窄。

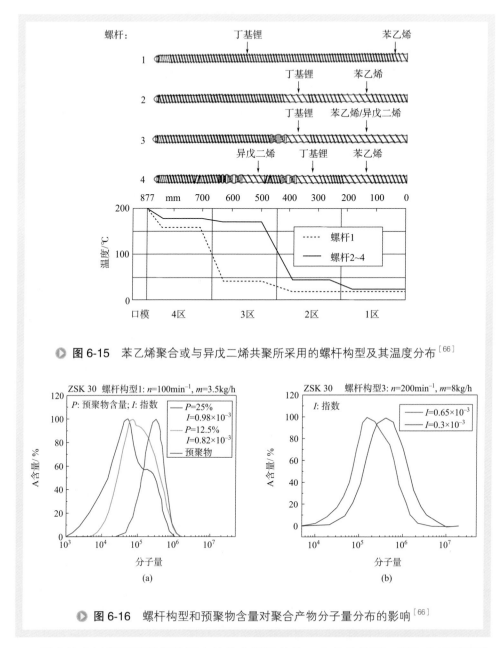

图 6-15 苯乙烯聚合或与异戊二烯共聚所采用的螺杆构型及其温度分布[66]

图 6-16 螺杆构型和预聚物含量对聚合产物分子量分布的影响[66]

反应挤出过程还可以调控聚合物的分子链结构。在传统的丁二烯和苯乙烯溶液共聚合技术中，由于丁二烯竞聚率远高于苯乙烯的，导致丁二烯单体首先发生自聚，然后再引发苯乙烯聚合，因而，常用的釜式反应器所制备的聚合产物多为丁二烯和苯乙烯的双嵌段共聚物。周颖坚等[67]采用苯乙烯和丁二烯的混合单体为原料，通过反应挤出技术制备出了苯乙烯和丁二烯多嵌段共聚物。在反应挤出过程中，由于竞聚率高的单体丁二烯首先会汽化，再以气泡形式进入反应体系参与聚合，因此，所形成的共聚物分子是由一条 $1\times10^4\sim4\times10^4$ 的聚苯乙烯链段连接着数十个苯乙烯-丁二烯嵌段链段的结构。并且该多嵌段共聚物会出现微相分离，使橡胶相以纳米尺度的球形颗粒分散在聚苯乙烯母体中，从而可以明显提高其断裂伸长率。此外，在苯乙烯与其他单体共聚时，还可以通过引入添加剂来减小竞聚率的差异。例如，张锴等[68]在苯乙烯-异戊二烯混合单体的反应挤出过程中，加入沸点较高（161℃）的二乙二醇二甲醚作为添加剂，减小了苯乙烯和异戊二烯的竞聚率差异。随着添加剂用量的增加，反应挤出苯乙烯与戊二烯共聚物的无规苯乙烯单元的含量逐渐提高。

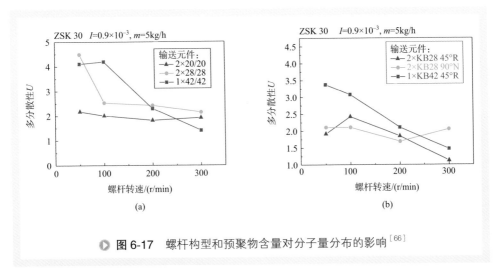

● 图 6-17 螺杆构型和预聚物含量对分子量分布的影响[66]

二、阴离子开环聚合制备尼龙6

开环聚合是环状单体 σ-键断裂开环、形成线性聚合物的聚合反应，主要的单体有环醚、环酯、环酰胺（内酰胺）、环硅氧烷等。由于开环聚合不产生小分子副产物，因此相比于其他聚合方式，生产过程更环保，产物更纯净。

开环聚合通常包含活化、引发和增长等过程。例如，在引发剂异氰酸酯和催化剂己内酰胺钠存在的条件下，己内酰胺会发生如图 6-18 所示的活性阴离子聚合反应[69]：首先，在引发剂异氰酸酯作用下，己内酰胺被快速地转化为 N-酰基己内酰胺，然后在己内酰胺钠盐的作用下，产生己内酰胺阴离子，最后增长生成高分子量的尼龙 6（PA6）。该反应的转化率在几分钟内可达到 90%～95%，因此，可通过反应挤出技术实现阴离子开环聚合制备 PA6。

市场上的 PA6 树脂大多是采用传统的己内酰胺水解开环工艺生产的，即己内酰胺单体经水解，而后进行缩聚和加成反应所制备的。但是，由于水解聚合为化学平衡反应，反应生成的聚合物中存在 8%～10% 的单体或低聚物，故必须经过抽提干燥等工序的处理最后才能成为成品。这种生产工艺的周期长达 10～20 h，且后处理工艺复杂冗长，原料单体消耗较大，能耗高，三废污染大。由于阴离子开环聚合的反应速率快，得到的产物分子量高、分布窄，且整个过程不产生废液，环境友好。可见，采用反应挤出，通过己内酰胺阴离子开环聚合制备 PA6 具有显著的优势。并且，可以通过挤出工艺和螺纹结构与排布进一步强化己内酰胺阴离子开环聚合过程。

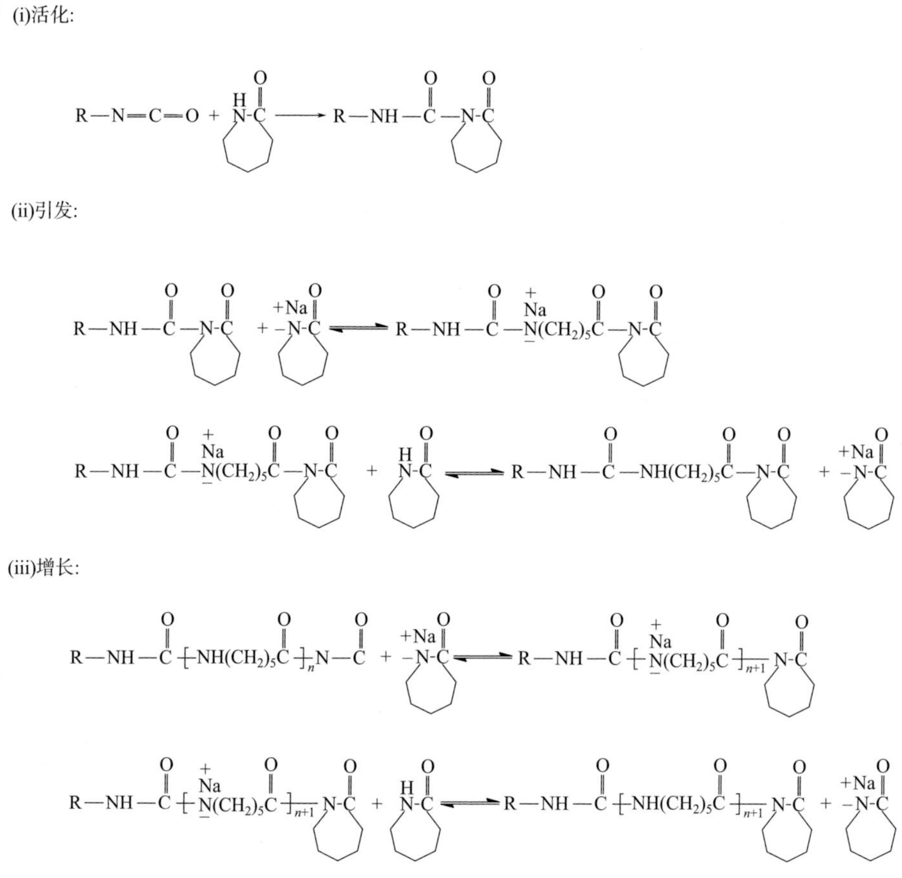

● 图 6-18　己内酰胺活性阴离子聚合机理

1. 加料方式

由于己内酰胺活性阴离子聚合反应的原料多且反应速度非常快，必须将相对少量的引发剂和催化剂与己内酰胺充分混合，因此，加料方式非常关键。

常见的己内酰胺活性阴离子反应挤出工艺如图 6-19 所示。己内酰胺／引发剂和己内酰胺／催化剂先分别置搅拌釜中，然后在己内酰胺的熔点以上（如 90 ℃）混合均匀后，分别经齿轮泵泵入到挤出机中，在 140～170 ℃发生聚合反应，随着反应进行，物料在挤出机中不断向前输送，进入 230 ℃熔融封闭区进行脱挥，最后经挤出得到 PA6 制品。Rothe 等[70,71]将这个挤出反应过程与纳米粒子复合相结合，即在己内酰胺单体中引入纳米黏土，在己内酰胺反应挤出聚合的过程中，将纳米黏土原位分散在所生成的 PA6 中，形成了性能优异的 PA6/纳米黏土复合材料。BASF 公司[72]进一步将 PA6 阴离子反应挤出过程与纤维熔融纺丝两个加工过程相结合，实现了PA6 的直接一步法纺丝。相比传统水解法制备 PA6 后再熔融纺丝的工艺，能耗和三废排放都大大降低。

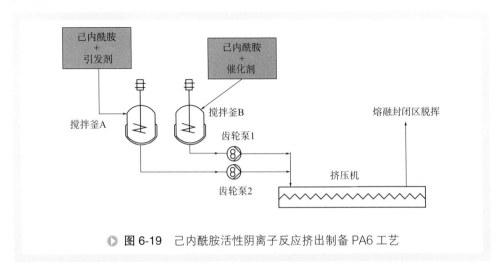

> 图 6-19 己内酰胺活性阴离子反应挤出制备 PA6 工艺

2. 传热强化

阴离子开环聚合的反应体系放热量大，移热成为了该类反应的一大难题。而挤出机作为反应器时，可通过机筒壁和螺杆自身内部的传热流体的循环移走反应热，螺杆的高速旋转使物料表面高速更新，增加了传热面积，提高了传热效率，能将温度梯度控制在较窄的范围内。

Bartilla 等[73,74]设计了一种用于己内酰胺阴离子开环聚合反应挤出的螺杆，其结构如图 6-20 所示。沿着挤出方向，螺杆可分为不同的区域依次进行进料、熔融、混合、引发、聚合、降解、脱挥和挤出等。螺杆中沿挤出方向的温度分布如图 6-21所示，单体熔融区的温度控制在聚合反应引发温度以下，直至单体与催化剂混合充分；聚合区温度与聚合热相平衡，保证反应的转化率；降解区温度高，使部分高分子量的聚合物降解，使其熔融，提高产物的均匀性；在挤出区，高温下可脱挥除去残留单体，减少产物中的气泡。通过温度的分段控制，梯级升温，可达到强化反应控制的目的。

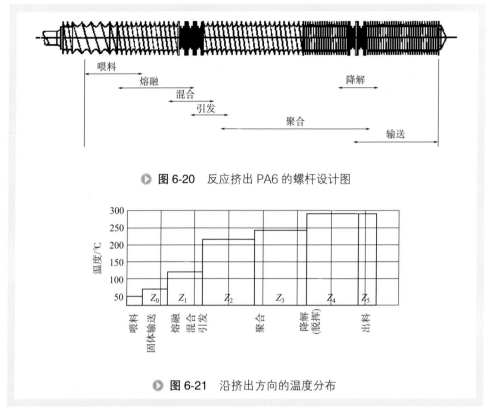

图 6-20 反应挤出 PA6 的螺杆设计图

图 6-21 沿挤出方向的温度分布

3. 混合强化

螺纹结构和螺杆转速直接影响着混合效果，螺杆可通过引入啮合元件和改变转速获得不同的混合能力以适应不同体系的要求。开环聚合所用的螺杆一般可分为三个区域，第一区用于熔融加热，可只用输送螺纹元件。第二区用于聚合反应，每一段由捏合元件和混合元件组成，啮合元件用于分散混合以将机械能引入熔体，混合元件引发分布混合，从而确保反应物迅速接触。第三区的主要作用是脱挥和加压，直至热力学平衡，使反应转化率最大化。

通过螺纹元件强化聚合阶段的混合，可提高产品质量。Kye 等[75]在右旋输送螺纹元件中引入数量不同的啮合块，设计了三种结构不同的螺杆组合（如图 6-22 所示），进行己内酰胺的开环聚合。一方面，啮合块的引入增加了完全填充区域的长度，使得停留时间增加。如图 6-23 所示，螺杆组合 1 的停留时间仅为 70～160 s，而螺杆组合 3 的增加至 220～390s。另一方面，啮合块的引入提高了剪切混合的强度，强化了混合效果。因此，螺杆组合 3 所得的 PA6 产率和分子量均高于螺杆组合 1 的。例如，由于停留时间短和剪切强度低，螺杆结构 1 所得到的产率仅为 88%～92%，低于螺杆组合 3 所得到的 90%～95% 的产率。

Hornsby 等[76]在同向双螺杆挤出机中进一步考察了螺杆转速对己内酰胺阴离

子聚合所制备的 PA6 特性的影响。图 6-24 为不同转速下所制备得到的 PA6 的分子量。当螺杆转速为 90 r/min 时，PA6 分子量最大，这很大程度上是由于剪切速率和停留时间所决定的。在高螺杆转速（120 r/min 和 150 r/min）下，很可能发生剪切降解，尤其影响高分子量的链降解，进而降低分子量，并导致分子量分布变窄。在低螺杆转速（50 r/min 和 70 r/min）下，一方面，由于螺杆填充度较大，使得物料停留时间延长，热降解程度增大；另一方面，剪切速率较低，反应物的混合效果可能较低，这两者导致产物的分子量降低。因此，合适的螺杆转速能在强化混合效果的同时，控制高分子链的降解程度，提高产物分子量，进一步提高产物的机械性能，如图 6-25 所示。

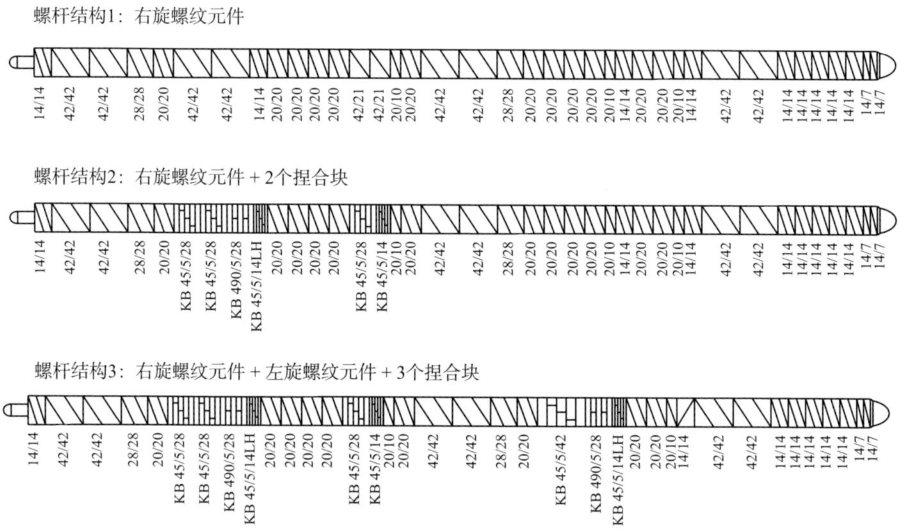
螺杆结构1：右旋螺纹元件
螺杆结构2：右旋螺纹元件＋2个捏合块
螺杆结构3：右旋螺纹元件＋左旋螺纹元件＋3个捏合块

图 6-22　三种不同螺杆组合

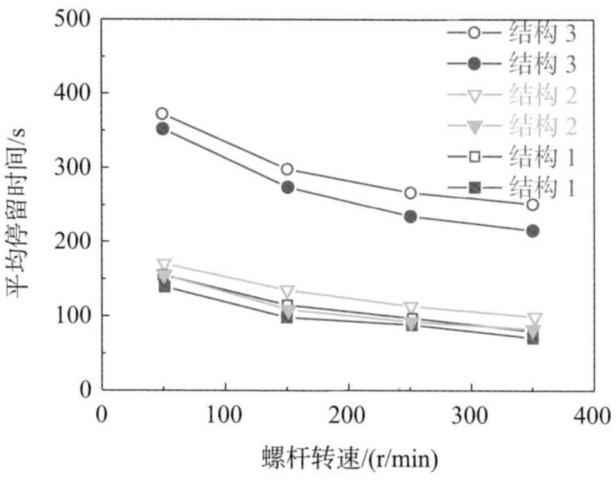
平均停留时间/s
螺杆转速/(r/min)
500
400
300
200
100
0
0
100
200
300
400
结构 3
结构 3
结构 2
结构 2
结构 1
结构 1

图 6-23　螺杆组合对平均停留时间的影响

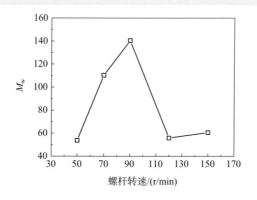

▶ **图 6-24**　螺杆转速对 PA6 分子量的影响

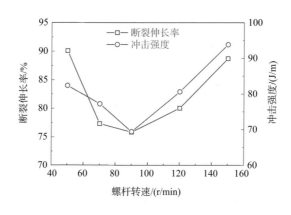

▶ **图 6-25**　转速对机械性能的影响

三、缩聚聚合制备聚酯

　　缩聚主要是通过两种不同的单体经过反复缩合生成缩聚物的。在缩聚过程中，反应体系的黏度是逐渐增加的，同时往往会产生小分子副产物（如水或醇）。为了保证能获得高分子量的缩聚物，必须从高黏的反应体系中高效地去除低分子副产物。若采用传统的聚合釜，则需在反应后期，在高度减压下脱除低分子副产物，操作不便，且脱挥效率低。螺杆挤出机不仅能处理高黏体系，而且聚合物熔体表面更新快，料层厚度小，因而反应挤出技术能有助于缩聚产生的小分子副产物迅速地迁移至体系表面，并且在挤出机上可设置多个真空排气口使小分子被迅速从反应体系脱出。因此，反应挤出非常适合于缩聚物（如聚酯）的熔融缩聚。相对聚酯固相缩聚，反应挤出熔融缩聚不但可以提高产物分子量，而且可以大幅提高反应速度和缩短反应时间。

1. 加料方式

由于聚酯是通过逐步增长聚合机理形成的，因此，两种不同反应单体的精确化学摩尔配比对于制备高分子量的聚酯至关重要。但是，要把两种单体的加料精度控制在 1 %（质量分数）以内是非常困难的。为此，可采用特殊的加料装置来控制两种单体加料精度。例如，Schmidt 等[77] 采用了如图 6-26 所示的同心式加料管，将二酐和二胺单体通过不同的流道加入挤出机中，使两种反应物在挤出机中完全混合前保持分开

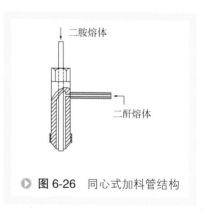

二胺熔体

二酐熔体

▶ **图 6-26** 同心式加料管结构

的状态，从而有效地控制化学摩尔比。此外，也可将反应物先进行酯化，然后以预聚物的形式加入挤出机中，进行熔融缩聚来提高分子量。

2. 脱挥强化

缩聚反应具有逐步反应特征，存在可逆平衡。为了保证获得较高分子量的聚酯，就必须高效地除去反应体系所生成的低分子副产物。挥发组分从高黏体系中脱除，主要涉及三个过程：挥发组分在聚合物熔体中的扩散、气液相界面的扩散、气相中的扩散。尽管挤出机在处理高黏熔体脱挥反应具有显著优势，但是如何进一步强化脱挥过程一直是制备高分子量缩聚物的重要研究方向。

基于渗透理论，Latinen[78] 首次建立了单螺杆挤出机中扩散脱挥的数学模型。Sakai[79] 进而基于 Latinen 模型，提出了双螺杆挤出机脱挥特性的方程，如下式所示：

$$\lg (c_0-c_E)/(c_L-c_E) = (KSLN^{1/2})/W \qquad (6-23)$$

式中　　c_0, c_E, c_L——挥发组分的初始、平衡和最终浓度；

$(c_0-c_E)/(c_L-c_E)$——脱挥效率；

K——常数；

L——螺杆长度；

N——螺杆转速；

W——产出率；

S——有效界面面积。

影响脱挥效率的重要因素有：表面更新能力、排气口的真空度、用于加速脱挥的添加剂等。因此，可通过优化螺杆结构及其排布和脱挥口等措施来提高脱挥效率。

（1）优化螺纹结构及其排布　当聚合物溶液经过排气口时，过热的溶液会形成泡沫，在双螺杆挤出机的通道中占据一定的体积，并且在排气口的下壁翻滚。而聚合物熔体在两个螺杆的啮合处向上攀升。在排气压力和螺杆的转动作用下，泡沫会

破裂，留下凝聚的聚合物颗粒会造成聚合物熔体的滞留和浓缩性挥发组分的返混。螺纹结构及其排布会影响聚合物熔体在螺杆中的填充度和停留时间，减少熔体的攀升，改善对熔体的控制，进而影响脱挥效率，因此选择合适的螺纹元件及其排布方式可强化脱挥过程。在脱挥区，引入合适的加强熔体密封的元件，例如逆向刮板原件、泡型罩、挡板等，可有效强化脱挥过程。流体流经这些元件的都会增压，使熔体在密封件上游的通道中充满，实现脱挥区域的高真空度。Biesenberger 等 [80] 在双螺杆挤出机中使用逆向刮板元件，在单螺杆挤出机使用泡型罩或挡板，得到了理想的脱挥效率。Schmidt 和 Lovgren[81,82] 设计了特殊的螺杆结构，如图 6-27 所示。该元件由向前输送物料的右旋螺纹和随后的一个向后输送物料的左旋螺纹组成，能有效加强熔体封闭，阻止物料返混，从而提高脱挥效率。

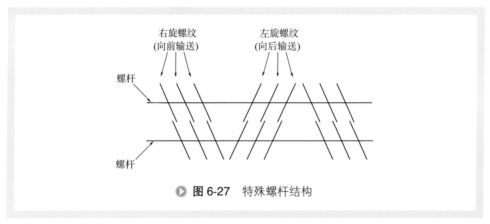

▶ 图 6-27　特殊螺杆结构

Sakai[79] 对比了同向和异向旋转双螺杆挤出机中的脱挥效率，发现异向旋转双螺杆挤出机的脱挥效率优于同向旋转双螺杆挤出机的。由如图 6-28 所示的同向与异向双螺杆挤出机的脱挥机理可知，异向旋转双螺杆挤出机在脱挥表面中存在减压现象，可提升排气口的真空度，且界面更新能力更强，因此脱挥效率明显高于同向旋转双螺杆挤出机。然而，同向旋转双螺杆挤出机的自清洁结构可以防止在排气区的物料由于滞留而产生降解。

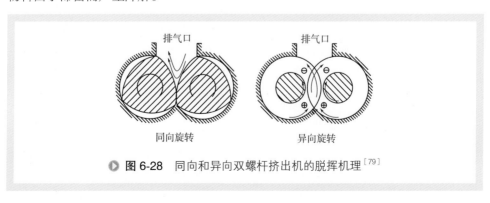

▶ 图 6-28　同向和异向双螺杆挤出机的脱挥机理[79]

（2）优化排气口　优化排气口结构及其安装位置也可改善聚合物熔体的滞留和浓缩性挥发组分的返混，从而提高脱挥效率。例如，将排气口安装在双螺杆挤出机的侧面，堵住捏合区，覆盖排气区，可减少熔体的攀升，以改善对熔体的控制，提高脱挥效率[83]。

设置多排气口也能提高反应挤出脱挥效率。例如，当双螺杆挤出机应用于脱除高浓度的挥发分或者要求最后产品中挥发分含量非常低的场合时，通常采用如图6-29所示的多级排气双螺杆挤出机，这样可以减少真空泵的负荷、有效控制气泡长大和抽真空的速率以及防排气管路堵塞等，提高聚酯分子量。

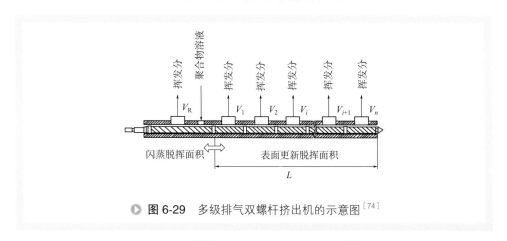

> 🔺 **图 6-29**　多级排气双螺杆挤出机的示意图[74]

Takekoshi 和 Kochanowski[84,85]、Banucci 和 Mellinger[86] 在制备由双酚 A 型二酐和不同的芳族二元胺缩聚而成的聚醚酰亚胺时，采用的挤出机设置了两个排气口，如图 6-30 所示。物料在区域 2 熔融并开始聚合，且在区域 2 的物料只是部分充满，因此，表面更新可将反应中生成的部分水通过区域 2 的排气口脱除，剩余的水通过区域 4 的排气口彻底脱除。

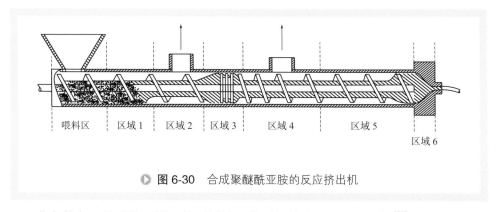

> 🔺 **图 6-30**　合成聚醚酰胺的反应挤出机

优化排气口的功能配置，能灵活地调控脱挥性能。Gouinlock 等[87] 采用如图 6-31 所示的双螺杆挤出机，制备了由双酚 A、2,2- 二甲基丙二醇和对苯二酰氯缩聚而成的聚酯。该挤出机设有一个大排气口和两个小排气口，大排气口位于靠近料斗的上游位置，并通氮气防止缩聚之前单体物质过早挥发而改变反应单体配比，造成产物分子量降低。两个小排气口相邻，其中一个通真空，便于及时脱除低分子副产物，另一个根据实际进行调整，可关闭或通真空，从而保证脱挥效率，提高聚酯的分子量。

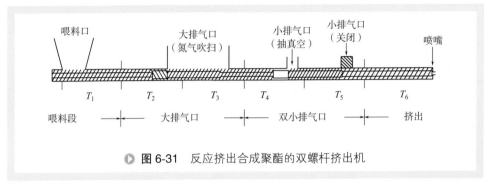

> 图 6-31　反应挤出合成聚酯的双螺杆挤出机

（3）优化工艺　缩聚反应可采用两步法实现，在预聚过程和主缩聚过程中均采用一边反应一边脱除小分子副产物的方式，也能提高脱挥效率，促进反应的平衡正向移动，提高产物分子量。例如，采用两步法合成聚醚酰亚胺，间苯二胺与双酚 A 先投入单螺杆挤出机中在预聚过程中有效地脱除副产物水，生成的低分子量（M_n=7600）预聚物进入二级挤出机继续缩聚和脱水，最终得到的产物分子量为 11200[88]。

第六节　结语

当聚合物参与化学反应时，通常需要使用有机溶剂。如果没有溶剂，反应体系可能会非常黏稠。而且，一些聚合反应如乙烯基单体的聚合反应都是高度放热的，需要溶剂作为散热介质移除反应体系的热量。实际上，尽管多年来不断努力减少溶剂的用量，但生产聚合物产品仍使用大量溶剂。这是因为在没有溶剂存在下，聚合反应或聚合物熔体反应会遇到以下问题：

（1）不相容反应物之间发生碰撞的可能性大大降低，导致反应程度降低；

（2）由于没有溶剂作为散热介质，散热变得更加困难；

（3）在反应的后期混合和运输高黏度体系面临巨大挑战。

反应挤出是使用螺杆挤出机作为连续搅拌反应器来进行化学反应的，其独特的螺杆几何形状旋转产生的剪切或拉伸可以处理非常黏稠体系的输送和混合，能在没有任何溶剂存在条件下进行聚合物的本体聚合和熔融反应，因此，反应挤出是聚合反应及聚合物熔体反应的有效的强化方式。并且，由于没有溶剂的稀释，反应物和催化剂的相对浓度提高，反应速率也大幅增加，大大缩短了反应时间，提高了生产效率。反应挤出已用于自由基聚合、开环聚合、缩聚和接枝反应的聚合物改性等过程，而且可以通过螺杆设计、工艺参数优化和辅助强化手段等方式进一步强化反应。此外，反应挤出可以集塑化、输送、混合、反应、脱挥和挤出等多任务于一体，能实现聚合物产品小批量、多品种、专门化的生产，因而备受关注。目前，反应挤出已广泛应用于聚合物合成与制备。

但是，反应挤出也存在一些问题，例如：反应挤出过程中传热、传质及其流动等理论不足，缺少反应挤出的数学模型，流动和反应及混合的偶合关系还不清楚等。因此，反应挤出发展还需对反应挤出过程的物理和化学变化进行进一步深入研究，有针对性地设计制造新型的反应挤出部件及设备，并多方位强化反应挤出过程，开发出新的反应挤出聚合物产品。

参考文献

[1] Tzoganaakis C. Reactive extrusion of polymers: a review[J]. Advances in Polymer Technology, 1989, 9(4): 321-330.

[2] Hu G H. Reactive Polymer Processing: Fundamentals of Reactive Extrusion[M]//Buschow K H J, Cahn R W, Flemings M C, Ilschner B, Kramer E J, Mahajan S. Encyclopaedia of Materials: Science and Technology. Amsterdam: Elsevier Science, 2001: 8045-8057.

[3] Vergnes B, Berzin F. Modelling of flow and chemistry in twin screw extruders[J]. Plastics, Rubber and Composites, 2004, 33（9-10）: 409-415.

[4] Moad G. Synthesis of polyolefin graft copolymers by reactive extrusion[J]. Progress in Polymer Science, 1999, 24(1): 81-142.

[5] White J L, Sasaki A. Free radical graft polymerization[J]. Polymer-Plastics Technology and Engineering, 2003, 42(5): 711-735.

[6] Baker W, Scott C, Hu G H. Reactive Polymer Blending[M]. Munich, Germany: Hanser, 2001.

[7] Koning C, Van Duin M, Pagnoulle C, Jerome R. Strategies for compatibilization of polymer blends[J]. Progress in Polymer Science, 1998, 23(4): 707-757.

[8] Kim I, White J L. Reactive copolymerization of various monomers based on lactams and lactones in a twin-screw extruder[J]. Journal of Applied Polymer Science, 2005, 96(5): 1875-1887.

[9] Hu G H, Flat J J, Lambla M. Free-radical grafting of monomers onto polymers by reactive extrusion: principles and applications[M]// Al-Malaika S Reactive Modifiers for Polymers London: Thomson Science and Professional, 1997: 1-80.

[10] Shearer G, Tzoganakis C. Free radical hydrosilylation of polypropylene[J]. Journal of Applied Polymer Science, 1997, 65(3): 439-447.

[11] Berzin F, Vergnes B, Dufosse P, Delamare L. Modeling of peroxide initiated controlled degradation of polypropylene in a twin screw extruder[J]. Polymer Engineering and Science, 2000, 40(2): 344-356.

[12] Berzin F, Vergnes B, Canevarolo S V, Machado A V, Covas J A. Evolution of the peroxide-induced degradation of polypropylene along a twin-screw extruder: Experimental data and theoretical predictions[J]. Journal of Applied Polymer Science, 2006, 99(5): 2082-2090.

[13] Danckwerts P V. Continuous flow system: Distribution of residence time[J]. Chemical Engineering Science, 1953, 2(1): 1-13.

[14] Machado A V, Covas J A, Van Duin M. Monitoring polyolefin modification along the axis of a twin screw extruder: I. Effect of peroxide concentration[J]. Journal of Applied Polymer Science, 2001, 81(1): 58-68.

[15] Bigg D, Middleman S. Mixing in a screw extruder. A model for residence time distribution and strain[J]. Industrial and Engineering Chemistry Fundamentals, 1974, 13(1): 66-74.

[16] Todd D B. Residence time distribution in twin-screw extruders[J]. Polymer Engineering and Science, 1975, 15(6): 437-443.

[17] Weiss R A, Stamato H. Development of an ionomer tracer for extruder residence time distribution experiments[J]. Polymer Engineering and Science, 1989, 29(2): 134-139.

[18] Kao S V, Allison G R. Residence time distribution in a twin screw extruder[J]. Polymer Engineering and Science, 1984, 24(9): 645-651.

[19] Cassagnau P, Mijangos C, Michel A. An ultraviolet method for the determination of the residence time distribution in a twin screw extruder[J]. Polymer Engineering and Science, 1991, 31(11): 772-778.

[20] Oberlehner L, Caussagnau P, Michel A. Local residence time distribution in a twin screw extruder[J]. Chemical Engineering Science, 1994, 49(23): 3897-3907.

[21] Sun Y J, Hu G H, Lambla M. Free radical grafting of glycidyl methacrylate onto polypropylene in a co-rotating twin screw extruder[J]. Journal of Applied Polymer Science, 1995, 57(9): 1043-1054.

[22] Hu G H, Sun Y J, Lambla M. Effects of processing parameters on the in situ compatibilization of polypropylene and poly (butylene terephthalate) blends by one-step reactive extrusion[J]. Journal of Applied Polymer Science, 1996, 61(6): 1039-1047.

[23] Hoppe S, Detrez C, Pla F. Modeling of a cokneader for the manufacturing of composite materials having absorbent properties at ultra-high-frequency waves: Part 1: modeling of flow from residence time distribution investigation[J]. Polymer Engineering and Science, 2002, 42(4): 771-780.

[24] Janssen L P B M, Hollander R W, Spoor M W, Smith J M. Residence time distributions in a plasticating twin screw extruder[J]. AIChE Journal, 1979, 25(2): 345-351.

[25] Tzoganakis C, Tang Y, Vlachopoulos J, Hamielec A E. Measurements of residence time distribution for the peroxide degradation of polypropylene in a single-screw plasticating extruder[J]. Journal of Applied Polymer Science, 1989, 37(3): 681-693.

[26] Kemblowski Z, Sek J. Residence time distribution in a real single screw extruder[J]. Polymer Engineering and Science, 1981, 21(18): 1194-1202.

[27] Shon K, Chang D, White J L. A comparative study of residence time distributions in a kneader, continuous mixer, and modular intermeshing co-rotating and counter-rotating twin screw extruders[J]. International Polymer Processing, 1999, 14(1): 44-50.

[28] Rauwendaal C J. Analysis and experimental evaluation of twin screw extruders[J]. Polymer Engineering and Science, 1981, 21(16): 1092-1100.

[29] Carneiro O S, Caldeira G, Covas J A. Flow patterns in twin-screw extruders[J]. Journal of Materials Processing Technology, 1999, 92-93: 309-315.

[30] Wolf D, White D H. Experimental study of the residence time distribution in plasticating screw extruders[J]. AIChE Journal, 1976, 22(1): 122-131.

[31] Thompson M, Puaux J P, Hrymak A N, Hamielec A E. Modeling the residence time distribution of a non-intermeshing twin screw extruder[J]. International Polymer Processing, 1995, 10(2): 111-115.

[32] Mélo T J A, Canevarolo S V. In-line optical detection in the transient state of extrusion polymer blending and reactive processing[J]. Polymer Engineering & Science, 2005, 45(1): 11-19.

[33] Wetzel M D, Shih C K, Sundararaj U. Determination of residence time distribution during twin screw extrusion of model fluids[C]//Society of Plastics Engineers Annual Technical Conference, Toronto, Cananda. 1997.

[34] Chalamet Y, Taha M. In-line residence time distribution of dicarboxylic acid oligomers/dioxazoline chain extension by reactive extrusion[J]. Polymer Engineering & Science, 1999, 39(2): 347-355.

[35] Unlu E, Faller J F. Geometric mean vs. arithmetic mean in extrusion residence time studies[J]. Polymer Engineering and Science, 2001, 41(5): 743-751.

[36] Unlu E, Faller J F. RTD in twin-screw food extrusion[J]. Journal of Food Engineering, 2002, 53(2): 115-131.

[37] Van Den Einde R M, Kroon P, Van Der Goot A J, Boom R M. Local mixing effects of screw elements during extrusion[J]. Polymer Engineering and Science, 2005, 45(3): 271-278.

[38] Hu G H, Kadri I. Preparation of macromolecular tracers and their use for studying the residence time distribution of polymeric systems[J]. Polymer Engineering & Science, 1999,

39(2): 299-311.

[39] Hu G H, Kadri I, Picot C. On-line measurement of the residence time distribution in screw extruders[J]. Polymer Engineering & Science, 1999, 39(5): 930-939.

[40] Mélo T J A, Canevarolo S V. An optical device to measure in-line residence time distribution curves during extrusion[J]. Polymer Engineering and Science, 2002, 42(1): 170-181.

[41] Huneault M A. Residence time distribution, mixing and pumping in co-rotating twin screw extruders[C]//Society of Plastics Engineers Annual Technical Conference, Toronto, Cananda. 1997: 165-187.

[42] Elkouss P, Bigio D, Wetzel M D. Deconvolution of residence time distribution signals to individually describe zones for better modeling[C]//Society of Plastics Engineers Annual Technical Conference, USA. 2003.

[43] Poulesquen A, Vergnes B, Cassagnau P, Michel A, Carneiro O S, Covas J A. A study of residence time distribution in co-rotating twin-screw extruders: Part II: Experimental validation[J]. Polymer Engineering and Science, 2003, 43(12): 1849-1862.

[44] Chen L, Pan Z, Hu G H. Residence time distribution in screw extruders[J]. AIChE Journal, 1993, 39(3): 1455-1464.

[45] Chen L, Hu G H, Lindt J T. Residence time distribution in non-intermeshing counter-rotating twin-screw extruders[J]. Polymer Engineering and Science, 1995, 35(7): 598-603.

[46] Chen L, Hu G H. Applications of a statistical theory in residence time distributions[J]. AIChE Journal, 1993, 39(9): 1558-1562.

[47] Potente H, Kretschmer K, Hofmann J, Senge M, Mours M, Scheel G, Winkelmann Th. Process behavior of special mixing elements in twin-screw extruders[J]. International Polymer Processing, 2001, 16(4): 341-350.

[48] Canevarolo S V, Mélo T J A, Covas J A, Carneiro O S. Direct method for deconvoluting two residence time distribution curves[J]. International Polymer Processing, 2001, 16(4): 334-340.

[49] 张先明, 李广赞, 冯连芳. 双螺杆挤出机中局部停留时间分布研究 [J]. 高校化学工程学报, 2008, 22(3): 435-440.

[50] Zhang X M, Xu Z, Feng L F. Assessing local residence time distributions in screw extruders through a new in-line measurement instrument[J]. Polymer Engineering & Science, 2006, 46(4): 510-519.

[51] Xanthons M. Applications of on-Line rheometry in reactive compounding[J]. Advances in Polymer Technology, 1995, 14(3): 207-214.

[52] Covas J A, Maia J M, Machado A V. On-line rotational rheometry for extrusion and compounding operations[J]. Journal of Non-Newtonian Fluid Mechanics, 2008, 148（1-3）: 88-96.

[53] Barrès C, Bounor-legaré V, Melis F. In-line near infrared monitoring of esterification of a molten ethylene-vinyl alcohol copolymer in a twin screw extruder[J]. Polymer Engineering & Science, 2006, 46(11): 1613-1624.

[54] Taubner V, Shishoo R. Influence of processing parameters on the degradation of poly (L-lactide) during extrusion[J]. Journal of Applied Polymer Science, 2001, 79(12): 2128-2135.

[55] Wang Y, Steinhoff B, Brinkmann C, Alig I. In-line monitoring of the thermal degradation of poly (L-lactic acid) during melt extrusion by UV-vis spectroscopy[J]. Polymer, 2008, 49(5): 1257-1265.

[56] Sakai T. Intermeshing twin-screw extruder mixing and compounding of polymer: theory and practice[M]. Munich, Germany: Hanser Publishers, 2009: 981-1017.

[57] White J L, Keum J, Jung H, Ban K, Bumm S. Corotating twin-screw extrusion reactive extrusion-devolatilization model and software[J]. Polymer-Plastics Technology and Engineering, 2006, 45(4): 539-548.

[58] Zhang X M, Feng L F, Hoppe S, Hu G H. Local residence time, residence revolution and residence volume distributions in twin-screw extruders[J]. Polymer Engineering and Science, 2008, 48(1): 19-28.

[59] Zhang X M, Feng L F, Chen W X, Hu G H. Numerical simulation and experimental validation of mixing performance of kneading discs in a twin screw extruder[J]. Polymer Engineering and Science, 2009, 49(9): 1772-1783.

[60] Dubey S P, Abhyankar H A, Marchante V, Brighton J L, Bergmann B, Trinh G, David C. Microwave energy assisted synthesis of polylactic acid via continuous reactive extrusion: modelling of reaction kinetics[J]. RSC Advances, 2017, 7(30): 18529-18538.

[61] Cheng Z P, Zhu X L, Zhou N C, Zhu J, Zhang Z B. Atom transfer radical polymerization of styrene under pulsed microwave irradiation[J]. Radiation Physics and Chemistry, 2005, 72(6): 695-701.

[62] Li J, Zhu X L, Zhu J, Cheng Z P. Microwave-assisted nitroxide-mediated radical polymerization of styrene[J]. Radiation Physics and Chemistry, 2006, 75(2): 253-258.

[63] Wiesbrock F, Hoogenboom R, Schubert U S. Microwave-assisted polymer synthesis: state-of-the-art and future perspectives[J]. Macromolecular Rapid Communications, 2004, 25(20): 1739-1764.

[64] Dubey S, Abhyankar H, Marchante V, Brighton J L, Blackburn K, Temple C, Bergmann B, Trinh G, David C. Modelling and validation of synthesis of poly lactic acid using an alternative energy source through a continuous reactive extrusion process[J]. Polymers, 2016, 8(4): 164.

[65] Gao S S, Ying Z, Anna Z, Xia H N. Polystyrene prepared by reactive extrusion: kinetics and

effect of processing parameters[J]. Polymers for Advanced Technologies, 2004, 15: 185-191.

[66] Michaeli W, Fring S, Höcker H, Berghaus U. Reactive extrusion of styrene polymers: Intern Polymer Processing Ⅷ [M]. Munich: Hanser Publishers, 1993.

[67] 周颖坚, 张锴, 孙刚, 危大福, 郑安呐. 苯乙烯/丁二烯聚合反应挤出多嵌段共聚物结构表征及共聚机理的研究 [J]. 高分子学报, 2006(3): 437-442.

[68] 张锴, 周颖坚, 孙刚, 胡福增, 郑安呐. 二乙二醇二甲醚对反应挤出苯乙烯/异戊二烯共聚物微观结构的影响 [J]. 高分子材料科学与工程, 2009, 25(3): 42-45.

[69] Hu G H, Cartier H. Reactive extrusion: toward nanoblends[J]. Macromolecules, 1999, 32(14): 4713-4718.

[70] Rothe B, Elas A, Michaeli W. In situ polymerisation of polyamide-6 nanocompounds from caprolactam and layered silicates[J]. Macromolecular Materials and Engineering, 2009, 294(1): 54-58.

[71] Rothe B, Kluenker E, Michaeli W. Masterbatch production of polyamide 6-clay compounds via continuous in situ polymerization from caprolactam and layered silicates[J]. Journal of Applied Polymer Science, 2012, 123(1): 571-579.

[72] Burlone D A, Hoyt M B, Helms Jr C F, Hodan J A, Kotek R, Morgan C W, Sferrazza, R A, Wang F A, Ilg O M, Roberts T D, Morow R G. Continuous polymerization and direct fiber spinning and systems for accomplishing same[P]: US, 6616438. 2003-09-09.

[73] Bartilla T, Kirch D, Nordmeier J, Prömper E, Strauch Th. Physical and chemical changes during the extrusion process[J]. Advances in Polymer Technology, 2010, 6(3): 339-387.

[74] Menges G, Bartilla T. Polymerization of ε-caprolactam in an extruder: Process analysis and aspects of industrial application[J]. Polymer Engineering and Science, 1987, 27(16): 1216-1220.

[75] Kye H, White J L. Continuous polymerization of caprolactam in a modular intermeshing corotating twin screw extruder integrated with continuous melt spinning of polyamide 6 fiber: Influence of screw design and process conditions[J]. Journal of Applied Polymer Science, 1994, 52(9): 1249-1262.

[76] Hornsby P R, Tung J F, Tarverdi K. Characterization of polyamide 6 made by reactive extrusion: I. Synthesis and characterization of properties[J]. Journal of Applied Polymer Science, 1994, 53(7): 891-897.

[77] Schmidt L R, Lovgren E M. Liquid monomer feed pipe for continuous extrusion polymerization[P]: US, 4511535. 1985-04-16.

[78] Latinen G A. Devolatilization of viscous polymer systems[M]. Washington, USA: American Chemical Society, 1962: 235-246.

[79] Sakai T. Report on the state of the art: reactive processing using twin-screw extruders[J].

Advances in Polymer Technology, 1991, 11(2): 99-108.

[80] Biesenberger J A, Dey S K, Brizzolara J. Devolatilization of polymer melts: Machine geometry and scale factors[J]. Polymer Engineering and Science, 1990, 30(23): 1493-1499.

[81] Schmidt L R, Lovgren E M. Method for making polyetherimide[P]: US, 4421907. 1983-12-20.

[82] Schmidt L R, Lovgren E M. Method for making polyetherimide[P]: US, 4443591. 1984-04-17.

[83] Albalak R J. Polymer devolatilization[M]. New York: CRC Press, 1996.

[84] Takekoshi T, Kochanowski J E. Method for making polyetherimides[P]: US, 3833546. 1974-09-03.

[85] Takekoshi T, Kochanowski J E. Method for making polyetherimides[P]: US, 4011198. 1977-03-08.

[86] Banucci E C, Mellinger G A. Melt polymerization method for making polyetherimides[P]: US, 4073773. 1978-02-14.

[87] Gouinlock E V, Marciniak H W, Shatz M H, Quinn E J, Hindersinn R R. Preparation and properties of copolyesters polymerized in a vented extruder[J]. Journal of Applied Polymer Science, 1968, 12(11): 2403-2413.

[88] Lo J D R, Schlich W R. Two-step process for producing polyetherimides[P]: US, 4585852. 1986-04-29.

第七章

反应挤出强化多相聚合过程

在过去的三十年里，高性能聚合物材料的需求越来越大，聚合物的研发方向也一直在改变。开发新的聚合物的速度已经减慢，高分子科学家面临的挑战是如何通过对现有的聚合物的改性和共混来制备出高性能的聚合物新材料。聚合物改性通常是通过一些化学反应来提高聚合物的性能，聚合物共混则是通过混合两种或多种现有聚合物制备出机械物理性能得到互补甚至提高的高分子材料，它们都已成为高分子材料改性的重要方法。

聚合物改性和共混过程往往是高黏体系，在传统化学反应和混合器里很难实现，因而螺杆挤出机成为最有效的聚合物改性器。强化聚合物多相体系的反应和混合已经成为聚合物材料研究的重点。

第一节　聚合物反应改性

在聚合物反应改性时，反应体系的黏度很高，单体的均聚反应会与聚合物改性反应发生竞争，因此，要求反应器具有高效的混合能力。与传统的聚合釜相比，挤出机不仅具有更优异的分散性混合和分布性混合的能力，而且反应物在挤出机中进行混合时，挤出机螺杆能将熔融物料分散成薄层，增加表面积与体积之比，同时不断地更新表面层，非常有利于物质传递与热交换。因此，反应挤出技术是聚合物反应改性的最常用的方法，可以方便、经济地在聚合物分子链上引入各种的官能团、单体或聚合物分子链，从而改善和提高原有聚合物的特性 [1,2]。

一、聚烯烃极性改性

在聚合物反应改性中，非极性的聚烯烃的极性改性研究最多。如图 7-1 所示的各种各样的 1- 取代物 [例如：丙烯酸酯（ $1X = CO_2R$ ），乙烯基硅酯（ $1X = SiOR_3$ ），苯乙烯（ $1X = \bigcirc$ ）]，1,1- 二取代物 [例如：甲基丙烯酸酯（2）]，1,2- 二取代物 [例如：MAH（ $3X = O$ ），马来酸酯（4），马来酰亚胺衍生物（ $3X = NR$ ）] 等单体都已通过自由基引发，成功地接枝到聚烯烃的基体上了[1]。这些官能团的引入可以改善聚烯烃的极性，增加聚烯烃与极性分子或聚合物的相互作用，获得高性能聚合物材料。

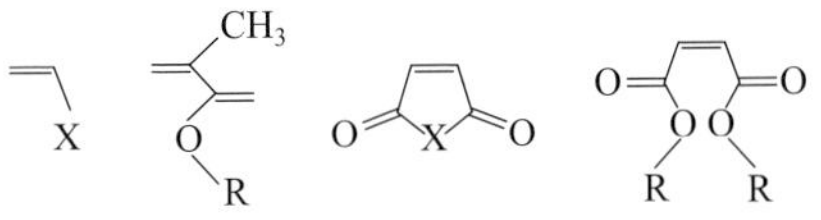

> 图 7-1　接枝单体的结构

极性单体的接枝率和接枝效率常用来衡量聚合物改性反应难易程度。接枝率是指接枝到聚合物基体上的单体与聚合物基体质量之间的比值，定义如下：

$$接枝率 = \frac{单体接枝到聚合物基体上的质量}{基体的质量} \times 100\%$$

为了大幅提高聚烯烃的极性，必然要求单体的接枝率较高。但是，有些接枝单体 [如马来酸酐（MAH）] 由于接枝活性很低，不仅接枝率较低，而且会导致聚合物降解或交联严重[3-5]。目前，已有引入助单体、改变加料方式、增强螺杆混合能力等方法强化聚合物改性反应，提高单体接枝率，同时抑制副反应。

1. 助单体强化接枝反应

聚合物改性反应通常是在聚合物熔融条件下发生的，单体的均聚、聚合物的降解或交联的可能性是决定在接枝改性的过程中形成单体均聚物副产物以及接枝链的长度最重要的因素。单体捕捉自由基的能力在一定程度上决定着聚合物的降解或者交联。因此，较高的单体浓度可以减少 PP 基体的降解。但是，接枝率随单体浓度变化先增加后减小，出现一最大值。如果单体浓度太高，可能发生单体与聚合物的相分离导致接枝率降低和单体均聚的可能性增加。因此，提高接枝率和减少副反应的最好方法就是加入与大分子自由基有较高反应活性的第二个单体（或者助单体），并且该单体与大分子自由基所形成的自由基能够与所要接枝的单体反应（或者共聚），这样就可以减少副反应和提高接枝率[3,6]。

各种助单体 [苯乙烯（St）、丙烯酸（AA）、甲基丙烯酸（MAA）、N- 乙烯吡咯烷酮］对 MAH 接枝 PP 的接枝率的影响已经被研究。这些助单体增加 MAH 接枝 PP 的接枝率的大小顺序为：St ≫ α- 甲基苯乙烯 > 甲基丙烯酸甲酯（MMA）> 醋酸乙烯 >（不加助剂）> N- 乙烯吡咯烷酮[1]。可见，特别是 St 能够显著地增加 MAH 的接枝率[7,8]。

　　Hu 等[9]通过分析 St/MAH 接枝 PP 的产物核磁谱图，发现 MAH/St 是以共聚链的形式接枝到 PP 上的，而不是以单一的 St-MAH 对接枝到 PP 上的。他们认为在熔融接枝反应条件下，一部分 MAH 与 St 通过电子转移机理形成配合物（CTC），这部分 MAH 以 CTC 的形式与 St 同时接枝到 PP 上。因为位阻和电荷原因，CTC 中的 St 可能与 PP 连接。而且 CTC 的接枝活性比 MAH 的要高，因而接枝效率提高。MAH 和 St 所形成的配合物 CTC 的结构和接枝机理如图 7-2 所示。

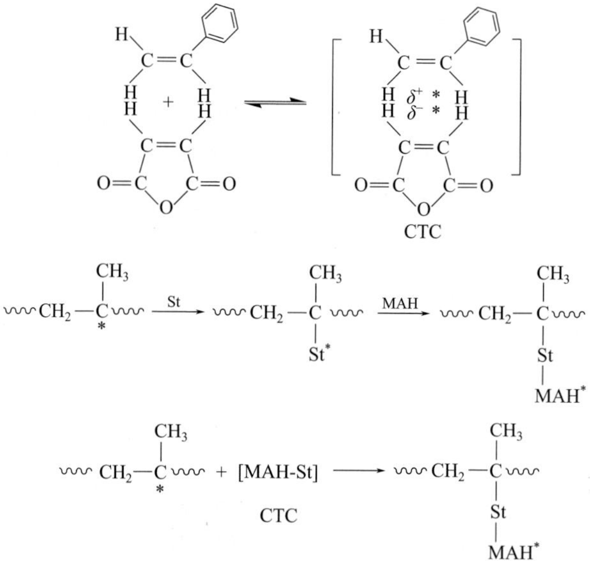

图 7-2　CTC 结构与接枝机理

　　Hu 等[9]进一步研究 MAH 和 St 的共聚组成，发现不管开始加入的 St/MAH 的比例为多少，最终产物中的 St/MAH 的比例都将增加。当 St 与 MAH 的加料比从 0.25:1 变为 3:1 时，接枝产物中 St/MAH 的比例由 0.7:1 变为 4.5:1。这些结果并不排除接枝物中包含 St-MAH 的联合体，但也不仅仅是简单的电荷转移对。但是，李颖等[7,8]和张才亮等[5,10]都通过实验表明在 St 和 MAH 熔融接枝 PP 体系中，当 St 和 MAH 的摩尔比为 1 时，MAH 接枝率最大。通过反应机理的分析得出：在没有 St 存在条件下，MAH 主要以单分子形式接枝到 PP 上，并且是在 PP 降解之后接枝到 PP 上的；而在 St 存在条件下，St 与 MAH 以交替接枝的形式或者配合物 CTC 形式接枝到 PP 上，形成 St 和 MAH 交替聚合的长链，使 MAH 的接枝率增加，并在 PP 降解之前就接枝到 PP 上了，同时增加了 PP 的交联，从而减小了 PP 的降解。

各种各样的溶剂、转移剂和阻聚剂也被用来增加接枝反应的接枝率和减小副反应。Gaylord 等[11,12]对大量的包含电子给体的添加剂（例如硫化物、氮化物等）对接枝的影响进行了研究，这些添加剂也是由于在接枝条件下，与 MAH 形成电子转移配合物而起作用的。

2. 分段加料策略提高接枝效率

挤出机的加料方式有一步进料、两步进料和多步进料等。一步进料是指将所有参与接枝反应的原料一起加入挤出机的主进料口，两步进料是将聚合物通过主喂料口加入，其他单体通过侧喂料口同时注入，多步进料是将聚合物通过主喂料口加入，其他单体分成多份，从不同的侧喂料口注入。

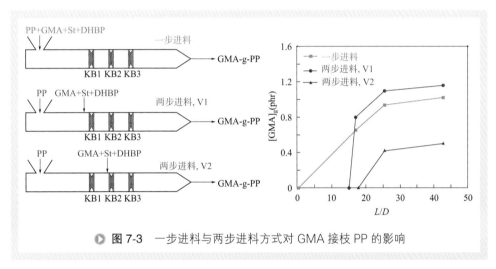

▶ 图 7-3　一步进料与两步进料方式对 GMA 接枝 PP 的影响

Hu 等[13]对比研究了一步进料与两步进料方式对甲基丙烯酸缩水甘油酯（GMA）接枝改性 PP 的影响。如图 7-3 所示，V1 侧喂料口位于第一个啮合区之前，PP 与单体经过第一个啮合区时，在料筒加热和螺杆剪切混合作用下，PP 才迅速熔融，并与 GMA、St 和 2,5- 二甲基 -2,5- 二（叔丁基过氧基）己烷（DHBP）迅速混合反应，与一步进料方式所处的热和混合环境非常相似，但是 GMA/St/ 引发剂从 V1 侧喂料口加入得到的 GMA 接枝率稍高于一步加料。这是由于一步加料是敞开系统，可能会有少量单体挥发损失。这两种加料方式的 GMA 接枝率显著高于 GMA/St/ 引发剂从 V2 侧喂料口加入的。这是由于 GMA、St 和 DHBP 从侧喂料口 V2 加入时，在它们到达下游的捏合区（KB2）之前，没有迫使它们与高黏度 PP 熔体混合的动力，过氧化物可能已发生明显分解，或与 GMA 和 St 可能发生聚合，导致接枝率显著低于前两者。

与一步进料相比，采用多步进料，即接枝单体 3- 异丙烯基 -α, α'- 二甲基苄基异氰酸酯（TMI）、共单体苯乙烯（St）和过氧化物引发剂被分成三份，从挤出机不同位置引入，如图 7-4 所示，可显著提高 TMI 在 PP 上的接枝率[14]。

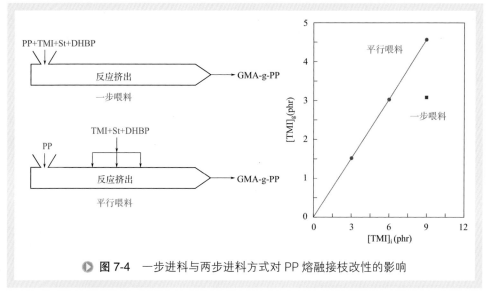

图 7-4 一步进料与两步进料方式对 PP 熔融接枝改性的影响

3. 增强螺杆混合能力

混合是接枝过程中十分重要的一个环节，挤出机通过螺杆元件提供剪切力，促进混合，因此螺杆元件的设计发挥着十分重要的作用[15]。在接枝过程中，螺杆元件的剪切强度增强，引发剂引发生成的单体自由基和基体树脂自由基接触的概率增加，且界面更新的速度也加快，使得接枝物的接枝率提高。啮合元件可以提供较强的剪切力使接枝率明显提高，啮合元件错列角越大，接枝率越高；啮合块的厚度对接枝率也有一定程度影响，但幅度较小。例如，线性低密度聚乙烯（LLDPE）接枝 MAH 过程中，边缘开了一些孔的输送元件接枝效率最佳[16]，这是由于输送元件有孔的存在，会使物料有一定的反流，提高了物料的混合能力，避免了啮合元件的剪切强度高的缺点，同时具有一定分散和分布混合能力，适合加工对剪切敏感的物料。

4. 超声辅助

超声波能对聚合物分子链进行选择性断链，可被应用于熔融接枝反应。例如，在 MAH 接枝高密度聚乙烯（HDPE）的过程中，超声波的强烈机械振动促进了 HDPE 分子链的断裂，形成的大分子自由基与 MAH 发生反应，从而提高了接枝率[17]。超声强度对接枝率也有着较大的影响，例如，在 MAH 接枝 PP 以及聚烯烃弹性体（POE）时，超声的引入提高了体系的接枝率，但当超声强度低于 200W 时，超声的降解作用不显著，接枝率的提高不明显。随着超声强度增强，接枝率显著提高，当超声强度接近 400W 时，接枝率趋于稳定 [18]。

二、聚合物接枝共聚

接枝聚合物是由聚合物主链通过化学键与一个或者多个接枝链联结而形成的。由于接枝聚合物具有很多结构变量，改变不同的结构参数能够得到多种具有不同性能的聚合物材料，因此，研究聚合物接枝共聚是非常有意义的 [19-21]。接枝聚合物的结构变量包括 [22]：主链和接枝链的聚合物类型；主链和接枝链的聚合度及分子量分布；接枝密度（接枝链之间的距离）等。例如，软聚合物接枝到硬聚合物的主链上可以得到抗冲聚合物材料，硬聚合物接枝到软聚合物主链上则得到热塑性弹性体 [23,24]。因此，发展一种容易有效的方法合成结构可控的接枝聚合物是非常有必要的。

1. 合成方法

总体来说，合成接枝聚合物的方法大致可以分为大单体法（grafting through）、偶合接枝法（grafting onto）、引发接枝法（grafting from）等三种 [19,21]，如图 7-5 所示。

大单体法是将可聚合的官能团引入到聚合物链上，然后通过官能团发生聚合反应形成主链，而原来的聚合物链则充当接枝链［如图 7-5（a）所示］。例如，将乙烯基官能团（双键）引入到聚合物的末端，然后通过自由基引发乙烯基官能团聚合形成接枝聚合物 [25-28]。但是，这种方法的不足之处是很难控制接枝聚合物的接枝链在主链上的分布，即接枝密度。接枝密度主要由大分子单体与小分子单体之间的反应活性决定。由于大分子单体与小分子单体在聚合体系中的扩散能力的差异以及增长的共聚链和小分子及大分子单体之间的相容性的差异等不确定因素都对大分子单体与小分子单体的反应活性有较大的影响 [29,30]，因此很难确定大分子单体与小分子单体的反应活性，从而很难控制接枝密度。

偶合接枝法是通过主链聚合物中的反应性官能团（X）和接枝聚合物的链末端官能团（Y）之间的偶合反应形成接枝聚合物的方法［如图 7-5（b）所示］。这种方法的优势在于主链和接枝链能分别经活性或可控技术制备，易于控制接枝聚合物的主链和接枝链的特征 [19,21]。一个典型的例子是首先通过氢化硅烷化反应实现聚丁二烯的氯硅烷官能团化，然后与聚苯乙烯上的活性官能团发生偶合反应生成接枝聚合物 [31]。但是，由于动力学和热力学的原因，通过这种方法合成的接枝聚合物的接枝密度是有限的 [23]。随着接枝密度的增加，位阻效应增加，没有反应的接枝聚合物扩散到主链上的接枝点的速度减小，甚至不能接触到接枝点，导致接枝点不能完全接枝，从而不能控制接枝链密度。并且，接枝链一旦接枝到主链上，接枝链的蜷曲构型将转变为拉伸构型，因此从热力学角度来说也是不利于高密度的接枝。另外，不完全的偶合反应导致产物不纯，引起提纯的困难。

引发接枝法是指主链上含有的官能团引发接枝单体聚合形成接枝聚合物［如图7-5（c）所示］。这种方法的关键是在聚合物主链上引入可引发单体聚合的引发点，形成大分子引发剂。通常来说，在大分子引发剂合成过程中，能利用各种活性或可控技术［如原子转移自由基聚合（ATRP）[32]、阴离子聚合[33] 和 RAFT[34] 等］来控制引发点在主链上的位置和分布，从而控制接枝位置和接枝密度；主链上的引发点引发接枝单体聚合形成接枝链也可以通过活性或可控聚合技术和阴离子聚合来控制。因此，通过这种方法能制备高接枝率和结构可控的接枝聚合物。另外，接枝聚合物的纯化相对于其他两种方法也更简单。

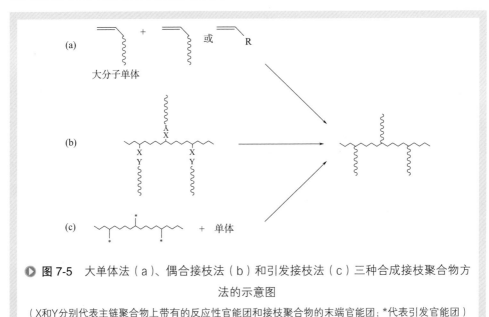

▶ **图 7-5** 大单体法（a）、偶合接枝法（b）和引发接枝法（c）三种合成接枝聚合物方法的示意图

（X和Y分别代表主链聚合物上带有的反应性官能团和接枝聚合物的末端官能团；*代表引发官能团）

2. 应用实例

引发接枝法所涉及的聚合反应是高黏聚合物引发剂和低黏小分子单体之间的反应，且随反应的进行，反应体系的黏度越来越高，因此混合是非常重要的。反应挤出无疑是最适合强化该反应的技术。Zhang 等 [35-37] 在催化剂己内酰胺钠（NaCL）存在下，利用 3- 异丙烯基 -α,α'- 二甲基苄基异氰酸酯（TMI）和苯乙烯（St）共聚物（PS-co-TMI）中的异氰酸官能团引发己内酰胺（CL）聚合，通过反应挤出制备了聚苯乙烯和尼龙 6 的接枝聚合物（PS-g-PA6）。图 7-6 是聚合体系 PS-co-TMI/CL/NaCL=50/50/1.7 和 PS-co-TMI/CL/NaCL=50/50/5.0 的 CL 转化率随反应时间的变化曲线，催化剂的浓度越高，聚合反应速率越快。图 7-7 是这两种反应体系相应的扭

矩和熔融温度随反应时间的变化曲线。从这些图中可知：聚合反应速度很慢时，扭矩很低；聚合反应速度急剧增加，扭矩也急剧增加。因而，聚合反应动力学能够通过聚合反应的扭矩随反应时间的变化来反映。

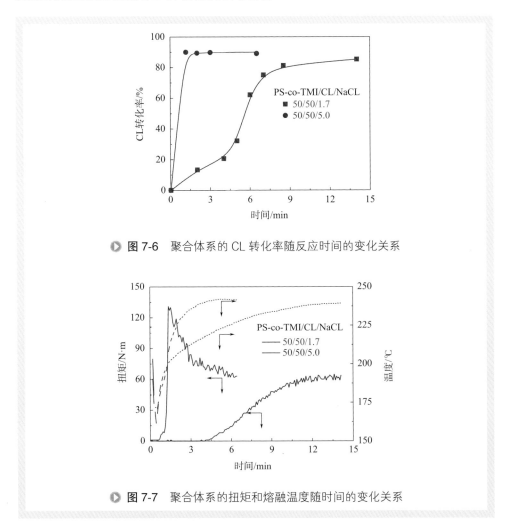

图 7-6 聚合体系的 CL 转化率随反应时间的变化关系

图 7-7 聚合体系的扭矩和熔融温度随时间的变化关系

将反应物 PS-co-TMI、CL 和 NaCL 一起加入哈克流变仪中进行聚合反应，即一步加料法。另外有两步加料方式，即先将全部的 PS-co-TMI 和一部分的 CL 先加入反应器中混合一定时间后，再将剩下的 CL 和 NaCL 一起加入反应器中。图 7-8 对比了两种加料方式对聚合体系 PS-co-TMI/CL/NaCL=50/50/1.7 的扭矩随反应时间的变化曲线。从图 7-8 中可看出，一步和两步加料方式的聚合体系的扭矩开始增加所需要的时间分别为 4min 和 6 min。必须注意到两步加料方式中 NaCL 在混合 4.5 min 后才加入，所以扭矩开始增加实际所需的时间应为 1.5 min。这表明两步加料方式聚合反应的诱导期比一步加料方式的短得多。诱导期减小的主要原因是两步加料的

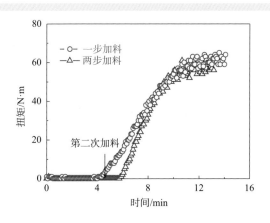

図 7-8　一歩和两步加料方式对扭矩随混合时间变化曲线的对比。聚合体系为：
PS-co-TMI/CL/NaCL =50/50/1.7

方式消除了混合的影响，且在混合过程中 PS-co-TMI 与 CL 首先反应，使 CL 活化。

另外，从图 7-8 中也可注意到，反应体系的最终扭矩不依赖于加料方式。这与它们的转化率不依赖于加料方式是一致的。这进一步也可以从 PS-co-TMI/CL/NaCL（50/50/5.0）聚合体系看出，一步和两步加料方式的转化率分别为 90.9％和 91.3％。并且，两种不同加料方式得到的聚合产物 PS-g-PA6 的 PS 主链和 PA6 接枝链质量分数及其比值随它们分子量变化是相似的（如图 7-9 所示），表明加料方式对反应产物的结构没有影响。

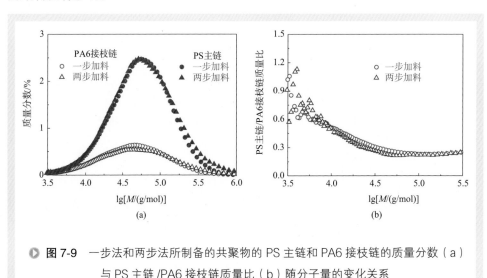

图 7-9　一步法和两步法所制备的共聚物的 PS 主链和 PA6 接枝链的质量分数（a）
与 PS 主链 /PA6 接枝链质量比（b）随分子量的变化关系

　　随着科学技术的日新月异，高性能聚合物材料的需求越来越大，单一品种的通用聚合物往往难以满足下游应用对聚合物材料层出不穷的性能要求，再开发新的大宗高分子也因原材料来源、合成技术、生产成本等诸多因素而受到限制。因此，通过各种方法对现有聚合物改性以获得高性能的聚合物材料已成为研究热点。具有绿色（无溶剂）、经济灵活、高效集成的聚合物共混改性已成为通用聚合物原料高性能化最重要的途径之一。

　　聚合物共混物的最终特性依赖于微观形态和各相之间的界面黏附力。微观形态由流动的类型、黏度比、Ca 数和 Fr 数等参数决定。Ca 数是指流场中促使颗粒或液滴变形或破裂的剪切应力与阻碍这种变形或破裂的界面张力的比值。Fr 数是指流场中促使颗粒或液滴变形或破裂的剪切力与凝集的黏附力之间的比值，它决定过程中是否发生颗粒的凝集，定义式为：

$$Ca = \frac{\eta_m \dot{\gamma}}{\sigma / d}$$

$$Fr = \frac{\eta_m \dot{\gamma}}{T}$$

式中　　η_m——母体的黏度；

　　　　$\dot{\gamma}$——剪切速率；

　　　　d——颗粒或液滴的直径；

　　　　σ——界面张力；

　　　　T——颗粒或液滴凝集的黏附力[9]。

　　更深层次来说，最终的颗粒尺寸是由于机械力（$\eta_m \dot{\gamma}$）和热力学力（σ，T）的竞争所决定的。当两种聚合物的混合物在流场中流动时，分散相的粒径随着流动减小，变得越来越不能变形。当机械力与热力学达到力学平衡时，粒子的粒径的极限也就达到了。在这一点粒子将不再能够变形，而且粒子破裂也是不可能的。

　　由于大多数聚合物共混体系都是不相容的，简单的机械共混或仅仅靠增加剪切作用不可能得到高性能的聚合物材料。因此，要获得更多有实用价值的聚合物共混合金材料，关键问题是要对不相容共混体系进行增容改性，提高分散相和母体之间的界面黏附力，使分散相以微小的粒径分散在母体中。

一、反应增容机理

　　在混合的过程中，加入或原位生成另一种物质（被称为相容剂、界面剂或者乳化剂）的方法是最有效改善聚合物共混物之间相容性的方法。相容剂通常是接枝或嵌段共聚物，这些共聚或接枝链段分别可以与聚合物共混中的每一组分相容。因此，相容剂的加入或原位生成可减小界面张力，提高一种聚合物在另一种聚合物中的分散性和增强混合组分间的界面黏附性，从而生成微小的分散相（如图 7-10 所示）。分散颗粒表面被相容剂所包围，分散相颗粒的聚集速率大大减小，在长时间的混合和以后的加工应用中都能保持物质的形态。并且，相容剂在两相间的互相渗透增强了界面之间的黏附力，从而提高了共混物的物理特征 [38]。

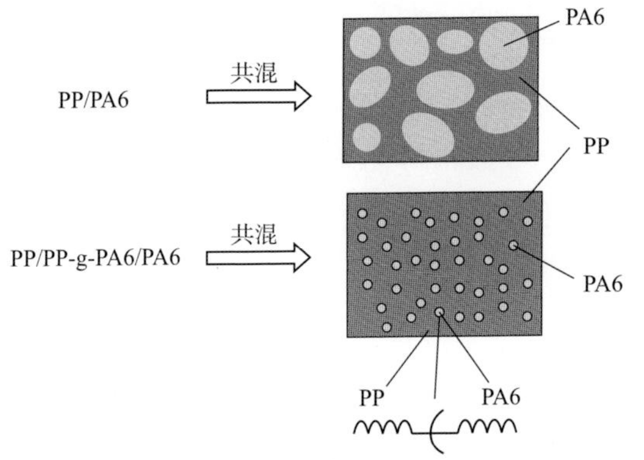

◐ 图 7-10　PP/PA6 直接混合与增容共混的示意图

　　虽然直接合成好的接枝或嵌段共聚物是不相容聚合物共混的很有效的相容剂，但是它们使用范围较窄，只适用于接枝段或嵌段分别与共混物中每一共聚物组分相容的情况，而且在混合的过程中不易到达共混物的相界面。为了克服这些问题，大量的共混研究已经转向于适用广泛的反应增容研究 [39,40]。反应增容的原理是在共混体系中，加入反应性增容剂，与共混组分的官能团在界面上发生偶合反应，原位生成共聚物而起相容作用 [41,42]。以 PP/PA6 混合体系为例来说，如果一部分 PP 是用乙

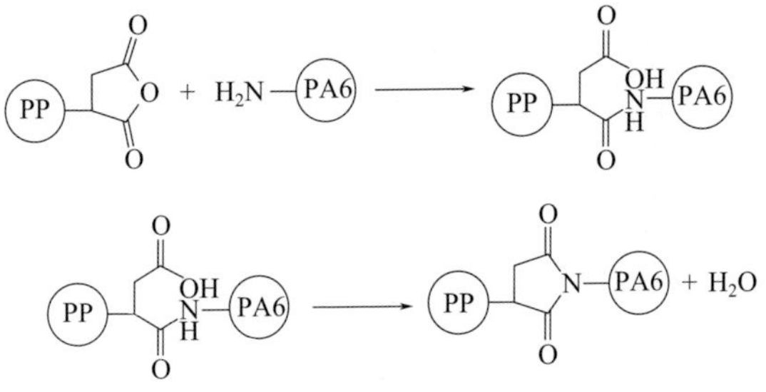

◐ 图 7-11　增容剂原位形成机理

烯基单体（如 MAH）改性过的 PP 接枝物，那么在混合过程中 PP 和 PA6 接枝聚合物就能很容易生成，这是因为改性过的 PP 接枝物的极性官能团很容易与 PA6 末端氨基反应。并且，在界面原位生成 PP 与 PA6 共聚物（PP-g-PA6）相容剂（其反应机理如图 7-11 所示），那么相容剂到达界面的问题就不再存在。因而，这种方法备受关注，已经成为聚合物共混最常用的方法。

二、反应增容过程分析

反应增容共混体系的相容性改善程度主要取决于反应性增容剂通过界面偶合反应原位生成的共聚物的量[43]、分子结构[44-46] 及在界面处稳定性[47] 等。因此，反应增容共混过程中，反应性增容剂的界面反应特性直接影响着共混物的相形态和性能。

大多数关于聚合物界面偶合反应的研究都聚焦于静态热处理条件下，含有反应官能团的聚合物薄膜（几百纳米）之间的反应[48,49]。在这种条件下，反应需要几小时甚至几十小时才能完成，反应速率比熔融共混条件下的慢 3 个数量级[50,51]。Jeon 等[51] 进一步把熔融混合所产生的界面面积与静态条件下的界面面积归一化后，发现熔融混合条件下的界面反应速率常数仍大于静态条件下的。这主要是因为在熔融混合条件下，分散相液滴会不断破裂和聚并，相界面不断更新，不仅大幅增加界面面积，而且可促使原位生成的共聚物离开界面，方便更多的反应官能团到达界面反应，可见，反应增容共混中的界面偶合反应与流动混合是密切相关的。

反应增容共混制备聚合物材料通常是在双螺杆挤出机中的复杂流场下进行的，聚合物分子链的迁移、相界面的更新、分散相的变形、破裂和聚并等都是持续发生且不断变化的，界面反应与流动混合存在复杂的耦合关系。很显然，静态或流变仪中的简单剪切作用下反应性增容剂的界面反应特性并不能反映挤出加工条件下的界面反应特性。再加上双螺杆挤出中的反应共混过程在几分钟甚至几秒内完成，造成反应增容共混过程一直是"黑箱"操作，只能依靠经验和摸索来确定。因此，剖析反应共混挤出加工中流动混合，理解其对界面偶合反应影响机制，有效调控原位生成的共聚物及共混物的相形态对于制备高性能聚合物共混材料是非常重要的。

Ji 等[47,52] 将荧光基团引入到反应性增容剂的主链上，形成了新型的反应性增容剂，如图 7-12 所示。这种反应性增容剂，被称为反应性示踪相容剂，因为它既含有反应官能团（X），可以与聚合物组分反应生成共聚物作为相容剂，减小分散相粒径；又含有荧光官能团（F），可以通过分析仪器精确测量反应共混过程中的界面反应量。这样，无论挤出过程中物料如何反混，挤出机中不同位置处的反应性增容剂

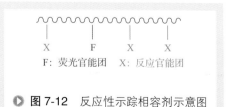

F: 荧光官能团   X: 反应官能团

▶ 图 7-12　反应性示踪相容剂示意图

（包含所有发生和未发生界面反应的相容剂）的总量都能通过荧光在线测量系统实时得到[52]。进而，将反应性示踪相容剂与停留时间、共混物微观形态相结合，可以剖析反应增容共混挤出加工中界面偶合反应和微观相形态的演变。下面以 PS/PA6 共混体系为例进行说明。

1. 反应性示踪相容剂的合成

将含有荧光基团的 9-（甲氨基 - 甲基）蒽（MAMA）引入到苯乙烯（St）和 3- 异丙烯基 -α,α'- 二甲基苄基异氰酸酯（TMI）的无规共聚物 PS-co-TMI 链段上，形成同时具有相容和示踪特性的反应性示踪相容剂 PS-TMI-MAMA。一方面，在共混过程中，PS-TMI-MAMA 的 NCO 官能团可以与 PA6 的端氨基反应，原位生成接枝聚合物 PS-g-PA6-MAMA，起到相容作用。另一方面，PS-TMI-MAMA 上的蒽官能团具有荧光特性，可以利用带有紫外检测器（UV）的凝胶渗透色谱（GPC）测量聚合物反应共混过程中的界面上原位生成的接枝聚合物的量。

PS-TMI-MAMA 具体合成过程如下：首先，在甲苯溶液中，通过过氧化二苯甲酰（BPO）引发 St 和 TMI 发生共聚合，生成共聚物 PS-co-TMI，其合成机理如图 7-13 所示[35-37]。然后，在 40 ℃的 THF 溶液中，PS-co-TMI 中的异氰酸官能团与 MAMA 中氨基反应生成 PS-TMI-MAMA。在反应过程中，PS-co-TMI 是过量的，MAMA 仅与其中一部分异氰酸官能团反应，PS-TMI-MAMA 中仍含有大量的未反应的异氰酸官能团，其合成机理如图 7-14 所示[35-37]。

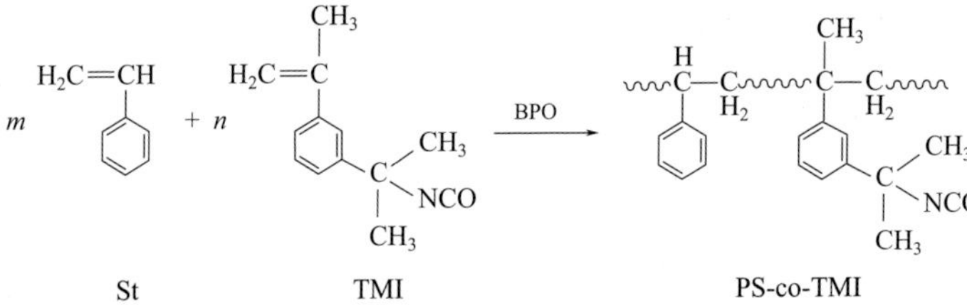

▶ 图 7-13　PS-co-TMI 的合成机理图

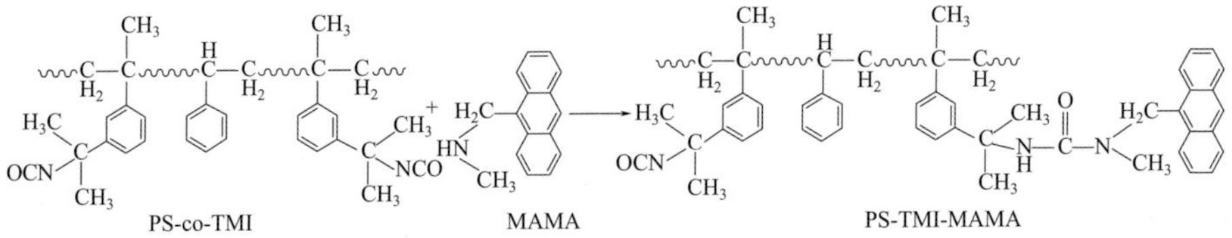

▶ 图 7-14　PS-TMI-MAMA 的合成机理图

2. 界面偶合反应和相形态演变分析方法的建立

PS 和 PA6 两种聚合物颗粒从加料口加入双螺杆挤出机中，当聚合物共混挤出达到稳定后，反应性示踪相容剂 PS-TMI-MAMA 以脉冲的方式加入双螺杆挤出机（图 7-15）中，然后采用在线荧光检测装置开始采集出口的荧光信号，获得如图7-16 所示荧光信号强度随时间的曲线通过归一化处理，可以得到 RTD 曲线。RTD 曲线乘以相容示踪剂的脉冲加料量再除以共混物的流量，就可以得到反应性相容示踪剂的浓度分布曲线（CCD），如图 7-17（a）所示。

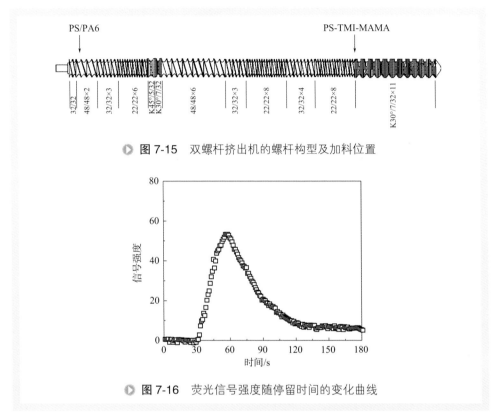

图 7-15 双螺杆挤出机的螺杆构型及加料位置

图 7-16 荧光信号强度随停留时间的变化曲线

与此同时，在口模处每隔 5～10 s 取样一次，从口模取出的样品立即置于液氮中冷却，固定相形态，然后通过提纯分离和紫外定量分析，可以获得 PS-TMI-MAMA 与 PA6 反应生成的接枝聚合物 PS-g-PA6-MAMA 的量，从而可以得到 PS-TMI-MAMA 反应量随时间的变化曲线（RCCD），如图 7-17（b）所示。进一步对从口模所取出的样品进行扫描电镜分析，可以得到如图 7-17（c）所示的分散相粒径随时间变化曲线（DDD）。从图 7-17 可以看出，DDD 曲线可以很好与 CCD 和 RCCD 曲线对应：反应性相容示踪剂浓度越高，与尼龙 6 发生界面偶合反应生成的 PS-g-PA6-MAMA 量越多，分散相粒径越小。

通过 CCD 和 DDD 曲线可以转换得到 PA6 分散相粒径随反应性示踪相容剂浓度的变化曲线（见图 7-18），即乳化曲线。众所周知，典型的乳化曲线变化趋势是分散相粒径随相容剂浓度先逐渐减小，达到临界浓度后保持不变。而从图 7-18 中可以

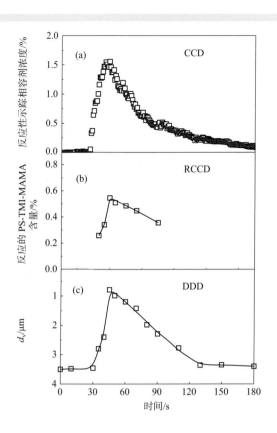

● 图 7-17　PS/PA6（80/20）共混体系的 CCD（a）、RCCD（b）和 DDD（c）曲线。
加料速率：13 kg/h；螺杆转速：100 r/min

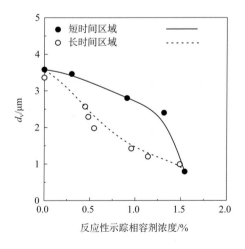

● 图 7-18　PS/PA6（80/20）共混体系的乳化曲线

看出，这里获得的乳化曲线不是典型的一条线而形成一个环。

由于反应性示踪相容剂是一次脉冲性加入，所以在模口处其浓度先增加后减小，即CCD曲线被其峰值分为如图7-19所示的两个部分：一是峰值左边对应的短时间区域，其特征为反应性示踪相容剂浓度随时间增加而增加；二是峰值右边所对应的长时间区域，其特征为反应性示踪相容剂浓度随时间增加而减小。从图7-18所示的乳化曲线可看出，短时间区域的乳化曲线位于长时间区域乳化

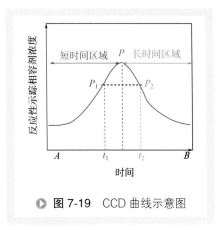

▶ 图 7-19　CCD 曲线示意图

曲线的上方，表明在该条件下，长时间区域内的分散相粒径要小于短时间区域的粒径。例如，尽管位于短时间区域的 P_1 和长时间区域的 P_2 的反应性示踪相容剂浓度相同（如图 7-19），但是所对应的 P_1 处的分散相粒径大于 P_2 处（如图 7-20）。事实上，反应性示踪相容剂浓度包含所有发生和未发生界面反应的两部分，只有与 PA6 发生反应生成接枝共聚物，才能起到减小分散相粒径的作用。由于长时间区域内反应性示踪相容剂在双螺杆挤出机中的停留时间比短时间区域的长，有更多机会和 PA6 反应生成更多的接枝聚合物 PS-g-PA6-MAMA，从而长时间区域内分散相粒径更小。这能从如图 7-21 所示的 PS-TMI-MAMA 反应量随反应性示踪相容剂浓度的变

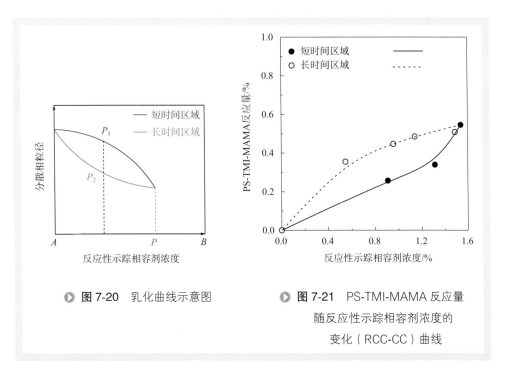

▶ 图 7-20　乳化曲线示意图

▶ 图 7-21　PS-TMI-MAMA 反应量随反应性示踪相容剂浓度的变化（RCC-CC）曲线

化曲线（RCC-CC 曲线）进一步证实。长时间区域内的 PS-TMI-MAMA 反应量明显要高于短时间区域内的反应量。

图 7-22 是 PS/PA6（80/20）共混体系的有效乳化曲线，也就是分散相粒径随原位生成的接枝聚合物量的变化曲线。从图中可以发现，长时间和短时间区域的有效乳化曲线重合，说明了决定分散相粒径的不是初始加入反应性示踪相容剂的量而是界面上原位生成的接枝聚合物的量。

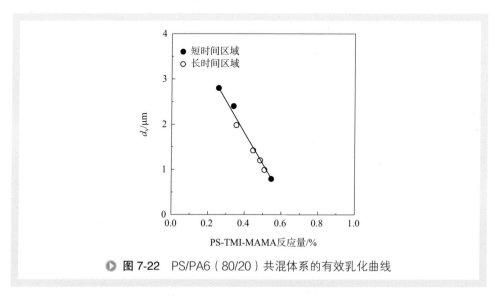

图 7-22 PS/PA6（80/20）共混体系的有效乳化曲线

以上结果说明，将 PS-TMI-MAMA 作为反应性示踪相容剂，结合 RTD 实验，只用少量的相容剂就可以得到 CCD 曲线、RCCD 曲线、DDD 曲线、乳化曲线、RCC-CC 曲线和有效乳化曲线。这些信息对于理解和强化双螺杆挤出机中的聚合物反应相容共混过程非常有用。

三、反应增容强化方式

1. 相容剂结构

相容剂的结构直接影响着对不相容共混物的增容效率，因此改变相容剂的结构可以强化聚合物混合过程。但是，至今什么组成和结构的共聚物具有高的相容性仍不明确。季薇芸[53]合成了不同分子结构的 PS-TMI-MAMA，其具体特征如表 7-1 所示。PS-TMI-MAMA-1、PS-TMI-MAMA-5 和 PS-TMI-MAMA-7 具有几乎相同的摩尔质量，但接枝密度依次减小；PS-TMI-MAMA-4、PS-TMI-MAMA-5 和 PS-TMI-MAMA-6 具有相同的接枝密度，但摩尔质量依次降低。

表7-1　PS-TMI-MAMA的特征

PS-TMI-MAMA	M_n	TMI（质量分数）/%	MAMA（质量分数）/%	每条链上TMI数量	TMI之间St数量
PS-TMI-MAMA-1	37.6	7.1	0.5	13.3	23.0
PS-TMI-MAMA-4	64.6	5.1	0.5	16.4	33.9
PS-TMI-MAMA-5	38.9	5.1	0.5	9.90	32.6
PS-TMI-MAMA-6	17.0	5.0	0.5	4.23	29.7
PS-TMI-MAMA-7	38.4	2.0	0.5	3.80	75.4

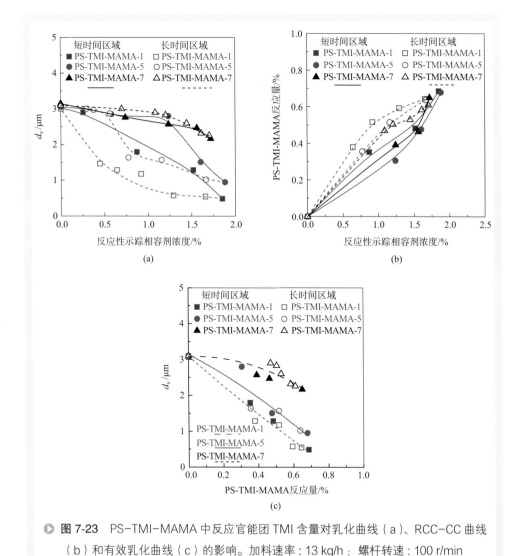

▶ 图 7-23　PS-TMI-MAMA 中反应官能团 TMI 含量对乳化曲线（a）、RCC-CC 曲线（b）和有效乳化曲线（c）的影响。加料速率：13 kg/h；螺杆转速：100 r/min

图 7-23 考察了 PS-TMI-MAMA 的接枝密度对 PS/PA6（80/20）共混体系的乳化曲线（a）、RCC-CC 曲线（b）和有效乳化曲线（c）的影响。从乳化曲线［图 7-23（a）］可以看出，随着 TMI 接枝密度的增加，乳化曲线不断向下移动，分散相粒径不断减小。但是，从图 7-23（b）中可以看出，PS-TMI-MAMA-1、PS-TMI-MAMA-5、PS-TMI-MAMA-7 作为相容剂的共混体系的 RCC-CC 曲线基本重合，表明反应官能团含量对 PS-TMI-MAMA 反应量基本没有影响，换句话说，原位生成的共聚物的量是相同的。因而，三种相容剂的分散相粒径的差异是由原位生成的 PS-g-PA6-MAMA 共聚物分子结构造成的。这点也可以从有效乳化曲线［图 7-23

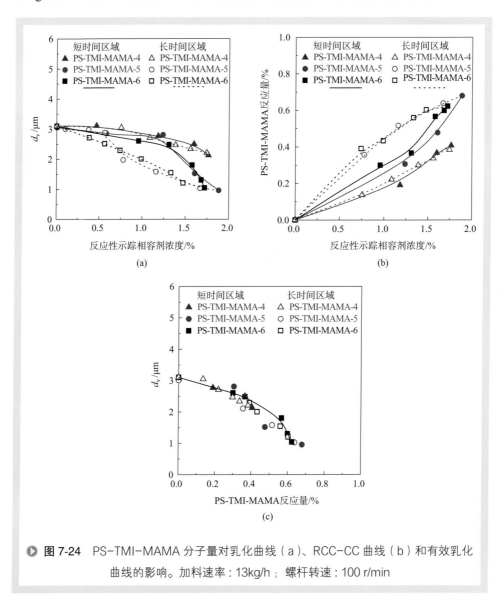

图 7-24　PS-TMI-MAMA 分子量对乳化曲线（a）、RCC-CC 曲线（b）和有效乳化曲线的影响。加料速率：13kg/h；螺杆转速：100 r/min

（c）]中看出，当 PS-TMI-MAMA 反应量相同时，分散相粒径随着 PS-TMI-MAMA 中 TMI 含量的升高而下降。因此，当 PS-TMI-MAMA 分子量相同时，可以通过增加反应官能团 TMI 含量，提高其增容效率。De Roover 等 [54] 研究接枝型反应相容剂 PP-g-MAH 上反应官能团 MAH 含量对 PP/PA6 共混体系的影响时，发现类似的结果：分散相粒径随着反应官能团 MAH 含量的上升先下降然后不变。

图 7-24 是 PS-TMI-MAMA 分子量对 PS/PA6（95/5）共混体系的乳化曲线（a），RCC-CC 曲线（b）和有效乳化曲线（c）的影响。分子量最高的 PS-TMI-MAMA-4 作为增容剂的共混体系的乳化曲线位于最上方，分散相粒径最大，表明其相容效果最差。降低 PS-TMI-MAMA 的分子量到 38.9，乳化曲线明显向下移动，分散相粒径明显减小。继续降低反应性示踪相容剂的分子量到 17.0，乳化曲线基本不变，表明随反应性示踪相容剂的分子量的减小，分散相粒径先减小然后不变。Koning 等 [55] 在研究 SMA、聚苯醚（PPO）和端氨基封端的聚苯乙烯（PS-NH$_2$）反应相容共混体系时也发现，当降低反应性相容剂 PS-NH$_2$ 的分子量时，分散相 PPO 的粒径随之降低。在共混过程中，反应性增容剂首先需要扩散到不相容聚合物界面，发生界面反应原位生成共聚物才能发挥相容剂的作用。因此，当提高反应性示踪相容剂分子量时，其扩散到反应界面的时间更长，原位反应生成的共聚物减少，导致其增容效果降低。这可以由 RCC-CC [图 7-24（b）] 得到证实：分子量最高的 PS-TMI-MAMA-4 反应量明显低于分子量较低的 PS-TMI-MAMA-5 和 PS-TMI-MAMA-6 体系。进一步从图 7-24（c）可以看出，PS-TMI-MAMA-4、PS-TMI-MAMA-5 和 PS-TMI-MAMA-6 的有效乳化曲线基本重合，表明当界面上原位生成的接枝聚合物的量相同时，不同分子量的反应性示踪相容剂具有相同的增容效果。因此，当反应性示踪相容剂中反应官能团分布密度相同时，可以通过降低其分子量，提高其扩散速率，促进共聚物的生成，增加相容效率。

2.螺纹元件结构及组合

在同样的加工条件（相同螺杆转速和喂料量）下，螺纹元件，特别是混合元件，经过不同的组合与排列，双螺杆挤出机的混合能力随之改变，聚合物共混物最终的相形态和性能会截然不同。捏合块的混合作用分为分散混合和分布混合。在聚合物共混过程中，分散混合与分散相的破裂与分散有关。大多数研究者对分散混合的研究主要基于聚合物共混体系的相形态的变化 [56-59]。而分布混合主要与界面的伸展与变形有关，使分散相分布得更均匀 [60]。

不同螺纹元件结构（如图 7-25）对乳化曲线、RCC-CC 曲线和有效乳化曲线的影响如图 7-26 所示。从乳化曲线中可以看出，30° 捏合块（30/7/32）的乳化曲线位于最上方，表明在相同反应性示踪相容剂含量时，分散相粒径最大。捏合角度从 30° 增加到 60°，乳化曲线不断向下移动。进一步增加混合元件的角度，乳化曲线不再变化。也就是说，在相容剂浓度相同时，60° 捏合块（60/4/32）、90° 捏合块（90/5/32）和90°齿形盘（90°Gear）的分散相粒径几乎相同。

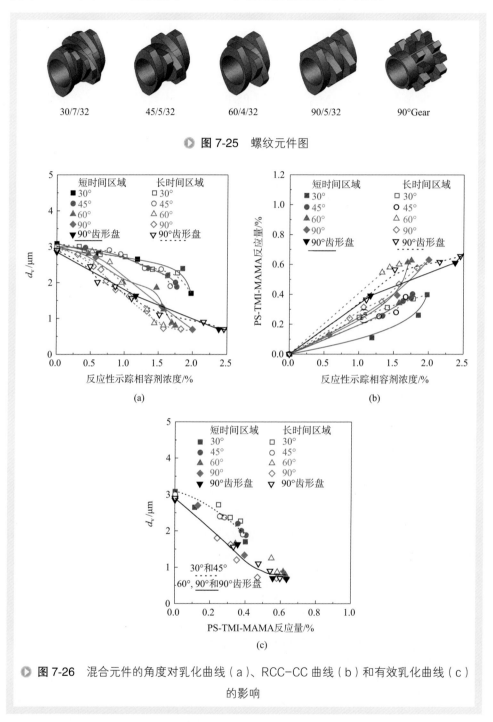

30/7/32　　　45/5/32　　　60/4/32　　　90/5/32　　　90°Gear

▶ 图 7-25　螺纹元件图

图 7-26　混合元件的角度对乳化曲线（a）、RCC-CC曲线（b）和有效乳化曲线（c）
　　　　　的影响

从RCC-CC曲线［图7-26(b)］可以看出，30°捏合块的RCC-CC曲线位于最下方，角度从 30° 增加到 60°，RCC-CC 曲线不断上移，进一步增加混合元件的角度，RCC-CC 曲线不再变化，表明 PS-TMI-MAMA 反应量随混合元件角度不断增加，到 60° 之后不再变化。界面反应量与界面的伸展和变形有关，分布混合越强，界面更新能力越强，界面反应程度越高。因此可以得出，混合元件可以提供的分布混合效率顺序如下：30° < 45° < 60° ≈ 90° ≈ 90° 齿形盘。混合元件的角度增加，捏合块分布混合效率增加。

另一方面，从有效乳化曲线［图 7-26（c）］可以看出，当 PS-TMI-MAMA 反应量相同时，分散相粒径排列顺序是：30° ≈ 45° ≫ 60° ≈ 90° ≈ 90° 齿形盘。此时，不同混合元件的分散相粒径之间的差异与分散混合效率有关。当界面上原位生成的接枝聚合物的量相同时，混合元件的角度从 45° 增加到 60° 时，分散混合效率增加，分散相粒径减小。继续增加角度，分散混合效率基本不变。

图 7-27 进一步对比了 60° 捏合块厚度对乳化曲线、RCC-CC 曲线和有效乳化曲线的影响。从乳化曲线可以发现，厚度为 22 mm 的 60° 捏合块的乳化曲线明显位于厚度为 32 mm 的 60° 捏合块的下方，表明前者的分散相粒径比后者的小。从有效乳化曲线［图 7-27（c）］中可以发现，两种厚度的捏合块的有效乳化曲线重合，说明当增容剂反应量相同和捏合角度不变时，改变捏合块厚度，对其分散混合基本没有影响。另一方面，从 RCC-CC 曲线［图 7-27（b）］可以发现，22 mm 的 60° 捏合块的 RCC-CC 曲线位于 32 mm 的 60° 捏合块的上方，说明 22 mm 的 60° 捏合块作用下，PS-TMI-MAMA 反应量比 32 mm 的 60° 捏合块下的更高。换句话说，当捏合块厚度由 32mm 变为 22mm 时，捏合块区的捏合块数目增加，分布混合能力提高，界面更新能力更强，促进界面反应，原位生成的接枝聚合物的含量增加，分散相粒径随之下降。Ishikawa 等 [61] 利用有限元方法考察双螺杆挤出机中不同厚度的捏合块的分散混合和分布混合效率时发现了类似的结果。因此，捏合块厚度减小，捏合块数

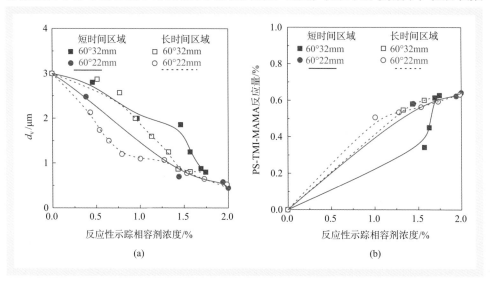

(a)　　　　　　　　　　　　　　　　(b)

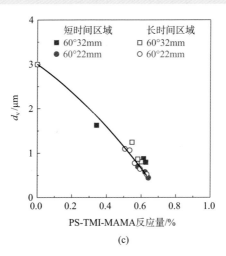

图 7-27　捏合块厚度对乳化曲线（a）、RCC-CC 曲线（b）和有效乳化曲线（c）的影响

目增加，面积伸展加强，分布混合效率随之提高。

表7-2　混合区的四种螺纹元件组合

螺纹结构	螺纹元件排布
结构 1	6×30° 捏合块
结构 2	1×90° 齿形盘，2×30° 捏合块，1×90° 齿形盘，2×30° 捏合块
结构 3	1× 反向30° 捏合块，2×30° 捏合块，1× 反向30° 捏合块，2×30° 捏合块
结构 4	6×90° 齿形盘

　　前面考察了相同捏合块组合时，捏合块角度和厚度对聚合物反应共混的影响。那么，如果将捏合块区中的两个混合效果最差的正向 30° 捏合块替换成混合效率最高的 90° 齿形盘或者反向 30° 捏合块（如表 7-2），会产生什么样的影响呢？图 7-28 为这些混合元件组合对乳化曲线、RCC-CC 曲线和有效乳化曲线的影响。从图中可以发现，在反应性相容剂用量相同时，组合 2（4×30° 捏合块 +2×90° 齿形盘）的分散相粒径相比于混合元件组合 1（6×30° 捏合块）仅有轻微的下降。而组合 3（4×30° 捏合块 +2× 反向 30° 捏合块）的分散相粒径大幅下降，其粒径大小已经和混合效率最高的组合 4（6×90° 齿形盘）相接近。

　　从 RCC-CC 曲线［图 7-28（b）］中可以发现，组合 2 的 PS-TMI-MAMA 反应量仅比组合 1 轻微增加，而组合 3 的则大幅提高。这表明 2 个 90° 齿形盘替换 2 个 30° 捏合元件对分布混合效率影响不大，而 2 个反向 30° 捏合元件的替换可以大幅提高混合元件的分布混合效率，增加原位生成共聚物的量。另一方面，从有效乳化曲线［图 7-28（c）］中可以发现，当 PS-TMI-MAMA 反应量相同时，与组合 1 相比，组合 2 的分散相粒径有所减小，但是仍然大于组合 3 的分散相粒径。说明 2 个 90° 齿形盘元件的替换可以提高分散混合效率，但是提高幅度没有反向 30° 捏合元件的大。因此，与正向捏合元件相比，反向捏合元件的界面更新能力增强，分布和分散混合效率都提高。

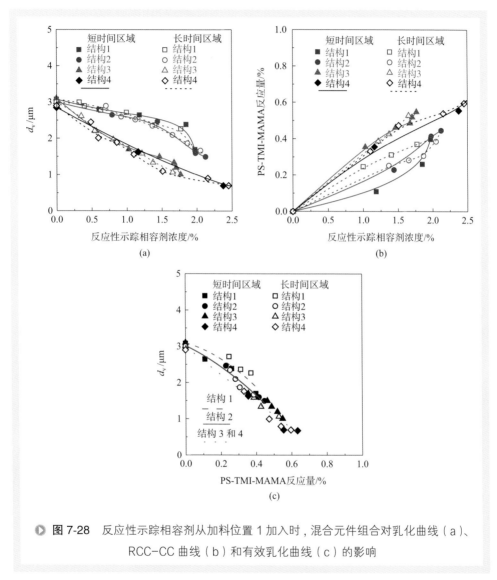

图 7-28 反应性示踪相容剂从加料位置 1 加入时，混合元件组合对乳化曲线（a）、RCC–CC 曲线（b）和有效乳化曲线（c）的影响

3. 加工参数

单螺杆挤出机只有一个变化参数，就是螺杆转速。如果要提高产量只能提高螺杆转速；而双螺杆挤出机有两个变化参数：螺杆转速和喂料量。因此，在聚合物反

应共混过程中，调节加工参数如螺杆转速和喂料量是非常重要的。

图 7-29 是螺杆转速对乳化曲线（a）、RCC-CC 曲线（b）的影响。从乳化曲线
[图 7-29（a）] 和 RCC-CC 曲线 [图 7-29（b）] 中可以发现，随着螺杆转速的提高，
乳化曲线随之上移，RCC-CC 曲线随之下移，即分散相粒径增加，界面上原位生成
的接枝聚合物的量减小。但是，一般来说，螺杆转速增加时，剪切应力随之增加，
分散相粒径应该随之减小。那么，分散相粒径为何随螺杆转速增加而增加？从螺杆
转速对 RTD 曲线的影响（图 7-30）中可以看出，随着螺杆转速的增加，停留时间随
之减小。因此，很可能是由于 PS-TMI-MAMA 没有与 PA6 完全反应，不能形成足量
的共聚物，抑制分散相之间的聚并，从而导致分散相粒径较大。

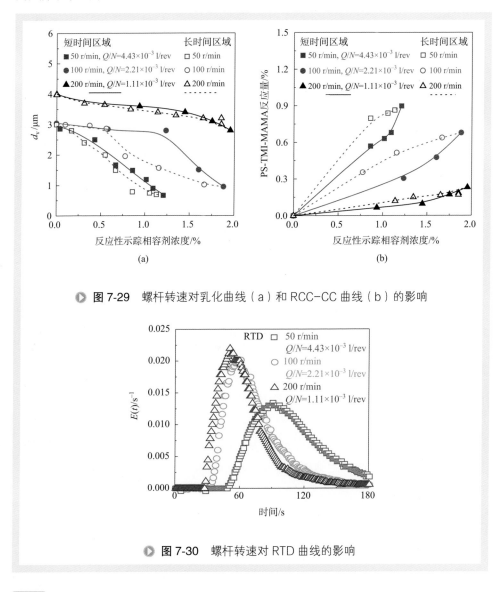

图 7-29　螺杆转速对乳化曲线（a）和 RCC-CC 曲线（b）的影响

图 7-30　螺杆转速对 RTD 曲线的影响

从图 7-31 中的 RTD 曲线中可知，随着喂料量的增加，停留时间减少。但是，从图 7-32 可知，随着喂料量的增加，乳化曲线却下移，RCC-CC 曲线上移，即分散相粒径减小，界面上原位生成的共聚物的量增加。这与螺杆转速得出的结果截然相反。因此，螺杆转速或喂料量对聚合物反应共混的影响并不是主要来源于停留时间的不同。

填充度是稳态条件下沿螺杆实际停留的物料体积即有效体积与螺杆和内筒壁之间的自由体积之间的比值，会影响双螺杆挤出机中聚合物共混过程[62]。如图 7-33 所示，只要 Q/N 值恒定，无论喂料量 Q 和螺杆转速 N 如何变化，平均填充程度为定值。当喂料量减小或螺杆转速增加时，填充度都会降低。填充度的降低会使共混聚合物受到的剪切作用减小，相容剂迁移到界面的速度减慢。因此，即使将停留时间延长，界面上仍然没有足量的共聚物生成，不能有效抑制分散相的聚并，导致分散相粒径增加。

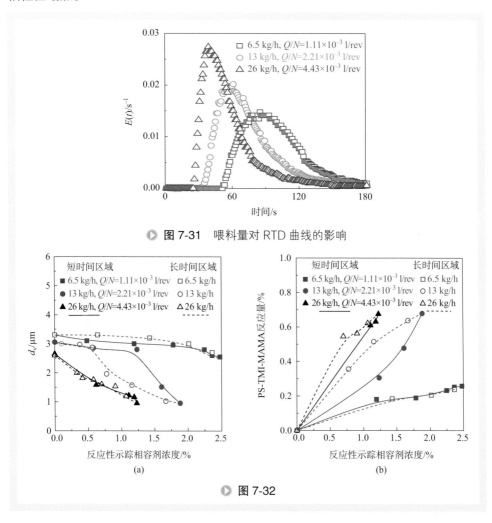

图 7-31　喂料量对 RTD 曲线的影响

(a)

(b)

图 7-32

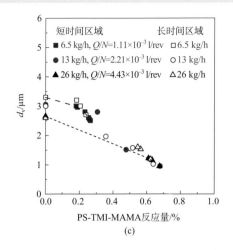

图 7-32 喂料量对乳化曲线（a）、RCC-CC 曲线（b）和
有效乳化曲线（c）的影响

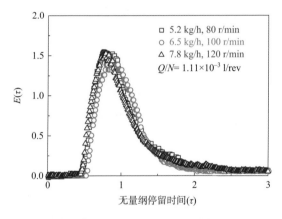

图 7-33 螺杆转速和喂料量对无量纲停留时间分布函数的影响

为了进一步证明填充度是影响反应共混过程的关键加工参数，特考察了三种填充度对聚合物反应相容共混过程的影响，具体的实验条件如表 7-3 所示。当 Q/N 值由 1.11×10^{-3} l/rev 提高到 2.21×10^{-3} l/rev 时，填充度变为原来的 1.5 倍；进一步提高到 4.43×10^{-3} l/rev，填充度变为 1.11×10^{-3} l/rev 的两倍，呈现几乎填满的状态。从图 7-34 可以看出，当填充度很低［图 7-34（a）］时，不同喂料量和螺杆转速下的乳化曲线几乎重合，而且分散相粒径仅轻微下降；当填充度提高［图 7-34（b）和图7-34（c）］时，分散相粒径随之下降。这是由于填充度较低时，螺杆施加于共混物的剪切不够，界面上原位生成的接枝聚合物的量很少造成的。而提高填充度，剪切加强，接枝聚合物的量随之增加。这可以由螺杆转速和喂料量对 RCC-CC 曲线的影

响（图7-35）得到证明。从图中可以看出，低填充度［图7-35（a）］时，PS-TMI-MAMA与PA6界面反应程度低，原位生成的接枝聚合物的量很低，提高填充度［图7-35（b）和图7-35（c）］，PS-TMI-MAMA与PA6界面反应程度增加，共聚物的生成量也急剧上升。

表7-3　不同螺杆转速和喂料量时的填充度情况

序号	$Q/(kg/h)$	$N/(r/min)$	$Q/N/(l/rev)$
1	5.2	80	
2	6.5	100	1.11×10^{-3}
3	7.8	120	
4	13	200	
5	10.4	80	
6	13	100	2.21×10^{-3}
7	15.6	120	
8	13	50	
9	20.8	80	4.43×10^{-3}
10	26	100	
11	31.2	120	

综上所述，喂料量和螺杆转速主要是通过填充度对聚合物反应增容共混过程产生影响的。当螺杆转速降低或喂料量增加时，Q/N值提高，填充度增加，螺杆给予

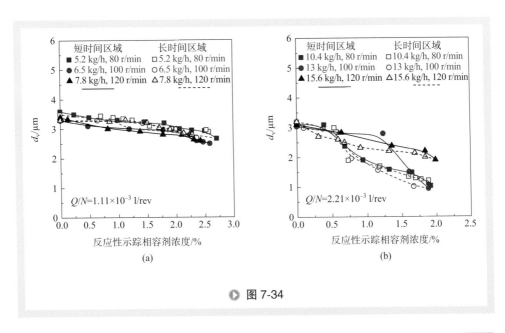

◎ 图7-34

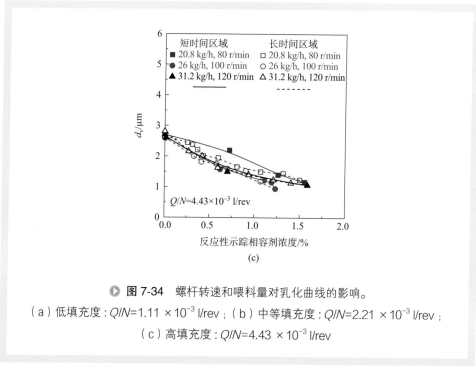

图 7-34　螺杆转速和喂料量对乳化曲线的影响。

（a）低填充度：Q/N=1.11 × 10^{-3} l/rev；（b）中等填充度：Q/N=2.21 × 10^{-3} l/rev；

（c）高填充度：Q/N=4.43 × 10^{-3} l/rev

的剪切作用加强，界面更新更快，原位生成的接枝聚合物的量增加，分散相粒径随之减小，反之亦然。因此，提高填充度是强化聚合物反应增容共混的有效方式。

4. 新型辅助技术

传统的反应挤出技术是通过优化挤出机的螺杆结构和螺纹排布、加工参数等方

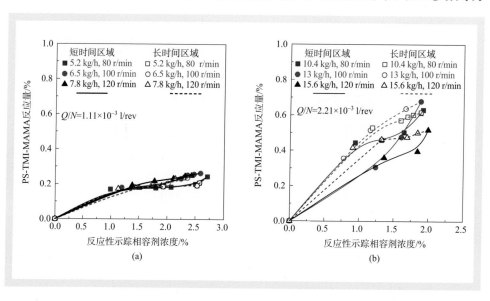

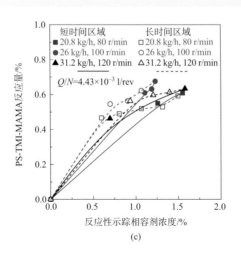

图 7-35 螺杆转速和喂料量对 RCC–CC 曲线的影响。（a）低填充度：$Q/N=$ 1.11 × 10^{-3} l/rev；（b）中等填充度：$Q/N=$2.21 × 10^{-3} l/rev；

（c）高填充度：$Q/N=$4.43 × 10^{-3} l/rev

式来实现强化共混的目的，而随着集成创新理念的发展，新型的辅助技术如电磁动态技术、超声技术等，也被引入反应挤出过程，来进一步强化反应挤出的混合效果。例如，超声具有高频低振幅的特点，能降低两相界面张力，减小分散相尺寸且提高分布均匀性，进而提高产物的机械性能。Guo 等 [63] 采用 Palierne 模型计算出了未经超声挤出样品的界面张力为 5.3 mN/m，经 400W 超声作用后，界面张力降低至 4.1 mN/m，增强了两相间的相互作用，使共混体系的相容性提高且相区尺寸更稳定。Wu 等 [64] 将超声引入线性低密度聚乙烯（LLDPE）/ 聚烯烃弹性体（POE）共混物的挤出过程，能将作为分散相的 POE 破碎成小块，从而改善 POE 相在 LLDPE 基质中的分散。

第三节 ## 热塑性动态硫化硅基橡胶的制备

热塑性动态硫化橡胶（TPV），又称共混型热塑性橡胶，是指在橡胶与热塑性树脂熔融共混时，借助交联剂的作用使橡胶"就地"硫化，同时受到混炼机械的高速剪切作用，使之以细微的颗粒分散在热塑性树脂中形成的共混材料 [65-67]。这种交联了的橡胶微区提供共混物的弹性，热塑性聚合物母体则提供熔融温度下的塑性流动，从而赋予了其优良的物理机械性能和热塑加工性。自从 20 世纪 60 年代 Gessler[68] 提出用动态硫化的工艺来制备 TPV 以来，已出现如三元乙丙橡胶 / 聚丙烯（EPDM/PP）[69]、三元乙丙橡胶 / 低密度线性聚乙烯（EPDM/LDPE）[70]、丁腈橡胶 / 聚丙烯（NBR/PP）[71] 等多种产品，广泛应用于医疗、汽车、电子等行业。

硅橡胶是一种兼具有机和无机性质的聚合物材料，其分子主链是由 Si—O（硅 - 氧）键连成的链状结构，侧链是与硅原子相连接的碳氢或取代碳氢的有机基团。硅橡胶分子主链的 Si—O 键键能（443.5 kJ/mol）比一般的橡胶分子主链的 C—C 键键能（355 kJ/mol）高得多，且分子结构的不饱和度较低，分子间相互作用力小，分子链的柔韧性大，这使得硅橡胶比其他普通橡胶具有更好的耐热性、电绝缘性、化学稳定性等，已成为众多合成橡胶中的佼佼者 [72,73]。

相对于普通的热塑性弹性体而言，热塑性硅基橡胶是新近发展的一种新型材料，具有更加优异的包覆性和独特的人体美学触感，可以回收使用、绿色环保，并且通过有机硅的表面富集性和憎水性，使得其具有优良的抗水解性、耐化学、抗 UV 等性能。

一、反应挤出热塑性动态硫化橡胶机理

为了使橡胶相能充分发生硫化交联、破碎，均匀分散在热塑性聚合物中，往往需要高温、高剪切作用，并且温度和剪切强度最好能够根据动态硫化和混合过程进行分段调控。相比于开炼机和密炼机而言，双螺杆挤出机能根据螺纹元件的组合排列和机筒温度的分段设置，对剪切强度和温度实现分区调节，从而可有效地控制共混体系的硫化过程和分散过程。因而，热塑性动态硫化橡胶主要是在双螺杆挤出机中通过反应挤出制备得到的。

反应挤出制备 TPV 过程可分为以下 4 个阶段：

（1）输送阶段：在此阶段，温度低于热塑性聚合物的熔点，热塑性聚合物是以固体颗粒分散在橡胶连续相中，物料在螺杆转动的作用下向前输送；

（2）熔融阶段：挤出温度逐渐升高，热塑性聚合物开始熔融，并在双螺杆剪切力的作用下，与橡胶混合，逐渐演变为共连续结构；

（3）相反转阶段：在硫化剂的作用下，橡胶相被硫化成硅橡胶，其黏度增大，并在剪切力的作用下，橡胶相不断发生断裂破碎、分散在连续的热塑性聚合物基体中，相形态由共连续结构变为海岛结构；

（4）相态均化阶段：橡胶相进一步被硫化，在剪切力的作用下，较大的橡胶颗粒被打碎，较小的橡胶颗粒被打散为更小的颗粒，物料的相态结构得到进一步均化，具体形态演变过程如图 7-36 所示 [67,74]。

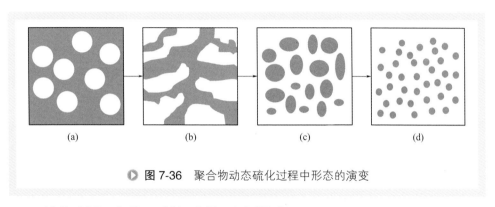

二、热塑性聚合物/硅橡胶的反应增容

热塑性动态硫化硅基橡胶中交联的硅橡胶颗粒在热塑性聚合物中的分散情况对其性能有直接影响。由于硅橡胶与热塑性聚合物大多是不相容的，直接将硅橡胶与热塑性聚合物进行混合、动态硫化，往往会造成交联的硅橡胶颗粒在热塑性聚合物中的分散性较差，严重影响其使用性能，甚至丧失了高温下的可塑加工性。因此，有效地改善硅橡胶与热塑性聚合物的相容性，提高硅橡胶颗粒的分散，对于制备高性能热塑性动态硫化硅基橡胶是至关重要的。目前，直接加入共聚物、原位聚合法、原位相容法、纳米粒子增容法等多种增容方法已用于反应挤出制备热塑性动态硫化硅基橡胶[67]。

1. 直接加入共聚物

在硅橡胶和热塑性聚合物共混时，直接加入它们的共聚物作为相容剂可以改善它们的相容性。例如，Zhang 等[75]合成了多嵌段共聚物来改善聚硅氧烷（PDMS）在 PA6 中的分散情况，PDMS 在 PA6 中的粒径能够减小到原来的一半。但是，PDMS 的粒径仍然在 10 μm 以上。因此，这种方法除了合成聚硅氧烷和热塑性聚合物之间的共聚物比较困难以外，在共混过程中还存在共聚物不能有效地到达界面的问题。

2. 原位聚合法

原位聚合法是硅橡胶单体在热塑性聚合物基体内进行聚合而原位生成硅橡胶或其接枝聚合物，促进硅橡胶在热塑性聚合物中分散的方法。这种方法的关键是要找到适合于硅氧烷单体聚合的催化剂。

Cabosso[76]利用聚乙烯上的磺酸基团催化八甲基环四硅氧烷的开环聚合，原位聚合制备了聚乙烯和硅橡胶的共聚物。但是该反应需要数周才能达到所需的聚合度。Currie[77]找到了更快速催化环状硅氧烷单体开环聚合的磷腈催化剂，使得在停留时间为几分钟的挤出机中能实现环状硅氧烷单体的开环聚合。联合碳化学品及塑料技术有限责任公司[78]进一步将磷腈催化剂用于制备热塑性硅基橡胶，具体步骤如下：在挤出机前段，通过自由基的引发作用，使硅氧烷单体接枝到聚烯烃链上，然后将环状硅氧烷单体从挤出机的中部加入，在磷腈催化剂作用下，开环聚合生成硅橡胶，同时硅氧烷接枝改性的聚烯烃与生成硅橡胶反应生成接枝聚合物，作为相容剂，促进硅橡胶在聚烯烃中的分散。尽管这种方法能有效改善硅橡胶和热塑性聚合物的相容相，但是它只能针对特定的体系，适用范围比较窄，而且聚合过程中的小分子单体的脱挥困难[67]。

3. 原位相容法

原位相容法是通过对热塑性聚合物和/或硅橡胶进行反应改性，使它们能通过界面偶合反应原位生成共聚物，作为相容剂，提高硅橡胶在热塑性聚合物中分散的方法。

针对热塑性聚氨酯（TPU）与硅橡胶的共混体系，Rajan 等[79]选用乙烯丙烯酸甲酯共聚物（EMA）作为 TPU/PDMS 共混体系中的相容剂，能与 PDMS 作用生成的接枝聚合物（EMA-g-PDMS），进一步与 TPU 形成氢键（如图 7-37 所示），从而能起到相容剂的作用。王培涛等[80]采用氨基改性的硅烷偶联剂作为 TPU 硅橡胶的相容剂，发现仅加入 0.4% 的量就可使 TPU/ 硅橡胶动态硫化橡胶的拉伸性能由 9.4 MPa 增加至 11.5 MPa。

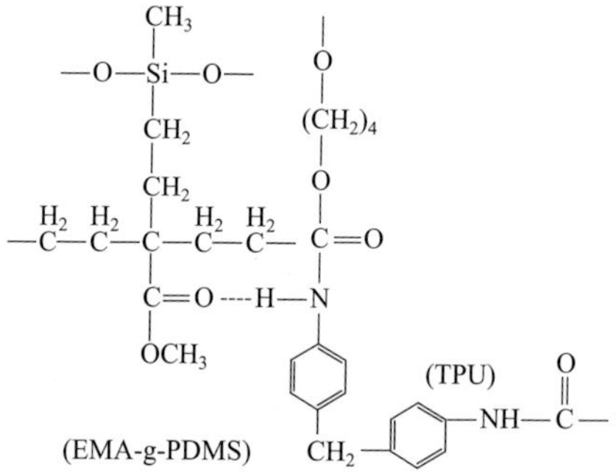

图 7-37　EMA-g-PDMS 与 TPU 的氢键作用[79]

王笛[81]通过耗散粒子动力学（DPD）模拟比较了不同结构嵌段共聚物对 PDMS/PA6 共混物的相容效果，发现在 PDMS 和 PA6 嵌段共聚物中嵌入溶解度参数介于 PDMS 和 PA6 之间的聚合物链段，所形成的三嵌段共聚物能稳定停留在 PDMS/PA6 的相界面，显著减小共混物的界面张力和分散相尺寸，缩短共混达到平衡所需要的时间。Wang 等[81,82]基于该模拟结果，设计并合成了一种反应型嵌段共聚物，其特征是在氨基封端硅油中嵌入了与 PDMS 和 PA6 均不相容的聚醚链段，且在共混过程中可与 PA6 反应生成三嵌段共聚物。相比于传统的氨基封端硅油，这种反应型嵌段共聚物可以更快地到达相界面，促进分散相的分散，表现出更优异的相容效率。

在过氧化物作为硫化剂的动态硫化过程中，过氧化物分解产生的自由基不仅可以起交联聚硅氧烷的作用，而且会引发乙烯基单体或聚合物接枝到热塑性聚合物上生成共聚物，起到增容作用。例如，在低密度聚乙烯树脂（LDPE）/PDMS 热塑性动态硫化橡胶的制备中，在硫化剂过氧化二异丙苯（DCP）的作用下，乙烯甲基丙烯酸酯（EMA）作为相容剂会与 PDMS 上的乙烯基反应，生成 EMA-g-PDMS 共聚物，起到相容的作用，使动态硫化橡胶的拉伸强度从 7.3 MPa 提高至 13.3 MPa，断裂伸长率从 320% 增加至 450%[83]。Padmanabhan 等 [84] 在乙烯 - 辛烯共聚物（POE）/PDMS 动态硫化橡胶制备过程中，在交联剂 DCP 作用下，POE 与 PDMS 能发生反应生成接枝聚合物，作为相容剂改善 PDMS 在 POE 中的分散情况，改善两相的相容性，提高力学性能。

4. 纳米粒子增容法

纳米粒子加入共混体系中，也可以促进硅橡胶在热塑性聚合物的分散。例如，在 PDMS / 尼龙 12（PA12）热塑性动态硫化橡胶的制备中，加入补强型二氧化硅纳米粒子可有效地改善 PDMS/PA12 的相容性，使得分散相 PDMS 的粒径由 16.5 μm 减小至 5.5 μm[85]。

Bousmina 等 [86,87] 归纳了几种可能的纳米粒子增容机理：

（1）位于界面，减小界面张力；

（2）形成物理网络起到固定分散相颗粒，阻止其聚并的作用；

（3）减少分散相与母体之间的黏度比；

（4）与聚合物链段间存在较强的相互作用，起到空间阻力的作用。王笛等 [81,82] 在 PDMS/PA6（20/80）共混体系中加入反应型嵌段共聚物作为相容剂的同时，进一步引入有机蒙脱土（OMMT），它们表现出协同作用，不仅能促进共混物的分散，而且能缩短分散相尺寸达到平衡所需要的时间。这是由于 OMMT 主要分散在 PA6 相中，一方面能增大 PA6 相的黏度，减小分散相 PDMS 与基体相 PA6 的黏度比，另一方面能阻止分散相 PDMS 的聚并。此外，OMMT 与反应型嵌段共聚物的复合使用还能使 PDMS/PA6（20/80）共混物的拉伸强度由 42.8 MPa 提升到 52.9 MPa，吸水率由 2.6% 下降到 1.5%。

三、热塑性聚合物 / 硅橡胶的动态硫化

动态硫化是热塑性硫化橡胶制备过程中最重要的一步，对最终产品性能有很大影响。目前，关于硅橡胶的动态硫化技术主要有两种，分别是过氧化物硫化和硅氢加成硫化。

1. 过氧化物硫化

过氧化物硫化的原理就是利用过氧键的不稳定性，在高温下分解成活性自由基，攻击硅橡胶主链上的乙烯键，引发硅橡胶的交联。目前，工业上所使用的过氧化物主要为 2, 5- 二甲基 -2, 5- 二（叔丁基过氧基）己烷和 DCP 等。如图 7-38 所示，过氧化物硫化机理主要分三步：

（1）过氧化物分解为两个活性自由基；

（2）生成的活性自由基进攻橡胶链上的活性氢原子或不饱和双键；

（3）两个活性橡胶分子链发生碰撞生成交联网络[88]。

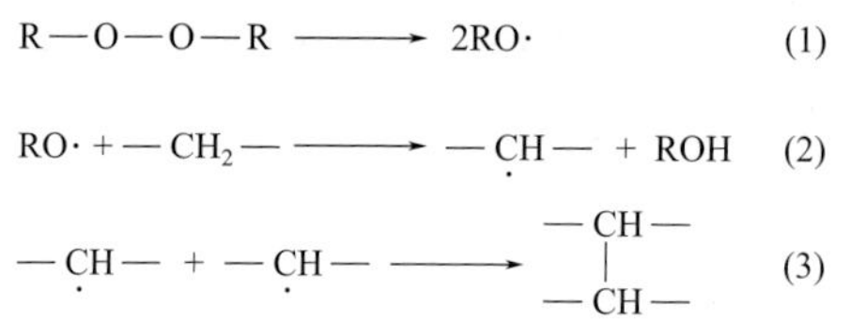

$$R—O—O—R \longrightarrow 2RO· \qquad (1)$$

$$RO· + —CH_2— \longrightarrow —\overset{·}{C}H— + ROH \qquad (2)$$

$$—\overset{·}{C}H— + —\overset{·}{C}H— \longrightarrow \begin{matrix} —CH— \\ | \\ —CH— \end{matrix} \qquad (3)$$

▶ **图 7-38** 过氧化物作为硫化剂的硫化机理

硅橡胶的硫化程度与过氧化物的分解程度及速率有关。换句话说，硫化速度与过氧化物的稳定性有关。一般来说，过氧化物的稳定性用半衰期来表征。Chatterjee 等[89] 比较了半衰期不同的 DCP、3, 3, 5, 7, 7- 五甲基 -1, 2, 4- 三环氧己烷（PMTO）、枯基过氧化氢等三种过氧化物类硫化剂对 PDMS/ 尼龙 12（PA12）动态硫化橡胶的力学性能的影响，发现当温度为 190 ℃时，PMTO 的半衰期较长，能使 PDMS 充分硫化，可获得硫化度高且性能优异的 PDMS/PA12 动态硫化橡胶。

对于半衰期短的过氧化物，硫化速率过快，容易造成局部硫化，不能使硅橡胶充分硫化，从而影响产品性能。Mani 等[85] 将四甲基哌啶氧（TEMPO）加入以 DCP 为硫化剂的 PDMS/PA12 共混物的动态硫化过程中，发现 TEMPO 可以作为阻聚剂，延长硫化时间，使得硅橡胶充分硫化并均匀分散在 PA12 母体中[90,91]。此外，采用过氧化物作为硫化剂时，使硅橡胶硫化的同时，可能会引起热塑性聚合物部分降解，产生一些酸性物质或小分子，在一定程度上会影响产品外观与性能。

2. 硅氢加成硫化

由于 PDMS 分子链上含有乙烯基（碳 - 碳双键）官能团，因此可以通过硅氢加成反应进行硅橡胶硫化。硅氢加成机理比较复杂，目前还没有定论，但根据 Chalk 等提出的机理，硅氢加成机理可以分为图 7-39 所示的三步：

（1）Si—H 键进攻 Pt 配合物发生氧化加成，生成铂的六配体；

（2）Pt—H 键被配位的碳碳双键插入，H 原子发生迁移，生成 C—C—Pt—Si 键；

（3）未配位的碳 - 碳双键与 C—C—Pt—Si 键发生还原消除反应，生成 C—C—Si 键。发生硅氢加成反应后的 PDMS 黏度迅速增大，在体系剪切力的作用下，共混物发生相反转，PDMS 被剪切成小颗粒并分散在热塑性聚合物中。

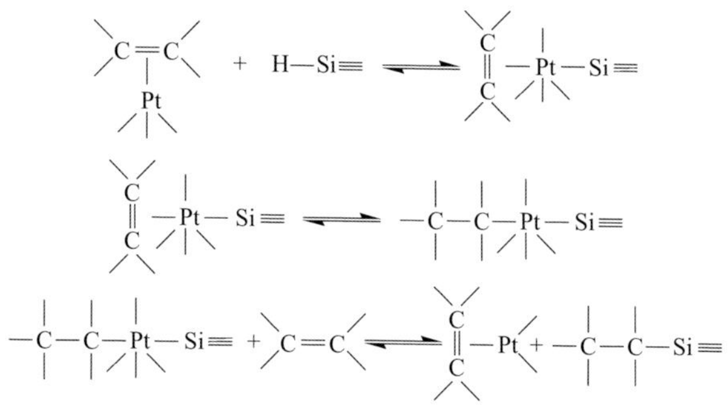

▶ 图 7-39　硅橡胶硅氢加成机理

在没有催化剂存在的情况下，硅氢加成反应是很难发生的。一般来说，硅氢加成所用的催化剂大多是过渡金属及其配合物，其中催化效果最好的是铂系催化剂[92]。但是，铂系催化剂反应活性非常高，可能在加入助剂、配料等过程中就发生硫化。因此，常需加入抑制剂，与铂系催化剂形成配位键来抑制硅氢交联的发生。常用的抑制剂有氮杂环、炔类化合物、多乙烯基硅氧烷等，其中炔类化合物的抑制效果较好。

含氢硅油种类、硅氢/乙烯基比等参数对动态硫化硅基橡胶的物理性能也有很大影响。表 7-4 展示了四种不同硅氢含量的硅油对动态硫化硅基橡胶物理性能的影响[93]。从表 7-4 中可以看出，含氢硅油用量为 1.0% 时，所制得的硫化橡胶拉伸强度最大；而抗撕性能则是含氢硅油用量为 1.5% 时最好。交联剂中的硅氢与硅橡胶中的乙烯基含量比值为 1∶3 左右时，硅橡胶的性能最好。因此，对于硅氢加成硫化，所加含氢硅油的量需根据硅橡胶中乙烯基含量来调节，既要保证硅橡胶完全交联，又不能使硅橡胶过渡交联而产生其他副作用。

表7-4　含氢硅油对硫化硅基橡胶物理性能的影响[93]

含氢硅油 / %	0.3	0.5	1.0	1.5
拉伸强度 / MPa	0.75	3.44	4.46	2.60
拉伸伸长率 / %	440	80	632	732
永久形变 / %	0.24	1.26	2.8	8.0
硬度（Shore A）	62	78	60	50
撕裂强度 / （kg/cm）	13.85	13.77	16	22.5

与过氧化物作为硫化剂相比，硅氢加成硫化只会使硅橡胶中的乙烯基与含氢硅油反应，不会使树脂相发生降解，因此，硅氢加成硫化具有硫化效率高、产物纯度高等优点。

四、反应增容与动态硫化耦合过程强化

橡胶相要以微小颗粒均匀分散于热塑性聚合物母体中，热塑性动态硫化橡胶才能表现出优异的弹性和热塑加工性。如何强化聚硅氧烷相发生更大程度的交联硫化反应并被充分剪切破碎和均匀分散是制备高性能热塑性硅基橡胶的关键。

1. 加料工艺

反应挤出制备热塑性硅基橡胶过程中，应当使热塑性聚合物和硅橡胶充分地混合，硫化剂均匀地分布在硅橡胶相中，并防止局部硫化与过硫化等现象，硫化后的硅橡胶颗粒才能够均匀地分散在热塑性聚合物基体中。因此，相容剂、交联剂以及其他助剂的加入方式和顺序对高性能热塑性硫化硅橡胶的制备是非常重要的。

卢旭鑫[94]采用了三种不同加料工艺制备 LDPE/硅橡胶热塑性动态硫化橡胶：工艺 1 是先将 LDPE、相容剂 EVA 和硅橡胶一起在开炼机上混炼好后，加入转矩流变仪中混合 2 min，再加入 DCP 进行硫化；工艺 2 是将 LDPE、相容剂 EVA 与硅橡胶依次加入转矩流变仪中混炼 10 min 后，再加入 DCP 进行硫化；工艺 3 是将硅橡胶、相容剂 EVA 和 LDPE 依次加入转矩流变仪中混炼 10 min，再加入 DCP 进行动态硫化。通过对比这三种加料工艺所制备热塑性动态硫化橡胶的硬度、拉伸强度和断裂伸长率等结果，发现工艺 2 所制备的橡胶性能最优。这是因为先将 LDPE 熔融再加入硅橡胶的工艺能使两相分散得更均匀，有利于交联后硅橡胶粒子以更小的尺寸均匀分散在 LDPE 连续相中，使材料有更好的力学性能。

由于反应挤出制备热塑性动态硫化硅基橡胶的双螺杆挤出机被分为共混分散和动态硫化两部分，这就要求确定硫化前的共混时间和动态硫化时间，换句话说，就是要确定硫化剂的加料位置。图 7-40 是典型的挤出机螺杆结构示意图，热塑性聚合物从第 1 区加入，硅橡胶从第 3 区加入，硫化剂可以从第 4 区之后的区域加入。硫化剂加入位置越靠挤出机口模，硫化前混合时间越长，动态硫化时间越短。王笛[81]对比了硫化剂从第 6 区和第 7 区加入对硫化前和最终动态硫化橡胶的微观相形态，如图 7-41 所示。将硫化剂的加料口从第 6 区换到了第 7 区，延长硅橡胶与 PA6 动态

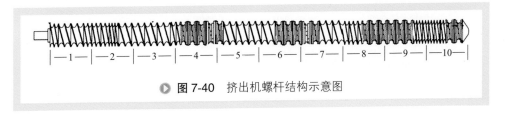

🔺 图 7-40 挤出机螺杆结构示意图

硫化前的共混时间，共混物的相尺寸明显减小，硫化后的硅橡胶颗粒尺寸也随之减小。这表明 PA6/ 硅橡胶共混物硫化前在挤出机中经过更长时间，即增加硫化前混合段的时间，有利于其相形态的减小。

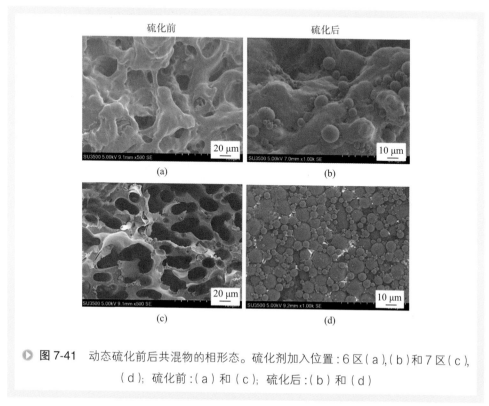

▶ 图 7-41　动态硫化前后共混物的相形态。硫化剂加入位置：6 区（a），（b）和 7 区（c），（d）；硫化前：（a）和（c）；硫化后：（b）和（d）

综上所述，减小硫化前共混物的共连续相尺寸，有利于减小最终热塑性动态硫化橡胶中分散的橡胶颗粒尺寸，提升材料性能。

2. 增强剪切

在热塑性动态硫化橡胶制备过程中，橡胶相会经历变形、交联和破裂等多个过程，这与挤出机的剪切作用息息相关。增加螺杆转速，有利于提高剪切强度，促进橡胶的变形、破裂和分散。李善良[95] 研究了螺杆转速对 TPU/ 硅橡胶动态硫化橡胶力学性能的影响，结果表明当螺杆转速由 50 r/min 增大到 70 r/min，拉伸强度从 9.5 MPa 增加到 11.9 MPa，断裂伸长率从 305% 增加至 487%。但是当螺杆转速增加到 80 r/min，断裂伸长率开始下降。这是由于螺杆转速的增加会减小物料在双螺杆中的停留时间和填充度，对混合和动态硫化产生不利的影响。

增加热塑性动态硫化橡胶制备过程的剪切强度也可以采用特殊的混合螺纹元件和组合方式以及超声、微波等辅助技术。

3. 增强界面硫化

热塑性动态硫化橡胶的微观形态是以热塑性聚合物为连续相，包覆在橡胶粒子周围所形成的海岛相态结构。除了橡胶粒子的尺寸影响热塑性动态硫化橡胶的性能以外，橡胶相和热塑性聚合物之间的界面结合力也是影响其物理性能的重要因素。前面所述的各种增容技术都可以用于改善热塑性动态硫化橡胶的界面结合力，提升物理机械性能。若相容剂能参与硫化，不仅可以增加界面硫化度，而且可以进一步加强硫化橡胶颗粒和热塑性聚合物之间的界面作用。

王笛[81]通过八甲基环四硅氧烷（D4）和1,3,5,7-四甲基环四硅氧烷（D4H）开环共聚制备含氢硅油，然后通过硅氢加成反应使含氢硅油中的大部分硅-氢键与烯丙基聚醚反应，制备得到硫化相容剂，反应机理如图7-42所示。之所以被称为硫化相容剂，是因为一方面含有能与PA6反应的环氧官能团，从而又能起到相容的作用，另一方面还含有未反应的硅氢官能团，能参与硫化反应，加强界面硫化度。

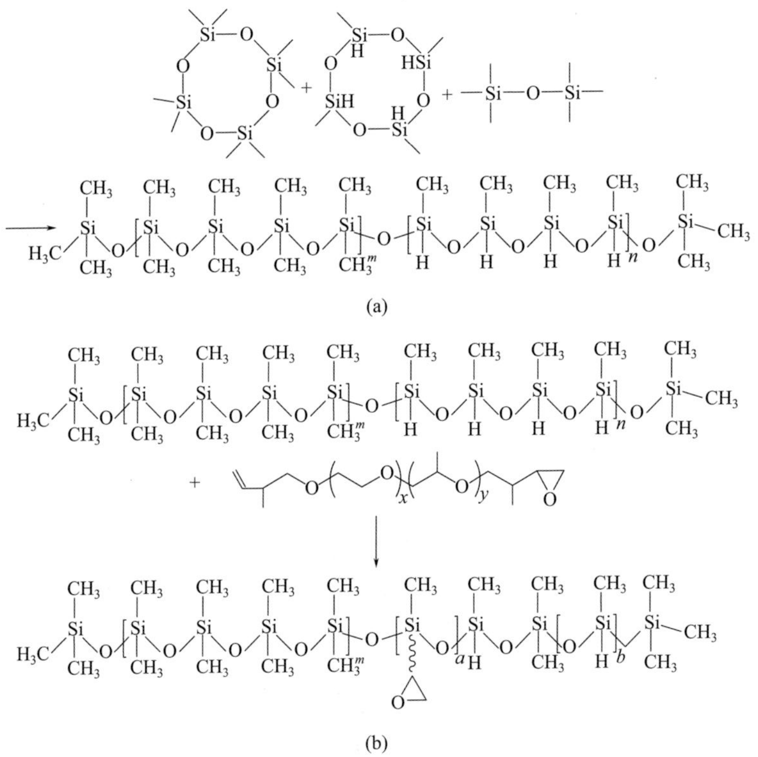

图 7-42 硫化相容剂的合成机理

在如图7-40所示的螺杆结构中，王笛[81]对比了未加相容剂、加入相容剂和加入硫化相容剂体系的硅橡胶颗粒尺寸和硅橡胶交联度沿螺杆挤出方向的变化情况，结果如图 7-43 所示。加入硫化相容剂体系的硅橡胶粒径明显小于不加相容剂和加入相容剂体系的，而前者的硅橡胶硫化度高于后者的。进一步从硅橡胶粒径沿挤出方向的变化来看，未加相容剂体系的硅橡胶粒径一直减小，直到挤出机出口仍未达到平衡；对于加入了相容剂的体系，硅橡胶粒径先减小而后基本不变，表明达到硅橡胶尺寸平衡所需的时间缩短；而对于加入了硫化相容剂的体系，硅橡胶粒径很快达到平衡。因此，硫化相容剂的作用除了像传统相容剂一样能降低体系的界面张力外，还能缩短达到硅橡胶尺寸平衡所需要的时间，增加两相的界面硫化程度，大幅提高热塑性动态硫化橡胶的耐油性。

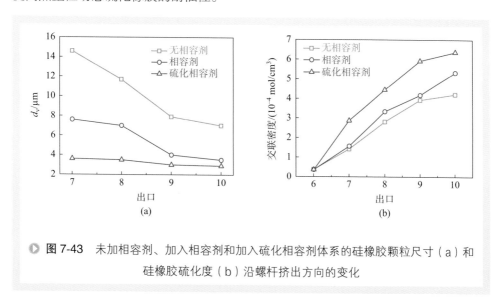

图 7-43　未加相容剂、加入相容剂和加入硫化相容剂体系的硅橡胶颗粒尺寸（a）和硅橡胶硫化度（b）沿螺杆挤出方向的变化

第四节　结语

　　聚合物材料以其性能多样性、可变性和来源广泛性在科学研究和生产应用领域得到快速发展。然而，目前其使用性能已不能满足日新月异的市场需要。因此，除了研究合成新型聚合物材料之外，对现有聚合物材料进行改性以获得性能优异的新产品已变成研究热点。例如，由于大部分聚合物之间是不相容的，仅凭借扩散、对流和剪切作用等达到混合和分散目的的物理共混，很难实现两相聚合物的均匀分散和聚合物材料性能的提高。因此，在聚合物熔融流动和混合过程中，引入化学改性反应、界面反应和交联反应等聚合物熔融反应，即反应挤出加工技术，是实现通用聚合物功能化和高性能化的最重要的手段。目前，已有超过一半的通用聚合物需要经过这种加工方式后才能制成终端产品。

在聚合物反应加工过程中相形态与界面反应同时变化、高度耦合，共同影响着最终聚合物材料性能的优劣。作为聚合物共混过程强化技术手段，反应挤出技术可以通过引入捏合块和特殊的混合元件、优化螺纹排布、优化加工参数以及强化脱挥效果等方式，实现对分散混合和分布混合的强化，使反应物快速接触并反应，进而达到共混反应过程效能的最大化、聚合物产品结构的可控化以及过程和产品的绿色化。

尽管大量的研究一直活跃在聚合物反应挤出加工这一领域，但是大多基础研究还处在均相体系的流动、静态或简单力场下熔融聚合物之间的反应与分散等，并不能反映真实的加工过程，而材料领域的大部分学者和研究机构的研究则主要集中于混合配方的设计，而忽略了加工过程中反应进程、分子结构变化和相形态演变等对最终产品性能的影响，使得聚合物材料的微观相结构无法可控制备。因此，聚合物反应加工过程以制备高性能聚合物材料最重要的挑战就是在反应挤出条件下（高黏、高温、高压、多组分、多相和短停留时间等）对聚合物熔体体系化学反应、分子结构以及混合和分散的机理进行研究，从而实现过程的强化和有效控制。

参考文献

[1] Moad G. The synthesis of polyolefin graft copolymers by reactive extrusion[J]. Progress in Polymer Science, 1999, 24: 81-142.

[2] Moad G. Chemical modification of starch by reactive extrusion[J]. Progress in Polymer Science, 2011, 36: 218-237.

[3] Cartier H, Hu G H. Styrene-assisted free radical grafting of glycidyl methacrylate onto polyethylene in the melt[J]. Journal Polymer Science, Part A: Polymer Chemistry, 1998, 36: 2763-2774.

[4] 谢续明, 李颖, 张景春, 杨讯. 马来酸酐-苯乙烯熔融接枝聚丙烯的影响因素及其性能研究[J]. 高分子学报, 2002(1): 7-12.

[5] 张才亮, 许忠斌, 冯连芳, 王嘉骏, 顾雪萍. 在 St 存在条件下 MAH 熔融接枝 PP 的研究[J]. 高校化学工程学报, 2005, 19: 648-653.

[6] Samay G, Nagy T, White J L. Grafting maleic anhydride and comonomers onto polyethylene[J]. Journal of Applied Polymer Science, 1995, 56: 1423-1433.

[7] Li Y, Xie X M, Guo B H. Study on styrene-assisted melt free-radical grafting of maleic anhydride onto polypropylene[J]. Polymer, 2001, 42: 3419-3425.

[8] 李颖, 谢续明. 马来酸酐-苯乙烯多组分单体熔融接枝聚丙烯的机理研究[J]. 高等学校化学学报, 2000, 21(4): 637-642.

[9] Hu G H, Feng L F. Extrusion processing for nanoblends and nanocomposites[J]. Macromolecular Symposia, 2003, 195: 303-308.

[10] 张才亮, 冯连芳, 许忠斌, 王嘉骏, 顾雪萍. St 存在下 MAH 熔融接枝 PP 机理的探讨[J].

功能高分子学报, 2005, 18: 373-377.

[11] Gaylord N G, Mehta R, Kumar V, Tazi M. High density polyethylene-g-maleic anhydride preparation in presence of electron donors[J]. Journal of Applied Polymer Science, 1989, 38: 359-371.

[12] Gaylord N G, Mehta R. Peroxide-catalyzed grafting of maleic anhydride onto molten polyethylene in the presence of polar oraganic compounds[J]. Journal Polymer Science, Part A: Polymer Chemistry, 1988, 26: 1189-1198.

[13] Hu G H, Cartier H. Free radical grafting of glycidyl methacrylate onto PP in a co-rotating twin screw extruder: influence of feeding mode[J]. International Polymer Processing, 1998, 13(2): 111-117.

[14] Hu G H, Li H, Feng L F, Pessan L A. Strategies for maximizing free-radical grafting reaction yields[J]. Journal of Applied Polymer Science, 2003, 88(7): 1799-1807.

[15] Ren J, Zhao J, Liu X. The application of genetic algorithm for the design of screw in twin-screw extruder[J]. World Journal of Engineering, 2017,14(5): 451-458.

[16] Wang M H, Mai K C, Tang F C. The effect of different screw extruder element on polyethylene grating reaction[J]. Shanghai Plastic, 2017(3): 42-46.

[17] Zhang Y C, Li H L. Melt grafting of maleic anhydride onto HDPE, LLDPE and EPDM through ultrasonic initiation[J]. Polymer Material and Engineering, 2002, 18(2): 159-164.

[18] Ye Y Q, Qian J, Xu Y S. Ultrasonic induced grafting of maleic anhydride onto polypropylene in melt state[J]. Journal of Polymer Research, 2011,18(6): 2023-2031.

[19] Zhang M F, Müller H E. Cylindrical polymer brushes[J]. Journal of Polymer Science, Part A: Polymer Chemistry, 2005, 43: 3461-3481.

[20] Bhattacharya A, Misra B N. Grafting: a versatile means to modify polymers techniques, factors and applications[J]. Progress in Polymer Science, 2004, 29: 767-814.

[21] Pitsikalis M, Pispas S, Mays J W, Hadjichristidis N. Nonlinear block copolymer architectures[J]. Advances in Polymer Science, 1998, 135: 1-137.

[22] Börner H G, Matyjasewski K. Graft copolymer by atom transfer polymerization[J]. Macromolecular Symposium, 2002, 177: 1-15.

[23] Vivek A V, Dhamodharan R. Grafting of methacrylates and styrene on to polystyrene backbone via a "grafting from" ATRP process at ambient temperature[J]. Journal of Polymer Science, Part A: Polymer Chemistry, 2007, 45: 3818-3832.

[24] Li Z Y, Li P P, Huang J L. Synthesis of amphiphilic copolymer brushes: poly（ethyleneoxide）-graft-polystyrene[J]. Journal of Polymer Science, Part A: Polymer Chemistry, 2006, 44: 4361-4371.

[25] Matyjaszewski K, Xia J. Atom transfer radical polymerization[J]. Chemical Reviews, 2001, 101: 2921-2990.

[26] Tsukahara Y, Mizuno K, Segawa A, Yamashita Y. Study on the radical polymerization behavior of macromonomers[J]. Macromolecules, 1989, 22: 1546-1552.

[27] Al-muallem H A, Knauss D M. Graft copolymers from star-shaped and hyperbranced polystyrene macromonomers[J]. Journal of Polymer Science, Part A: Polymer Chemistry, 2001, 29: 3547-3555.

[28] Matyjaszewski K, Beers K L, Kern A, Gaynor S G. Hydrogels by atom transfer radical polymerization: I. Poly（N-vinylpyrrolidinone-g-styrene）via the macromonomer method[J]. Journal of Polymer Science, Part A: Polymer Chemistry, 1998, 36: 823-830.

[29] Rieger J, Dubois P, Jérôme C. Controlled synthesis and interface properties of new amphiphilic PCL-g-PEO copolymers[J]. Langmuir, 2006, 22: 7471-7479.

[30] Roos S G, Müller A H E, Matyjaszewski K. Copolymerization of n-butyl acrylate with methyl methacrylate and PMMA macromonomers: comparison of reactivity ratios in conventional and atom transfer radical copolymerization[J]. Macromolecules, 1999, 32: 8331-8335.

[31] Roovers J, Toporowski P. Synthesis and characterization of multiarm star polybutadienes[J]. Macromolecules, 1989, 22: 1897-1903.

[32] Beers K L, Gaynor S G, Matyjaszewski K, Sheiko S S, Möller M. The synthesis of densely grafted copolymers by atom transfer radical polymerization[J]. Macromolecules, 1998, 31: 9413-9415.

[33] Zhang M, Breiner T, Mori H, Müller A H E. Amphiphilic cylindrical brushes with poly（acrylic acid）core and poly（n-butyl acrylate）shell and narrow length distribution[J]. Polymer, 2003, 44: 1449-1458.

[34] Venkatesh R, Yajjou L, Koning C E, Klumperman B. Novel brush copolymers via controlled radical polymerization[J]. Macromolecular Chemistry and Physics, 2004, 205: 2161-2168.

[35] Zhang C L, Feng L F, Gu X P, Hoppe S, Hu G H. Tracer-compatibilizer: synthesis and applications in polymer blending processes[J]. Polymer Engineering & Science, 2012, 52(2): 300-308.

[36] Zhang C L, Feng L F, Gu X P, Hoppe S, Hu G H. Kinetics of the anionic polymerization of ε-caprolactam from an isocyanate bearing polystyrene[J]. Polymer Engineering & Science, 2011, 51(11): 2261-2272.

[37] Zhang C L, Feng L F, Hoppe S, Hu G H. Grafting of polyamide 6 by the anionic polymerization of ε-caprolactam from an isocyanate bearing polystyrene backbone[J]. Journal of Polymer Science, Part A: Polymer Chemistry, 2008, 46(14): 4766-4776.

[38] Weber M. Engineering Polymer alloys by reactive extrusion[J]. Macromolecular Symposia, 2000, 181: 189-200.

[39] Manning S C, Moore R B. Reactive compatibilization of polypropylene and polyamide-6,6

with carboxylated and maleated polypropylene[J]. Polymer Engineering and Science, 1999, 39(10): 1921-1929.

[40] Marco C, Collar E P, Areso S, García-Martínez J M. Thermal studies on polypropylene/ polyamide-6 blends modified by succinic anhydride and succinyl fluorescein grafted polypropylenes[J]. Journal of Polymer Science, Part B: Polymer Physics, 2002, 40: 1307-1315.

[41] Beyer W, Hopmann C. Reactive extrusion: principles and applications[M]. Weinheim, Germany: Wiley-VCH, 2017.

[42] Fu Z, Wang H T, Zhao X W, Horiuchi S, Li Y J. Immiscible polymer blends compatibilized with reactive hybrid nanoparticles: morphologies and properties[J]. Polymer, 2017, 132: 353-361.

[43] Zhang C L, Li C, Wang L, Feng L F, Lin T. Dual effects of compatibilizer on the formation of oriented ribbon-like dispersed phase domains in polystyrene/polyamide 6 blends[J]. Chemical Engineering Science, 2018, 178: 146-156.

[44] Dong W Y, Wang H T, Ren F L, Zhang J Q, He M F, Wu T, Li Y J. Dramatic improvement in toughness of PLLA/PVDF blends: the effect of compatibilizer architectures[J]. ACS Sustainable Chemistry & Engineering, 2016, 4: 4480-4489.

[45] Wang H T, Dong W Y, Li Y J. Compatibilization of immiscible polymer blends using in situ formed janus nanomicelles by reactive blending[J]. ACS Macro Letters, 2015, 4: 1398-1403.

[46] Yu Q Y, Zhang C L, Gu X P, Wang J J, Feng L F. Compatibilizing efficiency of copolymer precursors for immiscible polymer blends[J]. Journal of Applied Polymer Science, 2012, 124: 3392-3398.

[47] Ji W Y, Feng L F, Zhang C L, Hoppe S, Hu G H, Dumas D. A concept of reactive compatibilizer-tracer for studying reactive polymer blending processes[J]. AIChE Journal, 2016, 62: 359-366.

[48] Kim B J, Fredrickson G H, Kramer E J. Analysis of reaction kinetics of end-functionalized polymers at a PS/P2VP interface by DSIMS[J]. Macromolecules, 2007, 40: 3686-3694.

[49] Wang M, Yuan G, Han C C. Reaction process in polycarbonate/polyamide bilayer film and blend[J]. Polymer, 2013, 54: 3612-3619.

[50] Heshimati V, Zolali A M, Favis B D. Morphology development in poly（lactic acid）/ polyamide 11 biobased blends: chain mobility and interfacial interactions[J]. Polymer, 2017, 120: 197-208.

[51] Jeon H K, Macosko C W, Moon B, Hoye T R, Yin Z. Coupling reactions of end-vs mid-functional polymers[J]. Macromolecules, 2004, 37: 2563-2571.

[52] Ji W Y, Feng L F, Zhang C L, Hoppe S, Hu G H. Development of a reactive compatibilizer-tracer for studying reactive polymer blends in a twin-screw extruder[J]. Industrial &

Engineering Chemistry Research, 2015, 54: 10698-10706.

[53] 季薇芸 . "反应型相容示踪剂" 方法研究聚合物反应共混中的界面反应和形态演变 [D]. 杭州 : 浙江大学 , 2016.

[54] De Roover B, Devaux J, Legras R. PAmXD,6/PP-g-MA blends: I. Compatibilization[J]. Journal of Polymer Science, Part A: Polymer Chemistry, 1997, 35(5): 901-915.

[55] Koning C, Ikker A, Borggreve R, Leemans L, Möller M. Reactive blending of poly（styrene-co-maleic anhydride）with poly（phenylene oxide）by addition of α-amino-polystyrene[J]. Polymer, 1993, 34(21): 4410-4416.

[56] Lee S, White J L. Continuous mixing of low viscosity and high viscosity polymer melts in a modular co-rotating twin screw extruder[J]. International Polymer Processing, 1997, 12(4): 316-322.

[57] Franzheim O, Stephan M, Rische T, Heidemeyer P, Burkhardt U, Kiani A. Analysis of morphology development of immiscible blends in a twin screw extruder[J]. Advances in Polymer Technology, 1997, 16(1): 1-10.

[58] Gogos C G, Esseghir M, Todd D B, Yu D W. Dispersive mixing in immiscible polymer blends[J]. Macromolecular Symposia, 1996, 101(1): 185-198.

[59] Bourry D, Favis B D. Morphology development in a polyethylene/polystyrene binary blend during twin-screw extrusion[J]. Polymer, 1998, 39(10): 1851-1856.

[60] Bigio D, Erwin L. The effect of axial pressure gradient on extruder mixing characteristics[J]. Polymer Engineering & Science, 1992, 32(11): 760-765.

[61] Ishikawa T, Kihara S I, Funatsu K. 3-D non-isothermal flow field analysis and mixing performance evaluation of kneading blocks in a co-rotating twin screw extruder[J]. Polymer Engineering & Science, 2001, 41(5): 840-849.

[62] Martelli F G. Twin screw extruders: a basic understanding[M]. New York: Van Nostrand Reinhold Company, 1983.

[63] Li J, Liang M, Guo S, Kuthanova V, Hausnerova B. Linear viscoelastic properties of high-density polyethylene/polyamide-6 blends extruded in the presence of ultrasonic oscillations[J]. Journal of Polymer Science, Part B: Polymer Physics, 2005, 43(10): 1260-1269.

[64] Wu H, Bao W T, Guo S Y. Enhanced flow behaviors of metallocene-catalyzed linear low-density polyethylene during ultrasound-assisted extrusion[J]. Polymer Engineering and Science, 2010, 50(11): 2229-2235.

[65] Ning N Y, Li S Q, Wu H G, Tian H C, Yao P J, Hu G H, Tian M, Zhang L Q. Preparation, microstructure, and microstructure-properties relationship of thermoplastic vulcanizates（TPVs）: A review [J]. Progress in Polymer Science, 2018, 79: 61-97.

[66] Wei Z Y, Li S Q, Ning N Y, Tian M, Zhang L Q, Mi J G. Theoretical and experimental

insights into the phase transition of rubber/plastic blends during dynamic vulcanization [J]. Industrial & Engineering Chemistry Research, 2017, 56(46): 13911-13918.

[67] 王笛, 顾雪萍, 冯连芳, 王嘉骏, 张才亮. 反应挤出热塑性动态硫化硅基橡胶研究进展 [J]. 高分子材料科学与工程, 2017, 33(9): 184-190.

[68] Gessler A M. Process for preparing a vulcanized blend of crystalline polypropylene and chlorinated butyl rubber[P]: US, 3037954. 1962-06-05.

[69] Mali M, Marathe A, Mhaske S. Influence of（methacryloxymethyl）methyldimethoxysilane on DCP cured EPDM/PP thermoplastic vulcanizates[J]. Journal of Vinyl & Additive Technology, 2018, 24(4): 304-313.

[70] Li Z H, Chen S J, Zhang J, Shi D Q. Influence of different antioxidants on cure kinetics and aging behaviours of ethylene propylene diene rubber/low density polyethylene blends [J]. Plastics Rubber and Composites, 2009, 38(5): 187-194.

[71] Tian M, Han J B, Zou H, Tian H C, Wu H G, She Q Y, Chen W Q, Zhang L Q. Dramatic influence of compatibility on crystallization behavior and morphology of polypropylene in NBR/PP thermoplastic vulcanizates [J]. Journal of Polymer Research, 2012, 19(1): 1065-1070.

[72] Chen Y K, Fan J F, Wang W T, Wang Y P, Xu C H, Yuan D S. Influence of size reduction of crosslinked rubber particles on phase interface in dynamically vulcanized poly（vinylidene fluoride）/silicone rubber blends[J]. Polymer Testing, 2017, 63: 263-274.

[73] Jiang X J, Chen K L, Ding J P, Chen Y K. Structure and properties of dynamically cured thermoplastic vulcanizate based on poly（vinylidene fluoride）: silicone rubber, and fluororubber [J]. Polymer Plastics Technology and Engineering, 2015, 54(2): 209-217.

[74] Martin V D. Recent developments for EPDM-Based thermoplastic vulcanisates[J]. Macromolecules Symposia, 2006, 233: 11-16.

[75] Zhang Y Y, Fan H, Li B G. Synthesis and characterization of advance PA6-b-PDMS multiblock copolymers[J]. Journal of Applied Polymer Science, 2014, 131(22).

[76] Cabosso. Preparation of polydiorganosiloxane and sulfonated polyolefin blends[P]: US, 5488087. 1996-01-30.

[77] Currie. Process for producing a silicone polymer[P]: US, 6054548. 2000-04-25.

[78] 杰弗里·M·科根, 穆罕麦德·埃塞格尔, 安德鲁·希尔默. 有机硅热塑性聚合物反应性共混物和共聚产物 [P]: CN, 102216372. 2009-07-24.

[79] Rajan K P, Al-Ghamdi A, Ramesh P, Nando G B. Blends of thermoplastic polyurethane（TPU）and polydimethyl siloxane rubber（PDMS）: part-I: assessment of compatibility from torque rheometry and mechanical properties [J]. Journal of Polymer Research, 2012, 19(5):1635-1640.

[80] 王培涛, 宋阳, 陈弦. 相容剂对硅橡胶 /TPU 动态硫化热塑性弹性体性能的影响 [J]. 塑料

工业 , 2015, 43: 75-79.

[81] 王笛 . 尼龙 6/ 硅橡胶热塑性动态硫化橡胶的可控制备 [D]. 杭州 : 浙江大学 , 2019.

[82] Wang D, Feng L F, Gu X P, Wang J J, Zhang C L, He A H. Synergetic effect of a reactive compatibilizer and organo-montmorillonite on the dispersion of Polyamide 6/ Polydimethylsilicone blend with a high viscosity ratio[J]. Industrial & Engineering Chemistry Research, 2019, 58(9): 3714-3720.

[83] Jana R N, Nando G B, Khastgir D. Compatibilised blends of LDPE and PDMS rubber as effective cable insulants. Plastics, Rubber and Composites[J]. Macromolecular Engineering, 2003, 32: 11-20.

[84] Padmanabhan R, Naskar K, Nando G B. Investigation into the structure-property relationship and technical properties of TPEs and TPVs derived from ethylene octene copolymer（EOC）and polydimethyl siloxane（PDMS）rubber blends [J]. Materials Research Express, 2015, 2(10): 105301.

[85] Mani S, Cassagnau P, Bousmina M, et al. Morphology development in novel composition of thermoplastic vulcanizates based on PA12/PDMS reactive blends[J]. Macromolecular Materials and Engineering, 2011, 296: 909-920.

[86] Bousmina M, Bandyopadhyay J, Tay S S. Effect of nanoclay incorporation on the thermal properties of poly（ethylene terephthalate）/liquid crystal polymer blends[J]. Macromolecular Materials and Engineering, 2010, 295: 822-837.

[87] Bousmina M, Deyrail Y, Mighri F. Polyamide/polystyrene blend compatibilisation by montmorillonite nanoclay and its effect on macroporosity of gas diffusion layers for proton exchange membrane fuel cells[J]. Fuel Cells, 2007, 7: 447-452.

[88] 李咏梅 . 过氧化物硫化机理 [J]. 橡胶参考资料 , 2002, 32: 27-30.

[89] Chatterjee T, Wiessner S, Naskar. Novel thermoplastic vulcanizates（TPVs）based on silicone rubber and polyamide exploring peroxide cross-linking[J]. Express Polymer Letters, 2014, 8: 220-231.

[90] Mani S, Cassagnau P, Bousmina M. Rheological modelling of the free-radical crosslinking of PDMS rubber in the presence of TEMPO nitroxide[J]. Polymer, 2010, 51: 3918-3925.

[91] Mani S, Cassagnau P, Bousmina M. Cross-linking control of PDMS rubber at high temperatures using TEMPO nitroxide[J]. Macromolecules, 2009, 42: 8460-8467.

[92] 涂志秀 , 杨洋 , 刘安华 , 等 . 反应加成型硅橡胶的研究进展 [J]. 橡胶工业 , 2006, 53: 251-253.

[93] 谭必恩 , 张廉正 , 郝志刚 , 等 . 加成型硅橡胶的制备及性能 [J]. 高分子材料科学与工程 , 2002, 18: 180-182.

[94] 卢旭鑫 . 共混法制备有机硅热塑性弹性体及其性能研究 [D]. 合肥 : 合肥工业大学 , 2014.

[95] 李善良 . 聚氨酯 / 硅橡胶动态硫化热塑性弹性体的制备及性能研究 [D]. 广州 : 广东工业大学 , 2010.

第八章

聚合过程系统强化技术

第一节　引言

　　聚合过程有别于其他化工过程，同一生产装置在相同原料不同工艺条件下可以生产不同性能的产品，不同生产装置不同原料可以生产相同性能的产品。为提高装置的生产效能，需要从系统级别对过程进行强化。

　　聚合过程系统级别的强化技术从聚合过程的流程模拟出发，基于准确的流程模型，强化新牌号产品工艺条件开发、系统流程重构和牌号切换过程，强化的主要目标是缩短新牌号开发时间、拓宽装置的牌号、提升现有装置产能、降低牌号切换过程的过渡时间和过渡料。

一、聚合物产品质量指标

　　聚合物生产时通过改变聚合工艺条件，如反应温度、压力、单体/共聚单体配比、分子量调节剂等调节聚合物的微观分子结构，从而试图满足用户所要求的宏观质量指标。由于聚合物的微观分子结构与宏观质量指标不是简单的一一对应关系，而是多维且相互耦合，因此往往会存在宏观中控指标合格而宏观机械性能却有明显的差异，使得生产企业存在困惑。

　　聚合物对于用户的宏观质量指标如熔融指数、黏度、抗冲强度、拉伸强度等，而决定这些宏观物理性能的内在因素是产品的微观质量指标如分子量及分布、共聚物组成、序列分布、端基浓度等分子结构。

1. 熔融指数

　　熔融指数能体现聚合物的流动性。定义为在一定温度和重量下，一段时间内流出的聚合物的量，即 10min 内通过标准毛细管的质量。从体积角度考虑，熔融指数可用于表征熔融状态下热塑性聚合物的黏流特性。在工业生产中，对热塑性聚合物质量和生产工艺的调整具有一定的指导意义。由于测试方法简单、快速，故常用于聚烯烃工业生产装置的质量指标控制。

熔融指数与聚合物的分子量成反比[1]。熔融指数越大，分子间的作用力越小，受到外力易遭破坏，导致产品的耐热性、抗耐应力开裂性能和抗冲击强度下降，但成型时的流动性相应好。随着熔融指数降低，聚合物的强度、抗冲性能都有所提高。通常低熔融指数的产品用于挤塑成型，熔融指数高的产品用于注塑成型。

2. 分子量及其分布

分子量及其分布是聚合物微观结构的重要指标之一。对于小分子化合物，当分子结构确定后其分子量为一个明确的值，各分子的分子量相同。聚合物分子由单体分子聚合而成，聚合物链的分子量具有一定的分布。分子量的多分散性是聚合物的基本特性之一，其多分散程度受聚合反应机理、聚合工艺条件等的影响。聚合物的宏观性能是其不同分子量分子对这种宏观性能贡献的综合结果。

由于分子量具有多分散性，仅用平均分子量不足以表征聚合物分子的大小。平均分子量相同的试样，其分子量分布可能有很大的差异。分子量分布的表示方法有两种：一种是以重均分子量与数均分子量的比值来表征分子量分布的宽度或多分散性，比值越大表明分布越宽；另一种以分子量分布曲线表示，可以直观地从曲线上比较不同样品的分子量分布宽窄。

知悉聚合物的分子量分布，对其力学性能或溶液性质的了解、聚合机理的探讨以及产品质量的控制和改进有着重要的意义。在聚合物工业生产中，不同分子量及分布的聚合物代表了不同性能的聚合物产品。通过对聚合工艺的催化体系以及催化剂结构、工艺过程及条件进行调整可以实现分子量分布的控制。在催化体系一定的情况下，通过改变工艺流程、工艺条件可以调节聚合物的分子量分布。分子量分布的宽窄不仅受到聚合反应工艺条件的影响，还受到产品后处理以及交联老化等因素的影响。

通过改变反应器的连接方式以及工艺条件来控制产品的分子量分布。若需要得到窄分子量分布的聚合物，可以采用同一催化剂体系在一个反应器中进行聚合，若要求得到较宽分子量分布的聚合物时，可采用多个反应器并联或串联的方式。

3. 聚合物宏观性能与分子量及分布的关系

分子量和分子量分布是聚烯烃树脂的重要指标，对产品的使用性能和加工性能有一定的影响[2]。如果两种聚合物的分子量相同，但分子量分布不同，其物理机械性能和使用范围将有很大差异。

分子量分布宽的产品较分子量分布窄的产品有更好的加工性能。其原因在于分子量分布宽的产品中含有一定比例的低分子聚合物，这些低分子聚合物在加工时起到了增塑剂的作用，不论是注塑、挤塑或吹塑成型，由于低分子量聚合物的存在，使得聚合物的流动性好，其成型性能、制品表面光泽、脱模性能以及吹塑的成膜率都优于分子量分布窄的产品。

分子量对产品的冲击强度有较大影响，分子量上升时，树脂冲击强度提高，反之则下降。即使树脂的平均分子量相同，由于受到分子量分布的影响，其冲击强度也有较大差异。当树脂的平均分子量相同时，分子量分布越宽，树脂的冲击强度越低，反之则越高。

分子量分布对树脂的耐环境应力开裂的性能也有影响。因为分子量分布直接反映出聚合物中大分子和小分子的含量。如聚乙烯，大分子含量越多，聚乙烯晶片间的连接分子数越多，耐环境应力开裂的性能越好，而小分子含量越多，则耐环境应力开裂的能力越差。此外，分子量分布还会影响树脂的透明度。

为了及时调整工艺条件，工业上一般采用能快速表征的质量指标作为中控指标。如聚烯烃工业的中控质量指标为熔融指数和密度，其中熔融指数间接反映了分子量及其分布，密度则反映了树脂分子链的结构和支链的多少。需要注意的是分子量及分布与熔融指数并不具有——对应关系，熔融指数相同的聚合物并不一定具有相同的分子量及分布。

二、系统级强化技术的意义

随着石油化工行业的飞速发展与计算技术的不断提高，流程模拟软件功能日趋完善，工业流程的物料衡算和能量衡算可利用软件完成。近代化工单元操作理论的提出及现代计算能力的发展，大型化工流程系统的内在动量、热量和质量传递规律的基础上研究系统流程改进、节能降耗、装置调优、经济和安全分析等成为可能。因此，在化工过程的设计和控制中，采用软件与编程手段进行过程分析和模拟计算已成为发展趋势。

化工流程模拟技术在开发与应用中相互促进，使得化工流程的开发模式逐步从经验放大型转变为以机理为主、经验为辅的科学方法，不仅可以减少不必要的实验，而且有助于缩短开发周期；同时使得流程模拟技术向着系统化、集成化和通用化、专业化的方向发展，由此产生了很多广泛应用于炼油、化工工艺设计和优化的商业化应用软件。

化工系统模拟的目的是为了研究系统改进的可能性、模拟系统的操作条件，以便确定化工系统在给定条件下的预期效果。化工系统模拟研究解决的问题可归纳为两类[3]：标准型问题和设计型问题。标准型问题是对现有流程进行分析模拟，根据给定输入流股和设备参数等条件，求得系统状态，这类问题也称为开放型模拟或操作型模拟。设计型问题是通过模拟计算设计过程，根据已知的部分输入流股、设备参数和输出条件，设计系统的新流程结构，通过控制模块调整参数，使输出流股和操作特性达到设计要求，并确定单元的操作条件，这类问题也称为控制模拟或设计型模拟。

流程模拟贯穿于化工厂的整个生命周期。从工厂的概念设计到生产操作和扩能改造都离不开流程模拟技术的应用。虽然石油化工过程的流程模拟技术在 20 世纪 80 年代已臻成熟，但聚合过程的模拟设计到 90 年代才有所突破。其原因在于

（1）聚合物产品为不同分子量的混合物，表征困难；

（2）聚合物产品宏观性能及微观性能的在线表征几乎没有可能；

（3）聚合动力学复杂，反应机理及反应器形式多种多样。

近年来聚合过程的数学模拟与仿真成了各国学者研究的热点并发表了大量的数学模型，从微观的聚合机理到宏观的反应器建模，并越来越多地将模型应用于实际生产中，起到更好地认识工艺过程、减少工艺开发试验次数、优化工艺流程、改善过程控制以及增进安全性的目的。

聚合物应用范围和产品类型大幅度增加，如何增加产品的竞争力是聚合物行业亟待解决的问题。一方面需要提高产量降低能耗，另一方面需要改善产品质量，生产高附加值、高性能的聚合物牌号；工艺改造和牌号切换的试验需要耗费大量的时间和原料，浪费巨大。一个合理准确的模型可以用于分析工业流程、寻找工业瓶颈、开发新牌号、研究并寻找最优的切换策略。聚合过程系统级强化技术可以实现以下功能：

（1）可以加快新牌号产品、新催化剂以及新工艺的开发，节省开发试验费用，缩短产品上市的时间；

（2）优化工艺操作条件，提高现有装置的生产能力；

（3）对生产中出现的操作瓶颈，可以通过模拟寻找解决方案；

（4）通过动态模拟研究牌号切换策略，缩短牌号切换时间，减少过渡料量，优化排放系统，降低单体损耗量；

（5）支持聚合过程先进控制系统的开发，减少现场测试的工作量。

总之，流程级别的强化技术可以提高原料利用率、优化装置操作运行、提高产品质量、缩短牌号切换时间、减少过渡料量、降低物耗能耗、减少投资、提高经济效益。

第二节　面向产品微观质量的流程模拟方法

聚合物工业流程建模面向的性能指标可以分为两类，一为面向宏观质量指标

（如熔融指数、密度、特性黏度等），二为微观质量指标如平均分子量、分子量及分布 [4]、共聚物平均组成 [5]、共聚物组成分布、链结构 [6-8] 等。

在聚合过程系统建模发展的初期，以面向产品宏观质量指标为主。范顺杰等建立了 Hypol 工艺的连续搅拌釜式反应器丙烯聚合过程的定态 [9] 和动态 [10] 的半机理半经验模型，模拟计算反应器的浆液浓度、聚合率、熔融指数等生产指标，并简单考察了牌号过渡特性。韦建利等 [11,12] 将熔融指数（MFR）模型扩展到适用于多个聚丙烯牌号。蒋京波等 [13] 报道了 MFR 模型的工程应用。怀改平等 [14, 15] 进一步将 MFR 预报模型推广到 Hypol 工艺气相流化床乙烯丙烯共聚反应器和 Innovene 工艺卧式搅拌床丙烯气相聚合反应器 [16]。McAuley 和 MacGregor（1991 年）[17] 以 Unipol 工艺为背景，基于理论（McAuley 等，1990 年）[18] 推导，建立了流化床反应器乙烯气相共聚过程的熔融指数和聚合物密度的在线预测模型。Ohshima 等 [19] 在 McAuley 等人研究成果的基础上，修改了熔融指数模型，建立了淤浆高密度聚乙烯（HPDE）反应器中的熔融指数预测模型，相对于 McAuley 等的模型，Ohshima 等的模型是对数浓度比率的线性组合，而 McAuley 等的模型是浓度比率线性组合的对数。

模型面向的质量指标从 20 世纪 90 年开始逐渐向微观质量过渡。Bokis 等（2002 年）[20] 建立了低密度聚乙烯管式反应器的模型，模拟结果如聚合物的平均分子量、分布指数和聚合物生成速率与不同牌号的工业数据比较相一致。Khare 等（2002 年）[21] 对双釜并联/串联的淤浆 HPDE 装置进行了模拟，建立了稳态和动态的模型，能很好地计算聚合物的分子量分布。Hinchliffe 等（2003 年）[22] 用混合模型方法建立了乙烯溶液聚合装置的模型，该模型以基本的物料和能量守恒原理为基础，计算得到转化率、分子量分布等重要的过程参数，通过在机理模型中加入前馈人工神经网络的方法预测分子量分布。Alizadeh 等（2004 年）[23] 用串联全混流反应器模型模拟线性低密度聚乙烯生产过程模型，采用的动力学模型基于矩方法，该模型侧重于预测转化率和聚合物产能等基本的反应器参数，并简单考察了聚乙烯的平均分子量、分布指数和分子量分布。Dompazis 等（2005 年）[24] 建立了流化床反应器中烯烃聚合的多尺度模型，预测聚合物的分子量及形态特征，在适当的操作条件下，该模型可以预测多段反应器中生产的聚合物的双峰分子量分布。Kou 等（2005 年）[25] 建立了负载茂金属催化的乙烯气相均聚的双活性位模型，能很好预测分子量及其分布。Kiashemshaki 等（2006 年）[26] 认为乳化相和气泡相中均发生聚合反应，用两相流体动力学模型估算气泡相和乳化相的孔隙率，计算得到 20% 的聚合物是在气泡相中生成，分子量分布和分布指数与实验结果比较相吻合。

面向微观建模步骤如下 [16]：

（1）聚合体系物性计算。含聚合物复杂体系的热力学物性数据的准确获取及其计算方法是建模的基础。聚合体系的物性极为复杂，而体系的相态和各组分的组成影响聚合物产品的质量。通过分析聚合装置的组分及相态，收集文献中聚合物、单体及其混合物的物性数据（如：热容、生成热、黏度、汽化潜热等）和气液相平衡数据，以及物性随工艺条件（如温度、压力）的变化规律。

（2）聚合反应过程机理建模。对于不同催化体系、不同单体以及聚合方式的动力学描述，文献报道的数据差别大。如何建立基于聚合反应机理的、适应工业聚合过程的模型一直是研究者努力的目标。综合分析聚合反应机理、聚合动力学、聚合工程等因素，建立适用于特定聚合装置的过程模型，分析催化剂、工艺配方、工艺操作条件等因素对产品质量的影响规律，根据聚合装置的设计、操作数据确定模型参数。

（3）聚合过程的产品质量模型化。产品质量是优化控制的目标，但对于聚合过程产品质量的在线测量几乎不可能。有效的方法是建立用户质量指标（如熔融指数MI 等）、聚合物结构与性能（分子量等）、过程条件（温度、压力等）之间的相应关系模型，利用可直接在线测量的参量（如温度、压力、密度等），结合分析数据，实现聚合物质量的实时估计。

（4）混合模式建模与复杂模型求解。聚合反应过程具有机理复杂、耦合程度高、变量众多的特点，设计和放大存在不少困难，难以采用统一模式的数学模型来描述其多尺度、异构特征。大型生产过程的整体优化必然对模拟和优化的求解方法提出新的要求。同时考虑传质和传热过程，一个复杂反应过程模型的规模可达到上万甚至数万维。从算法理论研究的角度来说，这样的问题是很少被触及的，收敛性、计算精度、计算资源消耗等方面都缺乏有效的方法和深入的研究，商品化、工程化的技术和软件产品更是缺乏。

由于微观性能指标分子量及其分布测量的滞后性无法用于生产过程的中间控制指标，而基于反应机理的面向微观质量指标的流程模拟技术解决了其无法实时测量的难题。

一、物性计算方法

聚合体系热力学性质是过程模拟的基础，包括密度、焓、潜热、相平衡等。物料密度决定了物料在反应器内的停留时间，相平衡决定了反应体系内组分在各相的组成。热力学物性计算模型包括活度系数模型与状态方程。活度系数模型适用于低压体系中极性分子和强氢键的组分；状态方程适用于非极性体系和中高压体系的热力学状态[27,28]。Bokis 等[29]指出聚合物与小分子结构上的差别导致含有聚合物的流体在相行为和热力学性质上与小分子有所不同，在中高压状态下状态方程能很好地处理含聚合物体系的相平衡和物性计算。基于不同理论的状态方程模型有各自特定的适用范围。

聚合物体系的物性计算方法包括 Sanchez-Lacombe 状态方程（S-L 方程）、统计缔合流体理论（Statistical Associating Fluid Theory，SAFT）、链扰动统计缔合流体理论（Perturbed-Chain SAFT，PC-SAFT）。Sanchez 和 Lacombe 于 20 世纪 70 年代[30,31]

提出了基于溶液格子流体理论的 S-L 方程并在聚异丁烯溶液应用；Chapman 等[32,33]提出了基于统计缔合流体理论的 SAFT 状态方程，纯组分物性采用分子链段直径及各链段间的相互作用力进行计算；Huang 等[34]发现链状分子的分子量增加时链段体积和链能接近常数，将 SAFT 状态方程拓宽应用于聚合物；Gross 等[35]（2001 年）提出了基于扰动理论的硬链分子 SAFT 方程（PC-SAFT 方程），能更为准确地计算小分子物质和聚合物的物性。

Khare 等[21,36]分别建立了针对淤浆乙烯聚合和气相丙烯聚合流程模型，前一模型采用 S-L 方程计算含有聚合物单元操作中物质的物性，后一模型采用 PC-SAFT 方程对全流程各个单元操作中的物质性质进行计算；冯连芳[16]、顾雪萍等[27,28]将 PC-SAFT 方程分别应用于丙烯和乙烯聚合过程的物性计算。

SAFT 状态方程基于扰动理论，考虑了分子尺寸、分子之间的吸引力以及分子之间特殊的作用力（氢键等），认为流体的热力学性质为流体的基准项和扰动项的加和：

$$A = A^{id} + A^{hc} + A^{pert}$$

式中　A^{id}——理想气体对赫姆霍兹能的贡献；

　　　A^{hc}——硬球链对赫姆霍兹能的贡献；

　　　A^{pert}——扰动对赫姆霍兹能的贡献。

扰动项 A^{pert} 为一系列温度倒数项的加和，系数与组分和密度有关。

PC-SAFT 方程计算硬球链贡献 A^{hc} 项采用与 SAFT 方程相同的模型。扰动贡献 A^{pert} 项的计算基于真实相互作用的链状流体行为，考虑链段之间小分子相互吸引力和排斥力。认为扰动项是一阶扰动和二阶扰动之和，PC-SAFT 状态方程表达式为：

$$\frac{pv}{RT} = Z = Z^{id} + Z^{hc} + Z^{disp}$$

式中　Z^{id}——理想气体对压缩因子 Z 的贡献；

　　　Z^{hc}——硬链对压缩因子 Z 的贡献；

　　　Z^{disp}——扰动对压缩因子 Z 的贡献。

对于含 m 个链段的硬球链的一阶扰动为：

$$Z^{hc} = \bar{m}Z^{hs} - \sum_i x_i(m_i - 1)\rho\frac{\partial \ln g_{ii}^{hs}}{\partial \rho}$$

$$\bar{m} = \sum_i x_i m_i$$

对于纯组分，应用扰动理论计算分子链间的吸引力，应用二阶扰动理论，赫姆霍兹自由能的贡献可表示为：

$$\frac{A^{disp}}{KTN} = \frac{A_1}{KTN} + \frac{A_2}{KTN}$$

其中：

$$\frac{A_1}{KTN} = -2\pi\rho m^2 \frac{\varepsilon}{KT}\sigma^3 \int_1^\infty \tilde{u}(x)g^{\mathrm{hc}}\left(m,x\frac{\sigma}{d}\right)x^2\mathrm{d}x$$

$$\frac{A_2}{KTN} = -\pi\rho m\left(1+Z^{\mathrm{hc}}+\rho\frac{\partial Z^{\mathrm{hc}}}{\partial\rho}\right)^{-1} m^2\left(\frac{\varepsilon}{KT}\right)^2 \times$$

$$\sigma^3\frac{\partial}{\partial\rho}\left[\rho\int_1^\infty \tilde{u}(x)^2 g^{\mathrm{hc}}\left(m,x\frac{\sigma}{d}\right)x^2\mathrm{d}x\right]$$

令：

$$I_1 = \int_1^\infty \tilde{u}(x)g^{\mathrm{hc}}\left(m,x\frac{\sigma}{d}\right)x^2\mathrm{d}x$$

$$I_2 = \frac{\partial}{\partial\rho}\left[\rho\int_1^\infty \tilde{u}(x)^2 g^{\mathrm{hc}}\left(m,x\frac{\sigma}{d}\right)x^2\mathrm{d}x\right]$$

I_1、I_2 为密度和链段数的函数，用密度的幂次表示，幂次为链段长度的函数。即：

$$I_1(\eta,m) = \sum_{i=0}^{6} a_i(m)\eta^i$$

$$I_2(\eta,m) = \sum_{i=0}^{6} b_i(m)\eta^i$$

纯组分的一元参数链段数 m、链段直径 σ、能量参数 ε/K 可以通过对组分蒸气压、pVT 数据的拟合得到。

对于混合物，应用 Van der Waals 流体混合理论，扰动项的计算为：

$$\frac{A_1}{KTN} = -2\pi\rho I_1(\eta,\bar{m})\sum_i\sum_j X_i X_j m_i m_j \left(\frac{\varepsilon_{ij}}{KT}\right)\sigma_{ij}^3$$

$$\frac{A_2}{KTN} = -\pi\rho\bar{m}\left(1+Z^{\mathrm{hc}}+\rho\frac{\partial Z^{\mathrm{hc}}}{\partial\rho}\right)^{-1} I_2(\eta,\bar{m}) \times$$

$$\sum_i\sum_j X_i X_j m_i m_j \left(\frac{\varepsilon_{ij}}{KT}\right)^2\sigma_{ij}^3$$

其中：

$$\sigma_{ij} = \frac{1}{2}(\sigma_i+\sigma_j)$$

$$\varepsilon_{ij} = \sqrt{\varepsilon_i\varepsilon_j}(1-k_{ij})$$

对于混合物，PC-SAFT 方程中相互作用的二元参数为 k_{ij}，可通过二元组分之间相平衡数据拟合得到。

虽然 PC-SAFT 状态方程更适用于非极性聚合物体系，但由于在计算过程中存在大量偏微分方程，同时嵌套了迭代求解，计算十分复杂，难以实现全联立求解。刘蒙蒙[37]、占志良[38,39]等提出了基于数据驱动的物性计算方法，利用 Aspen Properties 中的 PC-SAFT 模块计算不同工况下聚乙烯淤浆生产过程的物性数据，通过 Kriging 估计函数，建立了适用于该流程的物性模型，从而简化物性计算，实现了聚合过程模型的全联立求解。

二、聚合反应机理

聚合反应可分为自由基聚合、乳液聚合、配位聚合等。只有充分了解聚合过程的反应机理，才能明确产品微观质量指标与工艺条件、流程的关系。

以 Ziegler-Natter 催化剂引发的烯烃配位聚合为例，聚合反应机理见表8-1，其基元反应包括催化剂活化、链引发、链增长、链转移、链失活。

表8-1 烯烃共聚合反应机理[40,41]

反应类型	说明	动力学常数	反应级数
催化剂活化			
$C_p(k) \longrightarrow P_0(k)$	自活化	$k_{asp}(k)$	$\gamma_{asp}(k)$
$C_p(k) + A \longrightarrow P_0(k)$	助催化剂活化	$k_{aA}(k)$	$\gamma_{aA}(k)$
$C_p(k) + E \longrightarrow P_0(k)$	外给电子体活化	$k_{aE}(k)$	$\gamma_{aE}(k)$
$C_p(k) + H_2 \longrightarrow P_0(k)$	氢气活化	$k_{aH}(k)$	$\gamma_{aH}(k)$
$C_p(k) + M_i \longrightarrow P_0(k)$	单体活化	$k_{aMi}(k)$	1
链引发			
$P_0(k) + M_1 \longrightarrow P_{1,0,1}(k)$	单体 1 引发	$k_{i1}(k)$	1
$P_0(k) + M_2 \longrightarrow P_{0,1,2}(k)$	单体 2 引发	$k_{i2}(k)$	1
链增长			
$P_{m,n,1}(k) + M_1 \longrightarrow P_{m+1,n,1}(k)$		$k_{p11}(k)$	1
$P_{m,n,1}(k) + M_2 \longrightarrow P_{m,n+1,2}(k)$		$k_{p12}(k)$	1
$P_{m,n,2}(k) + M_1 \longrightarrow P_{m+1,n,1}(k)$		$k_{p21}(k)$	1
$P_{m,n,2}(k) + M_2 \longrightarrow P_{m,n+1,2}(k)$		$k_{p22}(k)$	1
链转移			
$P_{m,n,i}(k) \longrightarrow P_0(k) + Cd_{m,n}(k)$	自转移	$k_{fspi}(k)$	1
$P_{m,n,i}(k) + A \longrightarrow P_0(k) + Cd_{m,n}(k)$	向助催化剂转移	$k_{fAi}(k)$	$\gamma_{fAi}(k)$
$P_{m,n,i}(k) + E \longrightarrow P_0(k) + Cd_{m,n}(k)$	向给电子体转移	$k_{fEi}(k)$	$\gamma_{fEi}(k)$

反应类型	说明	动力学常数	反应级数
$P_{m,n,i}(k) + H_2 \longrightarrow P_0(k) + Cd_{m,n}(k)$	向氢气转移	$k_{fHi}(k)$	$\gamma_{fHi}(k)$
$P_{m,n,i}(k) + M_1 \longrightarrow P_{1,0,1}(k) + Cd_{m,n}(k)$	向单体1转移	$k_{fM1i}(k)$	1
$P_{m,n,i}(k) + M_2 \longrightarrow P_{0,1,2}(k) + Cd_{m,n}(k)$	向单体2转移	$k_{fM2i}(k)$	1
链失活			
$P_{m,n,i}(k) \longrightarrow Cad(k) + Cd_{m,n}(k)$	自失活	$k_{dspi}(k)$	$\gamma_{dspi}(k)$
$P_{m,n,i}(k) + Z \longrightarrow Cad(k) + Cd_{m,n}(k)$	中毒	$k_{dZi}(k)$	$\gamma_{dZi}(k)$
$P_{m,n,i}(k) + A \longrightarrow Cad(k) + Cd_{m,n}(k)$	助催化剂	$k_{dAi}(k)$	$\gamma_{dAi}(k)$
$P_{m,n,i}(k) + E \longrightarrow Cad(k) + Cd_{m,n}(k)$	外给电子体	$k_{dEi}(k)$	$\gamma_{dEi}(k)$
$P_{m,n,i}(k) + H_2 \longrightarrow Cad(k) + Cd_{m,n}(k)$	氢气	$k_{dHi}(k)$	$\gamma_{dHi}(k)$
$P_{m,n,i}(k) + M_1 \longrightarrow Cad(k) + Cd_{m,n}(k)$	单体1	$k_{dM1i}(k)$	1
$P_{m,n,i}(k) + M_2 \longrightarrow Cad(k) + Cd_{m,n}(k)$	单体2	$k_{dM2i}(k)$	1

根据需要，基于基元反应导出其动力学模型，除了没有完全了解的失活和与杂质的反应外，上述的基元反应基本已经包括。

三、催化剂活性位解析方法

聚合物的分子量大小具有多分散性。有两种理论解释此现象，一是认为在催化剂内存在不同活性中心，各活性中心的反应活性不同且各活性中心生成的聚合物分子量有差别，混合后导致分子量分布变宽；二是认为单体扩散到不同活性中心的传质阻力不同，使得分子量分布变宽[42]。多活性中心是造成多分散性的主要原因。

为准确模拟聚合物产品的微观质量指标——分子量，需要确定活性位的数目[43]。同时每类活性中心生成的聚合物量及其分子量也需确定。采用 Flory 最概然分布来描述每类活性中心的聚合行为。Flory 分布函数是一个单参数（p）的方程，可表示为：

$$F_n(j) = p^{j-1}(1-p)$$
$$F_w(j) = jp^{j-1}(1-p)^2$$

式中　p——分布参数。

其数均聚合度 DP_n、重均聚合度 DP_w 分别为：

$$DP_n = 1/(1-p)$$

$$DP_w = (1+p)/(1-p)$$

若考虑到 p 接近 1，有 $(1-p)^2/2 \ll (1-p)$ ，则重均分布函数为：

$$F_{\mathrm{w}}(j)\mathrm{DP}_{\mathrm{n}} \approx p^{-1}(j/\mathrm{DP}_{\mathrm{n}})\exp(-j/\mathrm{DP}_{\mathrm{n}})$$
$$\approx (j/\mathrm{DP}_{\mathrm{n}})\exp(-j/\mathrm{DP}_{\mathrm{n}})$$

$$\mathrm{d}W_t = F_{\mathrm{w}}(M_{\mathrm{w}}) \approx (M_{\mathrm{w}}/\mathrm{DP}_{\mathrm{n}}^2)\exp(-M_{\mathrm{w}}/\mathrm{DP}_{\mathrm{n}})$$

式中　j——聚合度；

　　　M_{w}——分子量。

在凝胶渗透色谱仪测定分子量的输出数据中，横坐标 x 为 $\lg M_{\mathrm{w}}$：

$$x = \lg M_{\mathrm{w}} = \lg M + \lg j$$

纵坐标 y 为 $\mathrm{d}W_t/\mathrm{d}\lg M_{\mathrm{w}}$，有：

$$y = \frac{\mathrm{d}W_t}{\mathrm{d}\lg M_{\mathrm{w}}} = \frac{\mathrm{d}W_t}{\mathrm{d}\lg j + \mathrm{d}\lg M} = \frac{F_{\mathrm{w}}(j)}{\mathrm{d}\lg j}$$

$$= \sum_{i=1}^{n} a_i \frac{\dfrac{j}{\mathrm{DP}_{ni}^2}\exp\left(\dfrac{-j}{\mathrm{DP}_{ni}^2}\right)}{\mathrm{d}\lg j} = \sum_{i=1}^{n} a_i \frac{j^2}{\mathrm{DP}_{ni}^2}\exp\left(\frac{-j}{\mathrm{DP}_{ni}}\right)\ln 10$$

$$= \sum_{i=1}^{n} a_i \frac{\ln 10}{\mathrm{DP}_{ni}^2}\exp\left[4.6x - \frac{1}{\mathrm{DP}_{ni}}\exp(2.3x)\right]$$

式中　i——活性中心；

　　　a_i——i 活性中心上生成的聚合物质量占比；

　　DP_{ni}——各类活性中心上生成的聚合物平均数均聚合度。

利用上述公式及通过凝胶渗透色谱分析的分子量分布曲线回归得到各类活性中心生成的聚合物量比例和数均聚合度[44]。

四、微观质量指标计算方法

在确定聚合体系物性计算方法以及聚合机理后，根据反应器的形式和操作方法的不同，建立过程的物料衡算与能量衡算模型，分别采用矩方法和瞬时分布方法计算聚合物的平均分子量及分子量分布、共聚物组成[45]。

以简化的烯烃聚合机理为例，其基元包括催化剂的活化、链引发、链增长、链转移、链失活，基元反应式如下：

催化剂活化：　$\mathrm{C}_{\mathrm{p}}(j) + \mathrm{A} \xrightarrow{k_{\mathrm{aA}}(j)} \mathrm{P}_0(j)$

链引发：　　　$\mathrm{P}_0(j) + \mathrm{M}_{\mathrm{A}} \xrightarrow{k_{\mathrm{iA}}(j)} P_{1,\mathrm{A}}(j)$

　　　　　　　$\mathrm{P}_0(j) + \mathrm{M}_{\mathrm{B}} \xrightarrow{k_{\mathrm{iB}}(j)} P_{1,\mathrm{B}}(j)$

链增长：　　　$\mathrm{P}_{n,\mathrm{A}}(j) + \mathrm{M}_{\mathrm{A}} \xrightarrow{k_{\mathrm{pAA}}(j)} \mathrm{P}_{n+1,\mathrm{A}}(j)$

$$P_{n,A}(j) + M_B \xrightarrow{k_{pAB}(j)} P_{n+1,B}(j)$$

$$P_{n,B}(j) + M_A \xrightarrow{k_{pBA}(j)} P_{n+1,A}(j)$$

$$P_{n,B}(j) + M_B \xrightarrow{k_{pBB}(j)} P_{n+1,B}(j)$$

链转移：
$$P_{n,A}(j) + H_2 \xrightarrow{k_{tHA}(j)} P_0(j) + D_n(j)$$

$$P_{n,B}(j) + H_2 \xrightarrow{k_{tHB}(j)} P_0(j) + D_n(j)$$

$$P_{n,A}(j) + M_A \xrightarrow{k_{tAA}(j)} P_0(j) + D_n(j)$$

$$P_{n,A}(j) + M_B \xrightarrow{k_{tAB}(j)} P_0(j) + D_n(j)$$

$$P_{n,B}(j) + M_A \xrightarrow{k_{tBA}(j)} P_0(j) + D_n(j)$$

$$P_{n,B}(j) + M_B \xrightarrow{k_{tBB}(j)} P_0(j) + D_n(j)$$

链失活：
$$P_{n,A}(j) \xrightarrow{k_{dA}(j)} C_d(j) + D_n(j)$$

$$P_{n,B}(j) \xrightarrow{k_{dB}(j)} C_d(j) + D_n(j)$$

1. 组分物料衡算

基于上述基元反应，对单个反应器的组分作物料衡算，计算方程如下：
催化剂组分：

$$\frac{d\left(\left[C_p\right]V\right)}{Vdt} = \frac{q_{in,cat}\left[C_p\right]_f}{V} - \sum_{j=1}^{N_s} k_{aA}(j)[A]F(j)\left[C_p\right] - \sum_{j=1}^{N_s} \frac{q_{out}}{V}F(j)\left[C_p\right]$$

$$\frac{d\left([A]V\right)}{Vdt} = \frac{q_{in,A}[A]_f}{V} - \sum_{j=1}^{N_s} k_{aA}(j)[A]F(j)\left[C_p\right] - \frac{q_{out}}{V}[A]$$

$$\frac{d\left(\left[P_0(j)\right]V\right)}{Vdt} = \frac{q_{in,cat}\left[P_0(j)\right]_f}{V} - \frac{q_{out}}{V}\left[P_0(j)\right] + k_{aA}(j)\left[C_p(j)\right][A]$$
$$- k_{iA}(j)\left[P_0(j)\right][M_A] - k_{iB}(j)\left[P_0(j)\right][M_B] + k_{tHA}(j)Y_A^0(j)[H_2]^{0.5}$$
$$+ k_{tHB}(j)Y_B^0(j)[H_2]^{0.5} + \left[k_{tAA}(j)Y_A^0(j) + k_{tBA}(j)Y_B^0(j)\right][M_A]$$
$$+ \left(k_{tAB}(j)Y_A^0(j) + k_{tBB}(j)Y_B^0(j)\right)[M_B]$$

单体及氢气：

$$\frac{d\left([M_A]V\right)}{Vdt} = \frac{q_{in,M_A}[M_A]_f}{V} - \frac{q_{out}}{V}[M_A]$$
$$- \sum_{j=1}^{N_s}\left(\begin{array}{l}k_{iA}(j)\left[P_0(j)\right] + k_{pAA}(j)Y_A^0(j) + k_{pBA}(j)Y_B^0(j) \\ + k_{tAA}(j)Y_A^0(j) + k_{tBA}(j)Y_B^0(j)\end{array}\right)[M_A]$$

$$\frac{d\left(\left[M_B\right]V\right)}{Vdt}=\frac{q_{in,M_B}\left[M_B\right]_f}{V}-\frac{q_{out}}{V}\left[M_B\right]$$

$$-\sum_{j=1}^{N_s}k_{iB}\left(j\right)\left[P_0\left(j\right)\right]+k_{pAB}\left(j\right)Y_A^0\left(j\right)+k_{pBB}\left(j\right)Y_B^0\left(j\right)+k_{tAB}\left(j\right)Y_A^0\left(j\right)+k_{tBB}\left(j\right)Y_B^0\left(j\right)\left[M_B\right]$$

$$\frac{d\left(\left[H_2\right]V\right)}{Vdt}=\frac{q_{in,H_2}\left[H_2\right]_f}{V}-\sum_{j=1}^{N_s}\left[k_{tHA}\left(j\right)Y_A^0\left(j\right)+k_{tHB}\left(j\right)Y_B^0\left(j\right)\right]\left[H_2\right]^{0.5}-\frac{q_{out}}{V}\left[H_2\right]$$

活聚物与死聚物的 0 阶矩:

$$\frac{d\left(Y_A^0\left(j\right)V\right)}{Vdt}=\frac{q_{in}Y_A^0\left(j\right)_f}{V}-\frac{q_{out}}{V}Y_A^0\left(j\right)+\left(k_{iA}\left(j\right)\left[P_0\left(j\right)\right]+k_{pBA}\left(j\right)Y_B^0\left(j\right)\right)\left[M_A\right]$$
$$-\left(k_{pAB}\left(j\right)\left[M_B\right]+k_{tHA}\left(j\right)\left[H_2\right]^{0.5}+k_{dA}\left(j\right)+k_{tAA}\left(j\right)\left[M_A\right]+k_{tAB}\left(j\right)\left[M_B\right]\right)Y_A^0\left(j\right)$$

$$\frac{d\left(Y_B^0\left(j\right)V\right)}{Vdt}=\frac{q_{in}Y_B^0\left(j\right)_f}{V}-\frac{q_{out}}{V}Y_B^0\left(j\right)+\left(k_{iB}\left(j\right)\left[P_0\left(j\right)\right]+k_{pAB}\left(j\right)Y_A^0\left(j\right)\right)\left[M_B\right]$$
$$-\left(k_{pBA}\left(j\right)\left[M_A\right]+k_{tHB}\left(j\right)\left[H_2\right]^{0.5}+k_{dB}\left(j\right)+k_{tBA}\left(j\right)\left[M_A\right]+k_{tBB}\left(j\right)\left[M_B\right]\right)Y_B^0\left(j\right)$$

$$\frac{d\left(X^0\left(j\right)V\right)}{Vdt}=\frac{q_{in}X^0\left(j\right)_f}{V}-\frac{q_{out}}{V}X^0\left(j\right)$$
$$+\left(k_{tHA}\left(j\right)\left[H_2\right]^{0.5}+k_{dA}\left(j\right)+k_{tAA}\left(j\right)\left[M_A\right]+k_{tAB}\left(j\right)\left[M_B\right]\right)Y_A^0\left(j\right)$$
$$+\left(k_{tHB}\left(j\right)\left[H_2\right]^{0.5}+k_{dB}\left(j\right)+k_{tBA}\left(j\right)\left[M_A\right]+k_{tBB}\left(j\right)\left[M_B\right]\right)Y_B^0\left(j\right)$$

活聚物与死聚物的 1 阶矩:

$$\frac{d\left(Y_A^1\left(j\right)V\right)}{Vdt}=\frac{q_{in}Y_A^1\left(j\right)_f}{V}-\frac{q_{out}Y_A^1\left(j\right)}{V}$$
$$+\left(k_{iA}\left(j\right)\left[P_0\left(j\right)\right]+k_{pAA}\left(j\right)Y_A^0\left(j\right)\right)\left[M_A\right]+k_{pBA}\left(j\right)\left[M_A\right]\left(Y_B^1\left(j\right)+Y_B^0\left(j\right)\right)$$
$$-\left(k_{pAB}\left(j\right)\left[M_B\right]+k_{tHA}\left(j\right)\left[H_2\right]^{0.5}+k_{dA}\left(j\right)+k_{tAA}\left(j\right)\left[M_A\right]+k_{tAB}\left(j\right)\left[M_B\right]\right)Y_A^1\left(j\right)$$

$$\frac{d\left(Y_B^1\left(j\right)V\right)}{Vdt}=\frac{q_{in}Y_B^1\left(j\right)_f}{V}-\frac{q_{out}Y_B^1\left(j\right)}{V}$$
$$+\left(k_{iB}\left(j\right)\left[P_0\left(j\right)\right]+k_{pBB}\left(j\right)Y_B^0\left(j\right)\right)\left[M_B\right]+k_{pAB}\left(j\right)\left[M_B\right]\left(Y_A^1\left(j\right)+Y_A^0\left(j\right)\right)$$
$$-\left(k_{pBA}\left(j\right)\left[M_A\right]+k_{tHB}\left(j\right)\left[H_2\right]^{0.5}+k_{dB}\left(j\right)+k_{tBA}\left(j\right)\left[M_A\right]+k_{tBB}\left(j\right)\left[M_B\right]\right)Y_B^1\left(j\right)$$

$$\frac{d\left(X^1\left(j\right)V\right)}{Vdt}=\frac{q_{in}X^1\left(j\right)_f}{V}+\left(k_{tHA}\left(j\right)\left[H_2\right]^{0.5}k_{dA}\left(j\right)+k_{tAA}\left(j\right)\left[M_A\right]+k_{tAB}\left(j\right)\left[M_B\right]\right)Y_A^1\left(j\right)$$
$$+\left(k_{tHB}\left(j\right)\left[H_2\right]^{0.5}+k_{dB}\left(j\right)+k_{tBA}\left(j\right)\left[M_A\right]+k_{tBB}\left(j\right)\left[M_B\right]\right)Y_B^1\left(j\right)-\frac{q_{out}X^1\left(j\right)}{V}$$

活聚物与死聚物的 2 次矩：

$$\frac{\mathrm{d}\left(Y_\mathrm{A}^2(j)V\right)}{V\mathrm{d}t}=\frac{q_\mathrm{in}Y_\mathrm{A}^2(j)_\mathrm{f}}{V}-\frac{q_\mathrm{out}Y_\mathrm{A}^2(j)}{V}$$

$$+\left\{k_\mathrm{iA}(j)\left[\mathrm{P}_0(j)\right]+k_\mathrm{pAA}(j)\left[2Y_\mathrm{A}^1(j)+Y_\mathrm{A}^0(j)\right]+k_\mathrm{pBA}(j)\left[Y_\mathrm{B}^1(j)+2Y_\mathrm{B}^1(j)+Y_\mathrm{B}^0(j)\right]\right\}\left[\mathrm{M_A}\right]$$

$$-\left(k_\mathrm{pAB}(j)\left[\mathrm{M_B}\right]+k_\mathrm{tHA}(j)\left[\mathrm{H_2}\right]^{0.5}+k_\mathrm{dA}(j)+k_\mathrm{tAA}(j)\left[\mathrm{M_A}\right]+k_\mathrm{tAB}(j)\left[\mathrm{M_B}\right]\right)Y_\mathrm{A}^2(j)$$

$$\frac{\mathrm{d}\left(Y_\mathrm{B}^2(j)V\right)}{V\mathrm{d}t}=\frac{q_\mathrm{in}Y_\mathrm{B}^2(j)_\mathrm{f}}{V}-\frac{q_\mathrm{out}Y_\mathrm{B}^2(j)}{V}$$

$$+\left(k_\mathrm{iB}(j)\left[\mathrm{P}_0(j)\right]+k_\mathrm{pBB}(j)\left(2Y_\mathrm{B}^1(j)+Y_\mathrm{B}^0(j)\right)+k_\mathrm{pAB}(j)\left(Y_\mathrm{A}^1(j)+2Y_\mathrm{A}^1(j)+Y_\mathrm{A}^0(j)\right)\right)\left[\mathrm{M_B}\right]$$

$$-\left(k_\mathrm{pBA}(j)\left[\mathrm{M_A}\right]+k_\mathrm{tHB}(j)\left[\mathrm{H_2}\right]^{0.5}+k_\mathrm{dB}(j)+k_\mathrm{tBA}(j)\left[\mathrm{M_A}\right]+k_\mathrm{tBB}(j)\left[\mathrm{M_B}\right]\right)Y_\mathrm{B}^2(j)$$

$$\frac{\mathrm{d}\left(X^2(j)V\right)}{V\mathrm{d}t}=\frac{q_\mathrm{in}X^2(j)_\mathrm{f}}{V}+\left(k_\mathrm{tHA}(j)\left[\mathrm{H_2}\right]^{0.5}+k_\mathrm{dA}(j)+k_\mathrm{tAA}(j)\left[\mathrm{M_A}\right]+k_\mathrm{tAB}(j)\left[\mathrm{M_B}\right]\right)Y_\mathrm{A}^2(j)$$

$$+\left(k_\mathrm{tHB}(j)\left[\mathrm{H_2}\right]^{0.5}+k_\mathrm{dB}(j)+k_\mathrm{tBA}(j)\left[\mathrm{M_A}\right]+k_\mathrm{tBB}(j)\left[\mathrm{M_B}\right]\right)Y_\mathrm{B}^2(j)-\frac{q_\mathrm{out}X^2(j)}{V}$$

2. 平均分子量、平均共聚组成

聚合物平均分子量、平均共聚组成的计算方法如下：

单体组成：$f_1=\dfrac{\left[\mathrm{M_A}\right]}{\left[\mathrm{M_A}\right]+\left[\mathrm{M_B}\right]}$

聚合物瞬时共聚组成：$F_1(j)=\dfrac{r_\mathrm{A}(j)f_1^2+f_1(1-f_1)}{r_\mathrm{A}(j)f_1^2+2f_1(1-f_1)+r_\mathrm{B}(j)(1-f_1)^2}$

j 活性位上聚合物累积共聚组成：$\overline{F}_1(j)=\dfrac{\int R_\mathrm{A}(j)}{\int R_\mathrm{A}(j)+R_\mathrm{B}(j)}$

聚合物平均共聚组成：$\overline{F}_1=\displaystyle\sum_{j=1}^{N_\mathrm{s}}m(j)\overline{F}_1(j)$

数均分子量：$M_\mathrm{wn}=\dfrac{\displaystyle\sum_{j=1}^{N_\mathrm{s}}Y_\mathrm{A}^1(j)+Y_\mathrm{B}^1(j)+X^1(j)}{\displaystyle\sum_{j=1}^{N_\mathrm{s}}Y_\mathrm{A}^0(j)+Y_\mathrm{B}^0(j)+X^0(j)}\overline{m}$

重均分子量：$M_\mathrm{ww}=\dfrac{\displaystyle\sum_{j=1}^{N_\mathrm{s}}Y_\mathrm{A}^2(j)+Y_\mathrm{B}^2(j)+X^2(j)}{\displaystyle\sum_{j=1}^{N_\mathrm{s}}Y_\mathrm{A}^1(j)+Y_\mathrm{B}^1(j)+X^1(j)}\overline{m}$

分子量分布指数：$\quad PDI = \dfrac{M_{ww}}{M_{wn}}$

其中，平均单体单元分子量为 $\bar{m} = m_{wA}\overline{F_1} + m_{wB}\left(1 - \overline{F_1}\right)$。

3. 分子量分布计算

单参数的 Flory 最概然分布被用来描述烯烃聚合过程每个活性位的瞬时链长分布：

$$w_j(r) = r\tau(j)^2 \exp\left[-r\tau(j)\right]$$

式中　$w(r)$——重量链长分布函数；

$\quad\quad r$——聚合物链长；

$\quad\quad \tau$——总链转移速率与总聚合速率的比值。

对于均聚过程，单个活性位的 τ 与速率常数、聚合条件的关联式为：

$$\tau(j) = \frac{k_{tM}(j)[M] + k_{tH}(j)[H_2]^{0.5}}{k_p(j)[M]}$$

对于共聚过程，有

$$\tau(j) = \frac{k_{tMT}[M_T] + [H_2]^{0.5}}{k_{pT}[M_T]}$$

其中：

$$k_{tMT} = \left[k_{tAA}(j)\phi_1(j) + k_{tBA}(j)\phi_2(j)\right]f_1 + \left[k_{tAB}(j)\phi_1(j) + k_{tBB}(j)\phi_2(j)\right]f_2$$

$$k_{tHT} = \left(k_{tHA}(j)\phi_1(j) + k_{tHB}(j)\phi_2(j)\right)$$

$$k_{pT} = \left[k_{pAA}(j)\phi_1(j) + k_{pBA}(j)\phi_2(j)\right]f_1 + \left[k_{pAB}(j)\phi_1(j) + k_{pBB}(j)\phi_2(j)\right]f_2$$

$$[M_T] = [M_A] + [M_B]$$

$$\phi_1 = \frac{k_{pBA}f_1}{k_{pBA}f_1 + k_{pAB}f_2}, \quad \phi_2 = 1 - \phi_1$$

通过数学变换可以将瞬时链长分布写成对数坐标形式：

$$w_j(r) = \ln 10 \cdot r^2 \tau(j)^2 \exp\left[-r\tau(j)\right]$$

聚合物总链长分布是每个活性位所生成聚合物链长分布的叠加：

$$W(r) = \sum_{j=1}^{N_s} m(j)w_j(r)$$

共聚组成分布采用 Stockmayer 二元分布函数描述单个活性位上生成共聚物的瞬

时共聚组成分布：

$$w_j(F) = \frac{3}{4\sqrt{2\beta(j)\tau(j)}\left\{1 + \left[F - \overline{F_i}(j)\right]^2 / \left[2\beta(j)\tau(j)\right]\right\}^{5/2}}$$

$$\beta(j) = \overline{F_i}(j)\left(1 - \overline{F_i}(j)\right)\left\{1 + 4\overline{F_i}(j)\left[1 - \overline{F_i}(j)\right]\left[r_A(j)r_B(j) - 1\right]\right\}^{0.5}$$

式中　F——i 单体单元占 j 活性位上所生成共聚物的摩尔分数；

$\overline{F_i}(j)$ ——i 单体单元占 j 活性位上生成共聚物的平均摩尔分数；

$r_A(j)$ ——j 活性位上单体 A 的竞聚率；

$r_B(j)$ ——j 活性位上单体 B 的竞聚率。

共聚物的总共聚组成分布是各活性位生成的共聚物共聚组成分布的叠加：

$$W_t(F) = \sum_{j=1}^{N_s} m(j)w_j(F)$$

基于以上的流程框架模型，通过收集文献中基元反应的动力学常数及其活化能数据，并进行比较分析，确定各基元反应的动力学常数及其活化能的范围；进一步对产品质量随动力学常数的敏感性进行分析。在确定的动力学常数及活化能范围内，调节动力学常数使得每个反应器的单体转化率（聚合物产量）和聚合物的分子量与分析数据相符。

第三节　系统级流程强化方法

与流程模拟发展过程类似，在系统级流程强化过程中面向的质量指标也是从宏观质量指标向微观质量指标转移。

Yi 等（2003 年）[46] 研究了高密度聚乙烯装置牌号切换策略的优化，控制模块中输入参数是氢气和乙烯的摩尔比，丙烯、丁烯的进料量；输出参数是最终产物的熔融指数和密度。Chatzidoukas 等（2003 年）[47] 介绍了气相流化床乙烯 - 丁烯共聚过程的 MIDO（Mixed Integer Dynamic Optimization）方法以得到最好的闭环控制方案和减少牌号切换的过渡时间。Feather 等（2004 年）[48] 提出了一个新颖的控制两个环管反应器牌号切换过程的混合模型方法。第二个反应器达到其预设聚合物的密度值的时间对聚合产率和聚合物密度的影响极大，对第一个反应器 MI 的影响可以忽略。Rawatlal 等（2007 年）[49] 结合聚合反应动力学和非稳态停留时间分布，提出了控制牌号切换的非稳态模型。系统的响应主要为三个输出变量：聚合速率、单体消耗速率 / 生产能力、聚合物的性质——平均链长和分布指数；主要控制变量为反应器生产能力、单体和氢气浓度。

基于聚合机理模型的系统级流程强化方法包括新产品工艺条件设计、聚合过程流程重构以及牌号切换过程强化。

一、新产品工艺条件设计

基于准确的聚合物生产过程模型，以微观质量指标为目标，对特定牌号的聚合过程工艺条件进行设计。在装置确定的前提下，温度、压力、浓度等工艺条件决定了产品的性能。

以平均分子量为目标的优化方法如下：

（1）目标函数：

$$\min\left(\left|MWW_{cal} - MWW_{obj}\right|/MWW_{obj}\right)$$

式中　MWW_{cal}——优化后的聚合物重均分子量；

　　　MWW_{obj}——目标牌号的聚合物重均分子量。

（2）决定变量：根据模型和操作变量对分子量影响规律以及聚合物产品中控指标的控制方案选择决定变量。决定变量包括温度、压力和组成等。如聚烯烃生产装置，绝大部分工艺中氢气浓度对分子量变化最敏感，可以选择反应体系中氢气与单体的浓度比作为决定变量。

（3）稳态约束条件：氢气的进料流量范围等。

大部分聚合过程为多个反应器串联或者并联工艺，各个反应器内生成的聚合物量及分子量对产品的分子量贡献程度不同。聚合物中高分子链和低分子链分别提供不同的聚合物性质，能够实现某种平衡的分子量分布就很重要[50,51]。并联工艺中当多个反应器的工艺条件不同时，产品可具有较宽的分子量分布且形状比较复杂，如多峰的、不对称的，不能简单地用平均分子量等进行描述，而是需要直接考虑完整的分子量分布曲线[52-54]。

基于分子量分布曲线的优化方法与基于重均分子量的优化方法类似，优化方法如下：

（1）目标函数：将分子量分布曲线划分为 N_{point}，即分子量分布曲线上的采样点数目为 N_{point}，其取值方式为链长对数坐标下的等分。优化目标函数如下：

$$\min \sum_{k=1}^{N_{point}} \left[\left|W_{cal}\left(\lg M_w^{\ k}\right) - W_{obj}\left(\lg M_w^{\ k}\right)\right|/W_{obj}\left(\lg M_w^{\ k}\right)\right]$$

式中　$W_{obj}\left(\lg M_w^{\ k}\right)$——目标牌号分子量分布曲线在 k 点处的值；

　　　$W_{cal}\left(\lg M_w^{\ k}\right)$——优化计算得到的分子量分布曲线在 k 点处的值；

　　　　　　k——曲线上所取点的数值；

　　　N_{point}——总点数。

（2）决定变量：影响分子量分布的敏感变量作为决定变量。

（3）稳态约束条件：决定变量的变化范围。

二、聚合过程流程重构强化

在定结构流程中，产品质量由工艺条件决定。当流程中有多个反应器串联或者并联组成的流程，或者反应器有多个出口时，可以对流程进行重构以达到某个特性产品的质量指标。

流程优化重构的实质是工艺、流程、控制的高度统一。针对多单元反应器的复杂生产过程，采用统一的描述方法，分析各单元过程间的连接方式，进行多单元组合的可行性分析，根据产品品质、生产负荷、原料特性等变化，针对具有串联、并联以及串并联等特征的反应器序列，揭示多反应器组合方式与产品性能、操作性能之间的关系。流程的优化构建涉及复杂生产过程多单元组合结构与工艺参数的一体化优化。需要根据工艺、产品质量以及能耗物耗等要求，确定优化的流程结构及相应的优化工艺参数。其命题包括：

（1）在维持产品质量不变的前提下，产能最大化。基于过程模型，分析系统中各个反应器对产能的贡献，各个工艺条件对产品质量的影响规律，以产能最大化为目标，对系统中的反应器内流股走向进行重新构造。

（2）在维持产能不变的前提下，现有给定流程改变工艺条件无法达到市场对产品质量的要求，需要对流程进行重新构造并给出新流程的工艺条件。

三、缩短牌号切换时间的强化方法

牌号切换频繁地发生在聚合物连续生产过程中，切换过程不仅造成正常生产时间的减少、原料的损失以及大量过渡料的产生，如果过渡产品掺杂到合格产品中还会降低产品的质量。牌号切换过程中主要考虑两方面问题：过渡料和过渡时间。牌号切换策略的最优原则是在保证安全生产操作的前提下，经济损失最少，即过渡时间最短、过渡料最少。

牌号切换过程的优化属于动态优化的范畴，是指在一段时间内通过决定动态系统的控制作用轨迹来使系统中的某性能指标最小化的过程，包括三个基本要素：动态系统、控制作用、性能指标。动态模拟只需要在给定的控制作用下，求解相应的性能指标，而动态优化不仅要求解最优的性能指标，还要求出使得性能指标最优的控制作用。

McAuley 等 [55,56] 首先针对 Unipol 流化床工艺生产聚乙烯，研究了牌号切换过程，实现聚合反应器中聚合物熔融指数的在线预测，通过对目标函数的求解，获得了牌号切换的最优轨迹。针对工业气相流化床乙烯 - 丁烯共聚流程的切换过程，

Chatzidoukas 等[47]引入了 MIDO（Mixed Integer Dynamic Optimization）动态优化方法将优化计算与切换控制结合，以得到控制方案和减少牌号切换的过渡时间，在目标函数[57]基础上加入控制变量等影响因素，计算结果表明产品熔融指数达到目标值所消耗的时间小于优化前所消耗的时间。王靖岱等[58-61]以工业流化床聚乙烯生产过程为背景，建立了牌号切换过程的动态模型，考虑了氢气流量、共聚单体流量、料位高度以及催化剂进料流量对聚合物的熔融指数、密度和熔流比的影响，其研究中没有考虑聚合物的分子量分布和共聚物组成微观质量指标。费正顺等[62]以气相流化床聚乙烯反应流程为背景，考虑了过渡过程中状态变量和质量指标的变化情况，通过 DAE 方程的求解实现了控制变量约束的计算。采用控制变量参数化法求解优化命题，得到了牌号切换过程的各变量的最优操作轨迹，计算结果表明，增加路径约束可以较为有效地防止熔融指数等质量指标在牌号切换过程中的波动，使切换过程更加平稳。

Makoto 等[63]以聚乙烯双峰生产为对象，研究了该过程的牌号切换，将切换时间作为参数引入目标函数中，且目标函数包含了两个反应器中聚合物的分子量分布。刘蒙蒙[64]针对乙烯淤浆聚合工艺流程现场牌号切换的工艺操作流程，以分子量为质量指标，进行了动态模拟及优化的计算，提出了两层结构算法解决工艺操作流程优化的计算难题。动态模拟及优化问题的求解均采用联立法实现。联立法求解动态问题时，通过对所有变量的离散化，在整个时间轴上所有方程同时求解，可以实现动态模拟、动态优化和参数估计问题一体化求解，避免了不必要的迭代和中间计算。

与过程稳态模拟类似，牌号切换过程面向的质量指标从宏观性能向微观分子结构过渡。在牌号切换过程强化过程中，以分子量、分子量分布、共聚物组成作为目标函数，确定工艺条件变化的较优轨迹，使得切换过程的时间最短、过渡料最少。

第四节　乙烯淤浆聚合过程新牌号工艺条件设计

以乙烯淤浆聚合过程为例，生产工艺如图 8-1 所示，包括聚合反应器、釜顶冷凝器、闪蒸罐等。单体乙烯、分子量调节剂氢气和共聚单体经循环管线后从反应器底部进入；催化剂和助催化剂在催化剂配制单元中溶于己烷泵入反应器。在催化剂的作用下单体 / 共聚单体在己烷溶剂中进行聚合反应生成聚乙烯，聚合反应热由己烷蒸发撤离。含大量己烷蒸气的循环气进入釜顶冷凝器，进入闪蒸罐闪蒸，冷凝后的己烷循环至反应器，循环气经循环气风机压缩后返回反应器。第一反应器和第二反应器可以串联操作，也可并联操作。

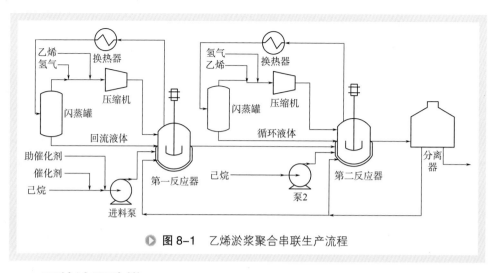

图 8-1　乙烯淤浆聚合串联生产流程

一、系统流程建模

乙烯淤浆聚合系统的建模包括物性方法、催化剂活性位数目、反应动力学和模型参数的确定。

1. 物性方法及参数

乙烯淤浆聚合系统的组分包括乙烯、氢气、聚乙烯、己烷、催化剂、助催化剂、低聚物等，采用 PC-SAFT 状态方程计算乙烯淤浆聚合体系的物性。

状态方程参数可从文献中直接收集，也可以通过收集文献中的纯组分物性与气液相平衡数据回归得到。各组分的 PC-SAFT 参数来源于沈航[4]，见表 8-2、表 8-3。

表8-2　乙烯淤浆聚合体系纯组分PC-SAFT参数

组分	m	$\sigma/10^{-10}$m	ε/k_B/K
乙烯	1.5566	3.4358	179.53
己烷	3.0793	3.7821	235.917
氢气	0.9862	2.82	20.88
聚乙烯	m/M_w=0.05301	3.1368	224.93

表8-3　乙烯淤浆聚合体系PC-SAFT二元交互参数

组分	己烷	乙烯	氢气	聚乙烯
己烷	—	0.02917	0.1144	0.07119
乙烯	0.02917	—	−0.02146	−0.04662
氢气	0.1144	−0.02146	—	—
聚乙烯	0.07119	−0.04662	—	—

2. 催化剂活性位确定

Ziegler 等 [65] 认为催化剂中钛原子的价位以及催化剂分子与载体的附着方式不同造成钛原子形成不同的空轨道，不同的空轨道上乙烯的反应速率不同。以氯化镁为载体的钛系催化剂，镁原子和六个氯原子形成共价键，110 界面上镁原子和四个氯原子形成共价键，100 或 104 界面上的镁原子和五个氯原子形成共价键。助催化剂的活化反应使得助催化剂中的烷基取代催化剂上的终端氯原子，由于氧化还原作用存在三种价态的催化剂分子，每个价态的催化剂分子在氯化镁表面都有三种成键方式。四价钛在氯化镁表面一种成键方式为氯化镁中的氯原子占领钛的空余轨道，使钛达到 +6 价，没有空轨道与乙烯分子成共价键。而二价钛与氯化镁成键，催化剂分子中的氯都与镁成键，没有终端氯可以被助催化剂烷基取代，则在氯化镁载体上的 Ziegler-Natta 催化剂体系应该有 5 种活性位。

催化剂的活性位可利用第一反应器出口聚合物分子量分布曲线进行分峰处理。假设样品具有 3~5 种活性位，分别在 3~5 种活性位时对样品的分子量分布进行回归，比较不同活性位种类时的回归值和分析值的残差。

样品在 5 种活性位时的拟合结果如图 8-2 所示，采用 5 种活性位拟合分子量分布曲线，拟合值与分析值能很好地拟合。比较不同活性位拟合值的残差曲线（图 8-3），5 种活性位的残差明显小于 3 种和 4 种活性位时的残差。

3. 动力学常数分析

采用基于多活性位 Ziegler-Natta 催化剂的乙烯均聚反应机理，收集文献中烯烃聚合基元反应的动力学常数及其活化能数据，并进行比较分析，确定各基元反应的动力学常数及其活化能的范围，为参数整定提供范围 [66]。

反应速率常数是温度的函数，可由 Arrhenius 公式得到：

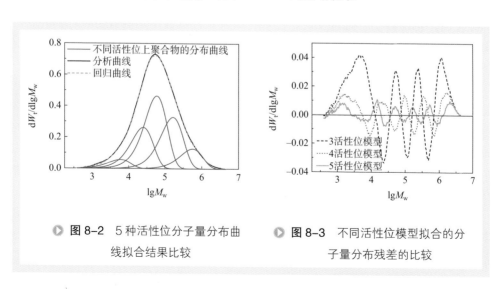

▶ 图 8-2　5 种活性位分子量分布曲线拟合结果比较

▶ 图 8-3　不同活性位模型拟合的分子量分布残差的比较

$$k(j) = k_0(j)\exp\left[-\frac{E_a(j)}{R}\left(\frac{1}{T} - \frac{1}{T_{ref}}\right)\right]$$

式中　k_0——指前因子；

　　　E_a——活化能，J/mol；

　　　R——理想气体常数；

　　　T——反应温度，K；

　　　T_{ref}——参考温度，K。

　　Neto 等[67]建立了工业上以 Phillips 催化剂催化淤浆共聚合反应器的模型，其动力学假定丁烯均聚速率常数、向氢气的链转移常数以及失活速率常数均为 0。Han-Adebekun 等[68]对 $TiCl_4/MgCl_2$ 催化烯烃聚合的过程进行了实验研究，并对动力学进行了分析。Khare 等[21]对工业淤浆乙烯聚合过程进行了模型化，其动力学未考虑温度变化对聚合速率的影响。Kim 等[69]研究了以 $TiCl_4/MgCl_2/THF$ 作为催化剂、三乙基铝（TEA）为助催化剂时乙烯在高压下的淤浆聚合动力学曲线，其聚合温度在 50～80℃之间，得到了该聚合过程催化剂活化速率常数、乙烯链增长速率常数及相应的活化能数据。Shaffer 等[70]于 1997 年利用 Kim 等[71]的实验数据解释了聚合过程的一些现象，其动力学计算结果与实验结果吻合良好。

　　催化剂的活化包括催化剂的自活化、助催化剂的活化等，一般认为乙烯聚合过程的助催化剂的活化在瞬间完成，可以忽略活化过程，或者选择高的助催化剂活化速率常数[21]。关于 ZN 催化乙烯聚合过程中，单体或氢气活化催化剂的文献很少发现。助催化剂活化反应活化能差别较小，其活化能在 30～42 kJ/mol 之间。活化反应动力学常数在 80℃时差别很大，在 0.1～190.8 L/（mol·s）之间[66]。

　　一般认为链引发的动力学常数等同于链增长动力学常数。但部分文献给出了与链增长动力学常数不同的引发动力学常数，链引发动力学活化能在 37～42 kJ/mol 之间，差别较小。在 80℃时，乙烯在淤浆聚合过程中，链引发动力学常数在 10～10000 L/（mol·s）数量级范围内。链增长动力学常数的数量级在 10^3～10^4 L/（mol·s）之间，链增长动力学活化能在 37～55kJ/mol 之间[66]。

　　向氢气的链转移动力学常数的范围为 10^{-2}～10^2 L/（mol·s），液相聚合过程中向氢气的链转移动力学活化能为 58.5kJ/mol，模拟过程中根据分子量分析结果调整该常数[66]。向单体乙烯链转移的活化能文献中较少报道，仅有的文献值为 33.44kJ/mol、58.5kJ/mol。各文献报道的向单体链转移常数差异较大。淤浆聚合反应中，向乙烯单体的链转移常数 10^{-3}～10 L/（mol·s）之间。向助催化剂转移的速率常数为 10^{-3}～1 L/（mol·s）之间，活化能为 58.5kJ/mol。

　　催化剂失活将直接影响到催化剂的效率，对聚合物的生成量有很大影响，尤其对于串联反应过程。由于催化剂类型、载体以及聚合条件的不同，催化剂的失活速率常数及活化能也不完全相同。催化剂失活常数在 10^{-4} L/s 附近，活化能在

33.4～50.2 kJ/mol 之间。

4. 模型参数确定及模拟结果比较

聚合反应器为连续搅拌釜式反应器，反应器内物料在循环气和搅拌的作用下得到了充分混合，采用全混流反应器进行建模。

基于上述物性方程及参数、活性位数、工艺操作参数以及样品的分析结果，在Aspen软件平台上建立稳态模型，循环流股闭合后模型求解收敛非常困难。将稳态模型导入Aspen Dynamics中，在反应器模块上增加液位、温度和压力控制器，并将循环流股闭合，同时增加组成控制器——氢气/乙烯摩尔比控制器，其调控变量为氢气的进料流量。

整定后的动力学常数见表8-4[72]：

表8-4　动力学常数整定结果

活性位	1	2	3	4	5
催化剂活化 / [L/（mol·s）]	228.131	228.131	228.131	228.131	228.131
链引发 / [L/（mol·s）]	4563	4563	4563	4563	4563
链增长 / [L/（mol·s）]	2806.5	6890.7	8670.46	3650.7	798.6
向单体转移 / [L/（mol·s）]	1.45	0.5	4.15	0.23	0.0477
向助催化剂转移 / [L/（mol·s）]	0.5	0.1	0.001	0.001	0.001
向氢气转移 / [L/（mol·s）]	354	208.5	78.6	11.8	0.278
自转移 / [L/（mol·s）]	8.17e-07	8.17e-07	8.17e-07	8.17e-07	8.17e-07
链失活 / （L/s）	4e-05	4e-05	4e-05	4e-05	4e-05

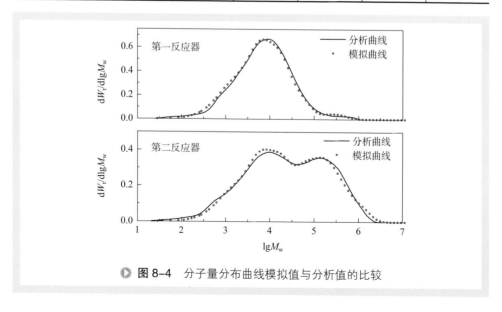

● 图 8-4　分子量分布曲线模拟值与分析值的比较

反应器出口聚合物分子量分布曲线的模拟值与分析值比较见图 8-4，分子量分布曲线与分析值吻合。

二、新牌号工艺条件

传统的新牌号生产工艺的条件优化需要经过小试实验、中试试验，并对产品进行评价后确定工业试验方案，需要大量的时间和人力资源，如果工业装置上直接进行试验可能短时间内难以找到合适的工艺条件导致大量废料的产生，降低了工厂的经济效益。为克服上述缺点，基于系统模型采用稳态优化方法可以快速准确地找到适合新牌号产品质量指标的工艺条件。

正确的质量指标选择影响最终的工艺条件。分别以重均分子量、分子量分布为目标确定新牌号的工艺条件，并对两种方法进行比较[73]。

1. 以重均分子量为目标

循环气中氢气/乙烯摩尔比对分子量的影响最大。采用稳态优化方法，确定循环气中氢气/乙烯摩尔比，以达到新产品分子量的要求。设计方法如下：

（1）目标函数：$\min\left(\left|M_{\text{wcal}} - M_{\text{wobj}}\right|/M_{\text{wobj}}\right)$，$M_{\text{wcal}}$ 为寻优后所得到的重均分子量，M_{wobj} 为目标牌号的重均分子量。

（2）决定变量：氢气/乙烯摩尔比的控制器的设定值，即第一反应器和第二反应器循环气相中氢气与乙烯的摩尔比。

（3）稳态约束条件：第一反应器、第二反应器气相氢气/乙烯摩尔比的变化范围。

表 8-5 为寻优后聚合物分子量及分布与目标值的比较，聚乙烯的分子量与目标牌号分子量的相对误差仅 -0.002%，但分子量分布指数的值与分析值的相对误差较大（23.6%）。

表8-5　以重均分子量为目标的新牌号工艺条件设计结果

过程参数	单位	目标牌号	设计结果	绝对误差
重均分子量	—	105316	105314	-2
分子量分布指数	—	21.2	26.2	5.0
第一反应单元循环气 H_2/C_2H_4	mol/mol	4.46	5.75	1.29
第二反应单元循环气 H_2/C_2H_4	mol/mol	0.38	0.37	-0.01
第一反应器压力 p	bar	6.28	8.61	2.33
第二反应器压力 p	bar	3.02	3.95	0.93
第一反应器温度 T	K	358.02	358.15	—
第二反应器温度 T	K	353.07	353.15	—

图 8-5 为聚乙烯分子量分布曲线的设计值与目标值的比较，分子量分布曲线与

目标值的偏差较大，最大偏差达到 0.092。虽然产品的分子量达到目标牌号的分子量，但聚合物的分子量分布指数以及分子量分布曲线与目标牌号仍有较大的偏差。这说明在串联流程中，仅以聚合物的平均分子量作为优化目标并不能准确得到所需牌号产品。

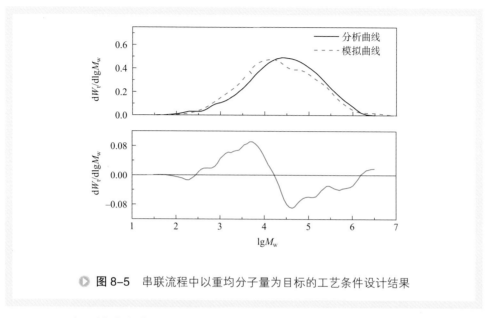

▶ **图 8-5**　串联流程中以重均分子量为目标的工艺条件设计结果

2. 以分子量分布曲线为目标

对于两釜串联聚合工艺，仅以聚合物的平均分子量为目标并不能得到一致的分子量分布曲线，从而无法得到性能一致的聚乙烯，故以分子量分布曲线为目标进行工艺条件设计。将目标牌号的分子量分布曲线划分为 100 片，即分子量分布曲线上的采样点数目为 100，100 个点的取值使得链长在对数坐标下是等分的。目标函数如下：

$$\min \sum_{k=1}^{100} \left[\left| W_{\mathrm{cal}} \left(\lg M_{\mathrm{w}}^{\ k} \right) - W_{\mathrm{obj}} \left(\lg M_{\mathrm{w}}^{\ k} \right) \right| \Big/ W_{\mathrm{obj}} \left(\lg M_{\mathrm{w}}^{\ k} \right) \right]$$

所得的工艺条件见表 8-6。

表8-6　以分子量分布曲线为目标的工艺条件设计结果

过程参数	单位	目标牌号	设计结果	绝对误差
重均分子量	—	105316	105317	1
分子量分布指数	—	21.2	20.2	−1.0
第一反应单元循环气 H_2/C_2H_4	mol/mol	4.46	4.24	−0.22
第二反应单元循环气 H_2/C_2H_4	mol/mol	0.38	0.4	0.02

过程参数	单位	目标牌号	设计结果	绝对误差
第一反应器压力 p	bar	6.28	7.14	0.86
第二反应器压力 p	bar	3.02	4.02	1.00
第一反应器温度 T	K	358.02	358.15	—
第二反应器温度 T	K	353.07	353.15	—

由图 8-6 可知，以分子量分布曲线为目标所计算的聚合物重均分子量和分子量分布指数与目标值一致，调节变量的值（循环气中的氢气与乙烯摩尔比）与目标值也接近。分子量分布曲线的计算值与目标值基本吻合。由图 8-7 可知，两种设计方法中以分子量分布曲线作为目标时所得的残差较小，最大偏差只有 0.068。

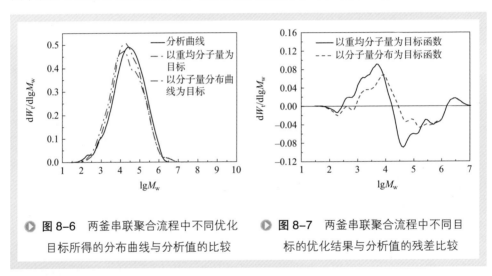

图 8-6　两釜串联聚合流程中不同优化目标所得的分布曲线与分析值的比较　　图 8-7　两釜串联聚合流程中不同目标的优化结果与分析值的残差比较

三、小结

以 PC-SAFT 作为物性计算方法，基于反应机理，以工业流程现有牌号为基础，建立乙烯淤浆聚合过程的稳态和动态模型，分别以聚合物的平均分子量和分子量分布曲线为目标，以循环气中氢气乙烯比为决定变量，采用稳态优化方法对串联流程生产聚乙烯的工艺条件进行优化。若以分子量为目标所得的优化结果与分析值的误差较大，即使聚合物的分子量达到目标牌号产品的分子量，但所得的聚合物的分子量分布曲线与目标牌号产品的分子量分布曲线的最大偏差可达 0.092；而以分子量分布曲线为目标时所得的最大偏差只有 0.069。采用分子量分布曲线作为工艺条件优化的目标更为准确。

第五节　以扩能为目的聚丙烯流程重构

　　Hypol 四釜串联聚丙烯生产工艺是三井油化公司在 20 世纪 80 年代初开发的 [74]。80 年代初，扬子石化引进了单线生产能力为 7 万吨 / 年的 Hypol 四釜串联聚丙烯工艺，经过扩能改造后单线生产能力提高至 11 万吨 / 年 [75]。经过近 30 年的运行，该生产工艺日臻成熟，在国内 PP 原料市场一直占有重要位置。

　　Hypol 四釜串联工艺的聚合工段由四个反应器串联组成，其流程示意参见图 8-8。

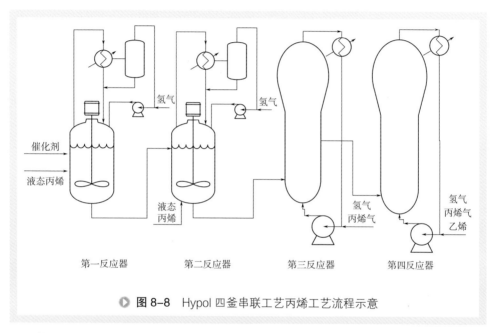

> **图 8-8**　Hypol 四釜串联工艺丙烯工艺流程示意

　　第一、第二反应器为釜式带搅拌的液相本体反应器，在其中进行淤浆本体聚合。聚合热通过丙烯单体蒸发、釜顶冷凝器冷凝的方式撤除，未冷凝的丙烯气体与氢气混合，通过压缩机返回反应器底部，第一和第二反应器间的物料由压力差进行输送。第三、第四反应器为立式带搅拌的气相聚合反应器。

　　随着全球石化工业向高端领域的发展，一些新工艺和新产品相继推出。与 Basell 公司的 Spherizone 工艺、Dow 公司的 Unipol 工艺、Ineos 公司的 Innovene 工艺相比，Hypol 工艺装置在单耗、时空产率、单线产能和产品开发等方面还相对落后，必须针对现有工业装置的流程结构进行大的调整才能克服上述不足。

　　为以较少的投入达到扩能强化的目的，利用 Hypol 四釜串联聚丙烯生产流程的模型对工艺进行分析后对流程进行重构，确定新流程的工艺条件并在中试装置上验证，对比重构前后两种流程生产抗冲牌号的产品机械性能，从而达到流程重构进行扩能强化的目的[76]。

一、物性计算

丙烯聚合体系组分包括单体丙烯、共聚单体乙烯、氢气、催化剂、助催化剂、聚丙烯等，催化剂、助催化剂为不挥发物且含量低，不考虑其对体系物性的影响。PC-SAFT状态方程中的纯组分参数包括m、σ、ε/K，对于聚合采用m与分子量的比值r来表示。丙烯聚合体系的PC-SAFT状态方程的纯组分参数见表8-7。丙烯-氢气的二元交互参数为0.64。

表8-7 PC-SAFT状态方程的纯组分参数

组分	丙烯[77,78]	氢气	乙烯[27]	乙烯链段	丙烯链段
r /（mol/g）	—	—	—	0.05301	0.0364
m	1.9926	0.9846	1.566	—	—
σ / 10^{-10}m	3.5162	2.8263	3.4358	3.1368	3.620
ε/K / K	205.26	20.893	179.53	224.93	262.58

二、丙烯共聚合反应机理及动力学常数确定

丙烯共聚合的基元反应包括催化剂活化、链引发、链增长、链转移以及链失活。该流程的催化体系存在多种活性中心。采用Flory分布描述丙烯配位聚合中每个活性位的聚合行为。利用抗冲牌号第一反应器聚丙烯样品的分子量分布曲线，拟合曲线的比较及残差见图8-9。从图中可见，采用6种活性位拟合第一反应器出口

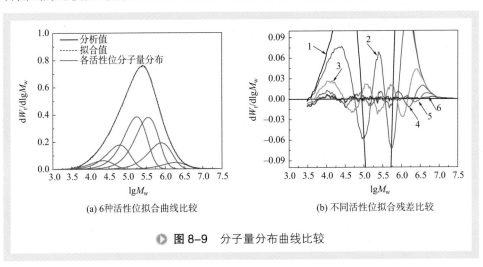

(a) 6种活性位拟合曲线比较　　　　　(b) 不同活性位拟合残差比较

▶ 图8-9　分子量分布曲线比较

聚合物的分子量分布曲线，其残差小于 ±0.01。

各活性位生成的聚合物分子量以及各活性位生成的聚合物所占的质量分数结果见表8-8。

表8-8　各活性位生成的聚合物质量分数与分子量

活性位种类	1	2	3	4	5	6
聚合物分数（质量分数）/%	5.04	14.33	30.86	30.48	15.49	3.79
分子量	11086	30431	87436	178242	395139	939713

由于丙烯聚合机理和反应动力学的研究还未完全彻透，各研究者报道的动力学数据相差较大。需要对模型的动力学常数进行整定。在整定前需要收集文献的相关数据，确定参数的范围，并分析关键动力学常数对聚合转化率及聚合物分子量的影响规律，以确定动力学常数的修正策略[16]。

以单活性位和第一液相本体聚合反应单元为基准分析动力学常数对聚合物流量和分子量的影响规律。

各基元反应动力学对反应器出口聚合物流率变化的影响见图 8-10。从图中可见，反应器出口聚合物的生成量随催化剂自失活速率常数的增加而降低；随链增长速率常数的增加而增加；催化剂活化速率常数、向单体链转移以及向氢气链转移速率常数对聚合物生成量几乎没有影响。

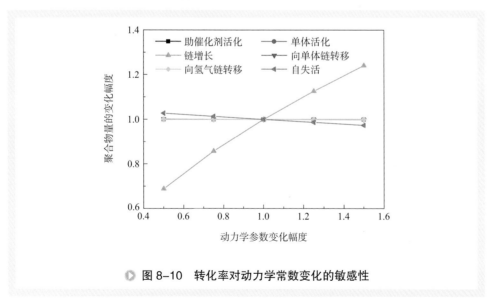

图 8-10　转化率对动力学常数变化的敏感性

在工业聚合装置动力学常数整定过程中，需要考察聚合物生成量模拟值与工业值的吻合程度。当两者不能吻合时，需对动力学常数进行微调，以使生成的聚合物量模拟值接近于实际值。链增长常数以及催化剂自失活力学常数的微小变化将对聚合物量模拟值产生较大的影响，模拟过程中可对链增长常数以及催化剂自失活动力学常数进行微调。

反应动力学常数对分子量的影响见图 8-11。从图中可以看出，向单体和向氢气链转移速率常数、链增长速率常数对分子量的影响显著。随着向单体链转移以及向氢气链转移常数的增加，分子量模拟值急剧下降；随链增长速率常数增加，分子量模拟值也增加。催化剂活化速率常数以及催化剂的失活速率常数对分子量大小几乎没有影响。

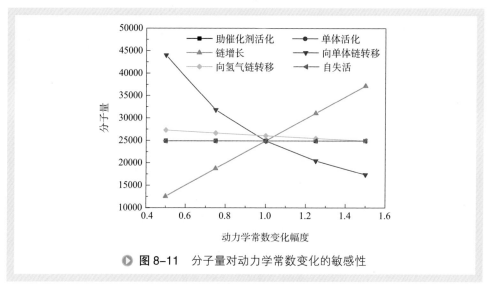

● **图 8-11　分子量对动力学常数变化的敏感性**

当聚合物分子量模拟值与分析值存在差别时，可以微调向氢气链转移常数、向单体链转移常数和链增长速率常数，以使分子量的模拟值符合分析值。

抗冲牌号的聚合物流量及重均分子量的模拟结果与工业数据（分析值）的比较见表 8-9。各反应器聚合物流量的误差不超过 ±2%，重均分子量的误差在 ±2% 以内。抗冲牌号的共聚单体由第四反应器加入，第四反应器出口的聚合物中乙烯链段的摩尔分数为 11.03%。由模型计算得到乙烯链段的摩尔分数为 11.04%，其相对偏差为 0.09%。

表8-9　抗冲牌号聚合物流量及重均分子量模拟值的比较

项目	聚丙烯流量			重均分子量		
	工业值/（kg/h）	模拟值/（kg/h）	误差/%	分析值	模拟值	误差/%
第一反应器	5195	5284	1.71	385398	380599	-1.24
第二反应器	8135	8026	-1.34	410064	401938	-1.98
第三反应器	11620	11448	-1.48		351847	
第四反应器	12948	12905	-0.33	467465	461670	-1.24

为验证模型准确性，对均聚牌号进行了模拟计算，模拟结果见表8-10，模型的计算结果与分析值相当，误差在 ± 8% 以内。

表8-10 均聚牌号聚合物流量及重均分子量模拟值的比较

项目	聚丙烯流量			重均分子量		
	工业值 /（kg/h）	模拟值 /（kg/h）	误差 /%	工业值	模拟值	误差 /%
第一反应器	6218	6431	3.42	173041	181560	4.92
第二反应器	9821	9058	−7.77	174529	173613	−0.52
第三反应器	10129	10814	6.76		192367	—
第四反应器	12004	11783	−1.84	191260	200117	4.63

三、工艺流程重构

比较各牌号不同反应器出口聚合物量发现，第二液相反应器生成的聚合物约为第一液相反应器生成量的 60%。其原因在于第一反应器中的浆料依靠压差进入第二反应器，为了维持一定的压差，第二反应器的反应温度需低于第一反应器，反应速率降低。因此，为提高装置生产能力，对四釜串联丙烯聚合工艺进行流程重构，重

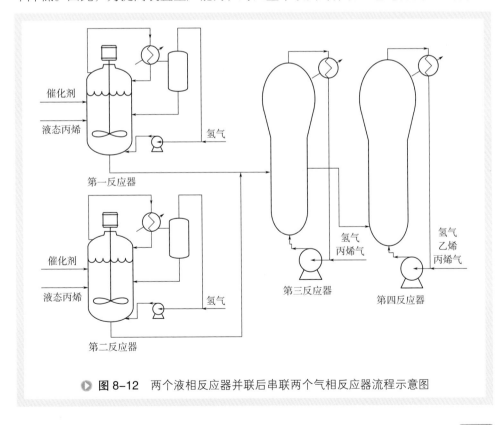

▶ **图 8-12** 两个液相反应器并联后串联两个气相反应器流程示意图

构的流程为两个液相反应器并联后串联两个气相反应器，其流程见图8-12。

基于四釜串联工艺的物性计算方法以及动力学，建立了重构后新流程的工艺模型。维持第一、三、四反应器的温度、压力、气相氢气浓度不变，第二反应器的操作条件与第一反应器相同，利用重构后的模型对抗冲牌号进行了模拟计算。结果表明，第二反应器的聚合物量较原工艺提高了90%，总产量增加了40%。

当保持原流程的操作条件时，重构流程产品的分子量、共聚组成发生变化。产品中共聚单体乙烯链段的质量分数从11.04%增加至13.6%，产品的分子量从461460增加至472326，较原工艺有所增加。

为了保持目标抗冲牌号的分子量和乙烯共聚含量不变，需要对工艺流程进行分析，从而确定重构流程生产抗冲牌号的工艺调整策略。以第四反应器作为研究对

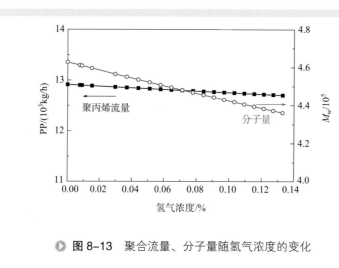

图 8-13 聚合流量、分子量随氢气浓度的变化

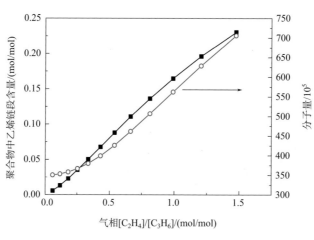

图 8-14 共聚物组成、分子量随乙烯/丙烯比变化

象，考察氢气浓度、乙烯/丙烯摩尔比对聚合物质量的影响规律。从图 8-13 可见，聚合量随氢气浓度的升高略有下降；分子量随气相氢气浓度的提高而降低。

乙烯浓度对产品共聚物组成的影响规律见图 8-14，乙烯/丙烯摩尔比增大后，共聚物中乙烯含量增加，重均分子量同时增加。

综上，聚合物分子量对气相氢气浓度敏感；氢气浓度、气相乙烯/丙烯摩尔比同时影响共聚物的分子量。为达到产品所要求的共聚物组成及分子量，需要同时调整氢气浓度、乙烯/丙烯摩尔比。工艺调整后，当产品的共聚物中乙烯的含量为 11.04 %（质量分数）、分子量为 442186 时，重构流程的产量比重构前提高了 37%。

四、小结

建立了基于反应机理的 Hypol 四釜串联聚丙烯流程的模型，分别采用抗冲牌号及均聚牌号对模型进行了验证，模型的计算结果与分析值的误差在 ±8% 以内。

通过对比四釜串联流程中两个液相反应器聚合量的差别以及造成差别的原因，将原流程重构为两个液相反应器并联后串联两个气相反应器的工艺。提出了保证产品质量不变的工艺条件调整策略。重构流程及生产抗冲聚丙烯的工艺条件在中试装置上进行试验，结果表明，在其他机械性能相近的情况下，冲击性能略有提高，产量约提高了 37%。

第六节 变流程结构聚乙烯牌号切换过程强化

为满足市场对不同聚乙烯产品性能的需求，需要在装置中安排多种牌号进行连续化生产。乙烯淤浆聚合过程（图 8-1）采用两个反应器串联或者并联模式生产不同性能的产品。当两种生产方式之间进行切换时，流程结构发生了变化。

文献中大多数以熔融指数或平均分子量作为产品质量指标定流程结构牌号切换的研究对象，鲜有以产品质量指标——分子量分布和共聚物组成作为牌号切换的依据。与定结构流程切换相比，不同结构流程进行切换时，不仅在操作条件上有较大的差异，同时物料流向也发生了改变。操作条件变化更复杂，对操作过程影响更大，需要更长的过渡时间和更多的过渡料才能达到稳定。

拟在乙烯淤浆共聚合过程动态模型基础上，以分子量分布和共聚物组成为目标，氢气和共聚单体进料流量为操作变量，研究变流程结构的牌号切换过程优化策略。

一、过程模型建立

与第四节类似，反应体系中增加了两种共聚单体，需要在物性计算上增加共聚单体丙烯、1-丁烯的纯组分参数以及共聚单体与溶剂己烷间的二元交互参数；在动力学方面，需要增加与共聚单体反应的基元反应以及其动力学常数，并利用稳态牌号的生产数据及样品分析数据确定其动力学常数。由于涉及牌号切换过程，需要建立带控制器的过程动态模型，并采用工业装置牌号切换过程及分析结果对模型进行验证。

将稳态模型导入 Aspen Dynamics 中，通过分流器调节两釜的连接方式，并增加反应器的控制模块，包括反应器的温度、压力和液位控制。反应压力的变化只受反应器温度、进料组成和操作液位的影响，添加反应器顶部气体循环流股氢气/乙烯摩尔比控制器和共聚单体/乙烯摩尔比控制器，由氢气和共聚单体进料流量作为调节手段。

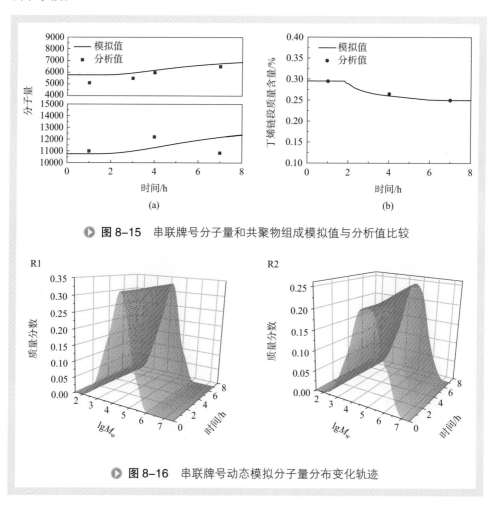

▶ 图 8-15　串联牌号分子量和共聚物组成模拟值与分析值比较

▶ 图 8-16　串联牌号动态模拟分子量分布变化轨迹

图 8-15 为模拟牌号 A、B 切换过程的聚乙烯的数均分子量和共聚物组成的动态轨迹，图 8-16 为分子量分布曲线随时间的变化趋势，图 8-17 为稳定牌号的分子量分布结果。从图中可以看出，各质量指标的分析值与模拟值基本吻合，因此模型可以很好地跟踪串联切换的分子量、分子量分布和共聚物组成[79]。

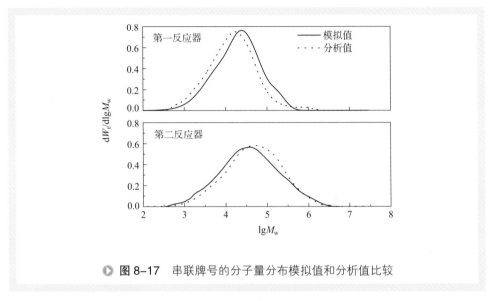

● **图 8-17** 串联牌号的分子量分布模拟值和分析值比较

二、切换过程分析

对串联流程向并联流程切换过程进行分析。牌号 C 为串联操作方式，牌号 D 为并联操作方式，在 0 时刻改变反应釜连接方式为并联操作，9h 后切换至稳定状态的牌号 D，表 8-11 为牌号 C、D 的微观质量指标。

表8-11　牌号C、D微观质量指标

牌号	重均分子量	数均分子量	分散指数	共聚物组成 / %	共聚单体
C	197544	6800	29.1	0.75	1- 丁烯
D	114755	20150	5.7	0.80	丙烯

串联操作时，第一反应单元有催化剂和助催化剂进料，第二反应单元不加催化剂和助催化剂，共聚单体为 1- 丁烯，第一反应单元无共聚单体。并联操作时，两个反应单元都有催化剂、助催化剂和共聚单体进料，共聚单体为丙烯。当工艺条件由串联操作切换至并联操作时，第一反应单元中共聚单体和乙烯的气相摩尔浓度比由 0 上升至 7.0×10^{-5}，第二反应单元中共聚单体由 1- 丁烯切换至丙烯，共聚单体与乙烯的气相摩尔浓度比值由 2.0×10^{-4} 降至 7.1×10^{-5}，且变为并联操作后，第二反应单元中催化剂、助催化剂进料量从无到有。

三、串联操作向并联操作切换过程强化

以氢气和共聚单体的进料流量过调方式作为缩短过渡时间的方法。串、并联结构流程之间的切换通过分流比例实现流程的自动切换。进料中氢气、共聚单体的输入作为调节变量。Aspen Dynamics 中的优化参数设置如下：

（1）目标函数：以第二反应器出口的聚合物分子量分布和共聚物组成为质量指标，将分子量分布曲线划分为若干片。目标函数如下：

① 分子量分布曲线的误差最小：

$$\min \sum_{k=1}^{N_{\text{point}}} \left[\left| W_{\text{cal}} \left(\lg M_{\text{w}}^{k} \right) - W_{\text{obj}} \left(\lg M_{\text{w}}^{k} \right) \right| \Big/ W_{\text{obj}} \left(\lg M_{\text{w}}^{k} \right) \right]$$

② 共聚物组成的误差最小：

$$\min \left(\left| \text{Co}_{\text{cal}} - \text{Co}_{\text{obj}} \right| \Big/ \text{Co}_{\text{obj}} \right)$$

③ 切换时间最短：$\min t$。

（2）控制变量：以两个反应单元的氢气进料和共聚单体（丙烯或丁烯）流量为操作变量。

（3）控制离散化：指定优化的终点时间是自由的，上下限值分别为 0.05m³/h、200m³/h，控制变量的单元个数为 10，采用分段常数控制离散化的方法，移动单元的大小相同。

（4）动态约束：反应器的压力值为反应器安全压力的上限值，氢气流量为氢气管道上流量计的最大值。

初始操作参数设置为牌号 C 的工艺条件，切换过程动态强化设计方法如下：第一反应单元的氢气进料从 50.0m³/h 降为 1.8m³/h，采用分步法控制变量的自由变化，在优化时间内达到目标参数值；串联操作方式生产聚乙烯时，第一釜无共聚单体进料，因此切换时共聚单体是从无到有的过程，采用分步改变在优化时间内达到目标变量值；催化剂进料量由 56.0kg/h 降至 13.9kg/h，调节催化剂流量时需严格控制反应温度。第二反应单元的氢气进料从 2.4m³/h 升为 25.0m³/h，采用分步改变操作变量，在优化时间内达到目标参数值；第二反应釜共聚单体由 1-丁烯切换为丙烯，首先停止 1-丁烯的进料，同时打开丙烯进料；切换过程，第二反应釜中的催化剂进料从无到有，分步增加进料流量。

利用 Aspen Dynamics 的优化模块，以氢气进料及共聚单体丙烯的进料流量为调节变量，对串联向并联流程切换的动态过程进行优化计算。

图 8-18 为变结构流程切换过程计算的温度、压力变化轨迹与工业操作数据的比较，图 8-19 为催化剂、助催化剂、氢气和丙烯进料流量的优化轨迹与工业实际操作轨迹的比较。第一反应器的温度基本保持不变，为了加快聚合速率，第二反应器的温度升高了 5℃。第一反应单元氢气流量在切换开始时下降，使得反应压力下降。

第二反应器加入了催化剂进料，聚合速率提高，使得压力下降。目标牌号聚合物的分子量减小，两个反应单元的氢气进料均向上过调。丙烯进料从无到有，两个反应单元的丙烯进料流量均向上过调。

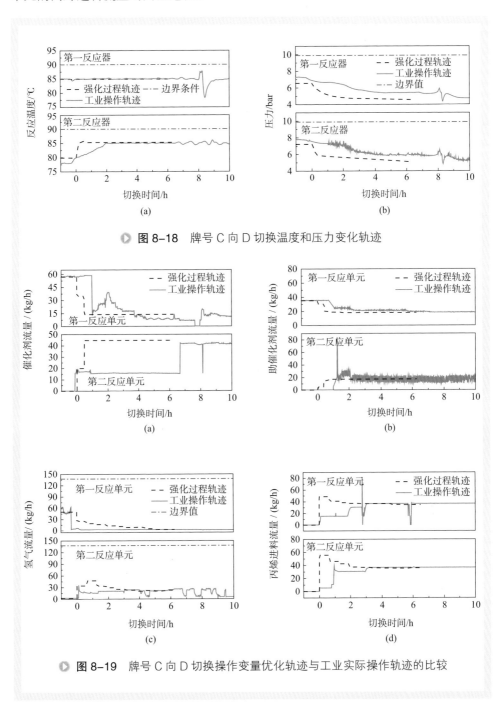

图 8-18　牌号 C 向 D 切换温度和压力变化轨迹

图 8-19　牌号 C 向 D 切换操作变量优化轨迹与工业实际操作轨迹的比较

如表 8-12 所示终点的质量指标分子量、分子量分布指数、共聚物组成与操作条件氢气进料流量、丙烯进料流量、温度和压力的误差达到了目标牌号的要求。图 8-20 所示的切换终点分子量分布与目标分子量分布吻合。

表8-12　牌号C向D切换的优化结果

变量	目标值	优化值	相对误差 / %
重均分子量	114755	109008	5.0
分散指数	5.7	6.0	5.3
共聚物组成 / %	0.80	0.80	0

图 8-21 为切换优化的分子量和共聚物组成的变化曲线与动态模拟结果的比较，从初始牌号切换至目标牌号，分子量减小，共聚物中丙烯链段含量增大，1-丁烯链段含量减小至 0。在保证反应釜安全性的前提下，切换时间 6.25h 可比工厂实际操

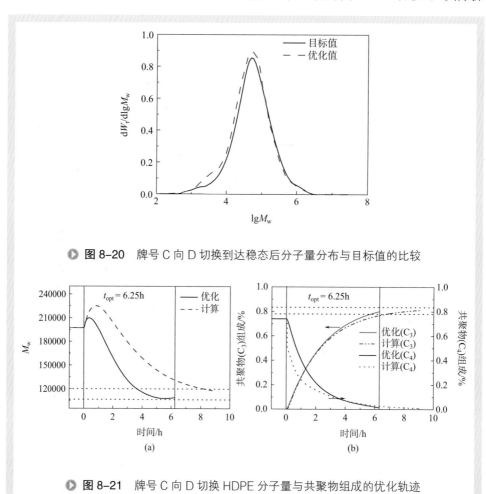

▶ **图 8-20**　牌号 C 向 D 切换到达稳态后分子量分布与目标值的比较

▶ **图 8-21**　牌号 C 向 D 切换 HDPE 分子量与共聚物组成的优化轨迹

作条件缩短 2.75h（优化前切换时间 $T=9h$），切换时间缩短 30.6%。

四、小结

以产品质量指标——分子量分布和共聚物组成为目标，氢气和共聚单体进料流量为操作变量，在不同结构流程中进行切换并进行了优化计算。以串联流程向并联流程的切换过程为例，在满足质量指标的前提下，切换时间为 6.25h，比工厂实际操作减少了 30.6%。

第七节　结语

聚合过程系统强化包括现有装置新产品开发、现有装置流程结构优化以及牌号切换过程的优化。聚合物产品是由不同分子量、共聚物组成、不同链段结构组成的混合物，该特性决定了聚合系统强化目标函数有别于小分子化工流程。由于聚合物产品微观质量指标的分析较为困难且具有较大的滞后性，使得能较快分析表征的聚合物宏观性能常常作为早期聚合过程系统强化的优化目标或中控指标。随着聚合物微观质量指标表征技术、模拟方法以及求解算力的发展，将微观质量作为目标函数的系统强化技术得以快速发展。

以乙烯淤浆聚合系统为例，基于乙烯淤浆聚合过程的反应机理，面向聚合物分子量及分布曲线建立了聚合系统过程模型，分别以聚合物的平均分子量和分子量分布曲线为目标，以循环气中氢气乙烯比为操作变量，采用稳态优化方法对指定牌号定流程结构的工艺条件进行优化。结果表明对于两釜串联聚合流程，以分子量分布曲线残差最小为优化目标较平均分子量更合理。

以 Hypol 四釜串联聚丙烯流程为例，为达到扩能的目的，建立了 PC-SAFT 状态方程计算物性的基于反应机理的工业装置模型，并采用牌号稳态生产工艺参数及样品分析值对模型进行验证。应用此模型对各反应器内生成的聚合物量进行分析，将四釜串联聚丙烯的流程重构为两个液相反应器并联后再串联两个气相反应器的流程。应用重构流程的模型分析了氢气浓度、乙烯 / 丙烯比对产量、分子量、共聚组成的影响规律，提出了保证与原流程产品品质类似的工艺条件调整策略。在中试装置上进行了两种流程生产同一性能目标产品，结果表明，两种工艺的产品质量相当，重构流程的冲击性能略优，产能约提高了 37%。

以乙烯淤浆共聚合工业装置为研究对象，建立了以分子量分布和共聚物组成为质量指标的动态模型，实现了牌号切换的动态模拟及优化。针对操作方式在串并联流程之间切换过程，提出了流程重构切换的优化方法，以氢气进料流量和共聚单体进料流量为控制变量，分子量分布和共聚物组成为目标函数，反应温度、压力及氢气进料为约束条件，结果表明在优化后的最短切换时间内能得到目标牌号的分子量分布和共聚物组成，串联向并联流程的切换时间缩短了 30.6%。

综上，以面向分子量、分子量分布、共聚物组成为目标，基于反应机理的流程模型，可用于聚合过程系统的强化，包括新产品设计、流程重构强化和牌号切换过程的优化方法。该方法可以扩展至其他聚合过程。

可将聚合物质量指标进一步拓展至共聚物组成分布以及序列结构分布。共聚物组成分布、序列结构分布的表征准确性还有待完善。目前，通常采用多检测器联用凝胶渗透色谱来检测聚合物分子量分布，用核磁共振碳谱（^{13}C-NMR）来检测序列结构分布，而序列结构分布也仅能解析至 3 元序列。邱云霞[7]、程锡佩[8] 创新地引入了活序列和死序列的概念，基于链增长和序列增长的反应机理，可同时建立分子量分布模型、平均共聚组成模型和序列结构模型等，可对共聚反应过程的微观结构进行全面的预测，但在模型验证方面存在一定的困难。除了分子量分布、共聚物组成分布、序列结构外，支链结构等也需进一步考虑。

参考文献

[1] Quackenbos H M. Practical Use of Intrinsic Viscosity for Polyethylenes[J]. Journal of Applied Polymer Science, 1969, 13(2): 341-343.

[2] 刘彦昌 . 分子量分布对聚乙烯性能的影响及控制方法 [J]. 合成树脂及塑料 , 1999, 16(6): 31-33.

[3] 朱开宏 . 化工过程流程模拟 [M]. 北京 : 中国石化出版社 , 1993: 245-264.

[4] 沈航 . 淤浆聚乙烯生产流程 ASPEN 建模 [D]. 杭州 : 浙江大学 , 2006.

[5] 王校铮 . 乙烯气相聚合过程的模型化 [D]. 杭州 : 浙江大学 , 2007.

[6] 邱云霞 , 顾雪萍 , 冯连芳 . 面向链结构的烯烃聚合过程模型化方法 [J]. 化学反应工程与工艺 , 2014, 30(3): 229-237.

[7] 邱云霞 . 面向序列结构的乙烯 - 丙烯共聚过程建模 [D]. 杭州 : 浙江大学 , 2014.

[8] 程锡佩 . 基于序列结构分布的乙丙共聚过程建模 [D]. 杭州 : 浙江大学 , 2019.

[9] 范顺杰 , 徐用懋 . 本体法聚丙烯 CSTR 建模研究 [J]. 清华大学学报（自然科学版）, 2000, 40(1): 112-115.

[10] 范顺杰 , 徐用懋 . 聚丙烯反应器的动态模拟 [J]. 化工自动化及仪表 , 2000, 27(5): 5-8.

[11] 韦建利 , 范顺杰 , 徐用懋 . 聚丙烯牌号切换动态过程建模及仿真研究 [J]. 系统仿真学报 , 2001, 13（Suppl）: 140-142.

[12] Wei Jianli, Fan Shunjie, Xu Yongmao, Zhang Jie. Dynamic modelling of an industrial polypropylene reactor and its application in melt index prediction during grade

transitions[C]// American Control Conference, 2002:2725-2730.

[13] 蒋京波, 韦建利, 徐用懋. 聚丙烯熔融指数的在线计算及工程应用[J]. 计算机工程与应用, 2002, 38(18): 220-222, 241.

[14] 怀改平, 成卫成, 徐用懋. 气相乙烯丙烯共聚及熔体流动指数软测量的研究[J]. 石油化工, 2004, 33(8): 743-747.

[15] 怀改平, 徐用懋. 气相丙烯聚合稳态模型的研究和仿真[J]. 计算机工程与应用, 2004, 40(21): 203-205, 209.

[16] 冯连芳. 丙烯聚合反应器与过程模型化研究[D]. 杭州: 浙江大学, 2006.

[17] McAuley K B, MacGregor J F. On-line inference of polymer properties in a industrial polyethylene reactor[J]. AIChE J, 1991, 37(6): 825-835.

[18] McAuley K B, MacGregor J F, Hamielec A E. A kinetic model for industrial gas-phase ethylene copolymerization[J]. AIChE J, 1990, 36(6): 837-850.

[19] Ohshima M, Tanigaki M. Quality control of polymer production processes[J]. Journal of Process Control, 2000, 10(2): 135-148.

[20] Bokis C P, Ramanathan S, Franjione J, Buchelli A, Call M L, Brown A L. Physical properties, reactor modeling, and polymerization kinetics in the low-density polyethylene tubular teactor process[J]. Industrial Engineering Chemistry Research, 2002, 41(5): 1017-1030.

[21] Khare N P, Seavey K C, Liu Y A, Ramanathan S, Lingard S, Chen C C. Steady-state and dynamic modeling of commercial slurry high-density polyethylene（HDPE）processes[J]. Industrial & Engineering Chemistry Research, 2002, 41(23): 5601-5618.

[22] Hinchliffe M, Montagre G, Willis M, Burke A. Hybrid approach to modeling of an industrial polyethylene process[J]. AIChE J, 2003, 49(12): 3127-3137.

[23] Alizadeh M, Mostoufia N, Pourmahdian S, Gharebagh R S. Modeling of fluidized bed reactor of ethylene polymerization[J]. Chemical Engineering Journal, 2004, 97(1): 27-35.

[24] Dompazis G, Kanellopoulos V, Kiparissides C. A multi-scale modeling approach for the prediction of molecular and morphological properties in multi-site catalyst, olefin polymerization reactors[J]. Macromolecular Materials and Engineering, 2005, 290(6): 525-536.

[25] Kou B, McAuley K B, Hsu C C, Bacon D W, Yao K Z. Mathematical model and parameter estimation for gas-phase ethylene homopolymerization with supported metallocene catalyst[J]. Industrial Engineering Chemistry Research, 2005, 44(8): 2428-2442.

[26] Kiashemshaki A, Mostoufi N, Gharebagh R S. Two-phase modeling of a gas phase polyethylene fluidized bed reactor[J]. Chemical Engineering Science, 2006, 61(12): 3997-4006.

[27] 顾雪萍，王嘉骏，沈航，冯连芳. 乙烯淤浆聚合体系组分的物性计算方法 [J]. 高校化学工程学报，2007, 21(5): 729-733.

[28] 王艳丽，顾雪萍，王嘉骏，冯连芳. PC-SAFT 在烯烃共聚物体系物性计算中的应用进展 [J]. 化工进展，2001, 30(10): 2106-2112, 2119.

[29] Bokis C P, Orbey H, Chen C. Properly model polymer processes[J]. Chemical Engineering Progress, 1999(4): 39-52.

[30] Sanchez I C, Lacombe R H. Statistical thermodynamics of polymer solutions[J]. Macromolecules, 1978, 11(6): 1145-1156.

[31] Sanchez I C, Lacombe R H. An elementary molecular theory of classical fluids: pure fluids[J]. The Journal of Physical Chemistry, 1976, 80(21): 2352-2362.

[32] Chapman W G, Jackson G, Gubbins K E. Phase equilibria of associating fluids. Chain molecules with multiple bonding sites[J]. Molecular Physics, 1988, 65(5): 1057-1079.

[33] Chapman W G, Gubbins K E, Jachson G, Radosz M. New reference equation of state for associating liquids[J]. Industrial & Engineering Chemistry Research, 1990, 29(8): 1709-1721.

[34] Huang S H, Radosz M. Equation of state for small, large, polydisperse, and associating molecules[J]. Industrial & Engineering Chemistry Research, 1990, 29(11): 2284-2294.

[35] Gross J, Sadowski G. Perturbed-chain SAFT: An equation of state based on a perturbation theory for chain molecules[J]. Industrial & Engineering Chemistry Research, 2001, 40(4): 1244-1260.

[36] Khare N P, Lucas B, Seavey K C, Liu Y A, Sirohi A, Ramanathan S, Lingard S, Song Y, Chen C C. Steady-state and dynamic modeling of gas-phase polypropylene processes using stirred-bed reactors[J]. Industrial & Engineering Chemistry Research, 2004, 43(4): 884-900.

[37] 刘蒙蒙，占志良，邵之江，陈曦，顾雪萍. 基于联立法的乙烯淤浆聚合牌号切换过程动态模拟 [J]. 化工学报，2012, 63(9): 2703-2709.

[38] 占志良. 基于联立方程模型的乙烯淤浆聚合过程模拟与优化 [D]. 杭州：浙江大学，2012.

[39] 占志良，邵之江，陈曦，赵豫红，顾雪萍，姚臻，冯连芳. 乙烯淤浆聚合过程的全联立模拟方法 [J]. 高校化学工程学报，2012, 26(6): 1026-1031.

[40] Xie T, McAuley K B, Hsu J C C, Bacon D W. Modeling molecular weight development of gas-phase α-olefin copolymerization[J]. AIChE J, 1995, 41(5): 1251-1265.

[41] Soares J B P. Mathematical modeling of the microstructure of polyolefins made by coordination polymerization: a review[J]. Chemical Engineering Science, 2001, 56(13): 4131-4151.

[42] Xie T, Mcauley K B, Hsu J C C, Bacon D W. Gas-Phase Ethylene Polymerization: Production Process, Polymer Properties, and Reactor Modeling[J]. Ind Eng Chem Res 1994, 33: 449-479.

[43] Soares J B P, Hamielec A E. Deconvolution of Chain-Length Distributions of Linear Polymers Made by Multiple-Site-Type Catalysts[J]. Polymer, 1995, 36: 2257-2263.

[44] 黎逢泳. 基于 Polymers Plus 的丙烯本体聚合过程的模拟和优化 [D]. 杭州 : 浙江大学 , 2005.

[45] 田洲. 高性能多相聚丙烯共聚物制备的新方法——气氛切换聚合过程及其模型化 [D]. 杭州 : 浙江大学 , 2012.

[46] Yi H S, Kim J H, Han C, Lee J, Na S S. Plantwide optimal grade transition for an industrial high-density polyethylene plant[J]. Industrial Engineering Chemistry Research, 2003, 42(1): 91-98.

[47] Chatzidoukas C, Perkins J D, Pistikopoulos E N, Kiparissides C. Optimal grade transition and selection of closed-loop controllers in a gas-phase olefin polymerization fluidized bed reactor[J]. Chemical Engineering Science, 2003, 58(16): 3643-3658.

[48] Feather D, Harrell D, Lieberman R, Doyle F J. Hybrid approach to polymer grade transition control[J]. AIChE Journal, 2004, 50(10): 2502-2513.

[49] Rawatlal R, Tincul I. Development of an unsteady-state model for control of polymer grade transitions in Ziegler-Natta catalyzed reactor systems[J]. Macromolecular Symposia, 2007, 260(1): 80-89.

[50] Takamatsu T, Shioya S, Okada Y. Molecular Weight Distribution Control in a Batch Polymerization Reactor[J]. Industrial and Engineering Chemistry Research, 1988, 27: 93-99.

[51] Chang J S, Lai J L. Computation of Optimal Temperature Policy for Molecular Weight Control in a Batch Polymerization Reactor[J]. Industrial and Engineering Chemistry Research, 1992, 31(3): 861-868.

[52] Crowley T J, Choi K Y. Calculation of Molecular Weight Distribution From Molecular Weight Moments in Free Radical Polymerization[J]. Industrial and Engineering Chemistry Research, 1997, 36(5): 1419-1423.

[53] Crowley T J, Choi K Y. Discrete Optimal Control of Molecular Weight Distribution in a Batch Free Radical Polymerization Process [J]. Industrial and Engineering Chemistry Research, 1997, 36(9): 3676-3684.

[54] Vicente M, Sayer C, Leiza J R, Arzamendi G, Lima E L, Pinto J C, Asua J M. Dynamic Optimization of Non-linear Emulsion Copolymerisation Systems Open-loop Control of Composition and Molecular Weight Distribution[J]. Chemical Engineering Journal, 2002, 85 （2-3）: 339-349.

[55] McAuley K B, MacGregor J F. Optimal Grade Transition in a Gas Phase Polyethylene Reactor[J]. AIChE Journal, 1992, 38(10): 1564-1576.

[56] McAuley K B, MacGregor J F. Nonlinear Product Property Control in Industrial Gas-phase

Polyethylene Reactor[J]. AIChE Journal, 1993, 39(5): 855-866.

[57] Baldwin F P, Verstrat G. Unsolved Problems Associated with Ethene-Propene Elastomers[J]. Rubber Age, 1972, 104(3): 60-64.

[58] 王靖岱, 陈纪忠, 阳永荣. 连续聚合过程中产品牌号过渡的优化 [J]. 化工学报, 2001, 52(4): 295-300.

[59] 王靖岱, 陈纪忠, 阳永荣, 程志强, 戴连奎. 迭代动态规划在树脂牌号切换最优化模型中的应用 [J]. 高校化学工程学报, 2000, 14(3): 264-269.

[60] 王靖岱, 陈纪忠, 阳永荣. 工业流化床聚乙烯树脂性能模型的研究 [J]. 高校化学工程学报, 2001, 15(1): 82-87.

[61] 王靖岱, 陈纪忠, 阳永荣. 连续聚合过程中多牌号产品过渡的生产调度最优化 [J]. 高校化学工程学报, 2003, 17(1): 80-85.

[62] 费正顺, 胡斌, 叶鲁彬, 郑平友, 梁军. 带路径约束的聚烯烃牌号切换操作优化方法 [J]. 化工学报, 2010, 61(4): 893-900.

[63] Makoto T, Ray W H. Optimal-grade Transition Strategies for Multistage Polyolefin Reactor[J]. AIChE Journal, 1999, 45(8): 1776-1793.

[64] 刘蒙蒙. 基于联立法的乙烯淤浆聚合牌号切换过程的动态模拟与优化 [D]. 杭州: 浙江大学, 2013.

[65] Seth M, Margl P M, Ziegler T. A Density Functional Embedded Cluster Study of Proposed Active Sites in Heterogeneous Ziegler-Natta Catalysts[J]. Macromolecules, 2002, 35: 7815-7829.

[66] Gu Xueping, Modélisation et optimisation des procédés de polymérisation d'éthylène[D]. Nancy（France）: Nancy-Université, 2008.

[67] Neto A G M, Freitas M F, Nele M, Pinto J C. Modeling ethylene/1-butene copolymerizations in industrial slurry reactors[J]. Industrial & Engineering Chemistry Research, 2005, 44(8): 2697-2715.

[68] Han-Adebekun G C, Hamba M, Ray W H. Kinetic study of gas phase olefin polymerization with a $TiCl_4/MgCl_2$ catalyst: I. Effect of polymerization conditions[J]. Journal of Polymer Science, Part A: Polymer Chemistry, 1997, 35(10): 2063-2074.

[69] Kim J Y, Choi K Y. Modeling of particle segregation phenomena in a gas phase fluidized bed olefin polymerization reactor[J]. Chemical Engineering Science, 2001, 56(13): 4069-4083.

[70] Shaffer W K A, Ray W H. Polymerization of olefins through heterogeneous catalysis: XVIII. A kinetic explanantion for unusual effects[J]. Journal of Applied Polymer Science, 1997, 65(6): 1053-1080.

[71] Kim I L, Kim J H A, Woo S I H L. Kinetic study of ethylene polymerization by high-active silica supported $TiCl_4/MgCl_2$ catalysts[J]. Journal of Applied Polymer Science, 1990, 39(4): 837-854.

[72] 王艳丽. 基于分子量分布的乙烯淤浆聚合过程的动态模拟和优化 [D]. 杭州：浙江大学，
2012

[73] 顾雪萍，王艳丽，陈曦，王嘉骏，冯连芳. 基于聚合物分子量分布的乙烯淤浆聚合工艺优
化 [J]. 化工学报，2013, 64(2): 649-655.

[74] 郑宁来. 扬子石油化工公司简介 [J]. 化工时刊，1988(7): 29-30.

[75] 苏洪. Hypol 工艺聚丙烯装置的扩能改造 [J]. 炼油技术与工程，2004, 34(1): 10-12.

[76] 笪文忠，顾雪萍，王嘉骏，冯连芳. Hypol 四釜串联聚丙烯工艺流程重构扩能 [J]. 现代塑
料加工应用，2016, 28(2): 45-47.

[77] 冯连芳，黎逢泳，顾雪萍，汤志武，刘波. 丙烯液相本体聚合反应体系的物性计算方法 [J].
石油化工，2005, 34(2): 152-156.

[78] 冯连芳，黎逢泳，顾雪萍，王嘉骏，汤志武，刘波. 丙烯液相本体聚合过程 Polymers Plus
建模与分析 [J]. 石油化工，2005, 34(3): 237-241.

[79] 郑耸. 基于反应机理的乙烯淤浆聚合流程重构的动态模拟和优化 [D]. 杭州：浙江大学，
2013.

索　引